经济数学基础

微积分学习指导

（第2版）

韩玉良 隋亚莉 李宏艳 王雅芝 编

清华大学出版社
北 京

内 容 简 介

本书是学习微积分的辅助教材. 共包括准备知识、极限与连续、导数与微分、中值定理与导数的应用、不定积分、定积分、定积分的应用、微分方程初步、级数、多元函数的微分学和重积分共11章内容. 每章包括：内容提要、典型例题解析、习题和习题答案4部分. 编写本书的目的是使学生在学习主教材的基础上，进一步开阔眼界，拓展思路，多实践，多练习，以提高分析问题和解决问题的能力.

图书在版编目(CIP)数据

微积分学习指导/韩玉良等编. —2版. —北京：清华大学出版社，2015（2023.8重印）

（经济数学基础）

ISBN 978-7-302-38594-3

Ⅰ. ①微… Ⅱ. ①韩… Ⅲ. ①微积分－高等学校－教学参考资料 Ⅳ. ①O172

中国版本图书馆CIP数据核字(2014)第311530号

责任编辑：刘 颖
封面设计：常雪影
责任校对：刘玉霞
责任印制：杨 艳

出版发行：清华大学出版社
网 址：http://www.tup.com.cn，http://www.wqbook.com
地 址：北京清华大学学研大厦A座 **邮 编**：100084
社 总 机：010-83470000 **邮 购**：010-62786544
投稿与读者服务：010-62776969，c-service@tup.tsinghua.edu.cn
质量反馈：010-62772015，zhiliang@tup.tsinghua.edu.cn
印 装 者：三河市人民印务有限公司
经 销：全国新华书店
开 本：185mm×230mm **印 张**：19.75 **字 数**：406千字
版 次：2006年8月第1版 2015年1月第2版 **印 次**：2023年8月第10次印刷
定 价：56.00元

产品编号：058625-04

编委会

主　编　韩玉良

编　委（按姓氏笔画为序）

于永胜　曲子芳　李宏艳　陈卫星

郭　林　崔书英　隋亚莉

前言

《微积分学习指导》(第2版)是与我们编写的《微积分》(第4版)配套的辅助教材. 编写本书的目的是使学生在学习原教材的基础上,进一步开阔眼界,拓展思路,多实践,多练习,以增强分析问题和解决问题的能力. 本书每章包括以下几个部分:

1. 内容提要. 紧扣大纲,突出重点. 对重要概念、定理、公式进行简明扼要的总结归纳,重点突出,层次清晰,便于读者记忆和掌握.

2. 典型例题解析. 全书共精选了300多个典型例题,并详细地介绍了各类题型的解题方法和技巧,选题广泛且具代表性. 在对一些问题的讨论和分析上融合了作者在教学实践中的经验和体会.

3. 习题. 分基本题、综合题和自测题三部分. 基本题是为复习巩固教材内容而选编的,对初学者来说,应选做其中相当数量的题目;综合题中,一些是有相当难度的题目,另一些则选自近年的考研题,对高等数学要求较高的某些专业的学生和准备考研的读者,应选做其中的大部分题目; 对高等数学要求一般的专业的学生,做基本题之后再选做少量的综合题即可. 每章最后的自测题供初学者检测自己对本章知识的掌握情况.

4. 习题答案. 对习题中的计算题给出了答案,个别较难的证明题,给出了提示.

由于作者水平所限,书中一定有许多缺点和错误,恳请读者批评、指正.

编　者

2014年10月

目录

第11章　重积分　280

第 1 章 准备知识

1.1 内容提要

函数概念是微积分中最重要的基本概念之一，而初等函数是微积分研究的主要对象，因此它们都是本章的重点.

1. 实数

(1) $\mathbb{R}$ 表示实数全体的集合. 实数集$\mathbb{R}$ 与数轴上的点是一一对应的.

(2) 实数 a 的绝对值定义为

$$|a|=\begin{cases}a, & a\geqslant 0,\\ -a, & a<0.\end{cases}$$

其几何意义是：$|a|$表示数轴上点 a 与原点 0 的距离. 若 a,b 是两个实数，则绝对值$|a-b|$表示数轴上点 a 与点 b 之间的距离.

(3) 区间

设 $a,b\in\mathbb{R}$，且 $a>b$，定义：

$[a,b]=\{x|a\leqslant x\leqslant b,x\in\mathbb{R}\}$为**闭区间**；

$(a,b)=\{x|a<x<b,x\in\mathbb{R}\}$为**开区间**；

$(a,b]=\{x|a<x\leqslant b,x\in\mathbb{R}\}$与$[a,b)=\{x|a\leqslant x<b,x\in\mathbb{R}\}$为**半开区间**（或**半闭区间**）；

$$(-\infty,b]=\{x|-\infty<x\leqslant b,x\in\mathbb{R}\},$$
$$(-\infty,b)=\{x|-\infty<x<b,x\in\mathbb{R}\},$$
$$[a,+\infty)=\{x|a\leqslant x<+\infty,x\in\mathbb{R}\},$$
$$(a,+\infty)=\{x|a<x<+\infty,x\in\mathbb{R}\},$$
$$(-\infty,+\infty)=\{x|-\infty<x<+\infty\}=\mathbb{R}.$$

统称为**无穷区间**.

称开区间$(x_0-\delta,x_0+\delta)$是以 x_0 为中心，$\delta(>0)$为半径的**邻域**；开区间$(x_0-\delta,x_0)$，$(x_0,x_0+\delta)$分别称为点 x_0 的**左邻域**和**右邻域**；左、右邻域的并集$(x_0-\delta,x_0)\cup(x_0,x_0+\delta)$称为点 x_0 的**空心邻域**或**去心邻域**.

2. 函数的概念

(1) 函数的定义

定义 1.1　设 A 是非空数集. 若存在对应关系 f,对 A 中任意数 $x(\forall x\in A)$,按照对应关系 f,对应唯一一个 $y\in\mathbb{R}$,则称 f 是定义在 A 上的**函数**,表示为

$$f: A\to\mathbb{R},$$

数 x 对应的数 y 称为 x 的**函数值**,表示为 $y=f(x)$. x 称为**自变量**,y 称为**因变量**. 数集 A 称为函数 f 的**定义域**,函数值的集合 $fA=\{f(x)\mid x\in A\}$称为函数 f 的**值域**.

显然,只要定义域和对应关系确定了,值域也就随之而定,故定义域和对应关系是确定一个函数的两个要素.

表示函数的主要方法有图示法、表格法和公式法.

(2) 分段函数

在定义域内各个互不相交的子集(多为子区间)上,分别用不同的解析表达式表示的函数,称为**分段函数**. 例如绝对值函数 $y=|x|$,符号函数 $y=\mathrm{sgn}x$ 等.

注意,分段函数在其整个定义域上表示的是一个函数,而不是几个函数. 例如,分段函数

$$f(x)=\begin{cases}\sin x, & -\infty<x\leqslant 0,\\ x, & 0<x<+\infty,\end{cases}$$

在整个定义域 $A=\mathbb{R}$ 上,表示一个函数,而不是两个函数.

(3) 函数定义域的求法

如果函数是用公式法表示的,且未赋予实际意义,则其定义域就是使函数表达式有意义的自变量所有可能取值的集合; 对于实际问题中的函数,其定义域应由问题的实际意义确定.

用公式法表示的函数确定定义域时,应注意以下几点: ①分母含有自变量时,分母不能为零; ②偶次根式下含有自变量时,负数不能开偶次方; ③对数函数的真数含有自变量时,真数应大于零; ④有限个函数经四则运算而得到的函数,其定义域是这有限个函数定义域的交集,并除去使分母为零的 x 值; ⑤分段函数的定义域是各"分段"函数定义域的并集.

3. 几类具有特殊性质的函数

(1) 有界函数

设函数 $f(x)$在某区间 D 上有定义,如果存在常数 $M>0$,使对任意的 $x\in D$,恒有 $|f(x)|<M$,则称函数 $f(x)$在集合 D 上**有界**,否则称 $f(x)$在 D 上**无界**; 如果存在常数 $M(m)$,使对任意的 $x\in D$,恒有 $f(x)<M(f(x)>m)$,则称函数 $f(x)$在 D 上**有上界**(**有

下界).

显然,有界函数必有上界和下界;反之,既有上界又有下界的函数必有界.

注意,一个函数是否有界、不仅与函数表达式有关,而且还与给定的集合 D 有关.例如,函数 $y=\frac{1}{x}$ 在区间 $(0,1)$ 内无界,但在区间 $(1,5)$ 内有界.

(2) 单调函数

设函数 $f(x)$ 在数集 D 上有定义,若 $\forall x_1,x_2\in D$ 且 $x_1<x_2$,恒有

$$f(x_1)<f(x_2)\quad (f(x_1)>f(x_2)),$$

则称函数 $f(x)$ 在 D 上**严格单调增加**(**严格单调减少**).若上述不等式改为

$$f(x_1)\leqslant f(x_2)\quad (f(x_1)\geqslant f(x_2)),$$

则称函数 $f(x)$ 在 D 上**单调增加**(**单调减少**).单调增加与单调减少的函数统称为**单调函数**,使函数 $f(x)$ 单调的区间称为**单调区间**.

判定函数单调性的常用方法是导数判别法,见第4章.

(3) 奇函数与偶函数

设函数 $f(x)$ 在集合 D 上有定义,且集合 D 关于原点是对称的(即对任意 $x\in D$,必有 $-x\in D$).如果对任意的 $x\in D$,恒有 $f(-x)=f(x)$,则称函数 $f(x)$ 为**偶函数**;如果对任意的 $x\in D$,恒有 $f(-x)=-f(x)$,则称函数 $f(x)$ 为**奇函数**.

偶函数的图形关于 y 轴对称,奇函数的图形关于坐标原点对称.

常函数是偶函数;两个偶(奇)函数之和仍为偶(奇)函数;两个偶(奇)函数之积为偶函数;奇函数与偶函数之积为奇函数.定义在对称区间上的任一函数必能表示成一个奇函数与一个偶函数之和.

(4) 周期函数

设函数 $f(x)$ 在集合 D 上有定义.如果存在常数 $T>0$,使对任意 $x\in D$,恒有 $f(x+T)=f(x)$ 成立,则称 $f(x)$ 为**周期函数**,T 称为函数 $f(x)$ 的一个周期.满足 $f(x+T)=f(x)$ 的最小正数 T_0(如果存在)称为 $f(x)$ 的**基本周期**,简称**周期**.

4. 复合函数与反函数

(1) 复合函数

设函数 $z=f(y)$ 定义在数集 B 上,函数 $y=\varphi(x)$ 定义在数集 A 上,G 是 A 中使 $y=\varphi(x)\in B$ 的 x 的非空集合,即

$$G=\{x\mid x\in A,\varphi(x)\in B\}\neq\varnothing.$$

$\forall x\in G$,按照对应关系 φ,对应唯一一个 $y\in B$,再按照对应关系 f,对应唯一一个 z,即 $\forall x\in G$ 对应唯一一个 z,于是在 G 上定义了一个函数,表示为 $f\circ\varphi$,称为函数 $y=\varphi(x)$ 与 $z=f(y)$ 的**复合函数**,即

$$(f\circ\varphi)(x)=f[\varphi(x)],\quad x\in G,$$

y 称为**中间变量**. 今后经常将函数 $y=\varphi(x)$ 与 $z=f(y)$ 的复合函数表示为

$$z=f[\varphi(x)],\quad x\in G.$$

(2) 反函数

设函数 $y=f(x)$, $x\in X$. 若对任意 $y\in f(X)$,有唯一一个 $x\in X$ 与之对应,使 $f(x)=y$,则在 $f(X)$ 上定义了一个函数,记为

$$x=f^{-1}(y),\quad y\in f(X),$$

称为函数 $y=f(x)$ 的**反函数**. 如果仍然以 x 为自变量,则 $y=f(x)$ 的反函数记为 $y=f^{-1}(x)$, $x\in f(X)$;且 $y=f(x)$ 与 $y=f^{-1}(x)$ 的图形关于直线 $y=x$ 对称.

定理 1.1 若函数 $y=f(x)$ 在某区间 X 上严格单调增加(严格单调减少),则函数 $y=f(x)$ 存在反函数,且反函数 $x=f^{-1}(y)$ 在 $f(X)$ 上也严格单调增加(严格单调减少).

5. 初等函数

(1) 基本初等函数

常量函数:$y=c$(c 为常数);

幂函数:$y=x^{\alpha}$(α 为常数且 $\alpha\neq0$);

指数函数:$y=a^{x}$(a 为常数且 $a>0$, $a\neq1$);

对数函数:$y=\log_{a}x$(a 为常数且 $a>0$, $a\neq1$);

三角函数:$y=\sin x$(正弦), $y=\cos x$(余弦), $y=\tan x$(正切), $y=\cot x$(余切), $y=\sec x$(正割), $y=\csc x$(余割);

反三角函数:$y=\arcsin x$(反正弦), $y=\arccos x$(反余弦), $y=\arctan x$(反正切), $y=\operatorname{arccot} x$(反余切), $y=\operatorname{arcsec} x$(反正割), $y=\operatorname{arccsc} x$(反余割).

(2) 初等函数

由基本初等函数经有限次四则运算和复合而构成的函数,称为**初等函数**.

初等函数是高等数学研究的主要对象.

6. 简单的经济函数

(1) 需求函数:一种商品的市场需求量 D 与该商品的价格 p 密切相关,涨价需求量减少,降价需求量增加. 因此,需求量 D 可看成价格 p 的单调减少函数, $D=f(p)$,称为**需求函数**.

(2) 供给函数:一种商品的市场供给量 Q 也与商品价格有关,价格上涨供给量增加,价格下跌供给量减少. 因此,供给量 Q 是价格 p 的单调增加函数, $Q=f(p)$,称为**供给函数**.

最简单的需求函数与供给函数为线性需求函数与线性供给函数

$$D = a - bp, \quad Q = -c + dp,$$

其中 a,b,c,d 为正的常数.

使一种商品的市场供给量与需求量相等的价格称为均衡价格,通常记为 p_e. 上述线性需求与线性供给函数的均衡价格为

$$p_e = \frac{a+c}{b+d}.$$

(3) 总收入函数(常用 R 来表示): 若单位产品的售价为 p,销售量为 x,则总收入函数为 $R(x)=px$.

(4) 总成本函数(常用 C 来表示): 生产 x 单位的产品,其总成本由固定成本和可变成本两部分组成. 固定成本与产量 x 无关,而可变成本为产量 x 的增函数. 生产 x 单位的产品的平均成本为 $\bar{C}x=C(x)/x$, $C(x)$为总成本.

(5) 总利润函数(常用 L 来表示): 若销售量即是生产量,则生产 x 单位的产品的总利润等于总收入减去总成本,即 $L(x)=R(x)-C(x)$.

1.2 典型例题解析

题型 1 求定义域

例 1 求函数 $y=\sqrt{x-2}+\dfrac{1}{x-3}+\lg(5-x)$的定义域.

解 在实数范围内,当 $x-2\geqslant 0$ 时, $\sqrt{x-2}$有意义; 当 $x\neq 3$ 时, $\dfrac{1}{x-3}$有意义; 当 $5-x>0$ 时, $\lg(5-x)$有意义. 因此,所给函数的定义域必须同时满足 $x\geqslant 2, x\neq 3, x<5$. 解之得到定义域

$$D=\{x \mid 2\leqslant x<5, 且\ x\neq 3, x\in\mathbb{R}\}=[2,3)\cup(3,5).$$

例 2 求函数 $y=\sqrt{\log_{0.3}\left(\dfrac{x^2-2x}{3}\right)}$的定义域.

解 因 $0<a=0.3<1$,故要使$\log_{0.3}\left(\dfrac{x^2-2x}{3}\right)\geqslant 0$,充分必要条件是 $0<\dfrac{x^2-2x}{3}\leqslant 1$,即 $0<x^2-2x\leqslant 3$. 由此解得定义域为

$$D=[-1,0)\cup(2,3].$$

题型 2 求反函数

例 3 求下列函数的反函数:

(1) $y=(x-1)^3$; (2) $y=\log_4 2+\log_4\sqrt{x}$;

(3) $y=\log_a(x+\sqrt{x^2-1})$, $a>0, a\neq 1$.

解 (1) 由 $y=(x-1)^3$ 解得 $x=1+\sqrt[3]{y}$,所以,$y=(x-1)^3$ 的反函数为 $y=1+\sqrt[3]{x}$;

(2) 由 $y=\log_4 2+\log_4\sqrt{x}=\log_4 2\sqrt{x}$,可得 $4^y=2\sqrt{x}, x=4^{2y-1}$,所以 $y=\log_4 2+\log_4\sqrt{x}$ 的反函数为 $y=4^{2x-1}$;

(3) 由 $y=\log_a(x+\sqrt{x^2-1})$,可解得 $x=\frac{1}{2}(a^y+a^{-y})$,故 $y=\log_a(x+\sqrt{x^2-1})$ 的反函数为 $y=\frac{1}{2}(a^x+a^{-x})$.

题型3 经济问题中的函数

例4 某厂生产某种商品的最高日产量为100t,固定成本为130万元,每生产1t,成本增加6万元.试求该厂日产量的总成本函数和平均成本函数.

解 设日产量为 x(单位: t),总成本函数为 $C(x)$(单位: 万元),则依题设有

$$C(x)=130+6x, \quad x\in[0,100],$$

而平均成本函数为

$$\overline{C}(x)=6+\frac{130}{x}, \quad x\in(0,100].$$

例5 某厂生产某种产品,销售量在100件以内时,每件价格为150元;超过100件到200件的部分按九折出售;超过200件的部分按八五折出售.试求该产品的总收入函数.

解 设 q 表示销售量(单位: 件),则依题设可知,总收入函数为

$$R(q)=\begin{cases}150q, & 0\leqslant q\leqslant 100,\\ 150\times 100+0.9(q-100), & 100<q\leqslant 200,\\ 150\times 100+150\times 0.9\times 100+150\times 0.85(q-200), & 200<q.\end{cases}$$

1.3 习题

基本题

1. 求下列函数的定义域,并用区间符号表示:

(1) $y=\sqrt{x^2-1}$; (2) $y=\arcsin\frac{x-3}{2}$;

(3) $y=\sqrt{x^2-3x+2}$; (4) $y=\frac{x}{\sin x}$;

(5) $y=\sqrt{\lg\left(\frac{5x-x^2}{4}\right)}$; (6) $y=\sqrt{\sin x}+\sqrt{16-x^2}$;

(7) $y=\frac{1}{x}\ln\frac{1-x}{1+x}$.

2. 写出下列图形所表示的函数：

(1)

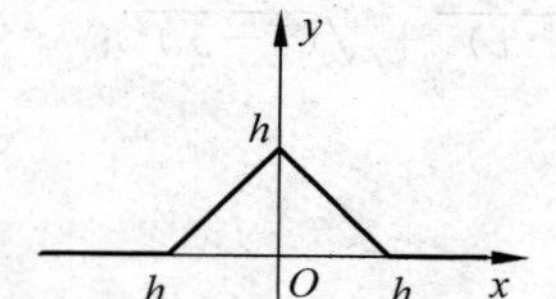

(2)

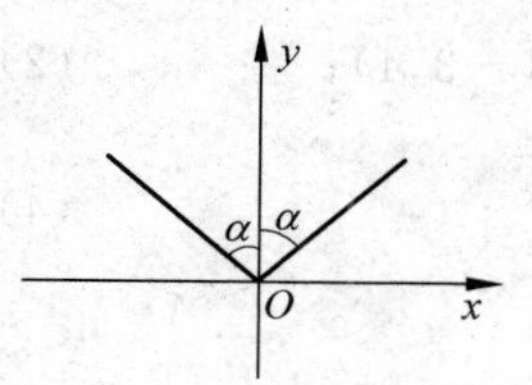

3. 设 $\varphi(x)=\lg\frac{1-x}{1+x}$，证明：$\varphi(u)+\varphi(v)=\varphi\left(\frac{u+v}{1+uv}\right)$.

4. 若 $f(x)=\frac{x}{x-1}$，求 $f(2)$，$f(0)$，$f[f(x)]$，$f(x_0+1)\ (x_0\neq 0)$.

5. 作出下列函数的图形：

(1) $y=|x|+x$；　　(2) $y=\sqrt{\sin^2 x}$；

(3) $y=\begin{cases}x^2, & x<0,\\ -x, & x\geqslant 0;\end{cases}$　　(4) $y=|x^2-1|$.

6. 对于二次函数 $f(x)=ax^2+bx+c$，若有三个彼此相异的实数 x_1,x_2,x_3，使 $f(x_1)=f(x_2)=f(x_3)=0$，证明：$a=b=c=0$.

7. 求满足下列性质的二次函数 $g(x)=ax^2+bx+c$：

(1) $g(-1)=5$，$g(0)=2$，$g(1)=7$；　　(2) $g(3)=7$，$g(5)=5$，$g(7)=3$.

8. 设 $f(x)=\frac{ax+b}{cx-a}$ 且 $a^2+bc\neq 0$，证明：$f[f(x)]=x\ \left(x\neq\frac{a}{c}\right)$.

9. 设 $f(x)=x+\sqrt{x^2+1}$，$g(x)=x+\sqrt{x^2-1}$，证明：

$$g(\sqrt{x^2+1})=f(x)\ (x\geqslant 0);\qquad f(\sqrt{x^2-1})=g(x)\ (x\geqslant 1).$$

10. $y=x$，$y=\sqrt{x^2}$ 以及 $y=(\sqrt{x})^2$ 是否表示同一函数？为什么？作出它们的图形.

11. 设 $f\left(\frac{1}{x}\right)=x+\sqrt{1+x^2}\ (x>0)$，求 $f(x)$.

12. 设 $f(x)=\begin{cases}1+x, & x>0,\\ 1, & x\leqslant 0,\end{cases}$ 求 $f[f(x)]$.

13. 设 $f(x)$满足方程 $af(x)+bf\left(\frac{1}{x}\right)=\frac{c}{x}$，其中 a,b,c 为常数，且 $|a|\neq|b|$，求 $f(x)$ 的表达式，并证明 $f(x)$是奇函数.

14. 验证下列各函数是单调函数：

(1) $f(x)=x^3$，$x\in(-\infty,+\infty)$；　　(2) $g(x)=\cos x$，$x\in(0,\pi)$；

(3) $h(x)=\sqrt{x}, x\in(0,+\infty)$.

15. 区间$(-\infty,+\infty)$上的严格单调增函数是否一定无界？举例说明之.

16. 下列函数中哪些是奇函数？哪些是偶函数？哪些是非奇非偶函数？

(1) $y=\dfrac{1}{1+x^2}, x\in(-3,4)$；　　(2) $f(x)=\sqrt[3]{(1+x)^2}+\sqrt[3]{(1-x)^2}$；

(3) $f(x)=\dfrac{x^2-x}{x-1}$；　　(4) $y=\dfrac{a^x-a^{-x}}{2}$；

(5) $y=x\cdot\dfrac{a^x+1}{a^x-1}$.

(在 (4),(5) 中,$a>0$ 且 $a\neq 1$)

17. 证明定义在$(-l,l)$上的任意函数均可表示为一个奇函数与一个偶函数之和.

18. 下列函数中哪些是周期函数？哪些是非周期函数？对周期函数指出其周期.

(1) $y=\sin^2 x$；　　(2) $y=\sin x^2$；

(3) $y=x\sin x$；　　(4) $y=\cos 3(x+2)$；

(5) $y=\sin\dfrac{1}{x}$；　　(6) $y=1+\cos\dfrac{\pi}{2}x$；

(7) $y=\arctan(\tan x)$；　　(8) $y=|\sin x|+|\cos x|$.

19. 求下列函数的反函数：

(1) $y=10^x-1$；　　(2) $y=\dfrac{2^x}{2^x+1}$；

(3) $y=\dfrac{2x+3}{4x-2}$；　　(4) $y=\lg(x+\sqrt{x^2-1})$.

20. 设 $y=f(x)$的定义区间为$(0,1]$,求下列函数的定义域：

(1) $f(x^2)$；　　(2) $f(\sin x)$；

(3) $f(\lg x)$；　　(4) $f\left(x-\dfrac{1}{2}\right)+f(\log_2 x)$.

21. 已知 $f(x)=a\cos(bx+c)$,试由条件 $f(x+1)-f(x)=\sin x$ 确定 a,b,c 的值.

22. 一个球形容器的半径为 R,当液面高度为 h 时,液面面积为 A. 写出函数关系式 $A(h)$,并指明其定义域.

23. 根据材料力学知识,矩形截面的横梁抗弯强度 W 与截面形状系数有关,即 W 与它的宽度 x 成正比,与高度 h 的平方成正比. 现把直径为 $2a$ 的圆木锯成以 $2a$ 为对角线的矩形横梁,试把 W 表示为 x 的函数.

24. 一容器装有 A,B,C 三个带活栓的水管,A,B 在它的上部,C 在它的底部. A 与 B 每分钟进水量分别为 20L 与 25L,C 管的排水量每分钟 80L,如果 A 开启 5min 后开启 B, B 开启 10min 后开启 C,求容器中的水量与时间 t 的函数关系.

25. 用铁皮做一个容积为 V 的圆柱形罐头筒,试将它的全面积表示成底半径的函数,并确定此函数的定义域.

26. 把一半径为 R 的圆形铁片自中心处剪去一扇形后,围成一无底圆锥. 试将这圆锥的容积 V 表示为未剪去部分中心角 θ 的函数,并指出其定义区间.

27. 某厂有一条多个通道同时加工相同零件的自动生产线,可事先选定使用通道的数目,设每使用一个通道来加工零件需要的准备费为 1000 元,而且不论使用多少通道,每操作一次(这时被使用的每个通道各加工出一个零件)的操作费均为 0.025 元,现有 1000000 个零件需要加工,列出总费用与使用通道个数之间的函数关系式.

28. A,B 两厂与码头位于一条东西方向直线形河流的同侧,河岸边的 A 厂离码头 10km,B 厂在码头的正北方,离码头 4km. 现要在 A,B 两厂间修一条公路,如果沿河岸筑路,费用为 3(单位: 千元/km),不沿河岸筑路时,费用为 5(单位: 千元/km). 此公路从 A 厂开始沿河岸修筑 x km,再直接修到工厂 B. 列出筑路总费用的函数关系式.

29. 设某工厂生产某种产品的固定成本为 200(百元),每生产一个单位产品,成本增加 5(百元),且已知需求函数 $Q=100-2P$(P 为价格,Q 为产量),这种产品在市场上畅销,试分别列出总成本函数 $C=C(P)$ 和总收益函数 $R=R(P)$ 的表达式.

30. 某工厂全年需要购进某种材料 800t,每次购进材料需要采购费 200 元,每吨材料每年的库存费是 4 元,如果每次购进材料数量相等,并且材料的消耗是均匀的(这时平均库存量为批量的一半),试写出全年采购费和库存费的总和 $F(x)$ 与批量 x 之间的函数关系.

综合题

31. 求下列函数的定义域:

(1) $y=(x+|x|)\sqrt{x\sin^2\pi x}$;　　(2) $y=\cot\pi x+\arccos 2^x$.

32. 设函数 $f(x)$ 的定义域为区间 $[0,1]$,求函数 $f(x+a)+f(x-a)$ 的定义域($a>0$).

33. 已知当 $0<u<1$ 时,函数 $f(u)$ 有意义,求函数 $f(\sin 2x)$ 的定义域.

34. 设 $f(x)=(x+|x|)(1-x)$,求满足下列各式的 x 值:

(1) $f(x)=0$;　　(2) $f(x)>0$;　　(3) $f(x)<0$.

35. 设 $f(x)=\dfrac{x}{\sqrt{1+x^2}}$,求 $f[f(x)]$,$f\{f[f(x)]\}$ 以及 $\underbrace{f\{f[\cdots f(x)]\}}_{n次}$.

36. 设 $f(x)=\begin{cases}x^2+x+1, & x\geqslant 0,\\ x^2+1, & x<0.\end{cases}$ 求: (1) $f(-x)$; (2) $f[f(x)]$.

37. 设 $f\left(\sin\dfrac{x}{2}\right)=1+\cos x$,求 $f\left(\cos\dfrac{x}{2}\right)$.

38. 设 $2f(x)+x^2f\left(\dfrac{1}{x}\right)=\dfrac{x^2+2x}{x+1}$,求 $f(x)$,$f[f(x)]$.

39. 设 $f(x)$满足关系式 $f\left(\dfrac{x}{x-1}\right)=af(x)+\varphi(x)$ $(a^2\neq1)$，其中 $\varphi(x)$是当 $x\neq1$ 时有意义的已知函数，试求 $f(x)$.

40. 设函数 $f(x)=\dfrac{x}{ax+b}$ $(a,b$ 为常数，且 $a\neq0)$，且满足条件：(1) $f(2)=1$；(2) $f(x)=x$ 有实重根. 试求 $f(x)$.

41. 设 $f(x)$在$(0,+\infty)$有定义，$x_1>0$，$x_2>0$，证明：

(1) 若$\dfrac{f(x)}{x}$单调减少，则 $f(x_1+x_2)\leqslant f(x_1)+f(x_2)$；

(2) 若$\dfrac{f(x)}{x}$单调增加，则 $f(x_1+x_2)\geqslant f(x_1)+f(x_2)$.

42. 设函数 $f(x)$在区间$(-\infty,+\infty)$上是奇函数，$f(1)=a$，且对任何 x 均有 $f(x+2)-f(x)=f(2)$成立.

(1) 试用 a 表示 $f(2)$与 $f(5)$；

(2) 问 a 取什么值时，$f(x)$是以 2 为周期的周期函数？

自测题

一、单项选择题

1. 设 $f(x)=\arcsin x$，$g(x)=2x$，则 $f[g(x)]$ 的定义域是(　　).

A. $[-2,2]$　　B. $\left[-\dfrac{1}{2},\dfrac{1}{2}\right]$　　C. $(-2,2)$　　D. $\left(-\dfrac{1}{2},\dfrac{1}{2}\right)$

2. 将函数 $f(x)=1+|x-1|$表示为分段函数时，$f(x)=$(　　).

A. $\begin{cases}2-x, & x\geqslant0\\0, & x<0\end{cases}$　　B. $\begin{cases}x, & x\geqslant0\\2-x, & x<0\end{cases}$

C. $\begin{cases}x, & x\geqslant1\\2-x, & x<1\end{cases}$　　D. $\begin{cases}2-x, & x\geqslant1\\0, & x<1\end{cases}$

3. 设 $f(x)=\begin{cases}x, & 2\leqslant x\leqslant4,\\2, & 0\leqslant x<2,\end{cases}$ 则 $F(x)=f(2x)+f(x+2)$ 的定义域为(　　).

A. $[0,2]$　　B. $[-2,0]$　　C. $[-2,2]$　　D. $[1,3]$

4. 若 $\phi(x)=x+2$，$f[\phi(x)]=\dfrac{x-3}{x+1}$ $(x\neq-1)$，则 $f\left(\dfrac{5}{2}\right)=$(　　).

A. $-\dfrac{3}{5}$　　B. $\dfrac{3}{5}$　　C. $\dfrac{5}{3}$　　D. $-\dfrac{5}{3}$

5. 函数 $f(x)=\begin{cases}1+x, & x\geqslant0\\1-x^2, & x<0\end{cases}$. 在$(-\infty,+\infty)$内(　　).

A. 单调减少　　B. 单调增加　　C. 有界　　D. 偶函数

6. 设函数 $f(x)$在$(-\infty,+\infty)$内有定义,则下列函数为偶函数的是(　　).

A. $xf(x)$　　B. $-|f(x)|$

C. $x[f(x)-f(-x)]$　　D. $x[f(x)+f(-x)]$

7. 函数 $f(x)=\pi+\arctan x$ 是(　　).

A. 有界函数　B. 无界函数　C. 单调减函数　D. 周期函数

8. 设 $f(x)=\ln x$,函数 $g(x)$的反函数 $g^{-1}(x)=\dfrac{2(x+1)}{x-1}$,则 $f[g(x)]=$(　　).

A. $\ln\dfrac{x+2}{x-2}$　B. $\ln\dfrac{x-1}{x+1}$　C. $\ln\dfrac{x+1}{x-1}$　D. $\ln\dfrac{x-2}{x+2}$

9. 函数 $f(x)=\begin{cases}2x, & |x|\leqslant 1\\ 1+x, & 1<|x|\leqslant 2\end{cases}$ 为(　　).

A. 基本初等函数　B. 分段函数　C. 初等函数　D. 复合函数

10. 下列各对函数中,是相同函数的是(　　).

A. $f(x)=x,g(x)=\sqrt{x^2}$　　B. $f(x)=\ln|x|,g(x)=2\ln\sqrt{x}$

C. $f(x)=\cos^2x+\sin^2x,g(x)=1$　　D. $f(x)=\dfrac{x^2}{x},g(x)=x$

二、填空题

1. 函数 $y=\dfrac{1}{\sqrt{x^2-x-6}}+\ln(3x-8)$的定义域是__________.

2. 已知函数 $f(x)$的定义域为$[-1,2]$,则函数 $F(x)=f(x+2)+f(2x)$的定义域是__________.

3. $y=f(\lg x)$的定义域为$\left[\dfrac{1}{2},2\right]$,则 $y=f(x)$的定义域为__________.

4. 设 $f(x)=\dfrac{1}{1+x^2}$,则 $f\left(\dfrac{1}{f(x)}\right)=$__________.

5. 设 $f\left(\sin\dfrac{x}{2}\right)=1+\cos x$,则 $f\left(\cos\dfrac{x}{2}\right)=$__________.

6. 函数 $y=\log_4\sqrt{x}+\log_4 2$ 的反函数是__________.

7. 已知某产品的价格 P 和需求量 Q 有关系式 $3P+Q=60$,则总收益函数 $R(Q)=$__________.

8. 设 $f(x)=\begin{cases}2^x, & -1\leqslant x<0,\\ 2, & 0\leqslant x<1,\\ x-1, & 1\leqslant x<3,\end{cases}$ 则 $f(x)$的定义域为__________,值域为__________.

9. 设 $f(x)=\dfrac{1}{1-x}$,则 $f\{f[f(x)]\}=$__________.

10. 设 $f(x)=ax+b$，则 $g(x)=\dfrac{f(x+h)-f(x)}{h}=$__________.

三、解答题

1. 下列函数中哪些是偶函数，哪些是奇函数，哪些既非奇函数又非偶函数？

(1) $y=3x^2-x^3$； (2) $y=x(x-1)(x+1)$；

(3) $y=\sin x-\cos x+1$； (4) $y=\dfrac{a^x+a^{-x}}{2}(a>0,a\neq 1)$.

2. 验证下列函数在指定区间的单调性：

(1) $y=\ln x,(0,+\infty)$； (2) $y=\sin x,\left(-\dfrac{\pi}{2},\dfrac{\pi}{2}\right)$.

3. 求函数 $y=\dfrac{ax+b}{cx+d}$ $(ad-bc\neq 0)$的反函数，当 a,b,c,d 满足什么条件时，这个反函数与原来函数相同？

4. 对于函数 $f(x)=x^2$，如何选择邻域 $U(0,\delta)$的半径 δ，就能使得当 $x\in U(0,\delta)$时，对应的函数值都在邻域 $U(0,2)$内？

5. 设 $f(x)=\begin{cases}1, & |x|<1,\\ 0, & |x|=1,\\ -1, & |x|>1,\end{cases}$ $g(x)=e^x$. 求 $f[g(x)]$和 $g[f(x)]$，并作出这两个函数的图形.

6. 设函数 $f(x),x\in(-\infty,+\infty)$的图形关于 $x=a,x=b$ 均对称$(a\neq b)$，试证明 $f(x)$是周期函数.

7. 某化肥厂生产某产品 1000t，每吨定价为 130 元，销售量在 700t 以内时，按原价出售，超过 700t 时，超出部分可打九折出售，试写出销售总收益与总销售量之间的函数关系.

1.4 习题答案

基本题

1. (1) $(-\infty,-1]\cup[1,+\infty)$； (2) $[1,5]$；

(3) $(-\infty,-1]\cup[2,+\infty)$； (4) $x\neq k\pi,k\in\mathbb{Z}$；

(5) $[1,4]$； (6) $[-4,-\pi]\cup[0,\pi]$；

(7) $(-1,0)\cup(0,1)$.

2. (1) $y=\begin{cases}h(1-|x|), & |x|\leqslant 1,\\ 0, & |x|>1;\end{cases}$ (2) $y=|x|\cot\alpha$.

4. $f(2)=2, f(0)=0, f[f(x)]=x, f(x_0+1)=\dfrac{x_0+1}{x_0}$.

7. (1) $g(x)=4x^2+x+2$; (2) $g(x)=-x+10$.

11. $f(x)=\dfrac{1+\sqrt{x^2+1}}{x}$.

12. $f[f(x)]=\begin{cases}2+x, & x>0,\\ 2, & x\leqslant 0.\end{cases}$

13. $f(x)=\dfrac{ac}{a^2-b^2}\dfrac{1}{x}-\dfrac{bc}{a^2-b^2}x$.

19. (1) $y=\lg(x+1)$; (2) $y=\log_2\left(\dfrac{x}{1-x}\right)$;

(3) $y=\dfrac{2x+3}{4x-2}$; (4) $y=\dfrac{10^x+10^{-x}}{2}$.

20. (1) $[-1,0)\cup(0,1]$; (2) $\bigcup\limits_{k\in\mathbb{Z}}(2k\pi, 2k\pi+\pi)$;

(3) $(1,10]$; (4) $\left(1,\dfrac{3}{2}\right]$.

21. $a=-\dfrac{1}{2\sin\dfrac{1}{2}}, b=1, c=-\dfrac{1}{2}$.

22. $A(h)=\pi(2Rh-h^2), [0,2R]$.

23. $W=kx(4a^2-x^2)$.

24. $f(t)=\begin{cases}20t, & 0\leqslant t\leqslant 5,\\ 20t+25(t-5), & 5<t\leqslant 15,\\ 20t+25(t-5)-80(t-15), & 15<t<30\dfrac{5}{7},\\ 0, & 30\dfrac{5}{7}<t.\end{cases}$

25. $S=2\left(\pi r^2+\dfrac{V}{r}\right), r\in(0,+\infty)$.

26. $V=\dfrac{R^3Q^2}{24\pi^2}\sqrt{4\pi^2-Q^2}$.

27. $C(x)=1000x+\dfrac{2500}{x}$.

28. $C(x)=3x+5\sqrt{(10-x)^2+16}\ (0\leqslant x\leqslant 10)$.

29. $C(P)=700-10P, R(P)=100P-2P^2$.

30. $F(x)=\dfrac{1600000}{x}+2x$.

自测题

一、1. B. 2. C. 3. A. 4. D. 5. B.

6. C. 7. A. 8. A. 9. B. 10. C.

二、1. $(3,+\infty)$. 2. $\left[-\frac{1}{2},0\right]$. 3. $[-\lg 2,\lg 2]$. 4. $\frac{1}{1+(1+x^2)^2}$.

5. $1-\cos x$. 6. $y=4^{2x-1}$. 7. $R(Q)=20Q-\frac{1}{3}Q^2$.

8. $[-1,3),[0,2]$. 9. x. 10. a.

三、1.（1）非奇非偶；（2）奇；（3）非奇非偶；（4）偶.

3. 反函数为 $y=\frac{-dx+b}{cx-a}$，当 $a+d=0$ 或 $a+d\neq 0,b=c=0,d=a\neq 0$ 时，反函数与原来函数相同.

4. 取 $\delta=\sqrt{2}$ 即可（也可取 δ 为小于 $\sqrt{2}$ 的任一正数）.

5. $f[g(x)]=\begin{cases}1, & x<0,\\ 0, & x=0,\\ -1, & x>0,\end{cases}$ $g[f(x)]=\begin{cases}\mathrm{e}, & |x|<1,\\ 1, & |x|=1,\\ \mathrm{e}^{-1}, & |x|>1.\end{cases}$

7. $R(x)=\begin{cases}130x, & 0\leqslant x\leqslant 700,\\ 91000+117x, & 700<x.\end{cases}$

第 2 章 极限与连续

2.1 内容提要

极限与函数的连续性是微积分学的两个最基本的概念.本章重点是极限的概念,极限的基本性质和运算法则,两个重要极限的公式,求极限的基本方法以及函数的连续性等.

1. 数列的极限

定义在正整数集$\mathbb{Z}_+$上的函数 $f: \mathbb{Z}_+ \to \mathbb{R}$,相当于用正整数编号的一串数

$$x_1 = f(1), \quad x_2 = f(2), \quad \cdots, \quad x_n = f(n), \quad \cdots.$$

这样的一个函数,或者说这样用正整数编号的一串实数,称为一个**实数序列**,简称**数列**,记为$\{x_n\}$.其中 x_n 称为数列的**通项或一般项**,正整数 n 称为数列的**下标**.

设有数列$\{x_n\}$和常数 A.如果对于任意给定的正数 $\varepsilon>0$(记为$\forall \varepsilon>0$),存在正整数 $N=N(\varepsilon)$(记为$\exists N$),使得当 $n>N$ 时,不等式

$$|x_n - A| < \varepsilon$$

恒成立,则称常数 A 为数列$\{x_n\}$的**极限**,或称数列$\{x_n\}$收敛于常数 A.记为

$$\lim_{n\to\infty} x_n = A \quad 或 \quad x_n \to A\ (n\to\infty).$$

没有极限的数列称为**发散数列**.

2. 函数的极限

设有函数 $f(x)$和常数 A.

(1) 如果对于任意给定的 $\varepsilon>0$,存在 $\delta=\delta(\varepsilon,x_0)>0$,使当 $0<|x-x_0|<\delta$ 时,不等式

$$|f(x) - A| < \varepsilon \tag{①}$$

恒成立,则称常数 A 为当 $x\to x_0$ 时函数 $f(x)$的**极限**,记为

$$\lim_{x\to x_0} f(x) = A \quad 或 \quad f(x) \to A \quad (x\to x_0).$$

如果对于任意给定的 $\varepsilon>0$,存在 $\delta=\delta(\varepsilon,x_0)>0$,使当 $0<x-x_0<\delta$(或 $0<x_0-x<\delta$)时,不等式①恒成立,则称常数 A 为当 $x\to x_0$ 时函数 $f(x)$的**右极限**(或**左极限**),记为

$$\lim_{x \to x_0^+} f(x) = f(x_0 + 0) = A \text{ (右极限)},$$

$$\lim_{x \to x_0^-} f(x) = f(x_0 - 0) = A \text{ (左极限)}.$$

定理 2.1 极限$\lim\limits_{x \to x_0} f(x)$存在且等于$A$的充分必要条件是左极限$\lim\limits_{x \to x_0^-} f(x)$与右极限$\lim\limits_{x \to x_0^+} f(x)$都存在且等于$A$. 即有

$$\lim_{x \to x_0} f(x) = A \Leftrightarrow \lim_{x \to x_0^-} f(x) = \lim_{x \to x_0^+} f(x) = A.$$

(2) 如果对于任意给定的$\varepsilon > 0$,存在$X = X(\varepsilon) > 0$,使当$|x| > X$时,不等式①恒成立,则称常数A为当$x \to \infty$时函数$f(x)$的极限,记为

$$\lim_{x \to \infty} f(x) = A \quad \text{或} \quad f(x) \to A \quad (x \to \infty).$$

如果对于任意给定的$\varepsilon > 0$,存在$X = X(\varepsilon) > 0$,使当$x > X$(或$x < -X$)时,不等式①恒成立,则称常数A为当$x \to +\infty$(或$x \to -\infty$)时函数$f(x)$的极限,记为

$$\lim_{x \to +\infty} f(x) = A \quad (\text{或} \lim_{x \to -\infty} f(x) = A).$$

定理 2.2 极限$\lim\limits_{x \to \infty} f(x)$存在且等于$A$的充分必要条件是,极限$\lim\limits_{x \to +\infty} f(x)$和$\lim\limits_{x \to -\infty} f(x)$都存在且等于$A$,即有

$$\lim_{x \to \infty} f(x) = A \Leftrightarrow \lim_{x \to +\infty} f(x) = \lim_{x \to -\infty} f(x) = A.$$

3. 极限的性质和运算

(1) 性质

① (唯一性)若极限$\lim f(x)$存在,则极限唯一.

② (有界性)若极限$\lim\limits_{x \to x_0} f(x)$存在,则函数$f(x)$在点$x_0$的某空心邻域内有界.

③ (保号性)若极限$\lim\limits_{x \to x_0} f(x) = A > 0$(或$< 0$),则在点$x_0$的某空心邻域内恒有$f(x) > 0$(或$f(x) < 0$).

④ 若$\lim\limits_{x \to x_0} f(x) = A$,且在$x_0$的某空心邻域内恒有$f(x) \geqslant 0$(或$f(x) \leqslant 0$),则$A \geqslant 0$(或$A \leqslant 0$).

⑤ 若$\lim\limits_{x \to x_0} f(x) = A$,$\lim\limits_{x \to x_0} g(x) = B$,且在$x_0$的某空心邻域内恒有$f(x) \geqslant g(x)$,则$A \geqslant B$.

(2) 极限的运算法则

定理 2.3 若极限$\lim f(x)$和$\lim g(x)$都存在,则极限$\lim[f(x) \pm g(x)]$和$\lim[f(x)g(x)]$都存在,且有

$$\lim[f(x) \pm g(x)] = \lim f(x) \pm \lim g(x),$$

$$\lim[f(x)g(x)]=[\lim f(x)][\lim g(x)].$$

上述运算法则可推广到有限个函数的和、差、积的情形.

推论 1 若 $\lim f(x)$ 存在,C 为常数,则有

$$\lim[Cf(x)]=C\lim f(x).$$

推论 2 若 $\lim f_1(x),\lim f_2(x),\cdots,\lim f_n(x)$ 都存在,$\alpha_1,\alpha_2,\cdots,\alpha_n$ 为常数,则有

$$\lim[\alpha_1 f_1(x)+\alpha_2 f_2(x)+\cdots+\alpha_n f_n(x)]$$
$$=\alpha_1\lim f_1(x)+\alpha_2\lim f_2(x)+\cdots+\alpha_n\lim f_n(x).$$

推论 3 若 $\lim f(x)$ 存在,n 为正整数,则有

$$\lim[f(x)]^n=[\lim f(x)]^n.$$

定理 2.4 若极限 $\lim f(x)$ 和 $\lim g(x)$ 都存在,且 $\lim g(x)\neq 0$,则有

$$\lim\frac{f(x)}{g(x)}=\frac{\lim f(x)}{\lim g(x)}.$$

推论 4 若 $\lim f(x)$ 存在,且 $\lim f(x)\neq 0$,则

$$\lim[f(x)]^{-n}=[\lim f(x)]^{-n}\quad(n\text{ 为正整数}).$$

4. 极限的存在定理和两个重要极限

(1) 极限存在定理

定理 2.5(夹逼准则) 设在 x_0 的某个空心邻域内恒有 $g(x)\leqslant f(x)\leqslant h(x)$,且有 $\lim\limits_{x\to x_0}g(x)=\lim\limits_{x\to x_0}h(x)=A$,则极限 $\lim\limits_{x\to x_0}f(x)$ 存在,且有

$$\lim_{x\to x_0}f(x)=A.$$

注意 ① 此定理对于 $x\to x_0^+,x\to x_0^-,x\to\infty,x\to+\infty,x\to-\infty$ 等函数极限,也有类似的结果.

② 对于数列也有类似的夹逼定理:若存在正整数 n_0,使当 $n\geqslant n_0$ 时恒有 $y_n\leqslant x_n\leqslant z_n$,且 $\lim\limits_{n\to\infty}y_n=\lim\limits_{n\to\infty}z_n=A$,则有 $\lim\limits_{n\to\infty}x_n=A$.

定理 2.6(单调有界原理) 单调有界数列必有极限.

(2) 两个重要极限

① $\lim\limits_{x\to 0}\dfrac{\sin x}{x}=1$; ② $\lim\limits_{x\to\infty}\left(1+\dfrac{1}{x}\right)^x=\mathrm{e}\left(\lim\limits_{\alpha\to 0}(1+\alpha)^{\frac{1}{\alpha}}=\mathrm{e}\right)$.

5. 无穷小量与无穷大量

(1) 无穷小量的概念

若 $\lim\limits_{x\to x_0}f(x)=0$,则称 $f(x)$ 是当 $x\to x_0$ 时的**无穷小量**,简称**无穷小**.

在此定义中,将 $x\to x_0$ 换成 $x\to x_0^+,x\to x_0^-,x\to+\infty,x\to-\infty,x\to\infty$ 以及 $n\to\infty$,可

定义不同形式的无穷小.

定理 2.7 $\lim\limits_{x\to\infty}f(x)=A \Leftrightarrow f(x)=A+\alpha$,其中 α 为当 $x\to\infty$ 时的无穷小.

(2) 无穷小的性质

① 有限个无穷小的和或差仍为无穷小;

② 有限个无穷小的积仍为无穷小;

③ 无穷小与有界函数之积仍为无穷小.

(3) 无穷小的比较

设 α 与 β 是关于自变量同一极限过程的两个无穷小,且有 $\lim\dfrac{\alpha}{\beta}=A$.

① 若 $A=0$,则称 α 是比 β 高阶的无穷小(或称 β 是比 α 低阶的无穷小);

② 若 $A\neq 0$,则称 α 与 β 是同阶的无穷小;特别地,若 $A=1$,则称 α 与 β 是等价的无穷小,并记为 $\alpha\sim\beta$.

等价无穷小可用来简化求极限的过程:设 $\alpha\sim\alpha'$,$\beta\sim\beta'$,且 $\lim\dfrac{\beta'}{\alpha'}$存在,则 $\lim\dfrac{\beta}{\alpha}$也存在,且 $\lim\dfrac{\beta}{\alpha}=\lim\dfrac{\beta'}{\alpha'}$.

(4) 无穷大量

在自变量的某一变化趋势下,若函数 $f(x)$或数列$\{x_n\}$的绝对值无限地增大,则称函数 $f(x)$或数列$\{x_n\}$为**无穷大量**,简称**无穷大**,记为

$$\lim f(x)=\infty \quad 或 \quad f(x)\to\infty \quad (\lim_{n\to\infty}u_n=\infty \text{ 或 } u_n\to\infty(n\to\infty)).$$

(5) 无穷大与无穷小的关系

① 若 $\lim f(x)=\infty$,则 $\lim\dfrac{1}{f(x)}=0$;

② 若 $\lim f(x)=0$,且 $f(x)\neq 0$,则 $\lim\dfrac{1}{f(x)}=\infty$.

6. 连续函数

(1) 函数连续性的概念

设函数 $y=f(x)$在点 x_0 的某一邻域内有定义,且有

$$\lim_{x\to x_0}f(x)=f(x_0),$$

则称函数 $f(x)$**在点** x_0 **处连续**,称 x_0 为 $f(x)$的**连续点**,如果 $\lim\limits_{x\to x_0^-}f(x)=f(x_0)$(或 $\lim\limits_{x\to x_0^+}f(x)=f(x_0)$),则称函数 $f(x)$在点 x_0 处**左连续**(或**右连续**).

函数 $f(x)$在点 x_0 处连续 $\Leftrightarrow$ 函数 $f(x)$在点 x_0 处左连续且右连续.

如果函数 $f(x)$在开区间(a,b)内每一点都连续，则称**函数 $f(x)$在开区间(a,b)内连续**；如果函数 $f(x)$在开区间(a,b)内连续，并在左端点 a 处右连续，在右端点 b 处左连续，则称**函数 $f(x)$在闭区间$[a,b]$上连续**.

(2) 函数的间断点

如果条件：① $f(x)$在 x_0 处有定义，② $\lim\limits_{x\to x_0}f(x)$存在，③ $\lim\limits_{x\to x_0}f(x)=f(x_0)$中，至少有一个不满足，则 **$f(x)$在点 x_0 处不连续(间断)**，并称**点 x_0 为 $f(x)$的间断点**.

函数间断点的分类见表 2-1.

表 2-1

间断点名称			特　征
第一类间断点	可去间断点	修改定义	极限存在但不等于该点函数值
		补充定义	极限存在但函数在该点无定义
	跳跃间断点		左、右极限存在但不相等
第二类间断点	无穷间断点		左、右极限至少有一个为∞
	非无穷第二类间断点		左、右极限至少有一个不存在，但非∞

(3) 连续函数的性质

① 若函数 $f(x)$和 $g(x)$均在点 x_0 处连续，则函数 $f(x)\pm g(x)$，$f(x)g(x)$，$f(x)/g(x)(g(x_0)\neq0)$在点 x_0 处也连续.

② 若函数 $y=f(u)$在点 u_0 处连续，$u=\varphi(x)$在点 x_0 处连续，且 $\varphi(x_0)=u_0$，则复合函数 $y=f[\varphi(x)]$在点 x_0 处连续.

③ 若函数 $y=f(x)$在区间$[a,b]$上单调、连续，且 $f(a)=\alpha$，$f(b)=\beta$，则其反函数 $y=f^{-1}(x)$在区间$[\alpha,\beta]$(或$[\beta,\alpha]$)上单调、连续.

④ 基本初等函数在其定义域内连续. 初等函数在其定义区间内连续.

(4) 闭区间上连续函数的性质

定理 2.8(有界性定理)　若函数 $y=f(x)$在区间$[a,b]$上连续，则 $f(x)$在$[a,b]$上有界.

定理 2.9(最值定理)　若函数 $y=f(x)$在区间$[a,b]$上连续，则 $f(x)$在$[a,b]$必能取得最大值和最小值.

定理 2.10(介值定理)　若函数 $y=f(x)$在区间$[a,b]$上连续，且 $f(x)$在$[a,b]$上的最大值和最小值分别记为 M 和 m，则对介于 m 和 M 之间的任何实数 $c(m<c<M)$，至少存在一点 $\xi\in(a,b)$，使得 $f(\xi)=c$.

推论(零点定理)　若函数 $f(x)$在闭区间$[a,b]$上连续，且 $f(a)f(b)<0$，则至少存在一点 $\xi\in(a,b)$，使得 $f(\xi)=0$.

零点定理常用于证明方程实根的存在性以及实根的近似计算.

2.2 典型例题解析

题型1 用极限定义证明极限

用“ε-N”定义证明极限的方法是，$\forall\varepsilon>0$，考察$|x_n-A|<\varepsilon$，可将$|x_n-A|$适当放大，然后令放大后的式子小于ε，从中解出(选定)$N=N(\varepsilon)$，再证$\forall\varepsilon>0$，当$n>N$时，恒有$|x_n-A|<\varepsilon$成立即可.

例1 证明：$\lim\limits_{n\to\infty}\sqrt[n]{a}=1(a>0)$.

证明 分三种情况讨论.

(1) 当$a=1$时，命题显然成立.

(2) 当$a>1$时，$\sqrt[n]{a}>1$，$\forall\varepsilon>0$，考察$|\sqrt[n]{a}-1|=\sqrt[n]{a}-1<\varepsilon$，即$a<(1+\varepsilon)^n$，两边取对数得$n>\dfrac{\ln a}{\ln(1+\varepsilon)}$，于是$\forall\varepsilon>0$，找到了$N=\left[\dfrac{\ln a}{\ln(1+\varepsilon)}\right]$，当$n>N$时，恒有$|\sqrt[n]{a}-1|<\varepsilon$成立，故$\lim\limits_{n\to\infty}\sqrt[n]{a}=1$.

(3) 当$0<a<1$时，令$a=\dfrac{1}{b}$，则$b=\dfrac{1}{a}>1$，$|\sqrt[n]{a}-1|=\left|\dfrac{1}{\sqrt[n]{b}}-1\right|=\dfrac{|\sqrt[n]{b}-1|}{\sqrt[n]{b}}<|\sqrt[n]{b}-1|$，由(2)得证.

综上所述，当$a>0$时，总有$\lim\limits_{n\to\infty}\sqrt[n]{a}=1$.

例2 用极限定义证明：$\lim\limits_{n\to\infty}\sqrt[n]{n}=1$.

证明 由

$$|n^{\frac{1}{n}}-1|=\frac{n-1}{1+\sqrt[n]{n}+(\sqrt[n]{n})^2+\cdots+(\sqrt[n]{n})^{n-1}}<\frac{n-1}{\frac{1}{2}(n-1)\sqrt{n}}=\frac{2}{\sqrt{n}}$$

$\left(\text{注意到分母中有}\dfrac{n-1}{2}\text{个}n^{\frac{i}{n}}\text{大于}n^{\frac{1}{2}}\right)$. 欲使$|\sqrt[n]{n}-1|<\dfrac{2}{\sqrt{n}}<\varepsilon$，只要$n>\dfrac{4}{\varepsilon^2}$. 于是对于任给的$\varepsilon>0$，取$N=\dfrac{4}{[\varepsilon^2]}$，当$n>N$时，总有$|\sqrt[n]{n}-1|<\varepsilon$成立.

故$\lim\limits_{n\to\infty}\sqrt[n]{n}=1$. 证毕.

用定义证明$\lim\limits_{x\to x_0}f(x)=A$的方法是，$\forall\varepsilon>0$，考察$|f(x)-A|<\varepsilon$，为此可从解$|f(x)-A|<\varepsilon$的过程中找出δ，使当$0<|x-x_0|<\delta$时，有$|f(x)-A|<\varepsilon$. 为了简便，通常是适当放大$|f(x)-A|$，使放大后的式子小于ε，解出相应的δ，则δ一定满足要求.

例 3 证明：$\lim\limits_{x\to5}\dfrac{x-5}{x^2-25}=\dfrac{1}{10}$.

证明 $\forall\varepsilon>0$，考察$|f(x)-A|=\left|\dfrac{x-5}{x^2-25}-\dfrac{1}{10}\right|=\dfrac{1}{10}\left|\dfrac{x-5}{x+5}\right|<\varepsilon$，因为$x\to5$，即$x$在5附近变化，不妨令$|x-5|<1$，即$4<x<6$（这相当于取$\delta=1$，当然还可以取其他正数. 放大时需保留$|x-x_0|=|x-5|$），于是

$$|f(x)-A|=\frac{1}{10}\left|\frac{x-5}{x+5}\right|<\frac{1}{10}\,\frac{|x-5|}{4+5}=\frac{1}{90}\,|x-5|<\varepsilon,$$

即$|x-5|<90\varepsilon$，取$\delta=\min\{90\varepsilon,1\}$，则当$0<|x-5|<\delta$时，恒有$|f(x)-A|<\varepsilon$，故$\lim\limits_{x\to5}\dfrac{x-5}{x^2-25}=\dfrac{1}{10}$.

题型 2 求极限的方法

例 4 求极限 $\lim\limits_{n\to\infty}\left(\dfrac{1}{3}+\dfrac{1}{15}+\dfrac{1}{35}+\cdots+\dfrac{1}{4n^2-1}\right)$.

解
$$\frac{1}{3}+\frac{1}{15}+\frac{1}{35}+\cdots+\frac{1}{4n^2-1}=\frac{1}{2}\left[\left(1-\frac{1}{3}\right)+\left(\frac{1}{3}-\frac{1}{5}\right)+\cdots+\left(\frac{1}{2n-1}-\frac{1}{2n+1}\right)\right]$$
$$=\frac{1}{2}\left(1-\frac{1}{2n+1}\right),$$

故

$$\text{原式}=\frac{1}{2}\lim_{n\to\infty}\left(1-\frac{1}{2n+1}\right)=\frac{1}{2}.$$

在某一极限过程中. 参加极限四则运算的每一个极限都必须有相同的极限过程，而且每个极限都必须存在（分母不为零）才能运算.

例 5 求$\lim\limits_{x\to2}\dfrac{\sqrt{x^2+5}\,\lg(6x^4+4)}{(x^2+2)\arctan\dfrac{x}{2}}$.

解 （直接代入法）

$$\text{原式}=\frac{\lim\limits_{x\to2}\sqrt{x^2+5}\cdot\lim\limits_{x\to2}\lg(6x^4+4)}{\lim\limits_{x\to2}(x^2+2)\cdot\lim\limits_{x\to2}\arctan\dfrac{x}{2}}=\frac{\sqrt{2^2+5}\,\lg(6\times2^4+4)}{(2^2+2)\arctan1}$$
$$=\frac{3\lg100}{6\pi/4}=\frac{4}{\pi}.$$

例 6 求 $\lim\limits_{x\to-2}\dfrac{x^3-x^2-16x-20}{x^3+7x^2+16x+12}$.

解 (约去零因式法)

$$\text{原式}=\lim_{x\to-2}\frac{(x+2)(x^2-3x-10)}{(x+2)(x^2+5x+6)}=\lim_{x\to-2}\frac{x^2-3x-10}{x^2+5x+6}$$

$$=\lim_{x\to-2}\frac{(x+2)(x-5)}{(x+2)(x+3)}=\lim_{x\to-2}\frac{x-5}{x+3}=-7.$$

例 7 求 $\lim\limits_{x\to1}\left(\dfrac{3}{1-x^3}-\dfrac{1}{1-x}\right)$.

解 (通分法)因为 $\lim\limits_{x\to1}\dfrac{3}{1-x^3}=\infty$，$\lim\limits_{x\to1}\dfrac{1}{1-x}=\infty$，故不能用差的运算法则，可将函数通分变形后再求极限.

$$\text{原式}=\lim_{x\to1}\frac{(1-x)(x+2)}{(1-x)(1+x+x^2)}=\lim_{x\to1}\frac{x+2}{1+x+x^2}=1.$$

例 8 求 $\lim\limits_{x\to\infty}\dfrac{x^3+2x^2+8}{2x^4-x^3+3x-1}$.

解 (除以适当无穷大法)分子、分母同除以最高次项 x^4，得

$$\text{原式}=\lim_{x\to\infty}\frac{\dfrac{1}{x}+\dfrac{2}{x^2}+\dfrac{8}{x^4}}{2-\dfrac{1}{x}+\dfrac{3}{x^3}-\dfrac{1}{x^4}}=\frac{0+0+0}{2-0+0-0}=0.$$

一般地，

$$\lim_{x\to\infty}\frac{a_0x^n+a_1x^{n-1}+\cdots+a_n}{b_0x^m+b_1x^{m-1}+\cdots+b_m}=\begin{cases}\infty, & n>m,\\ \dfrac{a_0}{b_0}, & n=m,\\ 0, & n<m.\end{cases}$$

例 9 求 $\lim\limits_{x\to1}\dfrac{\sqrt{5}-\sqrt{x+4}}{1-\sqrt[3]{x}}$.

解 (有理化法)

$$\text{原式}=\lim_{x\to1}\frac{\sqrt{5}-\sqrt{x+4}}{1-\sqrt[3]{x}}\cdot\frac{\sqrt{5}+\sqrt{x+4}}{\sqrt{5}+\sqrt{x+4}}\cdot\frac{1+\sqrt[3]{x}+\sqrt[3]{x^2}}{1+\sqrt[3]{x}+\sqrt[3]{x^2}}$$

$$=\lim_{x\to1}\frac{(1-x)(\sqrt[3]{x^2}+\sqrt[3]{x}+1)}{(1-x)(\sqrt{5}+\sqrt{x+4})}=\frac{3}{10}\sqrt{5}.$$

例 10 求 $\lim\limits_{x\to1}\dfrac{1-\sqrt[n]{x}}{1-\sqrt[m]{x}}$ $(m,n\in\mathbb{Z}_+)$.

解 (变量替换法)令 $t=\sqrt[mn]{x}$，则当 $x\to1$ 时，$t\to1$，于是

$$原式=\lim_{t\to1}\frac{1-t^m}{1-t^n}=\lim_{t\to1}\frac{(1-t)(1+t+t^2+\cdots+t^{m-1})}{(1-t)(1+t+t^2+\cdots+t^{n-1})}=\frac{m}{n}.$$

例 11 设 $x_n=\dfrac{1\cdot3\cdot5\cdot\cdots\cdot(2n-1)}{2\cdot4\cdot6\cdot\cdots\cdot(2n)}$，求 $\lim\limits_{n\to\infty}x_n$ 及 $\lim\limits_{n\to\infty}\sqrt[n]{x_n}$.

解 (利用夹逼准则)由 $4n^2-1<4n^2\Rightarrow\dfrac{2n-1}{2n}<\dfrac{2n}{2n+1}$，从而

$$x_n=\frac{1}{2}\cdot\frac{3}{4}\cdot\cdots\cdot\frac{2n-1}{2n}<\frac{2}{3}\cdot\frac{4}{5}\cdot\cdots\cdot\frac{2n}{2n+1}\overset{\text{def}}{=\!=}y_n\Rightarrow0<x_n^2<x_ny_n,$$

而

$$x_ny_n=\frac{1}{2}\cdot\frac{3}{4}\cdot\cdots\cdot\frac{2n-1}{2n}\cdot\frac{2}{3}\cdot\frac{4}{5}\cdot\cdots\cdot\frac{2n}{2n+1}=\frac{1}{2n+1},$$

由夹逼准则易得 $\lim\limits_{n\to\infty}x_n^2=0$，故有 $\lim\limits_{n\to\infty}x_n=0$.

由

$$x_n=\frac{3}{2}\cdot\frac{5}{4}\cdot\cdots\cdot\frac{2n-1}{2n-2}\cdot\frac{1}{2n}\geqslant\frac{1}{2n}\Rightarrow\sqrt[n]{\frac{1}{2n}}\leqslant\sqrt[n]{x_n}\leqslant1,$$

而

$$\lim_{n\to\infty}\sqrt[n]{\frac{1}{2n}}=1\Rightarrow\lim_{n\to\infty}\sqrt[n]{x_n}=1.$$

例 12 设 $x_1=1,x_{n+1}=1+\dfrac{x_n}{1+x_n}\ (n=1,2,\cdots)$，求 $\lim\limits_{n\to\infty}x_n$.

解 (利用单调有界原理)因为 $x_2=1+\dfrac{1}{2}=\dfrac{3}{2}>x_1$，假设 $x_n>x_{n-1}$，则

$$x_{n+1}-x_n=\left(1+\frac{x_n}{1+x_n}\right)-\left(1+\frac{x_{n-1}}{1+x_{n-1}}\right)=\frac{x_n-x_{n-1}}{(1+x_n)(1+x_{n-1})}>0,$$

即 $x_{n+1}>x_n$，由数学归纳法，$\forall n\in\mathbb{Z}_+$，有 $x_{n+1}>x_n$，可知数列 $\{x_n\}$ 是单调增加的.

又由 $x_{n+1}=1+\dfrac{x_n}{1+x_n}=2-\dfrac{1}{1+x_n}<2$ 可知 $\{x_n\}$ 有界，所以，极限 $\lim\limits_{n\to\infty}x_n$ 必定存在. 设 $\lim\limits_{n\to\infty}x_n=a$. 在等式 $x_{n+1}=1+\dfrac{x_n}{1+x_n}$ 两边取极限得 $a=1+\dfrac{a}{1+a}$，即

$$a^2-a-1=0\Rightarrow a=\frac{1}{2}(1\pm\sqrt{5}).$$

因为 $x_n>0$，故负值不符合题设，所以

$$\lim_{n\to\infty}x_n=\frac{1+\sqrt{5}}{2}.$$

例 13 求 $\lim\limits_{x\to\infty}\dfrac{\sqrt[3]{x^2}\sin x^2}{x+1}$.

解 (无穷小量乘有界变量法)因为

$$\lim_{x\to\infty}\frac{\sqrt[3]{x^2}}{x+1}=\lim_{x\to\infty}\frac{\sqrt[3]{\frac{1}{x}}}{1+\frac{1}{x}}=0,$$

而 $|\sin x^2|\leqslant 1$，所以

$$\lim_{x\to\infty}\frac{\sqrt[3]{x^2}\sin x^2}{x+1}=0.$$

例 14　求 $\lim\limits_{x\to+\infty}(\sin\sqrt{x+1}-\sin\sqrt{x})$.

解　(无穷小量乘有界变量法)

$$\begin{aligned}\text{原式}&=\lim_{x\to+\infty}2\sin\frac{\sqrt{x+1}-\sqrt{x}}{2}\cos\frac{\sqrt{x+1}+\sqrt{x}}{2}\\&=\lim_{x\to+\infty}2\sin\frac{1}{2(\sqrt{x+1}+\sqrt{x})}\cos\frac{\sqrt{x+1}+\sqrt{x}}{2}.\end{aligned}$$

因为 $\cos\frac{\sqrt{x+1}+\sqrt{x}}{2}$ 是有界变量. 当 $x\to+\infty$ 时，$\sin\frac{1}{2(\sqrt{x+1}+\sqrt{x})}$ 是无穷小量. 故原式 $=0$.

例 15　求 $\lim\limits_{x\to\pi}\frac{\sin x}{1-\left(\frac{x}{\pi}\right)^2}$.

解　(利用重要极限法)

方法 1. 令 $\pi-x=t$，则当 $x\to\pi$ 时，$t\to 0$.

$$\text{原式}=\lim_{t\to 0}\frac{\sin(\pi-t)}{1-\left(\frac{\pi-t}{\pi}\right)^2}=\lim_{t\to 0}\frac{\sin t}{t}\cdot\frac{\pi^2}{2\pi-t}=\frac{\pi}{2}.$$

方法 2. 原式 $=\lim\limits_{x\to\pi}\frac{\pi^2\sin x}{\pi^2-x^2}=\lim\limits_{x\to\pi}\frac{\pi^2\sin(\pi-x)}{(\pi+x)(\pi-x)}=\lim\limits_{x\to\pi}\frac{\pi^2}{\pi+x}\cdot\frac{\sin(\pi-x)}{\pi-x}=\frac{\pi}{2}$.

例 16　求极限 $w=\lim\limits_{x\to 0}\frac{\sqrt{1+\tan x}-\sqrt{1+\sin x}}{x(1-\cos x)}$.

解　恒等变形. 分子分母同乘 $\sqrt{1+\tan x}+\sqrt{1+\sin x}$，得

$$\begin{aligned}w&=\lim_{x\to 0}\frac{\tan x-\sin x}{x(1-\cos x)(\sqrt{1+\tan x}+\sqrt{1+\sin x})}\\&=\frac{1}{2}\lim_{x\to 0}\frac{\tan x(1-\cos x)}{x(1-\cos x)}=\frac{1}{2}\lim_{x\to 0}\frac{1}{\cos x}\cdot\frac{\sin x}{x}=\frac{1}{2}.\end{aligned}$$

例 17　证明：$\lim\limits_{x\to\infty}\left(1+\frac{k}{x}\right)^{cx+b}=\mathrm{e}^{ck}$ (b,c,k 为常数).

证明　当 $k\neq 0$ 时，令 $\frac{k}{x}=\frac{1}{y}$ 得 $x=ky$，当 $x\to\infty$ 时，$y\to\infty$，因此有

$$\lim_{x\to\infty}\left(1+\frac{k}{x}\right)^{cx+b}=\lim_{y\to\infty}\left(1+\frac{1}{y}\right)^{cky+b}=\lim_{y\to\infty}\left[\left(1+\frac{1}{y}\right)^{cky}\left(1+\frac{1}{y}\right)^{b}\right]$$

$$=\lim_{y\to\infty}\left[\left(1+\frac{1}{y}\right)^{y}\right]^{ck}\cdot\lim_{y\to\infty}\left(1+\frac{1}{y}\right)^{b}=\mathrm{e}^{ck}\cdot 1^{b}=\mathrm{e}^{ck}.$$

当 $k=0$ 时,结论显然成立.

同理可得 $\lim\limits_{x\to 0}(1+kx)^{\frac{c}{x}+b}=\mathrm{e}^{ck}$.

例 18 求 $\lim\limits_{x\to\infty}\left(\dfrac{x}{x-1}\right)^{\sqrt{x}}$.

解 令 $\sqrt{x}=t$,则当 $x\to+\infty$ 时,$t\to+\infty$,于是

$$原式=\lim_{t\to\infty}\left(\frac{t^2}{t^2-1}\right)^{t}=\lim_{t\to\infty}\left[\frac{t}{t+1}\cdot\frac{t}{t-1}\right]^{t}=\lim_{t\to\infty}\left[\left(1+\frac{1}{t}\right)^{-1}\left(1-\frac{1}{t}\right)^{-1}\right]^{t}$$

$$=\lim_{t\to\infty}\left(1+\frac{1}{t}\right)^{-t}\lim_{t\to\infty}\left(1-\frac{1}{t}\right)^{-t}=\mathrm{e}^{-1}\cdot\mathrm{e}=\mathrm{e}^{0}=1.$$

例 19 求 $\lim\limits_{x\to 0}\dfrac{\cos x-\cos 3x}{x\sin x}$.

解 方法 1. 当 $x\to 0$ 时,$1-\cos x\sim\dfrac{1}{2}x^2$,$1-\cos 3x\sim\dfrac{1}{2}(3x)^2$,于是

$$原式=\lim_{x\to 0}\frac{(1-\cos 3x)-(1-\cos x)}{x\sin x}=\lim_{x\to 0}\frac{1-\cos 3x}{x\sin x}-\lim_{x\to 0}\frac{1-\cos x}{x\sin x}$$

$$=\lim_{x\to 0}\frac{\frac{1}{2}(3x)^2}{x^2}-\lim_{x\to 0}\frac{\frac{1}{2}x^2}{x^2}=\frac{9}{2}-\frac{1}{2}=4.$$

方法 2. 原式 $\lim\limits_{x\to 0}\dfrac{2\sin 2x\sin x}{x\sin x}=4\lim\limits_{x\to 0}\dfrac{\sin 2x}{2x}=4$.

例 20 求极限 $\lim\limits_{x\to 0}\dfrac{\ln(\sin^2 x+\mathrm{e}^x)-x}{\ln(x^2+\mathrm{e}^{2x})-2x}$.

解 原式 $=\lim\limits_{x\to 0}\dfrac{\ln(\sin^2 x+\mathrm{e}^x)-\ln\mathrm{e}^x}{\ln(x^2+\mathrm{e}^{2x})-\ln\mathrm{e}^{2x}}=\lim\limits_{x\to 0}\dfrac{\ln(\sin^2 x/\mathrm{e}^x+1)}{\ln(x^2/\mathrm{e}^{2x}+1)}=\lim\limits_{x\to 0}\dfrac{\sin^2 x/\mathrm{e}^x}{x^2/\mathrm{e}^{2x}}=1$.

例 21 设 $f(x)=\begin{cases}1-2\mathrm{e}^{-x}, & x\leqslant 0,\\ \dfrac{x-\sqrt{x}}{\sqrt{x}}, & 0<x<1,\\ x^2, & x\geqslant 1.\end{cases}$ 求 $\lim\limits_{x\to 0}f(x)$ 及 $\lim\limits_{x\to 1}f(x)$.

解 (左、右极限法)求分段函数在分段点处的极限,应先考虑左、右极限是否存在,再看是否相等.

因为

$$\lim_{x\to 0^-} f(x) = \lim_{x\to 0^-}(1-2\mathrm{e}^{-x}) = -1,$$

$$\lim_{x\to 0^+} f(x) = \lim_{x\to 0^+}\frac{x-\sqrt{x}}{\sqrt{x}} = \lim_{x\to 0^+}(\sqrt{x}-1) = -1,$$

所以

$$\lim_{x\to 0} f(x) = -1.$$

又因为

$$\lim_{x\to 1^-} f(x) = \lim_{x\to 1^-}\frac{x-\sqrt{x}}{\sqrt{x}} = \lim_{x\to 1^-}(\sqrt{x}-1) = 0,$$

$$\lim_{x\to 1^+} f(x) = \lim_{x\to 1^+} x^2 = 1;\quad f(1-0)\neq f(1+0),$$

所以$\lim\limits_{x\to 1} f(x)$不存在.

例 22　设 $p(x)$是多项式,且$\lim\limits_{x\to\infty}\dfrac{p(x)-x^3}{x^2}=2$,$\lim\limits_{x\to 0}\dfrac{p(x)}{x}=1$,求 $p(x)$.

解　因为$\lim\limits_{x\to\infty}\dfrac{p(x)-x^3}{x^2}=2$,所以可设 $p(x)=x^3+2x^2+ax+b$(其中 a,b 为待定系数).又因为$\lim\limits_{x\to 0}\dfrac{p(x)}{x}=1$,所以 $p(x)\sim x(x\to 0)$,从而得 $b=0,a=1$,故 $p(x)=x^3+2x^2+x$.

例 23　已知$\lim\limits_{x\to 1}\dfrac{x^2+ax+b}{x-1}=3$,试求 a,b 的值.

解　因为$\lim\limits_{x\to 1}(x-1)=0$,所以必须有$\lim\limits_{x\to 1}(x^2+ax+b)=0$,即有 $1+a+b=0$.将 $b=-1-a$ 代入原式,得

$$\begin{aligned}\lim_{x\to 1}\frac{x^2+ax-1-a}{x-1} &= \lim_{x\to 1}\frac{(x-1)(x+1+a)}{x-1}\\ &= \lim_{x\to 1}(x+1+a) = 2+a = 3,\end{aligned}$$

故 $a=1,b=-2$.

例 24　设$\lim\limits_{n\to\infty}\dfrac{n^\alpha}{n^\beta-(n-1)^\beta}=2014$,试求 α,β 的值.

解　因为

$$\lim_{n\to\infty}\frac{n^\alpha}{n^\beta-(n-1)^\beta} = \lim_{n\to\infty}\frac{n^{\alpha-\beta}}{1-\left(1-\dfrac{1}{n}\right)^\beta} = \lim_{n\to\infty}\frac{n^{\alpha-\beta}}{1-\left[1-\dfrac{\beta}{n}+o\left(\dfrac{1}{n}\right)\right]} = \lim_{n\to\infty}\frac{n^{\alpha-\beta+1}}{\beta},$$

仅当 $\alpha-\beta+1=0$ 时,极限存在,$\lim\limits_{n\to\infty}\dfrac{n^{\alpha-\beta+1}}{\beta}=\dfrac{1}{\beta}$,由$\dfrac{1}{\beta}=2014$,得 $\beta=\dfrac{1}{2014}$,$\alpha=\beta-1=-\dfrac{2013}{2014}$.

题型3 函数的连续性

例25 讨论下列函数的间断点：

(1) $F(x)=\dfrac{x}{\sin x}$；　　(2) $f(x)=\begin{cases}\dfrac{|x|}{x}, & x\neq 0,\\ 0, & x=0;\end{cases}$

(3) $f(x)=\sin\dfrac{1}{x}$；　　(4) $f(x)=\begin{cases}\dfrac{x^2-1}{x-1}, & x\neq 1,\\ 1, & x=1.\end{cases}$

解 (1) 当 $x=0$ 时，$f(x)$ 无定义，但 $\lim\limits_{x\to 0}\dfrac{x}{\sin x}=1$，故 $x=0$ 是 $f(x)$ 的可去间断点（第一类间断点）；

当 $x=k\pi(k=\pm1,\pm2,\cdots)$ 时，$f(x)$ 无定义，且 $\lim\limits_{x\to k\pi}\dfrac{x}{\sin x}=\infty$，故 $x=k\pi$ 是 $f(x)$ 的无穷间断点（第二类间断点）.

(2) 因为 $f(x)=\begin{cases}1, & x>0,\\ 0, & x=0,\\ -1, & x<0,\end{cases}$ 所以 $\lim\limits_{x\to 0^-}f(x)=-1\neq\lim\limits_{x\to 0^+}f(x)=1$，故 $\lim\limits_{x\to 1}f(x)$ 不存在，$x=0$ 是第一类间断点.

(3) 当 $x=0$ 时，$f(x)$ 无定义，且 $\lim\limits_{x\to 0^-}\sin\dfrac{1}{x}$ 不存在，永远在 -1 与 1 之间振荡，故 $x=0$ 为非无穷第二类间断点.

(4) $f(x)$ 在分界点 $x=1$ 处有定义，且 $f(1)=1$，但

$$\lim_{x\to 1}f(x)=\lim_{x\to 1}\frac{x^2-1}{x-1}=\lim_{x\to 1}(x+1)=2.$$

因 $\lim\limits_{x\to 1}f(x)\neq f(1)$，故 $x=1$ 是 $f(x)$ 的可去间断点.

例26 求下列函数的连续区间：

(1) $f(x)=\dfrac{1}{x^3-x}$；　(2) $f(x)=\dfrac{1}{\sqrt{\sin x}}$；　(3) $f(x)=\dfrac{|x-1|}{x^2-x^3}$.

解 (1) $f(x)=\dfrac{1}{x^3-x}=\dfrac{1}{x(x-1)(x+1)}$，易见在 $x=-1,0,-1$ 三点处，$f(x)$ 无定义，故间断，所以 $f(x)$ 的连续区间是：$(-\infty,-1),(-1,0),(0,1),(1,+\infty)$.

(2) 因 $f(x)$ 是初等函数，所以它的定义区间就是它的连续区间，即

$$(2k\pi,(2k+1)\pi)\quad(k=0,\pm1,\pm2,\cdots).$$

(3) $f(x)=\begin{cases}-\dfrac{1}{x^2}, & x>1,\\ \dfrac{1}{x^2}, & x<1,\end{cases}$ 因为$\lim\limits_{x\to 0}f(x)=\infty$,故 $x=0$ 是 $f(x)$的无穷间断点;又因为 $f(1+0)=\lim\limits_{x\to 1^+}f(x)=\lim\limits_{x\to 1^+}\left(-\dfrac{1}{x^2}\right)=-1$, $f(1-0)=\lim\limits_{x\to 1^-}\left(\dfrac{1}{x^2}\right)=1$,故$\lim\limits_{x\to 1}f(x)$不存在,从而 $x=1$ 是间断点,$f(x)$的连续区间是:$(-\infty,0),(0,1),(1,+\infty)$.

例 27 设 $f(x)=\begin{cases}e^{\frac{1}{x-1}}+3, & x<1,\\ 3, & x=1,\\ 3+(x-1)\sin\dfrac{1}{x-1}, & x>1.\end{cases}$

(1) $f(x)$在 $x=1$ 处是否连续?(2)求 $f(x)$的连续区间.

解 (1)

$$f(1-0)=\lim_{x\to 1^-}(e^{\frac{1}{x-1}}+3)=3,\quad f(1)=3,$$

$$f(1+0)=\lim_{x\to 1^+}\left[3+(x-1)\sin\frac{1}{x-1}\right]=3,$$

由于 $f(1-0)=f(1)=f(1+0)$,故 $f(x)$在 $x=1$ 处连续.

(2) 当 $x>1$ 或 $x<1$ 时,$f(x)$是初等函数,显然连续,再由(1)知在分段点 $x=1$ 处 $f(x)$也连续,故连续区间为$(-\infty,+\infty)$.

例 28 设函数 $f(x)=\begin{cases}x^2-1, & 0\leqslant x\leqslant 2,\\ bx-2, & 2<x\leqslant 3,\end{cases}$确定 b 的值,使函数 $f(x)$在$[0,3]$上连续.

解 $f(x)$是一个分段函数,而每一小分段均为初等函数,显然连续,要求在$[0,3]$上连续,只需函数在分段点连续.

$$f(2-0)=\lim_{x\to 2^-}(x^2-1)=3=f(2),\quad f(2+0)=\lim_{x\to 2^+}(bx-2)=2b-2,$$

要 $f(x)$在 $x=2$ 处连续,则 $2b-2=3$,$b=\dfrac{5}{2}$,于是,当 $b=\dfrac{5}{2}$时,$f(x)$在$[0,3]$上连续.

例 29 试确定 a 的值,使函数 $f(x)=\begin{cases}x^2+a, & x\leqslant 0,\\ x\sin\dfrac{1}{x}, & x>0\end{cases}$ 在$(-\infty,+\infty)$上连续.

解 $f(x)$在 $x\neq 0$ 时显然连续,故关键是利用 $f(x)$在 $x=0$ 的连续性以确定 a,$f(0+0)=\lim\limits_{x\to 0^+}x\sin\dfrac{1}{x}=0$,$f(0-0)=\lim\limits_{x\to 0^-}(x^2+a)=a$,$f(0)=a$,故取 $a=0$,可使 $f(x)$在 $x=0$ 处连续,从而 $f(x)$在$(-\infty,+\infty)$上连续.

例 30 设 $f(x)=\lim\limits_{n\to\infty}\dfrac{\ln(e^n+x^n)}{n}\ (x>0)$.(1)求 $f(x)$;(2)讨论 $f(x)$的连续性.

解 (1) 当 $0<x\leqslant e$ 时,

$$f(x)=\lim_{n\to\infty}\frac{\ln(e^n+x^n)}{n}=\lim_{n\to\infty}\frac{\ln\left[e^n\left(1+\left(\frac{x}{e}\right)^n\right)\right]}{n}$$

$$=\lim_{n\to\infty}\frac{n+\ln\left[1+\left(\frac{x}{e}\right)^n\right]}{n}=1+\lim_{n\to\infty}\frac{\ln\left[1+\left(\frac{x}{e}\right)^n\right]}{n}=1,$$

当 $x>e$ 时，

$$f(x)=\lim_{n\to\infty}\frac{\ln\left[x^n\left(1+\left(\frac{e}{x}\right)^n\right)\right]}{n}=\lim_{n\to\infty}\frac{n\ln x+\ln\left[1+\left(\frac{e}{x}\right)^n\right]}{n}=\ln x,$$

即

$$f(x)=\begin{cases}1, & 0<x\leqslant e,\\ \ln x, & x>e.\end{cases}$$

(2) 在 $x=e$ 处，$\lim\limits_{x\to e^-}f(x)=1$，$\lim\limits_{x\to e^+}f(x)=1$. 又 $f(e)=1$，所以 $f(x)$ 在 $x=e$ 处连续，故 $f(x)$ 在 $(0,+\infty)$ 上连续.

例 31 设 $f(x)$ 在闭区间 $[0,1]$ 上连续，且 $f(0)=f(1)$，证明必有一点 $\xi\in[0,1]$ 使得 $f\left(\xi+\frac{1}{2}\right)=f(\xi)$.

证明 令 $F(x)=f\left(x+\frac{1}{2}\right)-f(x)$，则 $F(x)$ 在 $\left[0,\frac{1}{2}\right]$ 上连续. 因为

$$F(0)=f\left(\frac{1}{2}\right)-f(0),\quad F\left(\frac{1}{2}\right)=f(1)-f\left(\frac{1}{2}\right),$$

讨论：若 $F(0)=0$，则取 $\xi=0$ 即可；若 $F\left(\frac{1}{2}\right)=0$，则取 $\xi=\frac{1}{2}$ 即可；若 $F(0)\neq0$，$F\left(\frac{1}{2}\right)\neq0$，则

$$F(0)F\left(\frac{1}{2}\right)=-\left[f\left(\frac{1}{2}\right)-f(0)\right]^2<0.$$

由零点定理知，$\exists\,\xi\in\left(0,\frac{1}{2}\right)$，使 $F(\xi)=0$，即 $f\left(\xi+\frac{1}{2}\right)=f(\xi)$.

例 32 试证方程 $x=a\sin x+b$（其中 $a>0,b>0$）至少有一正根，并且它不大于 $a+b$.

证明 设 $f(x)=a\sin x+b-x$，则 $f(x)$ 在 $[0,a+b]$ 上连续. $f(0)=b>0$，

$$f(a+b)=a\sin(a+b)-(a+b)+b=a[\sin(a+b)-1]\leqslant0.$$

若 $f(a+b)=0$，则 $a+b$ 就是方程 $x=a\sin x+b$ 的一个正根，且它不大于 $a+b$；

若 $f(a+b)<0$，则由零点定理知在 $0,a+b$ 之间至少存在一点 ξ，使得 $f(\xi)=0$，即 $\xi=a\sin\xi+b$，故方程 $x=a\sin x+b$ 至少有一正根，且不大于 $a+b$.

我们还可以证明：方程没有大于 $a+b$ 的实根. 事实上，当 $x>a+b$ 时，$b-x<-a$，$a\sin x\leqslant a$，所以 $f(x)=a\sin x+b-x<a-a=0$.

2.3 习题

基本题

1. 观察下面各数列$\{x_n\}$的变化趋势，指出哪些有极限，哪些没有极限？

(1) $x_n=\frac{n-1}{n+1}$；(2) $x_n=(-1)^n\frac{1}{n}$；

(3) $x_n=\frac{\sin n}{n}$；(4) $x_n=\frac{1+(-1)^n}{n}$.

2. 根据数列极限的"ε-N"定义，证明下列各题：

(1) $\lim\limits_{n\to\infty}\frac{3n+2}{2n+1}=\frac{3}{2}$；(2) $\lim\limits_{n\to\infty}\frac{\cos 2n}{n}=0$；

(3) $\lim\limits_{n\to\infty}(\sqrt{n+1}-\sqrt{n})=0$.

3. 若$\lim\limits_{n\to\infty}x_n=a$，证明$\lim\limits_{n\to\infty}|x_n|=|a|$. 举例说明反过来未必成立.

4. 若数列$\{x_n\}$有界，并且$\lim\limits_{n\to\infty}y_n=0$，证明：$\lim\limits_{n\to\infty}x_ny_n=0$.

5. 对数列$\{x_n\}$，若$x_{2k-1}\to a(k\to\infty)$，$x_{2k}\to a(k\to\infty)$，证明：$x_n\to a(n\to\infty)$.

6. 根据单调有界原理证明下列数列有极限：

(1) $\sqrt{2},\sqrt{2\sqrt{2}},\sqrt{2\sqrt{2\sqrt{2}}},\cdots$；(2) $\sqrt{3},\sqrt{3+\sqrt{3}},\sqrt{3+\sqrt{3+\sqrt{3}}},\cdots$；

(3) $x_n=\frac{1}{3+1}+\frac{1}{3^2+1}+\cdots+\frac{1}{3^n+1}$；(4) $x_n=\frac{1}{1^2+1}+\frac{1}{2^2+1}+\cdots+\frac{1}{n^2+1}$；

(5) $x_n=\left(1-\frac{1}{2}\right)\left(1-\frac{1}{4}\right)\cdots\left(1-\frac{1}{2^n}\right)$.

7. 根据函数极限的定义证明下列各题：

(1) $\lim\limits_{x\to+\infty}\frac{\sin x}{\sqrt{x}}=0$；(2) $\lim\limits_{x\to 3}\sqrt{x}=\sqrt{3}$；

(3) $\lim\limits_{x\to 2}\frac{x^2-1}{x^2+1}=\frac{3}{5}$；(4) $\lim\limits_{x\to -1}(4x+5)=1$；

(5) $\lim\limits_{x\to\frac{1}{3}}\frac{15x^2-2x-1}{x-\frac{1}{3}}=8$.

8. 设 $f(x)=\begin{cases}x^2, & 0<x\leqslant 1,\\ 1, & 1<x<2.\end{cases}$ $\lim\limits_{x\to 1}f(x)$是否存在？

9. 讨论当 $x\to 0$ 时，函数 $f(x)=\frac{x}{|x|}$是否有极限.

10. 当 $x\to 0$ 时，$f(x)=\frac{1+2x}{x}\to\infty$，问 x 应满足什么条件，才能使不等式$|f(x)|>10^4$

成立？

11. 证明：(1) $\lim\limits_{x\to 0}\dfrac{3x+1}{x^2}=\infty$；　(2) $\lim\limits_{x\to 0^+}2^{\frac{1}{x}}=+\infty$.

12. 当 $x\to 1$ 时，无穷小 $\dfrac{1-x}{1+x}$ 与 $1-\sqrt{x}$ 哪一个是高阶的？

13. 当 $x\to 0$ 时，试确定下列无穷小对于 x 的阶数：

(1) $\sqrt[3]{x^2}-\sqrt{x}$；　(2) $\tan x-\sin x$；　(3) $\ln(1+x)$.

14. 两个无穷小的商是否仍为无穷小？举例说明.

15. 两个无穷大的和是否仍为无穷大？举例说明.

16. 证明当 $x\to 0$ 时，下列各对无穷小是等价的无穷小：

(1) $1-\cos x\sim\dfrac{x^2}{2}$；　(2) $\arctan x\sim x$；

(3) $\sqrt{1-x}-1\sim\dfrac{x}{2}$；　(4) $e^x-1\sim x$.

17. 设 $f(x)=\begin{cases}e^x+1, & x>0,\\ x+b, & x\leqslant 0,\end{cases}$ 问 b 取什么值时，$\lim\limits_{x\to 0}f(x)$ 存在？

18. 在半径为 R 的圆内作一内接正方形，再在这个正方形内作内切圆，在这内切圆内再作一内接正方形，……，如此继续下去，分别求出所有圆的面积之和及所有正方形的面积之和.

19. 求数列极限：

(1) $\lim\limits_{n\to\infty}\dfrac{(3-n)^2+(3+n)^2}{(3-n)^2+(3+n)^2}$；　(2) $\lim\limits_{n\to\infty}\dfrac{(1+2n)^3-8n^3}{(1+2n)^2+4n^2}$；

(3) $\lim\limits_{n\to\infty}\dfrac{(2n+1)^{1999}}{(n+1)^{2000}-(n-1)^{2000}}$；　(4) $\lim\limits_{n\to\infty}\dfrac{\sqrt[3]{n+6}-\sqrt{n^2-5}}{\sqrt[3]{n^3+3}-\sqrt[4]{n^3+1}}$；

(5) $\lim\limits_{n\to\infty}\dfrac{n^2-\sqrt{n^3+1}}{\sqrt[3]{n^6-n+2}}$.

20. 求数列极限：

(1) $\lim\limits_{n\to\infty}n(\sqrt{n^2+1}-\sqrt{n^2-1})$；　(2) $\lim\limits_{n\to\infty}(n\sqrt{n}-\sqrt{n(n+1)(n+2)})$；

(3) $\lim\limits_{n\to\infty}\dfrac{\sqrt{(n+1)^3}-\sqrt{n(n-1)(n-3)}}{\sqrt{n}}$；　(4) $\lim\limits_{n\to\infty}\dfrac{\sqrt{n(n^5+9)}-\sqrt{(n^4-1)(n^2+5)}}{n}$；

(5) $\lim\limits_{n\to\infty}\dfrac{\sqrt{(n^2+5)(n^4+2)}-\sqrt{n^6-3n+5}}{n}$.

21. 求数列极限：

(1) $\lim\limits_{n\to\infty}\left(1+\dfrac{1}{2}+\dfrac{1}{4}+\cdots+\dfrac{1}{2^n}\right)$；　(2) $\lim\limits_{n\to\infty}\dfrac{(2n+1)!+(2n+2)!}{(2n+3)!}$；

(3) $\lim\limits_{n\to\infty}\dfrac{(-2)^n+3^n}{(-2)^{n+1}+3^{n+1}}$；

(4) $\lim\limits_{n\to\infty}\dfrac{\sqrt[3]{n^3+5}-\sqrt{3n^4+2}}{1+3+5+\cdots+(2n-1)}$；

(5) $\lim\limits_{n\to\infty}\left(\dfrac{5}{6}+\dfrac{13}{36}+\cdots+\dfrac{3^n+2^n}{6^n}\right)$.

22. 求数列极限：

(1) $\lim\limits_{n\to\infty}\left(\dfrac{2n+3}{2n+1}\right)^{n+1}$；

(2) $\lim\limits_{n\to\infty}\left(\dfrac{n^2+n+1}{n^2-n+1}\right)^{-n^2}$；

(3) $\lim\limits_{n\to\infty}\left(\dfrac{2n^2+21n-7}{2n^2+18n+9}\right)^{2n+1}$；

(4) $\lim\limits_{n\to\infty}\left(\dfrac{13n+3}{13n-10}\right)^{n-3}$；

(5) $\lim\limits_{n\to\infty}\left(\dfrac{n+5}{n-7}\right)^{\frac{n}{6}+1}$.

23. 计算函数极限：

(1) $\lim\limits_{x\to\sqrt{3}}\dfrac{x^2-3x+2}{x^2+1}$；

(2) $\lim\limits_{x\to 0}\dfrac{(a+x)^3-a^3}{x}$；

(3) $\lim\limits_{x\to 1}\left(\dfrac{1}{x-1}-\dfrac{2}{x^2-1}\right)$；

(4) $\lim\limits_{x\to 3}\dfrac{x^3-4x^2-3x+18}{x^3-5x^2+3x+9}$；

(5) $\lim\limits_{x\to -5}\dfrac{x^3+5x^2+8x+4}{x^3+3x^2-4}$.

24. 计算极限：

(1) $\lim\limits_{x\to -8}\dfrac{\sqrt{1-x}-3}{2+\sqrt[3]{x}}$；

(2) $\lim\limits_{x\to 1}\dfrac{\sqrt{x-1}}{\sqrt[3]{x^2-1}}$；

(3) $\lim\limits_{x\to 4}\dfrac{\sqrt[3]{16x}-4}{\sqrt{4+x}-\sqrt{2x}}$；

(4) $\lim\limits_{x\to 16}\dfrac{\sqrt[4]{x}-2}{\sqrt[3]{(\sqrt{x}-4)^2}}$；

(5) $\lim\limits_{x\to\infty}\dfrac{(2x+1)^{30}(3x-1)^{20}}{(5x+3)^{50}}$.

25. 求极限：

(1) $\lim\limits_{x\to 0}\dfrac{\sin(1+x)}{1+x}$；

(2) $\lim\limits_{x\to 0}\dfrac{\sin^2 x}{1-\cos x}$；

(3) $\lim\limits_{x\to\infty}\left(1+\dfrac{k}{x}\right)^x$；

(4) $\lim\limits_{x\to 0}(1-2x)^{\frac{1}{x}}$；

(5) $\lim\limits_{x\to a}\dfrac{\sin x-\sin a}{x-a}$.

26. 求极限：

(1) $\lim\limits_{x\to\infty}x[\ln(x+a)-\ln x]$；

(2) $\lim\limits_{x\to 0}\dfrac{1-a^x}{x}$；

(3) $\lim\limits_{n\to\infty}2^n\sin\dfrac{x}{2^n}$；

(4) $\lim\limits_{x\to 0}\dfrac{\ln(1+\alpha x)}{x}$；

(5) $\lim\limits_{x\to 0}\dfrac{\cos x-\sqrt[3]{\cos x}}{\sin^2 x}$.

27. 证明 $y=\sqrt{x}$ 在 $x=1$ 处连续，它在 $x=0$ 处的连续情况怎样？

28. 问 a 取何值时，$f(x)=\begin{cases} a+x, & x\leqslant 0, \\ \cos x, & x>0 \end{cases}$ 在 $x=0$ 处连续？

29. 设 $f(x)=1-x\sin\dfrac{1}{x}$，当 $x=0$ 时 $f(x)$ 没有意义，为使函数 $f(x)$ 在 $x=0$ 时连续，怎样定义 $f(0)$ 的值？

30. 设 $f(x)=\lim\limits_{n\to\infty}\dfrac{1}{1+x^n}(x\geqslant 0)$，试求 $f(x)$ 的表示式，并指出函数 $f(x)$ 的连续区间和间断点的类型.

31. 设 $f(x)=\begin{cases} e^{\frac{1}{x}}+1, & x<0, \\ 1, & x=0, \\ 1+x\sin\dfrac{1}{x}, & x>0, \end{cases}$ 求 $f(x)$ 的连续区间.

32. 讨论函数 $f(x)=\begin{cases} \dfrac{\sin x}{x}, & x<0, \\ 1, & x=0, \\ \dfrac{2(\sqrt{1+x}-1)}{x}, & x>0 \end{cases}$ 的连续性.

33. 设 $f(x)=\lim\limits_{n\to\infty}\dfrac{x^{2n-1}+ax^2+bx}{x^{2n}+1}$ 为连续函数，试确定 a 与 b 的值.

34. 求函数的连续区间，若有间断点，请指明它是何种间断点.

(1) $y=\dfrac{x^2}{x-2}$；

(2) $y=\dfrac{\sqrt{7+x}-3}{x^2-4}$；

(3) $y=e^{\frac{1}{x+1}}$；

(4) $y=\sqrt[3]{x}\,\mathrm{arccot}\,\dfrac{1}{x}$；

(5) $y=\sin x\sin\dfrac{1}{x}$.

35. 在下列各式中，当 $x=0$ 时，函数 $f(x)$ 无定义，试确定 $f(0)$ 的值，使得函数 $f(x)$ 在 $x=0$ 处连续.

(1) $f(x)=\dfrac{\ln(1+x)-\ln(1-x)}{x}$；

(2) $f(x)=x\cot x$；

(3) $f(x)=\dfrac{\sqrt{1+\tan x}-\sqrt{1-\tan x}}{e^x-1}$.

36. 设函数 $f(x)$在$[a,b]$上连续，且 $f(a)<a,f(b)>b$，试证明：在(a,b)内至少存在一点 ξ，使得 $f(\xi)=\xi$.

37. 设函数 $f(x)$在(a,b)内连续，且 $a<x_1<x_2<\cdots<x_n<b$，证明：在(a,b)内至少存在一点 ξ，使得

$$f(\xi)=\frac{1}{n}[f(x_1)+f(x_2)+\cdots+f(x_n)].$$

38. 证明方程 $x\ln x-2=0$ 在闭区间$[1,\mathrm{e}]$上有且仅有一个实根.

39. 设函数 $f(x)$在$[a,+\infty)$上连续，且 $\lim\limits_{x\to+\infty}f(x)$存在，试证明函数 $f(x)$在$[a,+\infty)$上有界.

综合题

40. 证明：$\lim\limits_{n\to\infty}\sqrt[n]{a}=1(a>0)$.

41. 证明：$\lim\limits_{n\to\infty}\sqrt[n]{n}=1$.

42. 证明：$\lim\limits_{n\to\infty}\dfrac{n^k}{a^n}=0(a>1)$.

43. 证明：$\lim\limits_{n\to\infty}\dfrac{\ln n}{n}=0$.

44. 证明：$\lim\limits_{n\to\infty}\dfrac{a^n}{n!}=0$.

45. 证明：$\lim\limits_{n\to\infty}\dfrac{1}{2}\cdot\dfrac{3}{4}\cdot\cdots\cdot\dfrac{2n-1}{2n}=0$.

46. 证明：$\sqrt[n]{1+x}-1\sim\dfrac{x}{n}(x\to0)$.

47. 证明：$\lim\limits_{x\to0}(1+|x|)^{\frac{1}{x}}$不存在.

48. 求下列极限：

(1) $\lim\limits_{n\to\infty}\left(1-\dfrac{1}{2^2}\right)\left(1-\dfrac{1}{3^2}\right)\cdots\left(1-\dfrac{1}{n^2}\right)$；

(2) $\lim\limits_{n\to\infty}(1+x)(1+x^2)\cdots(1+x^{2^n})(|x|<1)$；

(3) $\lim\limits_{n\to\infty}\left(\cos\dfrac{x}{2}\cos\dfrac{x}{4}\cos\dfrac{x}{8}\cdots\cos\dfrac{x}{2^n}\right)(x\neq0)$；

(4) $\lim\limits_{n\to\infty}\dfrac{n(\sqrt[n]{1+x}-1)}{x}$；

(5) $\lim\limits_{n\to\infty}\dfrac{1}{n}\left[\left(\alpha+\dfrac{\beta}{n}\right)+\left(\alpha+\dfrac{2\beta}{n}\right)+\cdots+\left(\alpha+\dfrac{n-1}{n}\beta\right)\right]$.

49. 求下列极限：

(1) $\lim\limits_{x\to 0}\dfrac{1+\sin x-\cos x}{1+\sin px-\cos px}$；

(2) $\lim\limits_{x\to +\infty}(\sin\sqrt{x+1}-\sin\sqrt{x})$；

(3) $\lim\limits_{x\to 0}\dfrac{x^2}{\sqrt{1+x\sin x}-\sqrt{\cos x}}$；

(4) $\lim\limits_{x\to +\infty}x^{\frac{3}{2}}(\sqrt{x+1}+\sqrt{x-1}-2\sqrt{x})$；

(5) $\lim\limits_{x\to 0}\dfrac{\sqrt{1+\tan x}-\sqrt{1+\sin x}}{x(1-\cos x)}$；

(6) $\lim\limits_{x\to 0}\left(\dfrac{1+\tan x}{1+\sin x}\right)^{\frac{1}{\sin x}}$；

(7) $\lim\limits_{n\to\infty}\left(1+\dfrac{2nx+x^2}{2n^2}\right)^{-n}$；

(8) $\lim\limits_{x\to 0}(1+x^2\mathrm{e}^x)^{\frac{1}{1-\cos x}}$；

(9) $\lim\limits_{x\to 0^+}\dfrac{\ln ax}{\ln bx}(a>0,b>0)$；

(10) $\lim\limits_{x\to 0}\dfrac{\sqrt{1+x\sin x}-1}{\mathrm{e}^{x^2}-1}$；

(11) $\lim\limits_{x\to 1}\dfrac{x^{2n}-1}{x^n-1}$；

(12) $\lim\limits_{x\to 1}\dfrac{(1-\sqrt{x})(1-\sqrt[3]{x})\cdots(1-\sqrt[n]{x})}{(1-x)^{n-1}}$；

(13) $\lim\limits_{x\to 0}\dfrac{\sqrt[n]{1-ax}-\sqrt[m]{1+bx}}{x}$ $(m,n\geqslant 2,m,n\in\mathbb{Z}_+)$；

(14) $\lim\limits_{x\to 0}\dfrac{(\sqrt[n]{1+\tan x}-1)(\sqrt{1+x}-1)}{2x\sin x}$；

(15) $\lim\limits_{n\to\infty}\left(\dfrac{\sqrt[n]{a}+\sqrt[n]{b}}{2}\right)^n(a>0,b>0)$；

(16) $\lim\limits_{n\to\infty}\left(\dfrac{1}{2}+\dfrac{3}{2^2}+\dfrac{5}{2^3}+\cdots+\dfrac{2n-1}{2^n}\right)$；

(17) $\lim\limits_{n\to\infty}\left(\dfrac{1}{(n+1)^2}+\dfrac{1}{(n+2)^2}+\cdots+\dfrac{1}{(2n)^2}\right)$.

50. 证明：$\lim\limits_{n\to\infty}\sqrt[n]{a_1^n+a_2^n+\cdots+a_m^n}=\max\{a_1,a_2,\cdots,a_m\}$，其中 $a_i\geqslant 0(i=1,2,\cdots,m)$.

51. 若$\lim\limits_{n\to\infty}x_n=A$，则$\lim\limits_{n\to\infty}\dfrac{x_1+x_2+\cdots+x_n}{n}=A$.

52. 若$\lim\limits_{n\to\infty}x_n=A$，且 $x_n>0(n=1,2,\cdots)$，则 $\lim\limits_{n\to\infty}\sqrt[n]{x_1x_2\cdots x_n}=A$.

53. $a_n=\dfrac{1}{\sqrt{n^2+1}}+\dfrac{1}{\sqrt{n^2+2}}+\cdots+\dfrac{1}{\sqrt{n^2+n}}$，求$\lim\limits_{n\to\infty}a_n$.

54. 求$\lim\limits_{n\to\infty}\dfrac{a^n n!}{n^n}$ $(a>\mathrm{e})$.

55. 设 $\lim\limits_{x\to -\infty}(\sqrt{x^2-x+1}-a_1x-b_1)=0$，$\lim\limits_{x\to +\infty}(\sqrt{x^2-x+1}-a_2x-b_2)=0$，求常数 $a_i,b_i(i=1,2)$.

56. 已知 $\lim\limits_{x\to -1}\dfrac{x^3+ax+b}{2x^3+3x^2-1}=c$，求 a,b,c.

57. 设 $a>b>c>0$，试求下列极限：

(1) $\lim\limits_{n\to\infty}(a^n+b^n+c^n)^{\frac{1}{n}}$；

(2) $\lim\limits_{n\to\infty}(a^{-n}+b^{-n}+c^{-n})^{-\frac{1}{n}}$.

58. 证明数列 $x_n=\underbrace{\sqrt{a+\sqrt{a+\cdots+\sqrt{a}}}}_{n\text{个}}(a>0)$的极限存在,并求$\lim\limits_{n\to\infty}x_n$.

59. 若 $x_1=a>0,y_1=b>0(a<b)$,且 $x_{n+1}=\sqrt{x_ny_n},y_{n+1}=\dfrac{1}{2}(x_n+y_n)(n=1,2,\cdots)$,证明:$\lim\limits_{n\to\infty}x_n$ 与$\lim\limits_{n\to\infty}y_n$ 存在且相等.

60. 讨论函数 $y=\dfrac{1}{1-\mathrm{e}^{\frac{x}{1-x}}}$的连续性.

61. 设 $f(x)=\begin{cases}\dfrac{\sqrt{2-2\cos x}}{x}, & x<0,\\ a\mathrm{e}^x, & x\geqslant 0,\end{cases}$ a 为何值时,$f(x)$在 $x=0$ 连续.

62. 设函数 $f(x)$是连续函数,$x=a$ 与 $x=b$ 是方程 $f(x)=0$ 的两个相邻实根,证明:若已知在(a,b)内一点 c 处的函数值 $f(c)>0$,则 $f(x)$在(a,b)内的函数值处处为正.

63. 设 $f(x)$在区间(a,b)内连续,且 $a<x_1<x_2<\cdots<x_n<b,c_1,c_2,\cdots,c_n$ 为任意正数,则在$[a,b]$内必存在一点 ξ,使得

$$f(\xi)=\frac{c_1f(x_1)+c_2f(x_2)+\cdots+c_nf(x_n)}{c_1+c_2+\cdots+c_n}.$$

64. 设 $f(x)$是区间$[0,1]$上的连续函数,并且 $0<f(x)<1,x\in[0,1]$,证明在$(0,1)$内存在一点 ξ,使 $f(\xi)=\xi$.

65. 设函数 $f(x)$在区间$[0,2a]$上连续,且 $f(0)=f(2a)$,证明在$[0,a]$上至少存在一点 x,使 $f(x)=f(x+a)$.

66. 若 $f(x)$在 $x=0$ 连续,且对任意的 $x,y\in(-\infty,+\infty)$,有 $f(x+y)=f(x)+f(y)$,试证明 $f(x)$为$(-\infty,+\infty)$上的连续函数.

67. 设函数 $f(x)$对任意实数 x 满足等式 $f(2x)=f(x)$,且 $f(x)$在 $x=0$ 处连续,证明 $f(x)$必是常数.

68. 设函数 $f(x)=\lim\limits_{n\to\infty}\dfrac{1+x}{1+x^{2n}}$,求 $f(x)$的间断点.

69. 设$\lim\limits_{x\to\infty}\left(\dfrac{x+2a}{x-a}\right)^x=8$,求 a.

70. 求极限$\lim\limits_{n\to\infty}\left(\dfrac{1}{n^2+n+1}+\dfrac{2}{n^2+n+1}+\cdots+\dfrac{n}{n^2+n+1}\right)$.

71. 设 $f(x)=a^x(a>0,a\neq 1)$,求$\lim\limits_{n\to\infty}\dfrac{1}{n^2}\ln[f(1)f(2)\cdots f(n)]$.

72. 求极限 $\lim\limits_{x\to-\infty}\dfrac{\sqrt{4x^2+x-1}+x+1}{\sqrt{x^2+\sin x}}$.

自测题

一、单项选择题

1. 若数列$\{x_n\}$有界，则$\{x_n\}$(　　).

A. 收敛　　B. 发散　　C. 可能收敛，可能发散　　D. 收敛于零

2. $\lim\limits_{x\to x_0^+}f(x)$与$\lim\limits_{x\to x_0^-}f(x)$都存在是$\lim\limits_{x\to x_0}f(x)$存在的(　　).

A. 充分条件　　B. 必要条件

C. 充分必要条件　　D. 无关条件

3. 若数列$\{x_n\}$与$\{y_n\}$都发散，则$\{x_n+y_n\}$(　　).

A. 发散　　B. 可能收敛可能发散

C. 收敛　　D. 以上说法都不正确

4. 若$\lim\limits_{n\to\infty}x_n=\infty$，$|y_n|\leqslant M(M>0$ 常数)，则$\{x_ny_n\}$为(　　).

A. 无穷大量　　B. 有界变量

C. 无界变量　　D. 以上答案都不对

5. 设 $f(x)=\dfrac{1-x}{1+x}$，$g(x)=1-\sqrt{x}$，则当 $x\to1$ 时(　　).

A. $f(x)$是比 $g(x)$高阶的无穷小

B. $f(x)$是比 $g(x)$低阶的无穷小

C. $f(x)$与 $g(x)$是同阶但不是等价无穷小

D. $f(x)$与 $g(x)$是等价无穷小

6. 若函数 $f(x)$在 x_0 点间断，$g(x)$在 x_0 点连续，则 $f(x)g(x)$在 x_0 点(　　).

A. 间断　　B. 连续

C. 第一类间断　　D. 可能间断可能连续

7. 当 $x\to x_0$ 时，$f(x)-A$ 为无穷小是$\lim\limits_{x\to x_0}f(x)=A$ 的(　　).

A. 无关条件　　B. 充分必要条件　　C. 充分条件　　D. 必要条件

8. 设 $f(x)$在$[a,b]$上连续，则下列命题正确的是(　　).

A. $f(x)$在$[a,b]$上是单调函数

B. $f(x)$在$[a,b]$内至少有一个零点

C. 若 $f(a)f(b)<0$，则 $f(x)$在(a,b)内无零点

D. $f(x)+1$ 在(a,b)内有界

9. 下列命题正确的是(　　).

A. 分段函数必存在间断点

B. 单调有界函数无第二类间断点

C. $f(x)$在(a,b)上连续，则 $f(x)$在该区间必取得最大值和最小值

D. 在闭区间上有间断点的函数一定有界

10. 当 $n\to\infty$ 时，$n\arctan\dfrac{2}{n}$ 是一个（　　）.

A. 无穷大量　　B. 无穷小量　　C. 有界变量　　D. 无穷变量

二、填空题

1. 若 $\lim\limits_{n\to\infty}x_n=A$，则 $\lim\limits_{n\to\infty}|x_n|=$________.

2. $\lim\limits_{n\to\infty}(\sqrt{n+3}-\sqrt{n})\sqrt{n+1}=$________.

3. 已知 $\lim\limits_{n\to\infty}\dfrac{a^2+bn+5}{3n-2}=2$，则 $a=$________，$b=$________.

4. 当 $x\to 0$ 时，$1-\cos x$ 与 $a\sin^2 x$ 是等价无穷小，则 $a=$________.

5. $\lim\limits_{\Delta x\to 0}\dfrac{\sqrt{x+\Delta x}-\sqrt{x}}{\Delta x}=$________$(x>0)$.

6. 设 $\lim\limits_{x\to+\infty}(\sqrt{x^2-x+1}-ax-b)=0$，则 $a=$________，$b=$________.

7. 函数 $f(x)=\mathrm{e}^{\frac{1}{x}}$ 在________间断，且为第________类间断点.

8. 设 $f(x)=\begin{cases}\dfrac{\sin x}{x}, & x>0,\\ x^2+a, & x\leqslant 0,\end{cases}$ 则当 $a=$________时，$f(x)$ 在 $x=0$ 连续.

9. $\lim\limits_{x\to+\infty}\left(\sqrt{x+\sqrt{x+\sqrt{x}}}-\sqrt{x}\right)=$________.

10. $\lim\limits_{x\to 0^+}(1+x^2)^{\cot^2 x}=$________.

三、解答题

1. 求下列各极限：

(1) $\lim\limits_{n\to\infty}n[\ln(n+3)-\ln n]$；　　(2) $\lim\limits_{x\to-2}\dfrac{\mathrm{e}^x+1}{x}$；

(3) $\lim\limits_{x\to\infty}\left(\dfrac{3x+2}{3x-2}\right)^{2x+3}$；　　(4) $\lim\limits_{x\to\infty}x^2\left(1-\cos\dfrac{1}{x}\right)$；

(5) $\lim\limits_{n\to\infty}\left(\dfrac{1}{1\cdot 3}+\dfrac{1}{3\cdot 5}+\cdots+\dfrac{1}{(2n-1)(2n+1)}\right)$；　　(6) $\lim\limits_{x\to\infty}\dfrac{\mathrm{e}^x-1}{\mathrm{e}^x+1}$.

2. 设 $f(x)=\begin{cases}\dfrac{x^2-ax+b}{1-x}, & x>1,\\ x^2+1, & x\leqslant 1,\end{cases}$ 若 $\lim\limits_{x\to 1}f(x)$ 存在，求 a,b 的值.

3. 求函数 $f(x)=\dfrac{x}{\sin x}$ 的间断点，并指出间断点的类型.

4. 设 $f(x)$ 在 $[a,b]$ 上连续，且 $f(a)<a$，$f(b)>b$，试证明：$f(x)$ 在 (a,b) 内至少存在

一个不动点，即至少存在一点 $\xi\in(a,b)$，使 $f(\xi)=\xi$.

2.4 习题答案

基本题

18. 所有圆的面积之和为 $2\pi R^2$，所有正方形的面积之和为 $4R^2$.

19. (1) 1； (2) $\frac{3}{2}$； (3) $\frac{2^{1999}}{4000}$； (4) -1； (5) 1.

20. (1) 1； (2) $-\infty$； (3) $\frac{7}{2}$； (4) $-\frac{5}{2}$； (5) $\frac{5}{2}$.

21. (1) 2； (2) 0； (3) $\frac{1}{3}$； (4) $-\sqrt{3}$； (5) $\frac{3}{2}$.

22. (1) e； (2) 0； (3) e^3； (4) e； (5) e^2.

23. (1) $\frac{5-3\sqrt{3}}{4}$； (2) $3a^2$； (3) $\frac{1}{2}$； (4) $\frac{5}{4}$； (5) $\frac{2}{3}$.

24. (1) -2； (2) 0； (3) $-\frac{4\sqrt{2}}{3}$； (4) 0； (5) $\frac{2^{30}\cdot 3^{20}}{5^{50}}$.

25. (1) $\sin 1$； (2) 2； (3) e^k； (4) e^{-2}； (5) $\cos a$.

26. (1) a； (2) $\ln a$； (3) x； (4) α； (5) $-\frac{1}{3}$.

28. $a=1$.　　29. $f(0)=1$.

30. $f(x)=\begin{cases}1, & 0\leqslant x<1,\\ \frac{1}{2}, & x=1,\\ 0, & x>1,\end{cases}$　连续区间为$[0,1)$，$(1,+\infty)$，$x=1$ 是跳跃间断点.

31. $(-\infty,+\infty)$.　　33. $a=0,b=1$.

34. (1) 连续区间为$(-\infty,2)$，$(2,+\infty)$，$x=2$ 是无穷间断点；

 (2) 连续区间为$(-\infty,-2)$，$(-2,2)$，$(2,+\infty)$，$x=-2$ 是无穷间断点，$x=2$ 是可去间断点；

 (3) 连续区间为$(-\infty,-1)$，$(-1,+\infty)$，$x=-1$ 是第二类间断点；

 (4) 连续区间为$(-\infty,0)$，$(0,+\infty)$，$x=0$ 是可去间断点；

 (5) 连续区间为$(-\infty,0)$，$(0,+\infty)$，$x=0$ 是可去间断点.

35. (1) $f(0)=2$； (2) $f(0)=1$； (3) $f(0)=1$.

综合题

48. (1) $\frac{1}{2}$； (2) $\frac{1}{1-x}$； (3) $\frac{\sin x}{x}$； (4) $\frac{\ln(1+x)}{x}$； (5) $\alpha+\frac{1}{2}\beta$.

49. (1) $\frac{1}{p}$； (2) 0； (3) $\frac{4}{3}$； (4) $-\frac{1}{4}$； (5) $\frac{1}{2}$； (6) 1； (7) e^{-x}；

(8) e^2； (9) 1； (10) $\frac{1}{2}$； (11) 2； (12) $\frac{1}{2}\cdot\frac{1}{3}\cdot\cdots\cdot\frac{1}{n}=\frac{1}{n!}$；

(13) $\frac{a}{n}-\frac{b}{m}$； (14) $\frac{1}{4n}$； (15) $\sqrt{ab}$； (16) 3； (17) 0.

53. 1. 54. $+\infty$. 55. $a_1=-1,b_1=\frac{1}{2},a_2=1,b_2=-\frac{1}{2}$.

56. $a=-3,b=-2,c=1$. 57. (1) a；(2) c. 68. $x=1$ 是第一类间断点.

69. $a=\ln 2$. 70. $\frac{1}{2}$. 71. $\frac{1}{2}\ln a$. 72. 1.

自测题

一、1. C. 2. B. 3. B. 4. D. 5. D.
6. D. 7. B. 8. D. 9. B. 10. C.

二、1. $|A|$. 2. $\frac{3}{2}$. 3. 任意实数,6. 4. $\frac{1}{2}$. 5. $\frac{1}{2\sqrt{x}}$.

6. $1,-\frac{1}{2}$. 7. $x=0$,第二. 8. 1. 9. $\frac{1}{2}$. 10. e.

三、1. (1) 3； (2) $-\frac{e^{-2}+1}{2}$； (3) $e^{\frac{8}{3}}$； (4) $\frac{1}{2}$； (5) $\frac{1}{2}$；

(6) $\lim\limits_{x\to+\infty}\frac{e^x-1}{e^x+1}=1,\lim\limits_{x\to-\infty}\frac{e^x-1}{e^x+1}=-1$.

2. $a=4,b=3$.

3. $x=0$ 为可去间断点,$x=k\pi,k=\pm1,\pm2,\cdots$ 为第二类间断点.

4. 提示：作辅助函数 $F(x)=f(x)-x$,再利用零点定理.

第 3 章

导数与微分

3.1 内容提要

导数与微分是微分学的基本内容. 导数与微分的基本公式,求导与微分法则是本章的重点.

1. 导数的概念

(1) 导数的定义

设函数 $y=f(x)$ 在点 x_0 的某邻域内有定义,当自变量在点 x_0 处取得改变量 $\Delta x\neq 0$ ($x_0+\Delta x$ 在该邻域内)时,相应地函数取得改变量 $\Delta y=f(x_0+\Delta x)-f(x_0)$. 如果极限

$$\lim_{\Delta x\to 0}\frac{\Delta y}{\Delta x}=\lim_{\Delta x\to 0}\frac{f(x_0+\Delta x)-f(x_0)}{\Delta x} \tag{3.1}$$

存在,则称函数 $f(x)$ 在点 x_0 **可导**,并称此极限值为函数 $y=f(x)$ 在点 x_0 处的**导数**,记为 $f'(x_0)$, $\left.\frac{\mathrm{d}y}{\mathrm{d}x}\right|_{x=x_0}$ 或 $\left.y'\right|_{x=x_0}$. 如果极限(3.1)不存在,就说函数 $f(x)$ 在点 x_0 不可导. 函数的导数又称为函数的**变化率**.

若令 $x_0+\Delta x=x$,则 $\Delta x=x-x_0$,且 $\Delta x\to 0\Leftrightarrow x\to x_0$. 于是导数 $f'(x_0)$ 又可表示为

$$f'(x_0)=\lim_{x\to x_0}\frac{f(x)-f(x_0)}{x-x_0}. \tag{3.2}$$

如果 $y=f(x)$ 在区间 (a,b) 内每一点都可导,则称 $f(x)$ 在区间 (a,b) 内可导. 换言之,对该区间内的每一点 x,都有确定的导数 $f'(x)$ 与之对应. 所以又称 $f'(x)$ 是 $f(x)$ 在 (a,b) 内的**导函数**(简称导数). 因此, $f'(x_0)$ 为导函数 $f'(x)$ 在点 $x=x_0$ 处的值,即 $f'(x_0)=\left.f'(x)\right|_{x=x_0}$.

如果 $f'(x)$ 的导数存在,则称其为 $f(x)$ 的**二阶导数**,记为 $f''(x)$, $\frac{\mathrm{d}^2y}{\mathrm{d}x^2}$ 或 y''.

一般地,如果极限

$$\lim_{\Delta x\to 0}\frac{f^{n-1}(x+\Delta x)-f^{n-1}(x)}{\Delta x}$$

存在，则称此极限值为函数 $f(x)$ 在点 x 处的 n **阶导数**，记为 $f^{(n)}(x)$，$\frac{\mathrm{d}^n y}{\mathrm{d}x^n}$ 或 $y^{(n)}$.

(2) 单侧导数(左、右导数)

如果极限

$$\lim_{\Delta x \to 0^-} \frac{\Delta y}{\Delta x} = \lim_{\Delta x \to 0^-} \frac{f(x_0 + \Delta x) - f(x_0)}{\Delta x}$$

存在，则称此极限值为函数 $f(x)$ 在点 x_0 的**左导数**，记为 $f'_-(x_0)$. 即

$$f'_-(x_0) = \lim_{\Delta x \to 0^-} \frac{f(x_0 + \Delta x) - f(x_0)}{\Delta x}.$$

函数 $f(x)$ 在点 x_0 处的**右导数**定义为

$$f'_+(x_0) = \lim_{\Delta x \to 0^+} \frac{f(x_0 + \Delta x) - f(x_0)}{\Delta x}.$$

由(3.2)式，$y=f(x)$ 在点 x_0 处的左、右导数可表示为下面常用的形式：

$$f'_-(x_0) = \lim_{x \to x_0^+} \frac{f(x) - f(x_0)}{x - x_0},$$

$$f'_+(x_0) = \lim_{x \to x_0^+} \frac{f(x) - f(x_0)}{x - x_0}.$$

导数 $f'(x_0)$ 与其左、右导数 $f'_-(x_0)$，$f'_+(x_0)$ 有如下关系：

$$f'(x_0) \text{ 存在} \Leftrightarrow f'_-(x_0),\quad f'_+(x_0) \text{ 都存在且相等}.$$

若函数 $f(x)$ 在开区间 (a,b) 内可导，并在闭区间 $[a,b]$ 左端点 a 处右可导(即 $f'_+(a)$ 存在)，在右端点 b 处左可导(即 $f'_-(b)$ 存在)，则称函数 $f(x)$ 在闭区间 $[a,b]$ 上可导.

左右导数的概念常用于讨论分段函数在其分段点处的导数.

(3) 函数的可导性与连续性的关系

如果函数 $y=f(x)$ 在 x_0 可导，则 $f(x)$ 在 x_0 连续，反之未必成立. 例如，$y=|x|$ 在 $x=0$ 处连续，但不可导. 因此函数在某点连续是在该点可导的必要条件，而不是充分条件.

(4) 导数的几何意义、物理意义

在几何上，$f'(x_0)$ 表示曲线 $y=f(x)$ 在点 $(x_0, f(x_0))$ 处切线的斜率. 因此，曲线 $y=f(x)$ 在其上一点 $(x_0, f(x_0))$ 处的切线方程为

$$y - f(x_0) = f'(x_0)(x - x_0).$$

在物理上，$s'(t_0)$ 表示作变速直线运动的物体在 t_0 时刻的瞬时速度 v，即 $v=s'(t_0)$(其中 $s=s(t)$ 为物体运动方程)；而 $s''(t_0)$ 则表示运动物体在 t_0 时刻的加速度 a，即 $a=s''(t_0)$.

2. 导数的求法

(1) 用导数定义

$$f'(x_0) = \lim_{\Delta x \to 0} \frac{f(x_0 + \Delta x) - f(x_0)}{\Delta x} \quad \text{或} \quad f'(x_0) = \lim_{x \to x_0} \frac{f(x) - f(x_0)}{x - x_0}.$$

(2) 导数的基本公式

① $(c)'=0$，c 为常数；

② $(x^{\alpha})'=\alpha x^{\alpha-1}$，$\alpha$ 为实数；

③ $(\sin x)'=\cos x$；

④ $(\cos x)'=-\sin x$；

⑤ $(\tan x)'=\sec^2 x$；

⑥ $(\cot x)'=-\csc^2 x$；

⑦ $(\sec x)'=\sec x\tan x$；

⑧ $(\csc x)'=-\csc x\cot x$；

⑨ $(\mathrm{e}^x)'=\mathrm{e}^x$；

⑩ $(a^x)'=a^x\ln a\ (a>0,a\neq1)$；

⑪ $(\ln x)'=\dfrac{1}{x}$；

⑫ $(\log_a x)'=\dfrac{1}{x\ln a}\ (a>0,a\neq1)$；

⑬ $(\arcsin x)'=\dfrac{1}{\sqrt{1-x^2}}$；

⑭ $(\arccos x)'=-\dfrac{1}{\sqrt{1-x^2}}$；

⑮ $(\arctan x)'=\dfrac{1}{1+x^2}$；

⑯ $(\mathrm{arccot}\, x)'=-\dfrac{1}{1+x^2}$.

(3) 导数的四则运算法则

设 $u=u(x)$，$v=v(x)$ 在 x 处可导，则

① $(u\pm v)'=u'\pm v'$；

② $(uv)'=u'v+uv'$；

③ $(cu)'=cu'$，c 为常数；

④ $\left(\dfrac{u}{v}\right)'=\dfrac{u'v-uv'}{v^2}\ (v\neq0)$；

⑤ $\left(\dfrac{c}{v}\right)'=-\dfrac{cv'}{v^2}$ (c 为常数，$v\neq0$).

(4) 常用的 n 阶导数公式

① $(a^x)^{(n)}=a^x\ln^n a\ (a>0,a\neq1)$；

② $(\mathrm{e}^{ax})^{(n)}=a^n\mathrm{e}^{ax}$ (a 为常数)；

③ $[\ln(1+x)]^{(n)}=(-1)^{n-1}\cdot\dfrac{(n-1)!}{(1+x)^n}$；

④ $(\sin kx)^{(n)}=k^n\sin\left(kx+n\cdot\dfrac{\pi}{2}\right)$ (k 为常数)；

⑤ $(\cos kx)^{(n)}=k^n\cos\left(kx+n\cdot\dfrac{\pi}{2}\right)$ (k 为常数).

(5) 复合函数求导法则

设 $y=f(u)$，$u=\varphi(x)$ 确定 y 是 x 的复合函数 $y=f[\varphi(x)]$，且 $f(u)$，$\varphi(x)$ 可导，则

$$\frac{\mathrm{d}y}{\mathrm{d}x}=\frac{\mathrm{d}y}{\mathrm{d}u}\frac{\mathrm{d}u}{\mathrm{d}x}=f'(u)\varphi'(x).$$

(6) 反函数求导法

设函数 $x=\varphi(y)$ 在某一区间内单调、连续、可导，且 $\varphi'(y)\neq0$，则它的反函数 $y=f(x)$ 在对应的区间内也可导，且有

$$f'(x)=\frac{1}{\varphi'(y)}\quad 或\quad \frac{\mathrm{d}y}{\mathrm{d}x}=\frac{1}{\dfrac{\mathrm{d}x}{\mathrm{d}y}}\ \left(\frac{\mathrm{d}x}{\mathrm{d}y}\neq0\right).$$

(7) 隐函数求导法

设方程 $F(x,y)=0$ 确定了 y 是 x 的函数，记作 $y(x)$，代入方程得

$$F[x,y(x)]\equiv 0.$$

将该方程两边对 x 求导，再从中解出 y' 即可. 但要注意的是在求导过程中始终要把 y 看成 x 的函数. 另外，也可利用微分形式不变性，在方程两边求微分，然后解出 $\frac{\mathrm{d}y}{\mathrm{d}x}$.

(8) 对数求导法

对于表示成积、商、幂形式的函数以及形如 $[f(x)]^{\varphi(x)}$ 的幂指函数的导数，可将函数先取对数，再求导，这种方法称为对数求导法.

3. 函数的微分

(1) 微分的定义

定义 3.1 若函数 $y=f(x)$ 在 x_0 的改变量 Δy 与自变量 x 的改变量 Δx 有下列关系：

$$\Delta y = A\Delta x + o(\Delta x), \tag{3.3}$$

其中 A 是与 Δx 无关的常数，则称函数 $f(x)$ 在 x_0 **可微**，$A\Delta x$ 称为函数 $f(x)$ 在 x_0 的**微分**，表示为 $\mathrm{d}y=A\Delta x$ 或 $\mathrm{d}f(x_0)=A\Delta x$.

$A\Delta x$ 也称为(3.3)式的**线性主要部分**.

(2) 可导与可微的关系

$f(x)$ 在点 x 可微 $\Leftrightarrow$ $f(x)$ 在点 x 可导，而且 $\mathrm{d}y=f(x)\mathrm{d}x$.

由 $\mathrm{d}y=f(x)\mathrm{d}x$ 可得 $f'(x)=\frac{\mathrm{d}y}{\mathrm{d}x}$，即 $f(x)$ 在点 x 处的导数等于函数微分 $\mathrm{d}y$ 与自变量微分 $\mathrm{d}x$ 之商，故导数又叫做**微商**.

(3) 微分的几何意义

函数 $f(x)$ 在点 x_0 处的微分 $\mathrm{d}y=f'(x_0)\mathrm{d}x$，就是曲线 $y=f(x)$ 在点 $P_0(x_0,f(x_0))$ 处的切线纵坐标的增量.

(4) 微分形式的不变性

设 $y=f(u)$ 可微，则不论 u 是自变量还是中间变量，恒有 $\mathrm{d}y=f'(u)\mathrm{d}u$.

(5) 微分的计算

由微分定义 $\mathrm{d}y=f'(x)\mathrm{d}x$ 可知，只要会计算导数，微分即可求得. 因此，每一个导数公式或求导法则都对应一个微分公式或微分法则.

(6) 微分在近似计算中的应用

① 求函数改变量的近似值

设 $y=f(x)$ 在 $x=x_0$ 处的改变量为 Δy，当 $|\Delta x|$ 很小时，可用 $\mathrm{d}y$ 近似代替 Δy. 即 $\Delta y\approx \mathrm{d}y=f'(x_0)\mathrm{d}x(\mathrm{d}x=\Delta x)$，其误差 $|\Delta y-\mathrm{d}y|=o(\Delta x)$ (当 $\Delta x\to 0$ 时).

② 求函数在 $x_0+\Delta x$ 处的近似值 $y=f(x)$ 在 x_0 处可微，则

$$f(x+\Delta x)\approx f(x_0)+f'(x_0)\Delta x.$$

若令 $x_0+\Delta x=x$，上式又可表示为

$$f(x)\approx f(x_0)+f'(x_0)(x-x_0).$$

③ 常用近似公式

当 $|x|$ 很小（$|x|\ll 1$）时，有下面近似公式：

$$\sin x\approx x;\qquad \tan x\approx x;\qquad e^x\approx 1+x;$$

$$\ln(1+x)\approx x;\qquad \sqrt[n]{1+x}\approx 1+\frac{x}{n};\qquad \arctan x\approx x\ .$$

④ 绝对误差与相对误差的估计

设自变量 x 的绝对误差为 $|\Delta x|$，则函数 $y=f(x)$ 的绝对误差 $|\Delta y|$ 和相对误差 $\left|\frac{\Delta y}{y}\right|$ 为

$$|\Delta y|\approx|\mathrm{d}y|=|f'(x)\mathrm{d}x|,\quad \left|\frac{\Delta y}{y}\right|\approx\left|\frac{\mathrm{d}y}{y}\right|=\left|\frac{f'(x)}{f(x)}\mathrm{d}x\right|.$$

3.2 典型例题解析

题型 1　用导数定义证明或求某函数的导数

例 1　用导数定义求 $y=f(x)=\sqrt[3]{x^2}$ 的导数及 $f'(8)$.

解　由导数定义，有

$$y'=f'(x)=\lim_{\Delta x\to 0}\frac{\Delta y}{\Delta x}=\lim_{\Delta x\to 0}\frac{f(x+\Delta x)-f(x)}{\Delta x}$$

$$=\lim_{\Delta x\to 0}\frac{\sqrt[3]{(x+\Delta x)^2}-\sqrt[3]{x^2}}{\Delta x}$$

$$\xlongequal{\text{分子有理化}}\lim_{\Delta x\to 0}\frac{\left(\sqrt[3]{(x+\Delta x)^2}-\sqrt[3]{x^2}\right)\left(\sqrt[3]{(x+\Delta x)^4}+\sqrt[3]{x^2(x+\Delta x)^2}+\sqrt[3]{x^4}\right)}{\Delta x\left(\sqrt[3]{(x+\Delta x)^4}+\sqrt[3]{x^2(x+\Delta x)^2}+\sqrt[3]{x^4}\right)}$$

$$=\lim_{\Delta x\to}\frac{(x+\Delta x)^2-x^2}{\Delta x\left(\sqrt[3]{(x+\Delta x)^4}+\sqrt[3]{x^2(x+\Delta x)^2}+\sqrt[3]{x^4}\right)}$$

$$=\lim_{\Delta x\to 0}\frac{2x+\Delta x}{\left(\sqrt[3]{(x+\Delta x)^4}+\sqrt[3]{x^2(x+\Delta x)^2}+\sqrt[3]{x^4}\right)}$$

$$=\frac{2}{3\sqrt[3]{x}}\quad (x\neq 0).$$

因为 $f'(x)=\dfrac{2}{3\sqrt[3]{x}}$，所以 $f'(8)=\left.\dfrac{2}{3\sqrt[3]{x}}\right|_{x=8}=\dfrac{1}{3}$.

$y=\sqrt[3]{x^2}$在$x=0$处不可导.

说明 (1) 用导数定义求$f(x)$的导数时,$f(x)$必须在包含x的某邻域内有定义,且$f(x)$在点x处连续.因为$f(x)$在点x处不连续就不可导.

(2) 若$f(x)$在x_0处可导,则$f'(x_0)=f'(x)\Big|_{x=x_0}$,而不能表示为$[f(x_0)]'$.

例2 将一物体垂直上抛,设物体上升高度s与时间t的关系为$s(t)=3t-\frac{1}{2}gt^2$,求:

(1) 物体在$t=2$到$t=2+\Delta t$这段时间内的平均速度;

(2) 物体在$t=2$时的速度;

(3) 物体在t_0到$t_0+\Delta t$这段时间内的平均速度;

(4) 物体在t_0的瞬时速度;

(5) 物体在t_0的加速度.

解 (1) 物体在时间段$[2,2+\Delta t]$的平均速度为

$$\bar{v}=\frac{\Delta s}{\Delta t}=\frac{s(2+\Delta t)-s(2)}{\Delta t}$$
$$=\frac{\left[3(2+\Delta t)-\frac{1}{2}g(2+\Delta t)^2\right]-(6-2g)}{\Delta t}$$
$$=3-2g-\frac{1}{2}g\Delta t.$$

(2) 物体在$t=2$时的速度为

$$v\Big|_{t=2}=\lim_{\Delta t\to 0}\bar{v}=\lim_{\Delta t\to 0}\left(3-2g-\frac{1}{2}g\Delta t\right)=3-2g,$$

即

$$v\Big|_{t=2}=s'(t)\Big|_{t=2}=(3-gt)\Big|_{t=2}=3-2g.$$

(3) 物体在时间段$[t_0,t_0+4t]$内的平均速度为

$$\bar{v}=\frac{\Delta s}{\Delta t}=\frac{s(t_0+\Delta t)-s(t_0)}{\Delta t}=\frac{(3-gt_0)\Delta t-\frac{1}{2}g(\Delta t)^2}{\Delta t}=3-gt_0-\frac{1}{2}g\Delta t.$$

(4) 物体在t_0时刻的瞬时速度为

$$v\Big|_{t=t_0}=\lim_{\Delta t\to 0}\bar{v}=\lim_{\Delta t\to 0}\left(3-gt_0-\frac{1}{2}g\Delta t\right)=3-gt_0,$$

即

$$v\Big|_{t=t_0}=s'(t)\Big|_{t=t_0}=(3-gt)\Big|_{t=t_0}=3-gt_0.$$

(5) 物体在t_0时刻的加速度为

$$a\Big|_{t=t_0}=v'\Big|_{t=t_0}=s''(t)\Big|_{t=t_0}=(3-gt)'\Big|_{t=t_0}=-g.$$

说明 ①物体在 t_0 时刻的瞬时速度是物体在时间段(时间间隔)$[t_0,t_0+\Delta t]$上平均速度的极限值(当 $\Delta t\to 0$ 时);②由导数定义,瞬时速度 v 是路程函数 $s(t)$ 的导数,即 $v=s'(t)$,而加速度 a 是路程函数 $s(t)$ 的二阶导数,即 $a=s''(t)$ 或 $a=v'$.

例 3 设函数 $f(x)$ 在 x 处可导,试证:

(1) $\lim\limits_{\Delta x\to 0}\dfrac{f(x)-f(x-\Delta x)}{\Delta x}=f'(x)$;

(2) $\lim\limits_{\Delta x\to 0}\dfrac{f(x+\Delta x)-f(x-\Delta x)}{2\Delta x}=f'(x)$;

(3) $\dfrac{1}{\alpha+\beta}\lim\limits_{\Delta x\to 0}\dfrac{f(x+\alpha\Delta x)-f(x-\beta\Delta x)}{\Delta x}=f'(x)$.

其中 $\alpha+\beta\neq 0$.

证明 (1) $\lim\limits_{\Delta x\to 0}\dfrac{f(x)-f(x-\Delta x)}{\Delta x}=\lim\limits_{\Delta x\to 0}\dfrac{f(x-\Delta x)-f(x)}{-\Delta x}$

$$\overset{\text{令}-\Delta x=h}{=\!=\!=\!=}\lim_{h\to 0}\frac{f(x+h)-f(x)}{h}=f'(x);$$

(2)
$$\begin{aligned}&\lim_{\Delta x\to 0}\frac{f(x+\Delta x)-f(x-\Delta x)}{2\Delta x}\\&=\lim_{\Delta x\to 0}\frac{f(x+\Delta x)-f(x)+f(x)-f(x-\Delta x)}{2\Delta x}\\&=\frac{1}{2}\left[\lim_{\Delta x\to 0}\frac{f(x+\Delta x)-f(x)}{\Delta x}+\lim_{\Delta x\to 0}\frac{f(x)-f(x-\Delta x)}{\Delta x}\right]\\&=\frac{1}{2}[f'(x)+f'(x)]=f'(x);\end{aligned}$$

(3) 当 $\alpha\neq 0$ 且 $\beta\neq 0$ 时,

$$\begin{aligned}&\lim_{\Delta x\to 0}\frac{f(x+\alpha\Delta x)-f(x-\beta\Delta x)}{\Delta x}\\&=\lim_{\Delta x\to 0}\left[\alpha\cdot\frac{f(x+\alpha\Delta x)-f(x)}{\alpha\Delta x}+\beta\cdot\frac{f(x)-f(x-\beta\Delta x)}{\beta\Delta x}\right]\\&=\alpha f'(x)+\beta f'(x)=(\alpha+\beta)f'(x),\end{aligned}$$

于是

$$\frac{1}{\alpha+\beta}\lim_{\Delta x\to 0}\frac{f(x+\alpha\Delta x)-f(x-\beta\Delta x)}{\Delta x}=f'(x).$$

当 $\alpha=0$ 时,

$$\text{左端}=\frac{1}{\beta}\lim_{\Delta x\to 0}\frac{f(x)-f(x-\beta x)}{\Delta x}$$

$$= \lim_{\Delta x \to 0} \frac{f(x-\beta\Delta x)-f(x)}{-\beta\Delta x} = f'(x) = \text{右端}.$$

当 $\beta=0$ 时,

$$\text{左端} = \frac{1}{\alpha} \lim_{\Delta x \to 0} \frac{f(x+\alpha\Delta x)-f(x)}{\Delta x}$$

$$= \lim_{\Delta x \to 0} \frac{f(x+\alpha\Delta x)-f(x)}{\alpha\Delta x} = f'(x) = \text{右端}.$$

综上所述,有

$$\frac{1}{\alpha+\beta} \lim_{\Delta x \to 0} \frac{f(x+\alpha\Delta x)-f(x-\beta\Delta x)}{\Delta x} = f'(x).$$

题型2 分段函数可导性的讨论

分段函数的不可导点往往是分段点.讨论分段函数在其分段点的可导性,一般要用左、右导数的定义,当左导数与右导数都存在且相等时,函数在该点才可导,否则函数在该点不可导.由于连续是可导的必要条件,故若能断言函数在某点不连续,则此函数在该点必不可导.

例4 讨论函数 $y=x|x|$ 在 $x=0$ 处的可导性.

解
$$y=x|x|=\begin{cases} x^2, & x\geqslant 0, \\ -x^2, & x<0, \end{cases}$$

$$f'_+(0) = \lim_{\Delta x \to 0^+} \frac{f(0+\Delta x)-f(0)}{\Delta x} = \lim_{\Delta x \to 0^+} \frac{(0+\Delta x)^2-0}{\Delta x} = \lim_{\Delta x \to 0^+} \Delta x = 0,$$

$$f'_-(0) = \lim_{\Delta x \to 0^-} \frac{f(0+\Delta x)-f(0)}{\Delta x} = \lim_{\Delta x \to 0^-} \frac{-(0+\Delta x)^2-0}{\Delta x} = \lim_{\Delta x \to 0^+} (-\Delta x) = 0,$$

因为 $f'_+(0)=f'_-(0)=0$,所以 $f'(0)=0$,即函数 $y=x|x|$ 在 $x=0$ 处导数存在且等于零.

例5 讨论函数

$$f(x) = \begin{cases} (x-1)^a \cos\dfrac{1}{x-1}, & x\neq 1, \\ 0, & x=1 \end{cases}$$

在 $x=1$ 处的连续性、可导性,其中 a 为常数.

解 (1) 讨论 $f(x)$ 在 $x=1$ 处的连续性.

当 $a>0$ 时,

$$\lim_{x\to 1} f(x) = \lim_{x\to 1}(x-1)^a \cos\frac{1}{x-1} = 0,$$

又 $f(1)=0$,有 $\lim\limits_{x\to 1} f(x)=f(1)$,所以 $f(x)$ 在 $x=1$ 处连续.

当 $a\leqslant 0$ 时，

$$\lim_{x\to 1}f(x)=\lim_{x\to 1}(x-1)^{a}\cos\frac{1}{x-1}\text{不存在,}$$

故 $f(x)$ 在 $x=1$ 处不连续.

综上所述，当 $a>1$ 时，$f(x)$ 在 $x=1$ 处连续；当 $a\leqslant 1$ 时，$f(x)$ 在 $x=1$ 处不连续.

(2) 讨论 $f(x)$ 在 $x=1$ 处的可导性.

$$\frac{f(x)-f(1)}{x-1}=\frac{(x-1)^{a}\cos\dfrac{1}{x-1}-0}{x-1}=(x-1)^{a-1}\cos\frac{1}{x-1}.$$

当 $a>1$ 时，$f'(1)=\lim\limits_{x\to 1}(x-1)^{a-1}\cos\dfrac{1}{x-1}=0$.

当 $a\leqslant 1$ 时，极限 $\lim\limits_{x\to 1}(x-1)^{a-1}\cos\dfrac{1}{x-1}$ 不存在.

综上所述，当 $a>1$ 时，$f(x)$ 在 $x=1$ 处可导且 $f'(1)=0$；当 $a\leqslant 1$ 时，$f(x)$ 在 $x=1$ 处不可导.

例 6 确定常数 a 和 b，使函数

$$f(x)=\begin{cases}ax+b, & x>1,\\ x^{2}, & x\leqslant 1\end{cases}$$

处处可导.

解 当 $x>1$ 时，$f'(x)=a$，当 $x<1$ 时，$f'(x)=2x$，即函数在 $x\neq 1$ 处可导. 下面只要讨论 $f(x)$ 在 $x=1$ 处的可导性即可. 为使在 $x=1$ 时导数 $f'(x)$ 存在，$f(x)$ 在 $x=1$ 处必须连续，即必有 $f(1+0)=f(1-0)=f(1)$. 而

$$f(1+0)=\lim_{x\to 1^{+}}f(x)=\lim_{x\to 1^{+}}(ax+b)=a+b,$$

$$f(1-0)=\lim_{x\to 1^{-}}f(x)=\lim_{x\to 1^{-}}x^{2}=1,$$

又 $f(1)=1$，所以 $a+b=1$.

为了使 $f(x)$ 在 $x=1$ 处可导，必须 $f'_{+}(1)=f'_{-}(1)$，即 $a=2$. 由 $a+b=1$ 可得 $b=-1$，所以当 $a=2,b=-1$ 时，$f(x)$ 在 $x=1$ 处可导，从而 $f(x)$ 处处可导.

从以上两例看出，对于含有参数的分段函数，要确定其参数值时，一般通过函数在分段点的连续性、可导性确定.

例 7 求分段函数 $f(x)$ 的导数，

$$f(x)=\begin{cases}0, & x<0,\\ x^{3}, & 0\leqslant x\leqslant 1,\\ a^{2x}(a>1), & x>1.\end{cases}$$

解 (1) 先求各分段区间(不含分段点)上函数的导数.

当 $x<0$ 时，$f(x)=0$，则 $f'(x)=0$；

当 $0<x<1$ 时，$f(x)=x^3$，则 $f'(x)=3x$；

当 $x>1$ 时，$f(x)=a^{2x}$，则 $f'(x)=2a^{2x}\ln a$.

(2) 再讨论函数在各分段点的导数(用定义讨论).

当 $x=0$ 时，

$$f'_-(0)=\lim_{\Delta x\to 0^-}\frac{\Delta y}{\Delta x}=\lim_{\Delta x\to 0^-}\frac{0}{\Delta x}=0,$$

$$f'_+(0)=\lim_{\Delta x\to 0^+}\frac{\Delta y}{\Delta x}=\lim_{\Delta x\to 0^+}\frac{(\Delta x)^3}{\Delta x}=0,$$

所以在 $x=0$ 处 $f(x)$ 可导，且 $f'(0)=0$.

当 $x=1$ 时，由于

$$f(1-0)=\lim_{x\to 1^-}f(x)=\lim_{x\to 1^-}x^3=1,$$

$$f(1+0)=\lim_{x\to 1^+}f(x)=\lim_{x\to 1^+}a^{2x}=a^2>1,$$

故 $f(1-0)\neq f(1+0)$，因此，$f(x)$ 在 $x=1$ 处不连续，当然不可导.

综上所述，

$$f'(x)=\begin{cases}0, & x\leqslant 0,\\ 3x^2, & 0<x<1,\\ \text{不存在}, & x=1,\\ 2a^{2x}\ln a, & x>1.\end{cases}$$

求分段函数导数时，先求各分段区间内函数的导数，然后再讨论各分段点的可导性. 若函数在分段点不连续，则一定不可导，此时不必再求左、右导数.

题型3 运用公式和法则求导数

对于一般的基本初等函数及其四则运算用相应公式和法则求导并不困难. 下面主要讨论复合函数求导法则，在运用复合函数求导法则时，要搞清楚复合的层次，求导时，从最外层开始，逐层依次求导不要漏层，计算结果要简化，当复合层次较多时，可适当设置中间变量.

例8 求下列函数的导数：

(1) $y=\ln[\cos(\arctan(\sin x))]$； (2) $y=\mathrm{e}^x\sqrt{1-\mathrm{e}^{2x}}+\arcsin\mathrm{e}^x$.

解 (1) 设 $y=\ln u, u=\cos v, v=\arctan w, w=\sin x$，由复合函数求导法则，有

$$y'=y'_u u'_v v'_w w'_x=\frac{1}{u}(-\sin v)\frac{1}{1+w^2}\cos x$$

$$=\frac{1}{\cos(\arctan\sin x)}(-\sin\arctan\sin x)\frac{1}{1+\sin^2 x}\cos x$$

$$=-\frac{\cos x}{1+\sin^2 x}\tan[\arctan(\sin x)]=-\frac{\cos x\sin x}{1+\sin^2 x}.$$

注意，设置中间变量求导后，一定要换回原变量.

(2)
$$y'=\left(e^x\sqrt{1-e^{2x}}\right)'+(\arcsin e^x)'$$
$$=e^x\sqrt{1-e^{2x}}+e^x\cdot\frac{-2e^{2x}}{2\sqrt{1-e^{2x}}}+\frac{e^x}{\sqrt{1-e^{2x}}}$$
$$=\frac{e^x(1-e^{2x})-e^{3x}+e^x}{\sqrt{1-e^{2x}}}=\frac{2(e^x-e^{3x})}{\sqrt{1-e^{2x}}}=2e^x\sqrt{1-e^{2x}}.$$

对于既含有四则运算又有复合运算的函数，在求导时，是先运用四则运算求导法则，还是先运用复合函数求导法则，应根据具体情况决定.如果从总体上看函数是通过几个函数四则运算得到的，则应首先运用四则运算求导法则，如例8(2).如果从整体上看，函数是复合函数，则应首先运用复合函数求导法则.

例9 设 $f(x)=\ln(1+x)$，$y=f[f(x)]$，求 y'.

解
$$y=f[f(x)]=\ln[1+f(x)]=\ln[1+\ln(1+x)],$$
$$y'=\{\ln[1+\ln(1+x)]\}'=\frac{1}{1+\ln(1+x)}[1+\ln(1+x)]'$$
$$=\frac{1}{1+\ln(1+x)}\cdot\frac{1}{1+x}.$$

例10 设 $f(u)$ 可导，求下列函数的导数：

(1) $y=f(\sin x)e^{f(x)}$；　　(2) $y=f\{f[f(x)]\}$.

解 (1) $y'=[f(\sin x)]'e^{f(x)}+f(\sin x)[e^{f(x)}]'$
$$=f'(\sin x)\cos x\cdot e^{f(x)}+f(\sin x)e^{f(x)}f'(x)$$
$$=e^{f(x)}[\cos x f'(\sin x)+f(\sin x)f'(x)].$$

(2) $y'=(f\{f[f(x)]\})'=f'\{f[f(x)]\}(f[f(x)])'=f'\{f[f(x)]\}f'[f(x)]f'(x)$.

当复合函数由抽象函数表示时，仍可由复合函数求导法则，从最外层开始，逐层依次求导，此时导数一般也是用抽象函数表示的，但符号 $f'[f(x)]$ 与 $(f[f(x)])'$ 的含义是不同的，$f'[f(x)]$ 表示 $f[f(x)]$ 对 $f(x)$ 求导，而 $(f[f(x)])'$ 则表示 $f[f(x)]$ 对 x 求导，这一点必须加以区别.

题型4 隐函数求导法

由方程 $F(x,y)=0$ 所确定的函数 $y=f(x)$，称 y 是自变量 x 的隐函数.其导数 $\frac{dy}{dx}$ 的求法有两种：

(1) 方程两边对 x 求导，然后解出 y'，要记住 y 是 x 的函数.例如，y^2，e^y 等都是 x 的复合函数，对 x 求导，应按复合函数求导法则进行（把 y 看成中间变量）.

(2) 利用微分形式不变性，对方程两边求微分，然后解出$\frac{dy}{dx}$.

例 11 已知方程 $2y-x=(x-y)\ln(x-y)$ 确定了 $y=y(x)$，求$\frac{dy}{dx}$.

解 方法 1. 两边对 x 求导，得

$$2y'-1=(1-y')\ln(x-y)+1-y',$$

即

$$[3+\ln(x-y)]y'=2+\ln(x-y),$$

解得

$$y'=\frac{2+\ln(x-y)}{3+\ln(x-y)}=\frac{x}{2x-y}.$$

方法 2. 两边对 x 微分，得

$$\begin{aligned}2dy-dx&=\ln(x-y)d(x-y)+(x-y)d\ln(x-y)\\&=\ln(x-y)d(x-y)+(x-y)\frac{dx-dy}{x-y}\\&=[1+\ln(x-y)](dx-dy),\end{aligned}$$

即

$$[3+\ln(x-y)]dy=[2+\ln(x-y)]dx,$$

解得

$$\frac{dy}{dx}=\frac{2+\ln(x-y)}{3+\ln(x-y)}=\frac{x}{2x-y}.$$

题型 5 对数求导法

对于幂指函数及多个函数乘积的导数用对数求导法比较方便.

例 12 求下列函数的导数：

(1) $y=(\tan x)^{\sin x}$； (2) $y=(x-a_1)^{\alpha_1}(x-a_2)^{\alpha_2}\cdots(x-a_n)^{\alpha_n}$；

(3) 已知 $f(x)=\sqrt{\frac{4x+2}{x(x+1)(x+2)}}$，$x>0$，求 $y=f(x)$在 $x=1$ 处的导数.

解 (1) 两边取对数，然后在等式两边对 x 求导.

$$\ln y=\sin x\cdot\ln(\tan x),\quad \frac{1}{y}y'=\cos x\ln(\tan x)+\sin x\cdot\frac{1}{\tan x}\sec^2 x,$$

$$y'=y[\cos x\ln(\tan x)+\sec x]=(\tan x)^{\sin x}[\cos x\ln(\tan x)+\sec x].$$

(2) 将方程两边先取对数

$$\ln y=\alpha_1\ln(x-a_1)+\alpha_2\ln(x-a_2)+\cdots+\alpha_n\ln(x-a_n),$$

再对 x 求导，

$$\frac{1}{y}y' = \frac{\alpha_1}{x-a_1} + \frac{\alpha_2}{x-a_2} + \cdots + \frac{\alpha_n}{x-a_n}.$$

所以

$$y' = (x-a_1)^{\alpha_1}(x-a_2)^{\alpha_2}\cdots(x-a_n)^{\alpha_n}\left(\frac{\alpha_1}{x-a_1} + \frac{\alpha_2}{x-a_2} + \cdots + \frac{\alpha_n}{x-a_n}\right).$$

(3) 将方程两边先取对数再对 x 求导.

$$\ln f(x) = \frac{1}{2}[\ln(4x+2) - \ln x - \ln(x+1) - \ln(x+2)],$$

$$\frac{1}{f(x)}f'(x) = \frac{1}{2}\left(\frac{4}{4x+2} - \frac{1}{x} - \frac{1}{x+1} - \frac{1}{x+2}\right),$$

$$f'(x) = \frac{1}{2}\sqrt{\frac{4x+2}{x(x+1)(x+2)}}\left(\frac{2}{2x+1} - \frac{1}{x} - \frac{1}{x+1} - \frac{1}{x+2}\right),$$

所以

$$f'(1) = -\frac{7}{12}.$$

题型 6　求高阶导数

例 13　求下列函数的高阶导数：

(1) $y = x^2 e^{2x}$，求 y'''；　　(2) $y = f(x^2)$，求 $\frac{d^2 y}{dx^2}$；

(3) $y = \frac{1}{1-x}$，求 $y^{(n)}$.

解　(1) $y' = 2xe^{2x} + 2x^2 e^{2x} = 2(x+x^2)e^{2x}$，

$y'' = 2(1+2x)e^{2x} + 4(x+x^2)e^{2x} = 2(1+4x+2x^2)e^{2x}$，

$y''' = 2(4+4x)e^{2x} + 4(1+4x+2x^2)e^{2x} = 4(3+6x+2x^2)e^{2x}$.

(2) $\frac{dy}{dx} = f'(x^2)(x^2)' = 2xf'(x^2)$，

$\frac{d^2 y}{dx^2} = 2f'(x^2) + 2xf''(x^2)\cdot 2x = 2[f'(x^2) + 2x^2 f''(x^2)]$.

(3) $\left(\frac{1}{1-x}\right)' = [(1-x)^{-1}]' = (1-x)^{-2}$，

$\left(\frac{1}{1-x}\right)'' = [(1-x)^{-2}]' = -2(1-x)^{-3}(-1) = 2(1-x)^{-3}$，

$\left(\frac{1}{1-x}\right)''' = [2(1-x)^{-3}]' = 2\cdot 3(1-x)^{-4}$.

一般地

$$y^{(n)}=\left(\frac{1}{1-x}\right)^{(n)}=n!(1-x)^{-(n+1)}.$$

题型7 微分的求法

例 14 求下列函数的微分:

(1) $y=\dfrac{\cos x}{1-x^2}$; (2) $y=\dfrac{1+\ln\sqrt{x}}{1-\ln\sqrt{x}}$.

解 (1) 利用求导数法则,有

$$y'=\frac{-\sin x(1-x^2)+2x\cos x}{(1-x^2)^2},\quad dy=y'dx=\frac{-(1-x^2)\sin x+2x\cos x}{(1-x^2)^2}dx.$$

也可用微分法则求:

$$dy=d\left(\frac{\cos x}{1-x^2}\right)=\frac{(1-x^2)d\cos x-\cos x d(1-x^2)}{(1-x^2)^2}$$

$$=\frac{-(1-x^2)\sin x+2x\cos x}{(1-x^2)^2}dx.$$

(2) 利用求导数法则.将函数变形,有

$$y=\frac{1+\ln\sqrt{x}}{1-\ln\sqrt{x}}=\frac{1+\frac{1}{2}\ln x}{1-\frac{1}{2}\ln x}=\frac{2+\ln x}{2-\ln x},$$

$$y'=\left(\frac{2+\ln x}{2-\ln x}\right)'=\frac{4}{x(2-\ln x)^2},\quad dy=y'dx=\frac{4}{x(2-\ln x)^2}dx.$$

利用微分法则,有

$$dy=d\left(\frac{2+\ln x}{2-\ln x}\right)=\frac{(2-\ln x)d(2+\ln x)-(2+\ln x)d(2-\ln x)}{(2-\ln x)^2}$$

$$=\frac{(2-\ln x)\frac{1}{x}dx-(2+\ln x)\left(-\frac{1}{x}\right)dx}{(2-\ln x)^2}=\frac{4}{x(2-\ln x)^2}dx.$$

例 15 求下列函数的微分:

(1) $y=\ln\cos\sqrt{x}$; (2) $y=f(1-3x)+\sin[f(x)]$.

解 (1) $dy=d(\ln\cos\sqrt{x})=\dfrac{1}{\cos\sqrt{x}}d(\cos\sqrt{x})$

$$=-\frac{\sin\sqrt{x}}{\cos\sqrt{x}}d(\sqrt{x})=-\frac{1}{2\sqrt{x}}\tan\sqrt{x}\,dx.$$

(2) $dy = df(1-3x) + d\sin[f(x)]$

$$= f'(1-3x)d(1-3x) + \cos[f(x)]df(x)$$
$$= -3f'(1-3x)dx + f'(x)\cos[f(x)]dx$$
$$= \{f'(x)\cos[f(x)] - 3f'(1-3x)\}dx.$$

求函数的微分，一般用微分定义或微分法则(如例 14)；求复合函数的微分，可利用一阶微分形式不变性求出 $dy=f'(u)du$，然后逐层微分直至右端的微分含 dx 为止(如例 15). 当然，也可用复合函数微分公式 $dy=[f(\varphi(x))]'dx$ 来求.

例 16 求下列隐函数的微分：

(1) $y\sin x=\cos(x-y)$； (2) $\sqrt[x]{y}=\sqrt[y]{x}$.

解 (1) 两边微分，有

$$d(y\sin x) = d[\cos(x-y)],$$
$$\sin x dy + yd(\sin x) = -\sin(x-y)d(x-y),$$
$$\sin x dy + y\cos x dx = -\sin(x-y)(dx-dy),$$

即

$$[\sin x - \sin(x-y)]dy = -[y\cos x + \sin(x-y)]dx,$$

所以

$$dy = \frac{y\cos x + \sin(x-y)}{\sin(x-y) - \sin x}dx.$$

(2) 两边取对数得

$$\ln\sqrt[x]{y} = \ln\sqrt[y]{x}, \quad \frac{1}{x}\ln y = \frac{1}{y}\ln x,$$

即

$$y\ln y = x\ln x,$$

两边微分得

$$dy\ln y + yd(\ln y) = \ln x dx + xd(\ln x),$$
$$\ln y dy + y\frac{1}{y}dy = \ln x dx + x\frac{1}{x}dx,$$
$$(\ln y + 1)dy = (\ln x + 1)dx,$$

所以 $dy=\dfrac{\ln x+1}{\ln y+1}dx$.

求隐函数的微分，一般利用微分形式不变性来求，若方程中含有幂指函数，一般先将方程两边取对数简化后再两边微分.

题型8 应用题

例17 现测得某圆柱高 $h=40\text{cm}$，直径 $D=(20\pm0.05)\text{cm}$. 求圆柱体积的绝对误差和相对误差.

解 圆柱体积 $v=\pi r^2h=\pi\cdot\dfrac{D^2}{4}h$，圆柱体积绝对误差为

$$|\Delta v|\approx|\mathrm{d}v|=|f'D\Delta D|=\pi\cdot\frac{D}{2}h|\Delta D|.$$

将 $h=40,D=20,|\Delta D|=0.05$ 代入得

$$|\Delta v|\approx\pi\times\frac{20}{2}\times40\times0.05=20\pi\approx62.832\text{cm}^3.$$

圆柱体积相对误差为

$$\left|\frac{\Delta v}{v}\right|\approx\left|\frac{\mathrm{d}v}{v}\right|=\left|\frac{\pi\dfrac{D}{2}h\Delta D}{\pi\dfrac{D^2}{4}h}\right|=\left|\frac{2}{D}\Delta D\right|=\frac{2}{D}|\Delta D|,$$

将 $h=40,D=20,|\Delta D|=0.05$ 代入得

$$\left|\frac{\Delta v}{v}\right|\approx\frac{2}{20}\times0.05=0.005=0.5\%.$$

题型9 错解分析

例18 设 $f(x)=\begin{cases}1-\mathrm{e}^{2x}, & x\leqslant0,\\ x^2, & x>0,\end{cases}$ 求 $f'(x)$.

错解 当 $x<0$ 时，$f'(x)=-2\mathrm{e}^{2x}$；当 $x=0$ 时，$f(0)=0$，有 $f'(0)=0$；当 $x>0$ 时，$f'(x)=2x$. 所以

$$f'(x)=\begin{cases}-2\mathrm{e}^{2x}, & x<0,\\ 0, & x=0,\\ 2x, & x>0.\end{cases}$$

错因分析 $f(x)$在分段点 $x=0$ 处的导数是涉及函数在 $x=0$ 的邻域内的问题，认为 $f'(0)=[f(0)]'=0$ 是错误的，应该用定义去求.

正确解法 当 $x>0,x<0$ 时，$f'(x)$与上述相同. 由于 $x=0$ 是函数的分段点，由导数定义知

$$f'_-(0)=\lim_{x\to0^-}\frac{f(x)-f(0)}{x-0}=\lim_{x\to0^-}\frac{1-\mathrm{e}^{2x}-0}{x-0}=-2,$$

$$f'_+(0)=\lim_{x\to0^+}\frac{f(x)-f(0)}{x-0}=\lim_{x\to0^+}\frac{x^2-0}{x-0}=0,$$

因为 $f'_{+}(0)\neq f'_{-}(0)$，所以 $f(x)$ 在 $x=0$ 处不可导，故 $f(x)$ 的导数为

$$f'(x)=\begin{cases}-2e^{2x}, & x<0,\\ 2x, & x>0.\end{cases}$$

例 19 求过点(2,0)与曲线 $y=2x-x^3$ 相切的直线方程.

错解 设所求切线 L 的斜率为 k，则

$$k=y'\Big|_{x=2}=(2-3x^2)\Big|_{x=2}=-10,$$

故所求直线方程为

$$y-0=-10(x-2),\quad 即\quad y=-10x=20.$$

错因分析 错误在于没有判断点(2,0)是否在曲线 $y=2x-x^3$ 上，而把该点当作切点来考虑，事实上，点(2,0)根本不在曲线上.

正确解法 设切点坐标为 (x_0,y_0)，其中 $y_0=2x_0-x_0^3$，则所求切线方程的斜率为

$$k=f'(x_0)=2-3x_0^2.$$

故通过点 (x_0,y_0)，曲线的切线方程为

$$y-(2x_0-x_0^3)=(2-3x_0^2)(x-x_0).$$

由于该切线通过已知点(2,0)，把点(2,0)的坐标代入方程可确定 x_0，即

$$0-(2x_0-x_0^3)=(2-3x_0^3)(2-x_0),$$

解得 $x_0=1,x_1=1+\sqrt{3},x_2=1-\sqrt{3}$. 对应地可得 $y_0=1,y_1=-8-4\sqrt{3},y_2=-8+4\sqrt{3}$. 对应的切线斜率分别为 $k_0=-1,k_1=-10-6\sqrt{3},k_2=-10+6\sqrt{3}$. 由此可得过(2,0)的切线方程为

$$y=-x+2,\quad y=(-10-6\sqrt{3})x+20+12\sqrt{3},\quad y=(-10+6\sqrt{3})x+20-12\sqrt{3}.$$

3.3 习题

基本题

1. 根据导数的定义求函数的导数：

(1) $y=ax^2+bx+b$，求 y'； (2) $f(x)=x^2\sin(x-2)$，求 $f'(0),f'(2)$.

2. 求曲线在横坐标为 x_0 的点的切线方程：

(1) $y=2x^2+3,\quad x_0=-1$； (2) $y=\dfrac{1}{3x+2},\quad x_0=2$.

3. 求曲线在横坐标为 x_0 的点的法线方程：

(1) $y=x+\sqrt{x^3},\quad x_0=1$； (2) $y=2x^2+3x-1,\quad x_0=-2$.

4. 求曲线 $y=\dfrac{1}{x}$ 和 $y=x^2$ 在它们交点处的切线斜率，并求此两条切线的夹角 θ.

5. x 为何值时，函数 $f(x)=x^3$ 的导数值与函数值相等.

6. 设 $f(x)$的定义域为$(-\infty,+\infty)$，且对任意的 x 和 h，均有

$$f(x+h)=f(x)f(h),\quad f(0)\neq 0.$$

(1) 证明：$f(0)=1$；

(2) 若 $f'(0)$存在，证明 $f(x)$在任一点 x 均可导，且 $f'(x)=f(x)f'(0)$.

7. 设 $f(x)=(x-a)\varphi(x)$，其中 $\varphi(x)$在点 $x=a$ 连续，求 $f'(a)$.

8. 有一非均匀的细棒 AB，长为 20cm，又已知从 A 点起到 M 点的 AM 段的质量与从 A 点起到 M 点的距离的平方成正比，且当 $AM=2$cm 时，其质量为 8g，试求：

(1) AM 段的平均线密度；

(2) 全棒的平均线密度；

(3) 在点 M 处的密度.

9. 设物体绕定轴旋转，在时间 t 内转过的角度为 θ，如果旋转是匀速的，那么称 $\omega=\dfrac{\theta}{t}$ 为该物体旋转的角速度，如果旋转是非匀速的，怎样确定该物体的瞬时角速度？

10. 证明：双曲线 $xy=a^2$ 上任意一点的切线与两坐标轴所成的三角形的面积为一常数$2a^2$.

11. 证明：自点$(0,b)(b>2)$能向抛物线 $y=\dfrac{1}{2}x^2$ 作三条法线，并求法线的方程.

12. 设 $f(x)=\sqrt{2}(x^2-x+1)$，求 $f'(1)$，$f'(2)$，$f'(\sqrt{2})$.

13. 设 $S(t)=\dfrac{3}{5-t}+\dfrac{t^2}{5}$，求 $S'(0)$，$\left.\dfrac{\mathrm{d}S}{\mathrm{d}t}\right|_{t=2}$.

14. 求下列函数的导数：

(1) $y=2\sqrt[3]{t}-\dfrac{3}{t}+\sqrt[4]{3}$；

(2) $y=\dfrac{2(3x^3+4x^2-x-2)}{15\sqrt{1+x}}$；

(3) $y=\dfrac{x^6+x^3-2}{\sqrt{1-x^3}}$；

(4) $y=\dfrac{1+x^2}{2\sqrt{1+2x^2}}$；

(5) $y=(1-x^2)^5\sqrt{x^3+\dfrac{1}{x}}$.

15. 求下列函数的导数：

(1) $y=x-\ln\left(2+\mathrm{e}^x+2\sqrt{\mathrm{e}^{2x}+\mathrm{e}^x+1}\right)$；

(2) $y=\dfrac{1}{2}\arctan\dfrac{\mathrm{e}^x-3}{2}$；

(3) $y=\dfrac{1}{\ln 4}\cdot\ln\dfrac{1+2x}{1-2x}$；

(4) $y=3\mathrm{e}^{\sqrt[3]{x}}\left(\sqrt[3]{x^2}-2\sqrt[3]{x}+2\right)$；

(5) $y=\dfrac{-\mathrm{e}^{3x}}{3\sinh^3 x}$；

(6) $y=\mathrm{e}^{\sin x}\left(x-\dfrac{1}{\cos x}\right)$；

(7) $y=\frac{e^x}{2}[(x^2-1)\cos x+(x-1)^2\sin x]$.

16. 求下列函数的导数:

(1) $y=\ln\frac{x^2}{\sqrt{1-ax^4}}$;

(2) $y=\ln^3(1+\cos x)$;

(3) $y=\log_{16}\log_8\tan x$;

(4) $y=\frac{x(\cos(\ln x)+\sin(\ln x))}{2}$;

(5) $y=\ln\frac{\ln x}{\sin x}$;

(6) $y=\ln(e^x+\sqrt{1+e^{2x}})$.

17. 求下列函数的导数:

(1) $y=\frac{\cos(\sin 5)\sin^2 2x}{2\cos 4x}$;

(2) $y=\arctan\frac{\tan x-\cot x}{\sqrt{2}}$;

(3) $y=\sqrt{1-x^2}-x\arcsin\sqrt{1-x^2}\ (x>0)$;

(4) $y=\frac{(1+x)\arctan\sqrt{x}-\sqrt{x}}{x}$;

(5) $y=\frac{1}{2}\sqrt{\frac{1}{x^2}-1}-\frac{\arccos x}{2x^2}$;

(6) $y=\frac{x}{2\sqrt{1-4x^2}}\arcsin 2x+\frac{1}{8}\ln(1-4x^2)$.

18. 求下列函数的导数:

(1) $y=x^x$;

(2) $y=(\sin x)^{5e^x}$;

(3) $y=(\ln x)^{3x}$;

(4) $y=x^{\arcsin x}$;

(5) $y=(x^3+4)^{\tan x}$;

(6) $y=x^{e^{\cos x}}$;

(7) $y=x^{29^x}\cdot 29^x$;

(8) $y=(x^8+1)^{\tanh x}$;

(9) $y=(\cos 2x)^{\ln\cos 2x}$;

(10) $y=(\sin\sqrt{x})^{\frac{1}{x}}$.

19. 求下列函数的导数:

(1) $y=\frac{1}{24}(x^2+8)\sqrt{x^2-4}+\frac{x^4}{16}\arcsin\frac{2}{x}\ (x>0)$;

(2) $y=2x-\ln(1+\sqrt{1-e^{4x}})-e^{-2x}\arcsin(e^{2x})$;

(3) $y=\frac{1}{3}(x-2)\sqrt{x+1}+\ln(\sqrt{x+1}+1)$;

(4) $y=(3x^2-4x+2)\sqrt{9x^2-12x+3}$;

(5) $y=\ln(e^{5x}+\sqrt{e^{10x}-1})+\arcsin(e^{-5x})$;

(6) $y=\frac{x\arcsin x}{\sqrt{1-x^2}}+\ln\sqrt{1-x^2}$;

(7) $y=(2+3x)\sqrt{x-1}+\frac{3}{2}\arctan\sqrt{x-1}$;

(8) $y=\sqrt{x^2+1}-\frac{1}{2}\ln\frac{\sqrt{x^2+1}-x}{\sqrt{x^2+1}+x}$;

(9) $y=x\arcsin\sqrt{\dfrac{x}{x+1}}-\sqrt{x}+\arctan\sqrt{x}$；　　(10) $y=\dfrac{\arcsin x}{\sqrt{1-x^2}}+\dfrac{1}{2}\ln\dfrac{1-x}{1+x}$.

20. 求下列函数的导数：

(1) $y=\dfrac{1}{\sin\alpha}\ln(\tan x+\cot\alpha)$；　　(2) $y=x\cos\alpha+\sin\alpha\ln\sin(x-\alpha)$；

(3) $y=3\dfrac{\sin x}{\cos^2 x}+2\dfrac{\sin x}{\cos^4 x}$；　　(4) $y=\dfrac{7^x(3\sin 3x+\cos 3x\ln 7)}{9+\ln^2 7}$；

(5) $y=\ln\dfrac{\sin x}{\cos x+\sqrt{\cos 2x}}$；　　(6) $y=(1+x^2)e^{\arctan x}$；

(7) $y=\dfrac{\cot x+1}{1-x\cot x}$；　　(8) $y=\dfrac{5^x(\sin 3x\ln 5-3\cos 3x)}{9+\ln^2 5}$；

(9) $y=\dfrac{\cos x}{2+\sin x}$；　　(10) $y=\sqrt{\dfrac{\tan x+1}{\tan x-1}}$.

21. 求下列方程所确定的隐函数 $y=y(x)$的导数：

(1) $y=1+x\sin y$；　　(2) $x\cot y=\cos(xy)$；

(3) $y\sin x-\cos(x-y)=0$；　　(4) $y=x^{\frac{1}{y}}$；

(5) $e^{x^2-y^2}=\sin 2x$；　　(6) $x^y=y^x$.

22. 求下列参数方程所确定的函数的导数$\dfrac{dy}{dx}$：

(1) $\begin{cases}x=at^2,\\ y=bt^3;\end{cases}$　　(2) $\begin{cases}x=\dfrac{t^2}{2},\\ y=1-t;\end{cases}$

(3) $\begin{cases}x=\sin t,\\ y=\sin 2t;\end{cases}$　　(4) $\begin{cases}x=2(1-\sin\theta),\\ y=4\cos\theta;\end{cases}$

(5) $\begin{cases}x=a\cos^3 t,\\ y=a\sin^3 t;\end{cases}$　　(6) $\begin{cases}x=\theta\cos\theta,\\ y=\theta(1-\sin\theta).\end{cases}$

23. 确定 a 的值，使 $y=ax$ 为曲线 $y=\ln x$ 的切线.

24. 证明 $y=\dfrac{\sin 2x}{x}$满足微分方程 $xy''+2y'+4xy=0$.

25. 证明 $y=A\sin\omega t+B\cos\omega t$ 满足方程 $y''+\omega^2 y=0$，其中 A，B 为任意常数，ω 为常数.

26. 求二阶导数$\dfrac{d^2 y}{dx^2}$：

(1) $y=xe^{x^2}$；　　(2) $y=\dfrac{1}{x^3+1}$；

(3) $y=\ln\sin x$；

(4) $y=(1+x^2)\arctan x$；

(5) $y=\tan x$；

(6) $y=\cos^2 x\ln x$；

(7) $\begin{cases}x=\cos 2t,\\ y=2\sec^2 t;\end{cases}$

(8) $\begin{cases}x=\sinh^2 t,\\ y=\cosh^2 t;\end{cases}$

(9) $\begin{cases}x=\sqrt{t},\\ y=\dfrac{1}{\sqrt{1-t}};\end{cases}$

(10) $y=\sin(x+y)$；

(11) $e^y+xy=e$；

(12) $y=1-xe^y$.

27. 求函数指定阶的导数：

(1) $y=(3-x^2)\ln^2 x$，求 y'''；

(2) $y=x^2\sin(5x-3)$，求 y'''；

(3) $y=e^{1-2x}\sin(2+3x)$，求 $y^{(4)}$；

(4) $y=(1-x-x^2)e^{\frac{x}{2}}$，求 y'''；

(5) $y=\dfrac{\log_3 x}{x^2}$，求 y'''；

(6) $\begin{cases}x=\cos t,\\ y=\sin t,\end{cases}$ 求$\dfrac{d^3 y}{dx^3}$.

28. 求 n 阶导数：

(1) $y=\sqrt{2x+1}$；

(2) $y=x\cos x$；

(3) $y=\dfrac{1}{x^2-3x+2}$；

(4) $y=\dfrac{1-x}{1+x}$；

(5) $y=x^n e^x$；

(6) $y=e^{ax}\sin bx$.

29. 设 $x=f'(t)$，$y=tf'(t)-f(t)$，且 $f(t)$的三阶导数存在，求$\dfrac{dy}{dx}$，$\dfrac{d^2 y}{dx^2}$，$\dfrac{d^3 y}{dx^3}$.

30. 心形线的极坐标方程为 $r=a(1-\cos\theta)$，其参数方程为

$$\begin{cases}x = a(1-\cos\theta)\cos\theta,\\ y = a(1-\cos\theta)\sin\theta,\end{cases}$$

当 $\theta=\dfrac{\pi}{2},\dfrac{\pi}{3},\dfrac{\pi}{4},\dfrac{\pi}{6}$时，求$\dfrac{dx}{d\theta}$，$\dfrac{dy}{d\theta}$，$\dfrac{dy}{dx}$. 又问在哪些点处曲线的斜率为零？为无穷大？

31. 求心形线 $r=2(1-\cos\theta)$ 在 $\theta=\dfrac{\pi}{2}$处的切线方程.

32. 求星形线$\begin{cases}x=a\cos^3 t\\ y=a\sin^3 t\end{cases}$在点$\left(\dfrac{\sqrt{2}}{4}a,\dfrac{\sqrt{2}}{4}a\right)$处的切线和法线方程.

33. 设曲线的参数方程为$\begin{cases}x=2at,\\ y=at^2,\end{cases}$ $a>0$.

(1) 证明曲线上任一点$(2at,at^2)$的切线方程为

$$y-tx+at^2=0;$$

(2) 证明曲线的两条互相垂直的切线的交点在 $y=-a$ 上.

34. 如果两条曲线在其交点处有公共的切线，则称两条曲线在该点处相切. 试证圆 $x^2+y^2-12x-6y+25=0$ 与圆 $x^2+y^2+2x+y=10$ 在点(2,1)处相切.

35. 如果两条曲线在其交点处的切线相互垂直，则称两条曲线是直交的，当 a,b 取各种不同值时，双曲线 $x^2-y^2=a$ 及 $xy=b$ 形成两族曲线，证明这两族曲线之间是直交的.

36. 求下列曲线在任意点(x_0,y_0)的切线方程：

(1) $x^2+y^2=r^2$；　(2) $\dfrac{x^2}{a^2}+\dfrac{y^2}{b^2}=1$；

(3) $\dfrac{x^2}{a^2}-\dfrac{y^2}{b^2}=1$；　(4) $y^2=2px\ (p>0)$.

37. 证明曲线(抛物线)$\sqrt{x}+\sqrt{y}=\sqrt{a}$上任意一点的切线截二坐标轴的截距之和为常数.

38. 向口径为10cm，高为15cm的直圆锥容器注水，若水的注入速度为$8\text{cm}^3/\text{s}$，求容器中水面上升的速度.

39. 高2m，下底半径1m，上底半径3m的圆台形蓄水池，其水深的升高率为0.5m/min，求水深1m时，水的体积的增长率.

40. 一质点沿曲线 $y=\sqrt{x}$运动，在曲线上求一点，使得当质点位于这点时，质点的两个坐标的变化率相等.

41. 求函数 $y=5x+x^2$ 当 $x=2,\Delta x=0.001$ 时的增量 Δy 和微分 $\mathrm{d}y$.

42. 求函数 $y=\dfrac{2}{\sqrt{x}}$当 $x=9$ 时的微分 $\mathrm{d}y$.

43. 不用计算导数，求 $\mathrm{d}(1-x^3)$当 $x=1,\Delta x=-\dfrac{1}{3}$时的值.

44. 求函数的微分：

(1) $y=ax^3-bx^2+c$；　(2) $y=(a^2-x^2)^5$；

(3) $y=\sqrt{1+x^2}$；　(4) $y=x^2\mathrm{e}^{2x}$；

(5) $y=\arctan\dfrac{1-x^2}{1+x^2}$；　(6) $y=\dfrac{1}{2a}\ln\left|\dfrac{x-a}{x+a}\right|$.

45. 求下列方程确定的隐函数 $y=y(x)$的微分 $\mathrm{d}y$：

(1) $x+\sqrt{xy+y}=4$；　(2) $y=\tan(x+y)$.

46. 在括号中填入适当的函数：

(1) d(　)$=x\mathrm{d}x$；　(2) d(　)$=\cos x\mathrm{d}x$；

(3) d(　)$=\dfrac{1}{x}\mathrm{d}x$；　(4) d(　)$=\sin x\mathrm{d}x$；

(5) d(　)$=\sec^2 x\mathrm{d}x$；　(6) d(　)$=\dfrac{1}{1+x^2}\mathrm{d}x$；

(7) d(　)$=\dfrac{x}{\sqrt{1+x^2}}\mathrm{d}x$；　　(8) d(　)$=\sqrt{1+2x}\,\mathrm{d}(1+2x)$.

47. 利用微分形式不变性求下列函数的微分：

(1) $y=\mathrm{e}^{\arctan\frac{1}{x}}$；　　(2) $y=\ln[\ln(\ln x)]$；

(3) $y=\ln\sqrt{\dfrac{1-\sin x}{1+\sin x}}$；　　(4) $y=\tanh(\ln x)$.

48. 当$|x|$充分小时，证明下列近似公式：

(1) $\sin x\approx x$；　　(2) $\ln(1+x)\approx x$；

(3) $\tan x\approx x$；　　(4) $\sqrt[n]{1+x}\approx 1+\dfrac{1}{n}x$；

(5) $\dfrac{1}{1+x}\approx 1-x$；　　(6) $\mathrm{e}^x\approx 1+x$.

49. 求下列各数的近似值：

(1) $\sin 32°$；　　(2) $\tan 43°$；　　(3) $\sin 1°$.

50. 球壳内直径是10cm，厚度是0.1cm，试用微分计算球壳体积的近似值.

51. 已知单摆的振动周期$T=2\pi\sqrt{\dfrac{l}{g}}$，其中$g=980\text{cm/s}^2$，$l$为摆长(单位：cm). 设原摆长为20cm，为使周期T增大0.05s，摆长约需加长多少？

综合题

52. 设$f(x)$当$x\leqslant x_0$时具有二阶导数，如何选择系数a,b和c，使得函数

$$F(x)=\begin{cases}f(x), & x\leqslant x_0,\\ a(x-x_0)^2+b(x-x_0)+c, & x>x_0\end{cases}$$

在$x=x_0$也具有二阶导数$F''(x_0)$.

53. 设$f(x)=x(x-1)(x-2)\cdots(x-2000)$，求$f'(0)$，$f'(100)$，$f'(2000)$.

54. 已知$f(t)=\left(\tan\dfrac{\pi}{4}t-1\right)\left(\tan\dfrac{\pi}{4}t^2-2\right)\cdots\left(\tan\dfrac{\pi}{4}t^{100}-100\right)$，求$f'(1)$.

55. 已知$f(x)=\dfrac{1}{1+x}$，求当$f(x)=17$时的$f[f'(x)]$.

56. 求$\dfrac{\mathrm{d}^{100}}{\mathrm{d}x^{100}}\left(\dfrac{1}{x^2+5x+6}\right)$.

57. 设$f(x)=(x-a)^n\varphi(x)$，其中$\varphi(x)$在点a的邻域内具有直到$n-1$阶连续导数，求$f^{(n)}(a)$.

58. 设 $F(x)=f[f(x)]$,其中 $f(x)=\begin{cases}2-x^2, & |x|\leqslant 2,\\ 2, & |x|>2,\end{cases}$ 求 $F'(x)$.

59. 设 $f(x)=(x^2-1)g(x)$,$g(x)$在 $x=1$ 连续且 $g(1)=1$,求 $f'(1)$.

60. 设 $f(x)=|x-a|\varphi(x)$,其中 $\varphi(x)$在 $x=a$ 处连续且 $\varphi(a)\neq 0$,证明 $f(x)$在$x=a$ 不可导.

61. 设 $f(x)$在区间$[-1,1]$上有定义且有界,$g(x)=f(x)\sin x^2$,求 $g'(0)$.

62. 设$\lim\limits_{x\to a}\dfrac{f(x)-b}{x-a}=A$,试求$\lim\limits_{x\to a}\dfrac{e^{f(x)}-e^b}{x-a}$.

63. 设函数 $f(u)$的一阶导数存在,求极限$\lim\limits_{r\to 0}\dfrac{1}{r}\left[f\left(t+\dfrac{r}{a}\right)-f\left(t-\dfrac{r}{a}\right)\right]$,其中 t,a 与 r 无关.

64. 设 $f'(x)$存在,且 $\alpha\beta\neq 0$,证明:

$$\lim_{\Delta x\to 0}\frac{f(x_0+\alpha\Delta x)-f(x_0-\beta\Delta x)}{\Delta x}=(\alpha+\beta)f'(x_0).$$

65. 设 $f(x)$在 $x=a$ 处可导,求$\lim\limits_{n\to\infty}\left[\dfrac{f\left(a+\frac{1}{n}\right)}{f(a)}\right]^n$,其中 n 为正整数,$f(a)\neq 0$.

66. 当 α 为何值时,函数 $f(x)=\begin{cases}x^\alpha\sin\dfrac{1}{x}, & x\neq 0,\\ 0, & x=0,\end{cases}$ (1)在 $x=0$ 连续;(2)在 $x=0$ 可导;(3)在 $x=0$ 导数连续.

67. 在什么条件下,函数 $f(x)=\begin{cases}x^\lambda\cos\dfrac{1}{x}, & x>0\\ 0, & x\leqslant 0\end{cases}$ (λ 是实常数)在 $x=0$ 点(1)不连续;(2)连续但不可微;(3)可微但 $f'(x)$不连续;(4)连续可微.

68. 设 $f(x)=\begin{cases}x^2e^{-x^2}, & |x|\leqslant 1,\\ \dfrac{1}{e}, & |x|>1,\end{cases}$ 求 $f'(x)$.

69. 设 $f(x)=\begin{cases}x^2\sin\dfrac{1}{x}, & x>0,\\ 0, & x=0,\\ \dfrac{1-\cos x^2}{x}, & x<0,\end{cases}$ 试求 $f'(x)$,并问 $f''(0)$是否存在?

70. 设 $f(x)=\lim\limits_{n\to\infty}\dfrac{x^2e^{n(x-1)}+ax+b}{e^{n(x-1)}+1}$($a,b$ 为常数).(1)求 $f(x)$;(2)讨论 $f(x)$的连续性与可微性.

71. 设 $f(x)=\begin{cases} g(x)\sin\dfrac{1}{x}, & x\neq 0, \\ 0, & x=0, \end{cases}$ 且 $g(0)=g'(0)=0$,求 $f'(0)$.

72. 设 $y=2\sin x+|\sin x|$,求 $y'\big|_{x=\frac{\pi}{3}}$,$y'\big|_{x=-\frac{\pi}{3}}$.

73. 设 $f(x)=2x^2+x|x|$,试求 $f'(x)$,并证明 $f(x)$在 $x=0$ 处不存在二阶导数.

74. 讨论函数 $y=|x(x-2)|$的可导性.

75. 设 $f(x)=\begin{cases} \cos\dfrac{\pi x}{2}, & |x|\leqslant 1, \\ |x-1|, & |x|>1, \end{cases}$ 求 $f'(x)$.

76. 设函数 $f(x)$在区间$(a,+\infty)$内可微分,且 $\lim\limits_{x\to+\infty}f(x)$存在,由此能否推出 $\lim\limits_{x\to+\infty}f'(x)$存在? 研究一个例子: $f(x)=\dfrac{\sin x^2}{x}$.

77. 证明方程 $1+\dfrac{x}{1!}+\dfrac{x^2}{2!}+\cdots+\dfrac{x^n}{n!}=0$ 没有实重根.

78. 设 $f(x)$为多项式,a,b 是方程 $f(x)=0$ 的相邻的两个单根,即

$$f(x)=(x-a)(x-b)g(x),$$

其中 $g(x)$是多项式,且 $g(a)\neq 0,g(b)\neq 0$,证明:

(1) $g(a)$与 $g(b)$同号;

(2) 在区间(a,b)中至少存在一点 ξ,使 $f'(\xi)=0$.

79. 设 $f(x)$在区间$[a,b]$上连续,且 $f(a)=f(b)=0,f'(a)f'(b)>0$,试证在区间(a,b)内至少存在一点 c,使 $f(c)=0$.

80. 设 $f(x)=x^2\cos 2x$,求 $f^{(10)}(0)$.

81. 设 $y=(x^2+2x+2)\mathrm{e}^{-x}$,求 $y^{(n)}$.

82. 设 $y=\mathrm{e}^{2x}\sin x\cos x$,求 $y^{(n)}$.

83. 设 $f(x)=\sin^6 x+\cos^6 x$,求 $f^{(n)}(x)$.

84. 设曲线 $y=f(x)=x^n$(n 为正整数)在点$(1,1)$处的切线与 Ox 轴相交于点$(\xi_n,0)$,试求$\lim\limits_{n\to\infty}f(\xi_n)$.

85. 设 $f(x)=\begin{cases} x, & 0\leqslant x\leqslant 2, \\ 2x-2, & 2<x, \end{cases}$ $S(x)$表示由曲线 $y=f(x)$,Ox 轴及过点 $x(x\geqslant 0)$而垂直于 Ox 轴的直线所围成图形的面积.

(1) 求函数 $S(x)$的解析表达式及 $S'(x)$; (2) 作出 $y=S'(x)$的图形.

86. 证明:由参数方程 $x=\mathrm{e}^t\sin t,y=\mathrm{e}^t\cos t$ 所确定的函数 $y=f(x)$满足关系式

$$y''(x+y)^2=2(xy'-y).$$

87. 设 $\varphi(x),\psi(x)$ 都是可微函数，且 $\varphi(x)>0,\psi(x)>0$，若 $y=\varphi(x)^{\psi(x)}$，求 $\frac{\mathrm{d}y}{\mathrm{d}x}$.

自测题

一、单项选择题

1. 设函数 $f(x)$ 在 x_0 可导，则 $\lim\limits_{h\to0}\frac{f(x_0+h)-f(x_0)}{h}$（　　）.

A. 与 x_0,h 都有关　　B. 仅与 x_0 有关而与 h 无关

C. 仅与 h 有关而与 x_0 无关　　D. 与 x_0,h 都无关

2. 设函数 $f(x)$ 在 x_0 可导，则 $\lim\limits_{x\to x_0}\frac{f^2(x)-f^2(x_0)}{x-x_0}=$（　　）.

A. $f'(x_0)$　　B. $f(x_0)$

C. 0　　D. $2f(x_0)f'(x_0)$

3. 设函数 $f(x)$ 在 x_0 不可导，则曲线 $y=f(x)$（　　）.

A. 在点 $(x_0,f(x_0))$ 的切线不存在　　B. 在点 $(x_0,f(x_0))$ 的切线可能存在

C. 在点 x_0 间断　　D. $\lim\limits_{x\to x_0}f(x)$ 不存在

4. 设函数 $f(x)=\begin{cases}\frac{2}{x^2+1}, & x\leqslant1,\\ ax+b, & x>1\end{cases}$ 可导，则必有（　　）.

A. $a=1,b=2$　　B. $a=-1,b=2$

C. $a=1,b=0$　　D. $a=-1,b=0$

5. 设函数 $f(x)$ 可微，则在 x 点处，当 $\Delta x\to0$ 时，$\Delta y-\mathrm{d}y$ 是 Δx 的（　　）.

A. 高阶无穷小　　B. 低阶无穷小

C. 等价无穷小　　D. 同阶不等价无穷小

6. 函数 $f(x)$ 在 x_0 可导是 $f(x)$ 在 x_0 可微的（　　）.

A. 无关条件　　B. 充分必要条件

C. 充分条件　　D. 必要条件

7. 设 $y=\mathrm{e}^{f(x)}$，其中 $f(x)$ 为二阶可导函数，则 $y''=$（　　）.

A. $\mathrm{e}^{f(x)}$　　B. $\mathrm{e}^{f(x)}f''(x)$

C. $\mathrm{e}^{f(x)}[(f'(x))^2+f''(x)]$　　D. $\mathrm{e}^{f(x)}[f'(x)+f''(x)]$

8. 如果 $f(x)$ 在 x_0 可导，$\varphi(x)$ 在 x_0 不可导，则 $f(x)\varphi(x)$ 在 x_0 点（　　）.

A. 可能可导也可能不可导　　B. 不可导

C. 可导　　D. 连续

9. 如果 T 是可导函数 $f(x)$ 的周期，则 $f'(x)$（　　）.

A. 不是周期函数　　B. 不一定是周期函数

C. 以 T 为周期的函数　　D. 不以 T 为周期的周期函数

10. 设 $f(x)$在$(-\infty,+\infty)$内为可微的奇函数,且 $f'(x_0)=a\neq 0$,则 $f'(-x_0)=($　　).

A. $-a$　　B. a　　C. 0　　D. $\frac{1}{a}$

二、填空题

1. 若 $f(x)$在 $x=a$ 处可导,则$\lim\limits_{h\to 0}\frac{f(a+nh)-f(a+mh)}{h}=$________.

2. 曲线$(5y+2)^3=(2x+1)^5$ 在点$\left(0,-\frac{1}{5}\right)$处的切线方程是________.

3. 已知 $y=\begin{cases}\frac{1}{x}\sin^2 x, & x\neq 0,\\ 0, & x=0,\end{cases}$则 $y'(0)=$________,$y'\left(\frac{\pi}{2}\right)=$________.

4. 设 $f(x)=(x^{607}-1)g(x)$,其中 $g(x)$在点 $x=1$ 连续且 $g(1)=3$,则 $f'(1)=$________.

5. 若$\begin{cases}x=\ln t,\\ y=t^m,\end{cases}$ 则$\left.\frac{\mathrm{d}^n y}{\mathrm{d}x^n}\right|_{t=1}=$________.

6. 设 $y=\sqrt[3]{(1-2x)^2}$,则 $y'(0)=$________.

7. 设 $y(x)$是由方程 $y-\varepsilon\sin y=x(0<\varepsilon<1,\varepsilon$ 是常数)所定义的函数,则$\mathrm{d}y=$________,$y''=$________.

8. 设 $f(x)=x^{2n}+\sin x$,则 $f^{(2n)}(0)=$________.

9. 设 $f(x)=\begin{cases}x^2+2x+3, & x\leqslant 0,\\ ax+b, & x>0\end{cases}$ 在定义域内处处可导,则 $a=$________,$b=$________.

10. d________$=\mathrm{e}^{-2x}\mathrm{d}x$,d________$=\sec^2 3x\mathrm{d}x$.

三、解答题

1. 讨论 $y=|\sin x|$在 $x=0$ 处的连续性与可导性.

2. 设 $y=f(\mathrm{e}^x)\mathrm{e}^{f(x)}$,$f'(x)$存在,求$\frac{\mathrm{d}y}{\mathrm{d}x}$.

3. 求导数或微分:

(1) $y=x\arctan x-\ln\sqrt{1+x^2}$,求 y';

(2) $y=\ln\left|\frac{\sqrt{1+x^3}-1}{\sqrt{1+x^3}+1}\right|$,求 y';

(3) $y=\arcsin\sqrt{x}+x^x$,求 $\mathrm{d}y$;

(4) $y=\cos^2 x+\frac{x^3}{1-x}$,求 $y^{(n)}$.

4. 证明：若 $f(x)$是偶函数，并且 $f(x)$在 $x=0$ 可导，则 $f'(0)=0$.

3.4　习题答案

基本题

1. (1) $2ax+b$；　　(2) $f'(0)=0, f'(2)=4$.

2. (1) $4x+y-1=0$；　　(2) $3x+64y-14=0$.

3. (1) $2x+5y-12=0$；　　(2) $x-5y+7=0$.

4. $k_1=-1, k_2=2, \theta_1=\arccos\dfrac{-1}{\sqrt{10}}, \theta_2=\pi-\theta_1$.

5. 0，3.　　7. $f'(a)=\varphi(a)$.

8. (1) $2x(\mathrm{g/cm})$；　(2) $40(\mathrm{g/cm})$；　(3) $4x(\mathrm{g/cm})$.

12. $f'(1)=\sqrt{2}, f'(2)=3\sqrt{2}, f'(\sqrt{2})=4-\sqrt{2}$.

13. $S'(0)=\dfrac{3}{5}$，　$\left.\dfrac{\mathrm{d}S}{\mathrm{d}t}\right|_{t=2}=\dfrac{17}{15}$.

14. (1) $\dfrac{2}{3}t^{-\frac{2}{3}}+\dfrac{3}{t^2}$；　　(2) $\dfrac{2(6x^3+13x^2+8x+1)}{15(1+x)\sqrt{1+x}}$；

(3) $-3x^2\sqrt{1-x^3}+\dfrac{3x^2(x^3+2)}{\sqrt{1-x^3}}$；　　(4) $\dfrac{x^3}{(1+2x^2)\sqrt{1+2x^2}}$；

(5) $-10x(1-x^2)^4\sqrt{x^3+\dfrac{1}{x}}+\dfrac{3x^4-1}{x^2}(1-x^2)^5\dfrac{1}{2\sqrt{x^3+\dfrac{1}{x}}}$.

15. (1) $\dfrac{1}{\sqrt{\mathrm{e}^{2x}+\mathrm{e}^x+1}}$；　　(2) $\dfrac{\mathrm{e}^x}{\mathrm{e}^{2x}-6\mathrm{e}^x+13}$；

(3) $\dfrac{1}{\ln 4}\dfrac{4}{1-4x^2}$；　　(4) $\mathrm{e}^{\sqrt[3]{x}}$；

(5) $\dfrac{\mathrm{e}^{2x}}{\sinh^4 x}$；　　(6) $\mathrm{e}^{\sin x}(x\cos x-\tan x\sec x)$；

(7) $x^2\mathrm{e}^x\cos x$.

16. (1) $\dfrac{2}{x(1-ax^4)}$；　　(2) $\dfrac{-3\sin x}{1+\cos x}\ln^2(1+\cos x)$；

(3) $\dfrac{1}{6\ln^2 2\ \sin 2x\ \log_8\tan x}$；　　(4) $\cos(\ln x)$；

(5) $\dfrac{1}{x\ln x}-\cot x$；　　(6) $\dfrac{\mathrm{e}^x}{\sqrt{1+\mathrm{e}^{2x}}}$.

17. (1) $\cos(\sin 5)\sec 4x\tan 4x$;　(2) $\dfrac{2\sqrt{2}}{1+\cos^2 2x}$;

(3) $-\arcsin\sqrt{1-x^2}$;　(4) $\dfrac{1}{x\sqrt{x}}-\dfrac{1}{x^2}\arctan\sqrt{x}$;

(5) $\dfrac{\arccos x}{x^3}$;　(6) $\dfrac{\arcsin 2x}{2(1-4x^2)\sqrt{1-4x^2}}$.

18. (1) $x^x(\ln x+1)$;　(2) $5e^x(\sin x)^{5e^x}(\ln\sin x+\cot x)$;

(3) $3(\ln x)^{3x}\left[\ln(\ln x)+\dfrac{1}{\ln x}\right]$;　(4) $x^{\arcsin x}\left(\dfrac{\ln x}{\sqrt{1-x^2}}+\dfrac{\arcsin x}{x}\right)$;

(5) $(x^3+4)^{\tan x}\left[\sec^2 x\ln(x^3+4)+\dfrac{3x^2}{x^3+4}\tan x\right]$;

(6) $x^{e^{\cos x}}e^{\cos x}\left[\dfrac{1}{x}-\sin x\ln x\right]$;

(7) $x^{29^x}\left[29^x\ln 29\cdot\ln x+\dfrac{29^x}{x}+\ln 29\right]$;

(8) $(x^8+1)^{\tanh x}\left[\dfrac{\ln(x^8+1)}{\cosh^2 x}+\dfrac{8x^7\tanh x}{x^8+1}\right]$;

(9) $-4\tan 2x\ln(\cos 2x)(\cos 2x)^{\ln(\cos 2x)}$;

(10) $(\sin\sqrt{x})^{\frac{1}{x}}\left[-\dfrac{\ln(\sin\sqrt{x})}{x^2}+\dfrac{1}{2x\sqrt{x}}\cot\sqrt{x}\right]$.

19. (1) $\dfrac{1}{4}x^3\arcsin\dfrac{2}{x}$;　(2) $2e^{-2x}\arcsin(e^{2x})$;

(3) $\dfrac{x}{2\sqrt{x+1}}+\dfrac{1}{2(x+1+\sqrt{x+1})}$;

(4) $(6x-4)\sqrt{9x^2-12x+3}+\dfrac{(9x-6)(3x^2-4x+2)}{\sqrt{9x^2-12x+3}}$;

(5) $\dfrac{5(e^{5x}-1)}{\sqrt{e^{10x}-1}}$;　(6) $\dfrac{\arcsin x}{(1-x^2)\sqrt{1-x^2}}$;

(7) $3\sqrt{x-1}+\dfrac{2+3x}{2\sqrt{x-1}}+\dfrac{3}{4x\sqrt{x-1}}$;　(8) $\dfrac{x+1}{\sqrt{x^2+1}}$;

(9) $\arcsin\sqrt{\dfrac{x}{x+1}}$;　(10) $\dfrac{x}{\sqrt{(1-x^2)^3}}\arcsin x$.

20. (1) $\dfrac{1}{\sin\alpha}\dfrac{\sec^2 x}{\tan x+\cot\alpha}$;　(2) $\cos\alpha+\sin\alpha\cot(x-\alpha)$;

(3) $\dfrac{8}{\cos^5 x}-\dfrac{3}{\cos x}$;　(4) $7^x\cos 3x$;

(5) $\cot x+\dfrac{\sin x+\dfrac{\sin 2x}{\sqrt{\cos 2x}}}{\cos x+\sqrt{\cos 2x}}$；　　(6) $(2x+1)\mathrm{e}^{\arctan x}$；

(7) $\dfrac{\cot x-1-x\csc^2 x}{(1-x\cot x)^2}$；　　(8) $5^x\sin 3x$；

(9) $\dfrac{-(2\sin x+1)}{(2+\sin x)^2}$；　　(10) $\dfrac{\sec^2 x}{(\tan x-1)^2}\sqrt{\dfrac{\tan x-1}{\tan x+1}}$.

21. (1) $\dfrac{\sin y}{1-x\cos y}$；　　(2) $\dfrac{y\sin(xy)+\cot y}{x\csc^2 y-x\sin(xy)}$；

(3) $\dfrac{y\cos x+\sin(x-y)}{\sin(x-y)-1}$；　　(4) $\dfrac{y}{xy+x\ln x}$；

(5) $\dfrac{x-\cos 2x\mathrm{e}^{y^2-x^2}}{y}$；　　(6) $\dfrac{xy\ln y-y^2}{xy\ln x-x^2}$.

22. (1) $\dfrac{3bt}{2a}$；　　(2) $-\dfrac{1}{t}$；

(3) $\dfrac{2\cos 2t}{\cos t}$；　　(4) $2\tan\theta$；

(5) $-\tan t$；　　(6) $\dfrac{1-\sin\theta-\theta\cos\theta}{\cos\theta-\theta\sin\theta}$.

23. $a=\dfrac{1}{\mathrm{e}}$.

26. (1) $(6x+4x^3)\mathrm{e}^{x^2}$；　　(2) $\dfrac{-6x+12x^4}{(x^3+1)^3}$；

(3) $-\csc^2 x$；　　(4) $2\arctan x+\dfrac{2x}{1+x^2}$；

(5) $2\sec^2 x\tan x$；　　(6) $-2\cos 2x\ln x-\dfrac{2\sin 2x}{x}-\dfrac{\cos^2 x}{x^2}$；

(7) $\sec^6 t$；　　(8) 0；

(9) $\dfrac{2t+1}{\sqrt{(1-t)^5}}$；　　(10) $\dfrac{-\sin(x+y)}{[1-\cos(x+y)]^3}$；

(11) $\dfrac{2y}{(\mathrm{e}^y+x)^2}-\dfrac{y^2\mathrm{e}^y}{(\mathrm{e}^y+x)^3}$；　　(12) $\dfrac{2\mathrm{e}^{2y}}{(1+x\mathrm{e}^y)^3}$.

27. (1) $\left(\dfrac{12}{x^3}-\dfrac{4}{x}\right)\ln x-\dfrac{18}{x^3}-\dfrac{6}{x}$；

(2) $30\cos(5x-3)-150x\sin(5x-3)-125x^2\cos(5x-3)$；

(3) $-119\mathrm{e}^{1-2x}\cos(2+3x)-120\mathrm{e}^{1-2x}\sin(2+3x)$；

(4) $-\left(\dfrac{x^2}{8}+\dfrac{13}{8}x+\dfrac{29}{8}\right)\mathrm{e}^{\frac{x}{2}}$；

(5) $\frac{-24}{x^5}\log_3 x+\frac{26}{x^5\ln 3}$;

(6) $-3\csc^4 t\cot t$.

28. (1) $y^{(n)}=(-1)^{n-1}(2n-3)!!\,(2x+1)^{-\frac{2n-1}{2}}\quad(n\geqslant 2),y'=(2x+1)^{-\frac{1}{2}}$;

(2) $y^{(n)}=n\cos\left(x+\frac{n-1}{2}\pi\right)-x\sin\left(x+\frac{n-1}{2}\pi\right)$;

(3) $y^{(n)}=\frac{(-1)^n n!}{(x-2)^{n+1}}-\frac{(-1)^n n!}{(x-1)^{n+1}}$;

(4) $y^{(n)}=\frac{(-1)^n 2\cdot n!}{(x+1)^{n+1}}$;

(5) $\sum_{k=0}^{n}\frac{[n(n-1)\cdots(n-k+1)]^2}{k!}x^{n-k}\mathrm{e}^x$;

(6) $\sum_{k=0}^{n}\mathrm{C}_n^k a^{n-k}b^k\mathrm{e}^{ax}\sin\left(bx+\frac{k}{2}\pi\right)$.

29. $\frac{\mathrm{d}y}{\mathrm{d}x}=t,\frac{\mathrm{d}^2y}{\mathrm{d}x^2}=\frac{1}{f''(t)},\frac{\mathrm{d}^3y}{\mathrm{d}x^3}=\frac{-f'''(t)}{[f''(t)]^3}$.

31. $x+y=a$.

32. 切线：$x+y=\frac{\sqrt{2}}{2}a$；法线：$y=x$.

36. (1) $x_0x+y_0y=r^2$； (2) $\frac{x_0x}{a^2}+\frac{y_0y}{b^2}=1$；

(3) $\frac{x_0x}{a^2}-\frac{y_0y}{b^2}=1$； (4) $y_0y=Px+Px_0$.

38. $\frac{\mathrm{d}h}{\mathrm{d}t}=\frac{72}{\pi h^2}$,其中 h 表示时间 t 的水面高度.

39. $\frac{\mathrm{d}v}{\mathrm{d}t}=\pi(\mathrm{m}^3/\mathrm{min})$.

40. $\left(\frac{1}{4},\frac{1}{2}\right)$.

41. $\Delta y=0.009001,\mathrm{d}y=0.009$. 42. $\mathrm{d}y=-\frac{1}{27}\mathrm{d}x$. 43. 1.

44. (1) $(3ax^2-2bx)\mathrm{d}x$； (2) $-10x(a^2-x^2)^4\mathrm{d}x$； (3) $\frac{x\mathrm{d}x}{\sqrt{1+x^2}}$；

(4) $2(x^2+x)\mathrm{e}^{2x}\mathrm{d}x$； (5) $\frac{-2x\mathrm{d}x}{1+x^4}$； (6) $\frac{1}{x^2-a^2}\mathrm{d}x$.

45. (1) $-\frac{y+2\sqrt{xy+y}}{x+1}\mathrm{d}x$； (2) $-\csc^2(x+y)\mathrm{d}x$.

47. (1) $dy=-e^{\arctan\frac{1}{x}}\frac{1}{1+x^2}dx$； (2) $dy=\frac{1}{x\ln x\ln(\ln x)}dx$；

(3) $\frac{-\cos x}{1-\sin^2 x}dx$； (4) $\frac{dx}{x\cosh^2(\ln x)}$.

综合题

52. $a=\frac{1}{2}f''(x_0),b=f'(x_0),c=f(x_0)$.

53. $f'(0)=f'(2000)=2000!,f'(100)=100!1900!$.

54. $-99!\ \frac{\pi}{2}$.

55. $-\frac{1}{288}$.

56. $100!\left[\frac{1}{(x+2)^{101}}-\frac{1}{(x+3)^{101}}\right]$.

57. $n!\ \varphi(a)$.

58. $F'(x)=\begin{cases}-4x^3+8x, & |x|<2,\\ 0, & |x|>2.\end{cases}$

59. 2.

61. 0.

62. Ae^b.

63. $\frac{2}{a}f'(t)$.

65. $e^{\frac{f'(a)}{f(a)}}$.

66. (1)当$\alpha>0$时,$f(x)$在$x=0$连续；(2)当$\alpha>1$时,$f(x)$在$x=0$处可导；(3)当$\alpha>2$时,$f(x)$的导函数在$x=0$处连续.

67. (1) 当$\lambda\leqslant 0$,$f(x)$在$x=0$处不连续；

(2) 当$0<\lambda\leqslant 1$时,$f(x)$在$x=0$处连续但不可微；

(3) 当$\lambda>1$时,$f(x)$在$x=0$处可微,但$f'(x)$不连续；

(4) 当$\lambda>2$,$f(x)$连续可微.

68. $f'(x)=\begin{cases}2x(1-x^2)e^{-x^2}, & |x|\leqslant 1,\\ 0, & |x|>1.\end{cases}$

69. $f'(x)=\begin{cases}2x\sin\frac{1}{x}-\cos\frac{1}{x}, & x>0,\\ 0, & x=0,\\ \frac{2x\sin x^2+\cos x^2-1}{x^2}, & x<0,\end{cases}$ $f''(0)$不存在.

72. $y'\Big|_{x=\frac{\pi}{3}}=3\cos x\Big|_{x=\frac{\pi}{3}}=\frac{3}{2},y'\Big|_{x=-\frac{\pi}{3}}=\cos x\Big|_{x=-\frac{\pi}{3}}=\frac{1}{2}$.

73. $f'(x)=\begin{cases}6x, & x\geqslant 0,\\ 2x, & x<0.\end{cases}$

75. $f'(x)=\begin{cases}-\frac{\pi}{2}\sin\frac{\pi x}{2}, & |x|<1,\\ 1, & x>1,\\ -1, & x<-1.\end{cases}$

80. $f^{(10)}(0)=90\times 2^8=23040$.

81. $y^{(n)}=(-1)^{n-2}\mathrm{e}^{-x}[x^2+(2-2n)x+n^2-3n+2]$.

82. $y^{(n)}=2^{n-1}\mathrm{e}^{2x}\sum\limits_{k=0}^{n}C_n^k\sin\left(2x+\dfrac{k\pi}{2}\right)$.

85. $S(x)=\begin{cases}\dfrac{1}{2}x^2, & 0\leqslant x\leqslant 2,\\ x^2-2x+2, & x>2,\end{cases}$ $S'(x)=\begin{cases}x, & 0\leqslant x\leqslant 2,\\ 2x-2, & x>2.\end{cases}$

自测题

一、1. B. 2. D. 3. B. 4. B. 5. A.

6. B. 7. C. 8. A. 9. C. 10. B.

二、1. $(n-m)f'(a)$. 2. $y=\dfrac{2}{3}x+\dfrac{1}{5}$. 3. $y'(0)=1$, $y'\left(\dfrac{\pi}{2}\right)=-\dfrac{4}{\pi^2}$.

4. $f'(1)=1821$. 5. m^n. 6. $-\dfrac{4}{3}$.

7. $\mathrm{d}y=\dfrac{1}{1-\varepsilon\cos y}\mathrm{d}x$, $y''=\dfrac{-\varepsilon\sin y}{(1-\varepsilon\cos y)^3}$. 8. $2n!$.

9. $a=2,b=3$. 10. $-\dfrac{1}{2}\mathrm{e}^{-2x},\dfrac{1}{3}\tan 3x$.

三、1. $y=|\sin x|$在$x=0$连续但不可导.

2. $[\mathrm{e}^xf'(\mathrm{e}^x)+f(\mathrm{e}^x)f'(x)]\mathrm{e}^{f(x)}$.

3. (1) $y'=\arctan x$; (2) $y'=\dfrac{3}{x\sqrt{1+x^3}}$;

(3) $\mathrm{d}y=\left[\dfrac{1}{2\sqrt{x-x^2}}+x^x(\ln x+1)\right]\mathrm{d}x$;

(4) $y'=-\sin 2x+\dfrac{1}{(1-x)^2}-2x-1$, $y''=-2\sin\left(2x+\dfrac{\pi}{2}\right)+\dfrac{2}{(1-x)^3}-2$,

$$y^{(n)}=-2^{n-1}\sin\left(2x+\frac{n-1}{2}\pi\right)+\frac{n!}{(1-x)^{n+1}}\quad(n\geqslant 3).$$

4. 提示：利用导数定义.

第 4 章 中值定理与导数的应用

4.1 内容提要

中值定理是微分学的理论基础，反映了导数更深刻的性质，为导数应用打下了基础，应用中值定理求函数极限的洛必达法则，是求极限的重要方法之一. 应用导数判别函数的单调性，求函数的极值与最值，判别曲线的凹凸性以及求曲线的拐点与渐近线都是本章的重点.

1. 中值定理

罗尔定理 如果函数 $f(x)$ 满足条件：(1) 在 $[a,b]$ 上连续；(2) 在 (a,b) 内可导；(3) $f(a)=f(b)$. 则在 (a,b) 内至少存在一点 ξ，使 $f'(\xi)=0$.

拉格朗日定理 如果函数 $f(x)$ 满足条件：(1) 在 $[a,b]$ 上连续；(2) 在 (a,b) 内可导. 则在 (a,b) 内至少存在一点 ξ，使得

$$f'(\xi)=\frac{f(b)-f(a)}{b-a} \quad 或 \quad f(b)-f(a)=f'(\xi)(b-a).$$

上述表达式还可以写成如下两种形式：

$$f(x)-f(x_0)=f'(\xi)(x-x_0),$$

其中 $x_0,x\in[a,b]$，ξ 在 x_0,x 之间；或

$$f(x_0+\Delta x)-f(x_0)=f'(x_0+\theta\Delta x)\Delta x,$$

其中 $x_0,x_0+\Delta x\in[a,b]$，$0<\theta<1$.

柯西定理 如果函数 $f(x),g(x)$ 满足条件：(1) 在 $[a,b]$ 上连续；(2) 在 (a,b) 内可导；(3) 在 (a,b) 内，$g'(x)\neq 0$. 则在 (a,b) 内至少存在一点 ξ，使

$$\frac{f(b)-f(a)}{g(b)-g(a)}=\frac{f'(\xi)}{g'(\xi)} \quad (a<\xi<b).$$

当 $g(x)=x$ 时柯西定理即为拉格朗日定理，所以拉格朗日定理是柯西定理的特例.

2. 洛必达法则

(1) $\frac{0}{0}\left(或\frac{\infty}{\infty}\right)$ 型极限的洛必达法则

若函数 $f(x)$ 和 $g(x)$ 满足条件：

① 在点 x_0 的某邻域内(x_0 可除外)可导，且 $g'(x)\neq 0$；

② $\lim\limits_{x\to x_0} f(x)=\lim\limits_{x\to x_0} g(x)=0\left(或\lim\limits_{x\to x_0} f(x)=\infty,\lim\limits_{x\to x_0} g(x)=\infty\right)$；

③ $\lim\limits_{x\to x_0}\dfrac{f'(x)}{g'(x)}=A$(或$\infty$).

则有

$$\lim_{x\to x_0}\frac{f(x)}{g(x)}=\lim_{x\to x_0}\frac{f'(x)}{g'(x)}=A\quad(或\ \infty).$$

当 $x\to\infty,x\to x_0^+,x\to x_0^-,x\to+\infty,x\to-\infty$ 时，上述法则仍成立.

(2) 其他未定式

$0\cdot\infty,\infty-\infty,1^\infty,\infty^0,0^0$ 型极限也是未定式，它们均可化为$\dfrac{0}{0}$或$\dfrac{\infty}{\infty}$型，也只有变为$\dfrac{0}{0}$或$\dfrac{\infty}{\infty}$型后方能使用洛必达法则.

① $0\cdot\infty$型

将 $0\cdot\infty$ 型未定式 $f(x)g(x)$ 化为$\dfrac{f(x)}{\dfrac{1}{g(x)}}$或$\dfrac{g(x)}{\dfrac{1}{f(x)}}$的形式，即化为$\dfrac{0}{0}$或$\dfrac{\infty}{\infty}$型.

② $\infty-\infty$型

将$\infty-\infty$型未定式 $f(x)-g(x)$ 化为$\left[\dfrac{1}{g(x)}-\dfrac{1}{f(x)}\right]\Big/\dfrac{1}{f(x)g(x)}$的形式，即化为$\dfrac{0}{0}$型.

③ $1^\infty,\infty^0,0^0$ 型未定式可化 $f(x)^{g(x)}$ 为 $e^{g(x)\ln f(x)}$，然后研究 $g(x)\ln f(x)$ 的极限.

3. 函数的单调性与极值

(1) 函数的单调性

设 $f(x)$ 在 (a,b) 内可导，若在 (a,b) 内恒有 $f'(x)>0$(或 $f'(x)<0$)，则 $f(x)$ 在 (a,b) 内单调增加(或减少). 若在 (a,b) 内，$f'(x)\equiv 0$，则 $f(x)$ 在 (a,b) 内恒为常数.

(2) 函数的极值

① 定义

设函数 $f(x)$ 在点 x_0 的某个邻域内有定义，如果对该邻域内的任意 $x(x\neq x_0)$，均有 $f(x)<f(x_0)$(或 $f(x)>f(x_0)$)，则称 $f(x_0)$ 为函数 $f(x)$ 的一个**极大值**(或**极小值**)，称 x_0 为 $f(x)$ 的**极大值点**(或**极小值点**). 极大值、极小值统称为**极值**，极大值点和极小值点统称为**极值点**.

② 判别法

必要条件：点 x_0 是函数 $f(x)$ 的极值点的必要条件是 $f'(x_0)=0$ 或 $f'(x_0)$ 不存在. 使 $f'(x)=0$ 的点 x 称为**驻点**.

第一充分条件：设 $f(x)$ 在点 x_0 处连续，且在点 x_0 的某空心邻域内可导，若当 x 从 x_0 的左侧变到右侧时，$f'(x)$ 的符号由"正"变"负"（或由"负"变"正"），则 $f(x_0)$ 为极大值（极小值）；若 $f'(x)$ 不变号，则 $f(x_0)$ 不是极值.

第二充分条件：设 x_0 是函数 $f(x)$ 的驻点（即 $f'(x_0)=0$），且 $f''(x_0)\neq 0$，若 $f''(x_0)>0$，则 $f(x_0)$ 为极小值；若 $f''(x_0)<0$，则 $f(x_0)$ 为极大值.

(3) 函数的最大值、最小值

定义：就整个讨论的区间而言，函数 $f(x)$ 的一切值中最大（小）的就称为函数的**最大（小）值**，简称**最值**.

若 $f(x)$ 在 $[a,b]$ 上连续，则 $f(x)$ 在 $[a,b]$ 上必有最大（小）值，其最值在 (a,b) 内的极值点或端点 a,b 处取得. 若 $f(x)$ 在 $[a,b]$ 上单调增加（减少），则 $f(a)$ 为最小（大）值，$f(b)$ 为最大（小）值.

求最值的一般步骤：

① 解 $f'(x)=0$，找出 $f(x)$ 在 (a,b) 内的全部驻点与不可导点：$x_1,x_2,x_3,\cdots,x_n$；

② 计算 $f(x_1),f(x_2),f(x_3),\cdots,f(x_n),f(a),f(b)$；

③ 选②中最大（小）者即为最大（小）值.

注　在应用问题中，如果在 (a,b) 内 $f'(x)=0$ 仅有一个根（即唯一驻点）x_1，无不可导点，而实际问题在 (a,b) 内一定有最值，则 $f(x_1)$ 即为所求的最值，不必再计算 $f(a),f(b)$.

4. 函数的凹凸性与拐点

(1) 定义

设 $f(x)$ 在 $[a,b]$ 上连续，如果对 (a,b) 内任意两点 x_1 和 x_2，恒有

$$f\left(\frac{x_1+x_2}{2}\right)<\frac{f(x_1)+f(x_2)}{2}\quad\left[f\left(\frac{x_1+x_2}{2}\right)>\frac{f(x_1)+f(x_2)}{2}\right],$$

那么称 $f(x)$ 在 $[a,b]$ 上是**凹（凸）的**.

一条处处有切线的连续曲线 $y=f(x)$，若在点 $(x_0,f(x_0))$ 两侧，曲线有不同的凹凸性，即在此点的一边为凹的，而在它的另一边为凸的，则称此点为曲线的**拐点**.

(2) 判别法

设 $f(x)$ 在 $[a,b]$ 上连续，在 (a,b) 内具有二阶导数：

① 若在 (a,b) 内 $f''(x)>0$，则 $f(x)$ 在 $[a,b]$ 上的图形是凹的；

② 若在 (a,b) 内 $f''(x)<0$，则 $f(x)$ 在 $[a,b]$ 上的图形是凸的.

若 $f''(x_0)=0$ 或 $f''(x_0)$ 不存在，但 $f''(x)$ 在 x_0 的左右邻域变号，则称点 $(x_0,f(x_0))$ 为拐点，否则不是拐点.

5. 曲线的渐近线

(1) 定义

若曲线上的一动点沿曲线趋于无穷远时，该点与某条直线 l 的距离趋于零，则称 l 为

该曲线的**渐近线**.

(2) 水平渐近线

若 $\lim\limits_{x\to-\infty} f(x)=c$ 或 $\lim\limits_{x\to+\infty} f(x)=c$,则 $y=c$ 是曲线 $y=f(x)$ 的**水平渐近线**.

(3) 铅直渐近线

若 $\lim\limits_{x\to x_0^-} f(x)=\infty$ 与 $\lim\limits_{x\to x_0^+} f(x)=\infty$ 中至少有一个成立,则 $x=x_0$ 是曲线 $y=f(x)$ 的**铅直渐近线**.

(4) 斜渐近线

若 $\lim\limits_{x\to+\infty} \dfrac{f(x)}{x}=a$, $\lim\limits_{x\to+\infty}[f(x)-ax]=b\left(\lim\limits_{x\to-\infty} \dfrac{f(x)}{x}=a, \lim\limits_{x\to-\infty}[f(x)-ax]=b\right)$,则直线 $y=ax+b$ 为曲线 $y=f(x)$ 的**斜渐近线**.

6. 函数作图的步骤

(1) 确定函数 $f(x)$ 的定义域;

(2) 讨论函数的一些基本性质,如奇偶性,周期性,连续性等;

(3) 求出 $f'(x)$, $f''(x)$ 的零点和不存在的点,确定函数的单调区间与极值点,凸凹区间与拐点;

(4) 讨论曲线 $y=f(x)$ 的渐近线;

(5) 求出曲线上一些特殊点的坐标;

(6) 在直角坐标系中,标明关键性的点,画出渐近线,描出曲线 $y=f(x)$ 的图形.

7. 导数在经济学中的应用

(1) 边际函数与边际分析

边际函数是指函数的变化率(或导数). 若函数 $f(x)$ 可导,则称 $f'(x)$ 为 $f(x)$ 的**边际函数**,而 $f'(x_0)$ 为 $f(x)$ 在 x_0 处的**边际值**. 用边际函数来分析经济量的变化叫做**边际分析**.

边际值 $f'(x_0)$ 通常可作如下解释:

$$\Delta y \approx \mathrm{d}y = f'(x)\mathrm{d}x, \quad \Delta y\Big|_{\substack{x=x_0\\ \mathrm{d}x=1}} \approx f'(x_0).$$

这说明在 x_0 处,当 x 改变一个单位时,函数 $f(x)$ 近似改变 $|f'(x_0)|$ 个单位(在实际应用中可省略"近似"二字). $f'(x_0)$ 可正可负, $f'(x_0)$ 的符号反映 x 的改变量与 $f(x)$ 的改变是同向的还是反向的.

对于 $f(x)$ 赋予某一个经济量, $f'(x_0)$ 就有特定的经济含义.

① 边际产量

设某产品总产量为 $Q=Q(t)$(t 表示时间),则 $Q'(t_0)$ 称为 t_0 时刻的**边际产量**. 其经济

意义是：在 t_0 时刻，当时间 t 改变一个单位时，总产量 $Q(t)$ 将改变 $|Q'(t_0)|$ 个单位. 即当 $Q'(t_0)>0$ 时，时间 t 增加(或减少)1个单位，产量 $Q(t)$ 将增加(或减少) $Q'(t_0)$ 个单位. 当 $Q'(t_0)<0$ 时，时间 t 增加(或减少)1个单位，产量将减少(或增加) $|Q'(t_0)|$ 个单位.

② 边际成本

设某产品总成本 $C=C(x)$(x 表示产量)，则称 $C'(x_0)$ 为当产量为 x_0 时的**边际成本**. 其经济意义是：当产量为 x_0 时，产量 x 再改变1个单位，总成本 $C(x)$ 将改变 $|C'(x_0)|$ 个单位. 类似地，$C'(x_0)$ 的符号反映了产量 x 的改变与成本 $C(x)$ 的改变是同向的还是反向的.

③ 边际收入

设某产品总收入 $R=R(x)$(x 表示销售量)，则 $R'(x_0)$ 称为当销售量为 x_0 时的**边际收入**. 其经济意义是：当销售量为 x_0 时，再多销售1个单位产品所增加(或减少)的收入.

④ 边际利润

设某产品的总利润函数 $L=L(x)$(x 表示销售量)，则 $L'(x_0)$ 称为当销售量为 x_0 时的**边际利润**. 其经济意义是：当销售量为 x_0 时，再多销售1个单位产品所增加(或减少)的利润.

(2) 弹性函数与弹性分析

① 弹性函数

弹性函数是指函数的相对变化率. 若 $y=f(x)$ 可导，则 $y=f(x)$ 的弹性函数定义为

$$\frac{\mathrm{E}y}{\mathrm{E}x}=\lim_{\Delta x\to 0}\frac{\dfrac{\Delta y}{y}}{\dfrac{\Delta x}{x}}=\frac{x}{f(x)}\cdot f'(x).$$

而称 $\left.\dfrac{\mathrm{E}y}{\mathrm{E}x}\right|_{x=x_0}=\dfrac{x_0}{f(x_0)}\cdot f'(x_0)$ 为函数 $f(x)$ 在 x_0 处的**弹性**. $\left|\left.\dfrac{\mathrm{E}y}{\mathrm{E}x}\right|_{x=x_0}\right|\%$ 表示在 $x=x_0$ 处当 x 产生1% 相对改变时，$f(x)$ 近似改变 $\left|\left.\dfrac{\mathrm{E}y}{\mathrm{E}x}\right|_{x=x_0}\right|\%$. 在应用问题中常略去“近似”二字. 当 $f(x)$ 赋予某一经济量时，$\left.\dfrac{\mathrm{E}y}{\mathrm{E}x}\right|_{x=x_0}$ 就具有特定的经济含义.

② 需求价格弹性与总收益

由于需求函数一般为价格的递减函数，其边际函数小于零，故其价格弹性取负值. 因此，经济学中常规定需求价格弹性为

$$\varepsilon_{DP}=-\frac{\mathrm{d}D}{\mathrm{d}P}\cdot\frac{P}{D},$$

即需求价格弹性取正值. 即使如此，在解释需求价格弹性的经济意义时，也应理解为需求量的变化与价格的变化是反方向的.

总收益 R 是商品价格 P 与销售量 D 的乘积，即 $R=P\cdot f(P)$，其中 $D=f(P)$ 是需求

价格函数，于是

$$R' = f(P)\left[1 + f'(P)\frac{P}{f(P)}\right] = f(P)(1 - \varepsilon_{DP}).$$

若 $\varepsilon_{DP} < 1$，需求变动的幅度小于价格变动的幅度. 此时 $R' > 0$，R 递增，即价格上涨，则总收益增加；价格下跌，则总收益减少.

若 $\varepsilon_{DP} > 1$，需求变动的幅度大于价格变动的幅度. 此时 $R' < 0$，R 递减，即价格上涨，则总收益减少；价格下跌，则总收益增加.

若 $\varepsilon_{DP} = 1$，需求变动的幅度等于价格变动的幅度. 此时 $R' = 0$，R 取得最大值.

(3) 函数极值在经济管理中的应用

① 最大利润问题

在经济学中，总收入和总成本都可以表示为产量 x 的函数，分别记为 $R(x)$ 和 $C(x)$，则总利润 $L(x)$ 可表示为 $L(x) = R(x) - C(x)$.

为使总利润最大，其一阶导数应等于零，由此可得

$$\frac{\mathrm{d}R(x)}{\mathrm{d}x} = \frac{\mathrm{d}C(x)}{\mathrm{d}x}.$$

这表示，欲使总利润最大，必须使边际收益等于边际成本，这是经济学中关于厂商行为的一个重要命题.

根据极值存在的第二充分条件，为使总利润最大，还要求二阶导数小于零，由此可得

$$\frac{\mathrm{d}^2R(x)}{\mathrm{d}x^2} < \frac{\mathrm{d}^2C(x)}{\mathrm{d}x^2}.$$

这说明，在获得最大利润的产量处，必须要求边际收益等于边际成本. 若此时边际收益对产量的微商小于边际成本对产量的微商，则该产量处一定获得最大利润.

② 库存问题

工厂、商店都要预存原料、货物，称为库存. 合理的库存量并非越少越好，必须同时达到三个目标：第一，库存要少，以便降低库存费用和流动资金占用量；第二，存货短缺机会少，以便减少因停工待料造成的损失；第三，订购的次数要少，以便降低订购费用.

库存问题就是要求出使得总费用(存储费与订购费之和)最小的订货批量(也称为经济批量). 为使问题简化，假设：不允许缺货；当库存量将为零时，可立即得到补充；需求是连续均匀的，单位时间内的需求量是常数，这样，平均库存量为最大库存量的一半.

若某企业某种货物的年需求量为 s，每次订货费为 c_1，单位货物储存一年的费用为 c_2，每次订购量为 q，货物的单价为 p，于是：

年订货次数为 $\frac{s}{q}$，年订货费为 $\frac{s}{q}c_1$；

全年每天平均库存量为 $\frac{q}{2}$，年存储费为 $\frac{q}{2}c_2$.

则全年的总费用为 $C=\frac{c_1 s}{q}+\frac{c_2 q}{2}$,此式对 q 求导得

$$\frac{\mathrm{d}C}{\mathrm{d}q}=-\frac{c_1 s}{q^2}+\frac{c^2}{2},\quad \frac{\mathrm{d}^2 C}{\mathrm{d}^2 q}=\frac{2c_1 s}{q^3}>0.$$

令 $\frac{\mathrm{d}C}{\mathrm{d}q}=0$,解得最优经济批量为 $q^*=\sqrt{\frac{2c_1 s}{c_2}}$,最优订货次数为 $E=\frac{s}{q^*}=\sqrt{\frac{c_2 s}{2c_1}}$,最小年总费用为 $C^*=\sqrt{2c_1 c_2 s}$.

4.2 典型例题解析

题型1 中值定理的验证和应用

微分学的三个中值定理在理论上有极其重要的意义,可以应用它们证明数学中的许多命题,在应用中值定理证题时,首先要考虑命题本身或变形后是否满足中值定理的条件,否则不能应用中值定理.

例1 验证罗尔定理对函数 $f(x)=x\sqrt{3-x}$ 在[0,3]上的正确性,并求定理中的数值 ξ.

解 (1) $f(x)=x\sqrt{3-x}$ 在[0,3]上连续;

(2) $f'(x)=\sqrt{3-x}-\frac{x}{2\sqrt{3-x}}$ 在(0,3)内处处存在;

(3) $f(0)=f(3)=0$.

$f(x)$ 满足罗尔定理的条件.

令 $f'(x)=0$ 即 $\sqrt{3-x}=\frac{x}{2\sqrt{3-x}}$,解得 $x_1=2$,$x_2=6$(舍去),取 $\xi=2\in(0,3)$,因而存在 $\xi=2$,使 $f'(\xi)=0$.

例2 验证拉格朗日定理对于函数 $f(x)=\arctan x$ 在[0,1]上的正确性.

解 (1) $f(x)=\arctan x$ 在[0,1]上连续;

(2) $f'(x)=\frac{1}{1+x^2}$ 在(0,1)内处处存在(即可导).

所以 $f(x)=\arctan x$ 在[0,1]上满足拉格朗日定理的条件,存在 $\xi\in(0,1)$ 使

$$\frac{f(1)-f(0)}{1-0}=\frac{1}{1+\xi^2},\quad 即\quad \frac{\arctan 1-\arctan 0}{1-0}=\frac{1}{1+\xi^2},$$

从而有 $1+\xi^2=\frac{4}{\pi}$,解得

$$\xi=\sqrt{\frac{4-\pi}{\pi}}\in(0,1),\quad \xi_1=-\sqrt{\frac{4-\pi}{\pi}}(舍去).$$

此 ξ 满足定理要求. 所以拉格朗日定理对于 $f(x)=\arctan x, x\in[0,1]$是正确的.

例 3 验证柯西定理对于函数 $f(x)=\begin{cases}x, & x<0\\ \ln(1+x), & x\geqslant 0\end{cases}$ 及 $g(x)=(1+x)^2$ 在$[-1,1]$上的正确性.

解 因为

$$f(0-0)=\lim_{x\to 0^-}x=0,\quad f(0+0)=\lim_{x\to 0^+}f(x)=\lim_{x\to 0^-}\ln(1+x)=0,$$

所以

$$f(0-0)=f(0+0)=f(0)=0,$$

$f(x)$在$[-1,1]$上连续;

又因为

$$f'_-(0)=\lim_{x\to 0^-}\frac{f(x)-f(0)}{x-0}=\lim_{x\to 0^-}\frac{x}{x}=1,$$

$$f'_+(0)=\lim_{x\to 0^+}\frac{f(x)-f(0)}{x-0}=\lim_{x\to 0^+}\frac{\ln(1+x)}{x}=1,$$

故 $f(x)$在 $x=0$ 处可导,从而 $f(x)$在$(-1,1)$内可导. 又在$(-1,1)$内 $g'(x)=2(1+x)$存在,且 $g'(x)\neq 0$,所以 $f(x),g(x)$满足柯西定理的条件. 令

$$\frac{f(1)-f(-1)}{g(1)-g(-1)}=\frac{f'(\xi)}{g'(\xi)},\quad 即\quad \frac{\ln 2+1}{4}=\frac{f'(\xi)}{2(1+\xi)}.$$

当 $\xi<0$ 时,$f'(\xi)=1$,$\dfrac{\ln 2+1}{4}=\dfrac{1}{2+2\xi}$,解得 $\xi=\dfrac{1-\ln 2}{1+\ln 2}>0$(舍去).

当 $\xi>0$ 时,$f'(\xi)=\dfrac{1}{1+\xi}$,于是

$$\frac{\ln 2+1}{4}=\frac{\dfrac{1}{1+\xi}}{2(1+\xi)},$$

解得

$$\xi=\sqrt{\frac{2}{1+\ln 2}}-1>0.$$

此 $\xi\in(-1,1)$,故 $\xi=\sqrt{\dfrac{2}{1+\ln 2}}-1$ 满足定理的结论.

例 4 设 $f(x)$具有 n 阶导数且 $f(x)$在 $n+1$ 个点 $x_0,x_1,\cdots,x_n(x_0<x_1<\cdots<x_n)$的值相等,试证在$(x_0,x_n)$内至少有一点 ξ 使 $f^{(n)}(\xi)=0$.

证明(归纳法) 当 $n=1$ 时,即为罗尔定理.

设当 $n=k-1$ 时结论正确,现推证 $n=k$ 时结论也正确.

由题意 $f(x)$ 具有 k 阶导数，且 $f(x)$ 在 $k+1$ 个点 $x_0,x_1,\cdots,x_k(x_0<x_1<\cdots<x_n)$ 的值相等，因此 $f(x)$ 在 $[x_i,x_{i+1}](i=0,1,\cdots,k-1)$ 上满足罗尔定理条件. 在 $[x_i,x_{i+1}]$ 上应用罗尔定理，则至少存在一点 $\xi_i\in(x_i,x_{i+1})$，使 $f'(\xi_i)=0\ (i=0,1,\cdots,k-1)$.

于是，函数 $f'(x)$ 在 k 个点 $\xi_0,\xi_1,\cdots,\xi_{k-1}$ 上的值相等，且 $[f'(x)]^{(k-1)}$ 存在. 故根据归纳假设，至少有一点 $\xi\in(\xi_0,\xi_{k-1})\subset(x_0,x_n)$，使 $f^{(k)}(\xi)=0$ 成立.

例 5 设 $f(x)$ 在 $[0,\pi]$ 上连续，在 $(0,\pi)$ 内可导，求证存在 $\xi\in(0,\pi)$，使得 $f'(\xi)=-f(\xi)\cot\xi$.

证明 将待证结果改写为：存在 $\xi\in(0,\pi)$，使得 $f'(\xi)\sin\xi+f(\xi)\cos\xi=0$，可见，若令 $F(x)=f(x)\sin x$，则 $F(x)$ 在 $[0,\pi]$ 上满足罗尔定理的条件，于是，至少存在一点 $\xi\in(0,\pi)$，使得 $F'(\xi)=f'(\xi)\sin\xi+f(\xi)\cos\xi=0$，即

$$f'(\xi)=-f(\xi)\cot\xi\quad(\text{因为}\ \sin\xi\neq 0).$$

注 此题不能直接应用罗尔定理，但将待证结果变形后，通过观察可做辅助函数 $F(x)$ 使其满足罗尔定理的条件，从而使命题得证，在应用中值定理的证题中常采用这种方法.

例 6 设函数 $f(x)$ 在 $[a,b]$ 上可微，且 $0<a<b$，证明在 (a,b) 内至少存在一点 ξ，使 $f(b)-f(a)=\xi f'(\xi)\ln\dfrac{b}{a}$.

证明 将待证结果变形为：存在 $\xi\in(a,b)$，使得

$$\frac{f(b)-f(a)}{\ln b-\ln a}=\xi f'(\xi).$$

可见，若令 $g(x)=\ln x$，则 $f(x),g(x)$ 在 $[a,b]$ 上满足柯西定理的条件，于是，至少存在一点 $\xi\in(a,b)$，使得

$$\frac{f(b)-f(a)}{g(b)-g(a)}=\frac{f'(\xi)}{g'(\xi)}\quad\left(g'(x)=\frac{1}{\xi}\neq 0\right),$$

即

$$\frac{f(b)-f(a)}{\ln b-\ln a}=\frac{f'(\xi)}{\frac{1}{\xi}},\quad \text{或}\quad f(b)-f(a)=\xi f'(\xi)\ln\frac{b}{a}.$$

例 7 若 $f'(x)\equiv k$，试证：$f(x)=kx+b$.

证明 由于 $f'(x)\equiv k$，所以 $f(x)$ 在 $(-\infty,+\infty)$ 内连续且可导，从而对于任意给定的实数 a，$f(x)$ 在 $[a,x]$ 上满足拉格朗日定理的条件，于是有

$$f(x)-f(a)=f'(\xi)(x-a)=k(x-a),$$

其中 ξ 介于 a 与 x 之间. 所以

$$f(x)=k(x-a)+f(a)=kx+[f(a)-ka]=kx+b,$$

其中 $b=f(a)-ka$.

例 8 如果 $a_0+\frac{a_1}{2}+\frac{a_2}{3}+\cdots+\frac{a_n}{n+1}=0$,则方程 $a_0+a_1x+a_2x^2+\cdots+a_nx^n=0$ 在 $(0,1)$ 内至少有一个实根.

证明 作辅助函数 $f(x)=a_0x+\frac{a_1}{2}x^2+\frac{a_2}{3}x^3+\cdots+\frac{a_n}{n+1}x^{n+1}$,则

$$f'(x)=a_0+a_1x+a_2x^2+\cdots+a_nx^n,$$

且 $f(0)=0,f(1)=a_0+\frac{a_1}{2}+\frac{a_2}{3}+\cdots+\frac{a_n}{n+1}=0$,故 $f(x)$ 在 $[0,1]$ 上满足罗尔定理的条件,于是,至少存在一点 $\xi\in(0,1)$,使得

$$f'(\xi)=a_0+a_1\xi+a_2\xi^2+\cdots+a_n\xi^n=0,$$

即方程 $a_0+a_1x+a_2x^2+\cdots+a_nx^n=0$ 在 $(0,1)$ 内至少有一个实根.

题型 2 利用洛必达法则求未定式极限

例 9 使用洛必达法则时应注意些什么?

答 洛必达法则是求未定式极限的一种简单有效的方法,但在使用时应注意以下几点:

(1) 所求极限必须是未定式 $\frac{0}{0}$ 或 $\frac{\infty}{\infty}$ 型. 对于其他类型的未定式 $0\cdot\infty,\infty-\infty,1^{\infty},\infty^0,0^0$ 等,必须通过变形转化为 $\frac{0}{0}$ 或 $\frac{\infty}{\infty}$ 型才能使用洛必达法则.

(2) 若使用一次洛必达法则后仍是未定式,可继续多次地使用该法则,直到不再出现未定式为止.

(3) 若式中某因式的极限已确定,应及时提出以简化计算.

(4) 当导数比的极限不存在(也不为 ∞)时,或求导后发生循环时,尚不能得出原极限不存在的结论,需另寻他法. 例如,若应用洛必达法则

$$\lim_{x\to\infty}\frac{x+\sin x}{x-\sin x}=\lim_{x\to\infty}\frac{1+\cos x}{1-\cos x},$$

但等式右边的极限不存在,故不能使用洛必达法则. 事实上,

$$\lim_{x\to\infty}\frac{x+\sin x}{x-\sin x}=\lim_{x\to\infty}\frac{1+\frac{\sin x}{x}}{1-\frac{\sin x}{x}}=\frac{1+0}{1-0}=1.$$

又如,

$$\lim_{x\to+\infty}\frac{e^x+e^{-x}}{e^x-e^{-x}}=\lim_{x\to+\infty}\frac{e^x-e^{-x}}{e^x+e^{-x}}=\lim_{x\to+\infty}\frac{e^x+e^{-x}}{e^x-e^{-x}}\quad(\text{循环}),$$

但是,

$$\text{原式}=\lim_{x\to+\infty}\frac{1+e^{-2x}}{1-e^{-2x}}=\frac{1+0}{1-0}=1.$$

(5) 用该法则也不一定总是最简便的，须灵活选用最简便的方法. 例如，

$$\lim_{x\to 0}\frac{e^x-e^{\sin x}}{x-\sin x}=\lim_{x\to 0}e^{\sin x}\cdot\frac{e^{x-\sin x}-1}{x-\sin x},$$

对于此极限，如果用变量代换法，就比用洛必达法则简便. 若用洛必达法则将很麻烦.

例 10 求下列函数的极限$\left(\frac{0}{0}\text{或}\frac{\infty}{\infty}\text{型}\right)$：

(1) $\lim\limits_{x\to 1}\frac{x^2-1}{x\ln x}$；(2) $\lim\limits_{x\to 0}\frac{1-\cos^2 x}{x(1-e^x)}$.

解 (1) $\lim\limits_{x\to 1}\frac{x^2-1}{x\ln x}\left(\frac{0}{0}\text{型}\right)=\lim\limits_{x\to 1}\frac{2x}{\ln x+1}=2.$

(2) 方法 1.

$$\begin{aligned}\lim_{x\to 0}\frac{1-\cos^2 x}{x(1-e^x)}\left(\frac{0}{0}\text{ 型}\right)&=\lim_{x\to 0}\frac{2\cos x\sin x}{1-e^x-xe^x}\left(\frac{0}{0}\text{ 型}\right)\\&=2\lim_{x\to 0}\cos x\lim_{x\to 0}\frac{\sin x}{1-e^x-xe^x}\left(\frac{0}{0}\text{ 型}\right)\\&=2\lim_{x\to 0}\frac{\cos x}{-2e^x-xe^x}=2\cdot\frac{1}{-2}=-1.\end{aligned}$$

方法 2.

$$\begin{aligned}\text{原式}&=\lim_{x\to 0}\frac{\sin^2 x}{x(1-e^x)}\left(\frac{0}{0}\text{ 型}\right)=\lim_{x\to 0}\frac{\sin^2 x}{x^2}\cdot\lim_{x\to 0}\frac{x}{1-e^x}\\&=\lim_{x\to 0}\frac{x}{1-e^x}\left(\frac{0}{0}\text{ 型}\right)=\lim_{x\to 0}\frac{1}{-e^x}=-1.\end{aligned}$$

例 11 求下列极限：

(1) $\lim\limits_{x\to 0}\left(\frac{1}{x}-\frac{1}{e^x-1}\right)$；(2) $\lim\limits_{x\to +\infty}(x+\sqrt{1+x^2})^{\frac{1}{x}}$；

(3) $\lim\limits_{x\to\infty}x\left[\left(1+\frac{1}{x}\right)^x-e\right]$；(4) $\lim\limits_{x\to e}(\ln x)^{\frac{1}{1-\ln x}}$；

(5) $\lim\limits_{x\to +\infty}\left(\frac{\pi}{2}-\arctan x\right)^{\frac{1}{\ln x}}$.

解 (1) $\lim\limits_{x\to 0}\left(\frac{1}{x}-\frac{1}{e^x-1}\right)(\infty-\infty\text{型})=\lim\limits_{x\to 0}\frac{e^x-1-x}{x(e^x-1)}\left(\frac{0}{0}\text{型}\right)$

$$\begin{aligned}&=\lim_{x\to 0}\frac{e^x-1}{e^x-1+xe^x}\left(\frac{0}{0}\text{型}\right)\\&=\lim_{x\to 0}\frac{e^x}{e^x+e^x+xe^x}\\&=\lim_{x\to 0}\frac{1}{2+x}=\frac{1}{2}.\end{aligned}$$

(2) $\lim\limits_{x\to+\infty}(x+\sqrt{1+x^2})^{\frac{1}{x}}$ (∞^0 型) $=\lim\limits_{x\to+\infty}\exp\left(\dfrac{\ln(x+\sqrt{1+x^2})}{x}\right)$

$$=\exp\left(\lim_{x\to+\infty}\frac{\ln(x+\sqrt{1+x^2})}{x}\right)\left(\frac{\infty}{\infty}\text{型}\right)$$

$$=\exp\left[\lim_{x\to+\infty}\frac{1}{x+\sqrt{1+x^2}}\cdot\left(1+\frac{x}{\sqrt{1+x^2}}\right)\right]$$

$$=\exp\left(\lim_{x\to+\infty}\frac{1}{\sqrt{1+x^2}}\right)=e^0=1.$$

(3) 这是 $0\cdot\infty$ 型未定式,为使计算简单些,作代换 $x=\dfrac{1}{t}$,则当 $x\to\infty$ 时,$t\to0$,于是将原来的未定式化为$\dfrac{0}{0}$型.

$$\text{原式}(0\cdot\infty\text{ 型})=\lim_{t\to0}\frac{(1+t)^{\frac{1}{t}}-e}{t}\left(\frac{0}{0}\text{ 型}\right)$$

$$=\lim_{t\to0}(1+t)^{\frac{1}{t}}\frac{t-(1+t)\ln(1+t)}{t^2(1+t)}$$

$$=e\lim_{t\to0}\frac{t-(1+t)\ln(1+t)}{t^2(1+t)}\left(\frac{0}{0}\text{ 型}\right)$$

$$=e\lim_{t\to0}\frac{-\ln(1+t)}{2t+3t^2}\left(\frac{0}{0}\text{ 型}\right)$$

$$=(-e)\lim_{t\to0}\frac{1}{(1+t)(2+6t)}=-\frac{e}{2}.$$

(4) 方法 1.

$$\lim_{x\to e}(\ln x)^{\frac{1}{1-\ln x}}(1^\infty\text{ 型})=\lim_{x\to e}\exp\left(\frac{\ln(\ln x)}{1-\ln x}\right)=\exp\left(\lim_{x\to e}\frac{\ln(\ln x)}{1-\ln x}\right)\left(\frac{0}{0}\text{ 型}\right)$$

$$=\exp\left(\lim_{x\to e}\frac{\frac{1}{\ln x}\cdot\frac{1}{x}}{-\frac{1}{x}}\right)=e^{-1}.$$

方法 2.

$$\lim_{x\to e}(\ln x)^{\frac{1}{1-\ln x}}(1^\infty\text{ 型})=\lim_{x\to e}(1+\ln x-1)^{\frac{1}{1-\ln x}}=\lim_{x\to e}\left\{[1+(\ln x-1)]^{\frac{1}{\ln x-1}}\right\}^{-1}=e^{-1}.$$

方法 3.

$$\lim_{x\to e}(\ln x)^{\frac{1}{1-\ln x}}(1^\infty\text{ 型})=\lim_{t\to1}t^{\frac{1}{1-t}}=\exp\left(\lim_{t\to1}\frac{\ln t}{1-t}\right)=\exp\left(\lim_{t\to1}\frac{\frac{1}{t}}{-1}\right)=e^{-1}.$$

(5) $\lim\limits_{x\to+\infty}\left(\frac{\pi}{2}-\arctan x\right)^{\frac{1}{\ln x}}$ (0^0 型)$=\lim\limits_{x\to+\infty}\exp\left[\frac{1}{\ln x}\ln\left(\frac{\pi}{2}-\arctan x\right)\right]$

$$=\exp\left[\lim_{x\to+\infty}\frac{\ln\left(\frac{\pi}{2}-\arctan x\right)}{\ln x}\right]\left(\frac{\infty}{\infty}\text{型}\right)$$

$$=\exp\left[\lim_{x\to+\infty}\frac{\frac{x}{1+x^2}}{\arctan x-\frac{\pi}{2}}\right]\left(\frac{0}{0}\text{型}\right)$$

$$=\exp\left(\lim_{x\to+\infty}\frac{1-x^2}{1+x^2}\right)=\mathrm{e}^{-1}.$$

注 该例各题均属其他未定式,必须先化为$\frac{0}{0}$型或$\frac{\infty}{\infty}$型,再利用洛必达法则求极限.

例 12 设函数 $f(x)$具有二阶连续导数,且$\lim\limits_{x\to 0}\frac{f(x)}{x}=0$, $f''(0)=4$,求$\lim\limits_{x\to 0}\left[1+\frac{f(x)}{x}\right]^{\frac{1}{x}}$.

解 这是 1^∞ 型未定式,由$\lim\limits_{x\to 0}\frac{f(x)}{x}=0$ 可知必有$\lim\limits_{x\to 0}f(x)=0$,因 $f(x)$具有二阶连续导数,故$\lim\limits_{x\to 0}f'(x)$存在.当 $x\to 0$ 时,$\frac{f(x)}{x}$属$\frac{0}{0}$型,于是由洛必达法则得,$\lim\limits_{x\to 0}\frac{f(x)}{x}=\lim\limits_{x\to 0}f'(x)=0$.由此知$\lim\limits_{x\to 0}\frac{f(x)}{x^2}$与$\lim\limits_{x\to 0}\frac{f'(x)}{x}$都是未定式$\left(\frac{0}{0}\text{型}\right)$的极限.由洛必达法则及$f''(0)=4$,有

$$\lim_{x\to 0}\frac{f(x)}{x^2}=\lim_{x\to 0}\frac{f'(x)}{2x}=\lim_{x\to 0}\frac{f''(x)}{2}=\frac{4}{2}=2,$$

故

$$\lim_{x\to 0}\left[1+\frac{f(x)}{x}\right]^{\frac{1}{x}}=\lim_{x\to 0}\left\{\left[1+\frac{f(x)}{x}\right]^{\frac{x}{f(x)}}\right\}^{\frac{f(x)}{x^2}}=\mathrm{e}^2.$$

题型 3 函数性态的综合讨论及作图

例 13 求函数 $y=(x-2)\sqrt[3]{x^2}$的单调区间和极值.

解 (1) 求函数的驻点及导数不存在的点.为此先求导数

$$y'=\sqrt[3]{x^2}+(x+2)\cdot\frac{2}{3}x^{-\frac{1}{3}}=\frac{5x-4}{3\sqrt[3]{x}}\quad(x\neq 0),$$

令 $y'=0$,得驻点 $x=\frac{4}{5}$,而 $x=0$ 时,y'不存在,但 y 在 $x=0$ 处连续.

(2) 判断单调区间和极值

当 $x<0$ 时，$y'>0$，故 y 单调增加；

当 $0<x<\frac{4}{5}$ 时，$y'<0$，故 y 单调减少；

当 $x>\frac{4}{5}$ 时，$y'>0$，故 y 单调增加.

综上所述，y 在 $(-\infty,0)$ 和 $\left(\frac{4}{5},+\infty\right)$ 内单调增加，在 $\left(0,\frac{4}{5}\right)$ 内，y 单调减少. 由极值定义知，$x=0$ 为极大值点，$f(0)=0$ 为极大值；$x=\frac{4}{5}$ 为极小值点，$f\left(\frac{4}{5}\right)=-\frac{6}{5}\sqrt[3]{\frac{16}{25}}$ 为极小值.

注 函数的极值可能在驻点处取得，也可能在一阶导数不存在的点取得，因此需要把驻点和使一阶导数不存在的点全部求出，然后逐个加以判定.

例 14 求函数 $f(x)=x^2\mathrm{e}^{-x^2}$ 的极值.

解 方法 1(用第一充分条件判断).

$$f'(x)=2x\mathrm{e}^{-x^2}+x^2\mathrm{e}^{-x^2}(-2x)=2x\mathrm{e}^{-x^2}(1-x^2),$$

令 $f'(x)=0$，得驻点 $x_1=-1,x_2=0,x_3=1$，驻点 $-1,0,1$ 把定义域 $(-\infty,+\infty)$ 分成几个部分区间，为方便起见可列表讨论.

表 4-1

x	$(-\infty,-1)$	-1	$(-1,0)$	0	$(0,1)$	1	$(1,+\infty)$
$f'(x)$	+	0	−	0	+	0	−
$f(x)$	↑	极大值 $f(-1)=\mathrm{e}^{-1}$	↓	极小值 $f(0)=0$	↑	极大值 $f(1)=\mathrm{e}^{-1}$	↓

由表 4-1 可知，$f(0)=0$ 是极小值，$f(\pm1)=\mathrm{e}^{-1}$ 是极大值.

方法 2(用第二充分条件判断).

$f'(x)=2x\mathrm{e}^{-x^2}(1-x^2)$，$f''(x)=(2-10x^2+4x^4)\mathrm{e}^{-x^2}$.

令 $f'(x)=0$ 得驻点 $-1,0,1$. 因为 $f''(0)=2>0$，所以 $f(0)=0$ 是极小值. 又因为 $f''(\pm1)=-4\mathrm{e}^{-1}<0$，所以 $f(\pm1)=\mathrm{e}^{-1}$ 是极大值.

注 判别函数的极值的第一充分条件比较全面，不易出错. 第二充分条件判别极值较为简便，但对 $f''(x)=0$ 和 $f''(x)$ 不存在的点不能用此法判别，而改用第一充分条件判别，因此用第一充分条件判别极值是最基本的方法.

例 15 讨论方程 $x\mathrm{e}^{-x}=a(a>0)$ 有几个实根.

解 令 $f(x)=x\mathrm{e}^{-x}-a$，则 $f'(x)=(1-x)\mathrm{e}^{-x}$. 故当 $x<1$ 时，$f'(x)>0$，$f(x)$ 单调增加；当 $x>1$ 时，$f'(x)<0$，$f(x)$ 单调减少；从而 $f(1)=\mathrm{e}^{-1}-a$ 是 $f(x)$ 的最大值.

若 $e^{-1}-a<0$，即 $a>e^{-1}$，$f(x)\leqslant f(1)<0$，方程无实根；若 $a<e^{-1}$，由 $f(-\infty)=-\infty$，$f(1)>0$，且 $f(x)$ 在 $(-\infty,1)$ 内单调，此时 $f(x)$ 在 $(-\infty,1)$ 内有且仅有一个实根；又由 $f(+\infty)=-a<0$，$f(1)>0$，$f(x)$ 在 $(1,+\infty)$ 内单调，故 $f(x)$ 在 $(1,+\infty)$ 内有且仅有一个实根；从而 $f(x)$ 在 $(-\infty,+\infty)$ 内有且仅有两个实根；若 $a=\frac{1}{e}$，则方程有唯一实根 $x=1$.

例 16 求下列曲线上(下)凸区间及拐点：

(1) $y=\ln(1+x^2)$； (2) $y=-\sqrt[3]{x-b}$.

解 (1) 先求一阶和二阶导数，有 $y'=\frac{2x}{1+x^2}$，$y''=\frac{2(1-x^2)}{(1+x^2)^2}$. 令 $y''=0$，得 $x=\pm1$，故点 $1,-1$ 把函数定义域 $(-\infty,+\infty)$ 分成 3 个区间，讨论结果列表如下.

表 4-2

x	$(-\infty,-1)$	-1	$(-1,1)$	1	$(1,+\infty)$
$f''(x)$ $y=f(x)$	$-$ $\cap$	0 $\ln 2$	$+$ $\cup$	0 $\ln 2$	$-$ $\cap$

由表 4-2 可知，曲线的上凸区间是 $(-\infty,-1)$，$(1,+\infty)$；下凸区间是 $(-1,1)$；拐点为 $(-1,\ln2)$，$(1,\ln2)$.

(2) 求导数，有

$$y'=-\frac{1}{3}(x-b)^{-\frac{2}{3}},\quad y''=\frac{2}{9}(x-b)^{-\frac{5}{3}},$$

在 $x=b$ 处，y'，y'' 不存在，但 y 在 $x=b$ 处连续，当 $-\infty<x<b$ 时，$y''<0$，故曲线在 $(-\infty,b)$ 上凸，当 $b<x<+\infty$ 时，$y''>0$，故曲线在 $(b,+\infty)$ 下凸，所以点 $(b,0)$ 是曲线的拐点，而 $(-\infty,b)$，$(b,+\infty)$ 分别是曲线上凸区间和下凸区间.

注 求曲线拐点时，其二阶导数不存在的点有可能是拐点，故也应予以判定.

例 17 试定 a,b,c 使 $y=x^3+ax^2+bx+c$ 有一拐点 $(1,-1)$，且在 $x=0$ 处有极大值 1.

解 求导数，有

$$y'=3x^2+2ax+b,\quad y''=6x+2a.$$

由题意有 $y'(0)=0$，$y''(1)=0$，$y(0)=1$，得 $b=0$，$a=-3$，$c=1$. 于是，得

$$y=x^3-3x^2+1,\quad y'=3x(x-2),\quad y''=6(x-1),$$

令 $y'=0$，解得 $x=0$，$x=2$.

因 $y''(0)=-6<0$，$y(0)=1$，所以 $y=x^3+3x^2+1$ 在 $x=0$ 处有极大值 1. 令 $y''=0$ 得 $x=1$，当 $x<1$ 时，$y''<0$，当 $x>1$ 时，$y''>0$，且 $y(1)=-1$，所以 $y=x^3+3x^2+1$ 有拐点 $(1,-1)$.

综上所述，当 $a=-3,b=0,c=1$ 时能使 $y=x^3+ax^2+bx+c$ 有一拐点 $(1,-1)$，且在 $x=0$ 处有极大值 1.

例 18 求下列各曲线的渐近线：

(1) $y=x\ln\left(e+\frac{1}{x}\right)$； (2) $y=xe^{\frac{1}{x^2}}$；

(3) $y=\frac{x^3}{(x-1)^2}$； (4) $y=c+\frac{a^3}{(x-b)^2}$.

解 (1) 函数定义域为 $\left(-\infty,-\frac{1}{e}\right)\cup(0,+\infty)$. 由

$$\lim_{x\to\left(-\frac{1}{e}\right)^-} f(x)=\lim_{x\to\left(-\frac{1}{e}\right)^-} x\ln\left(e+\frac{1}{x}\right)=\infty,$$

可见直线 $x=-\frac{1}{e}$ 为曲线的铅直渐近线. 因为 $\lim\limits_{x\to\infty}x\ln\left(e+\frac{1}{x}\right)=\infty$，所以曲线没有水平渐近线. 此外，有

$$a=\lim_{x\to\infty}\frac{f(x)}{x}=\lim_{x\to\infty}\ln\left(e+\frac{1}{x}\right)=1,$$

$$b=\lim_{x\to\infty}[f(x)-ax]=\lim_{x\to\infty}\left[x\ln\left(e+\frac{1}{x}\right)-x\right]$$

$$=\lim_{x\to\infty}x\left[\ln\left(e+\frac{1}{x}\right)-1\right]=\lim_{x\to\infty}\frac{\ln\left(e+\frac{1}{x}\right)-1}{\frac{1}{x}}$$

$$=\lim_{x\to\infty}\frac{\frac{1}{e+\frac{1}{x}}\left(-\frac{1}{x^2}\right)}{-\frac{1}{x^2}}=\lim_{x\to\infty}\frac{1}{e+\frac{1}{x}}=\frac{1}{e},$$

故曲线的斜渐近线为 $y=x+\frac{1}{e}$.

(2) 函数 $y=xe^{\frac{1}{x^2}}$ 的定义域为 $(-\infty,0)\cup(0,+\infty)$. 由于

$$\lim_{x\to0}y=\lim_{x\to0}xe^{\frac{1}{x^2}}=\lim_{x\to0}\frac{e^{\frac{1}{x^2}}}{\frac{1}{x}}\quad\left(\frac{\infty}{\infty}\text{型}\right)$$

$$=\lim_{x\to0}\frac{e^{\frac{1}{x^2}}\left(-\frac{2}{x^3}\right)}{-\frac{1}{x^2}}=\lim_{x\to0}\frac{2e^{\frac{1}{x^2}}}{x}=\infty,$$

可见 $x=0$ 是曲线的铅直渐近线. 因为 $\lim\limits_{x\to\infty}y=\lim\limits_{x\to\infty}x\cdot e^{\frac{1}{x^2}}=\infty$，所以曲线没有水平渐近线. 由于

$$a=\lim_{x\to\infty}\frac{f(x)}{x}=\lim_{x\to\infty}e^{\frac{1}{x^2}}=1,$$

$$b=\lim_{x\to\infty}(f(x)-ax)=\lim_{x\to\infty}(xe^{\frac{1}{x^2}}-x)$$

$$=\lim_{x\to\infty}\frac{e^{\frac{1}{x^2}}-1}{\frac{1}{x}}=\lim_{x\to\infty}\frac{-\frac{2}{x^3}\cdot e^{\frac{1}{x^2}}}{-\frac{1}{x^2}}=\lim_{x\to\infty}\frac{2e^{\frac{1}{x^2}}}{x}=0,$$

故 $y=x$ 是曲线的斜渐近线.

(3) 函数的定义域为 $(-\infty,1)\cup(1,+\infty)$. 由于 $\lim\limits_{x\to1}y=\lim\limits_{x\to1}\frac{x^3}{(x-1)^2}=\infty$，所以 $x=1$ 是铅直渐近线. 因为 $\lim\limits_{x\to\infty}y=\lim\limits_{x\to\infty}\frac{x^3}{(x-1)^2}=\infty$，可见曲线无水平渐近线. 由

$$a=\lim_{x\to\infty}\frac{f(x)}{x}=\lim_{x\to\infty}\frac{x^3}{(x-1)^2x}=1,$$

$$b=\lim_{x\to\infty}(f(x)-ax)=\lim_{x\to\infty}\left[\frac{x^3}{(x-1)^2}-x\right]$$

$$=\lim_{x\to\infty}\frac{x^3-x(x-1)^2}{(x-1)^2}=\lim_{x\to\infty}\frac{2x^2-x}{x^2-2x+1}=2,$$

故 $y=x+2$ 是斜渐近线.

(4) $y=c+\frac{a^3}{(x-b)^2}$，由于当 $x\to b$ 时，$y\to\infty$，故 $x=b$ 是铅直渐近线.

由于当 $x\to\infty$ 时，$y\to c$，故 $y=c$ 是水平渐近线.

由于 $\lim\limits_{x\to\infty}\frac{f(x)}{x}=\lim\limits_{x\to\infty}\left(\frac{c}{x}+\frac{a^3}{x(x-b)^2}\right)=0$，故没有斜渐近线.

题型 4 不等式的证明

例 19 证明：当 $x\neq0$ 时，$e^x>1+x$.

证明 方法 1. 利用微分中值定理.

设 $f(x)=e^x$，应用拉格朗日中值定理，有

$$\frac{e^x-1}{x}=e^{\xi}>1\quad(0<\xi<x),$$

所以

$$e^x>1+x.$$

方法 2. 利用单调性.

设 $f(x)=e^x-x-1$，则 $f'(x)=e^x-1$. 当 $x>0$ 时，$f'(x)>0$，$f(x)$ 单调增加，当 $x<0$ 时，$f'(x)<0$，$f(x)$ 单调减少. 且 $f(0)=0$，故当 $x\neq0$ 时，$f(x)>0$，即 $e^x-x-1>0$，故

$e^x>1+x$.

方法 3. 利用极值(或最值).

设 $f(x)=e^x-x$,则 $f'(x)=e^x-1$,当 $x>0$ 时,$f'(x)>0$,$f(x)$单调增加,当 $x<0$ 时,$f'(x)<0$,$f(x)$单调减少. 又当 $x\to\pm\infty$时;$f(x)\to+\infty$,所以 $f(0)=1$ 为极小值也是最小值,故当 $x\neq0$ 时,$f(x)=e^x-x>1$,即 $e^x>1+x$.

注 一般地,证明不等式选用其中一种较为简便的方法进行证明即可.

例 20 证明:当 $x>0$ 时,$\arctan x+\frac{1}{x}>\frac{\pi}{2}$.

证明 令 $f(x)=\arctan x+\frac{1}{x}-\frac{\pi}{2},x\in(0,+\infty)$,则

$$f'(x)=\frac{1}{1+x^2}-\frac{1}{x^2}<0,\quad x\in(0,+\infty).$$

所以 $f(x)$在$(0,+\infty)$内单调减少. 又

$$\lim_{x\to+\infty}f(x)=\lim_{x\to+\infty}\left(\arctan x+\frac{1}{x}-\frac{\pi}{2}\right)=0,$$

故 $f(x)=\arctan x+\frac{1}{x}-\frac{\pi}{2}>0$,即

$$\arctan x+\frac{1}{x}>\frac{\pi}{2},\quad x\in(0,+\infty).$$

例 21 证明不等式 $x>\sin x>\frac{2}{\pi}x\ \left(0<x<\frac{\pi}{2}\right)$.

证明 (1) 先证 $x>\sin x$,为此设 $y=x-\sin x$,则有 $y'=1-\cos x>0\left(0<x<\frac{\pi}{2}\right)$. 所以 y 在$\left(0,\frac{\pi}{2}\right)$内单调增加,而 $y(0)=0$,故 $y=x-\sin x>0$,即

$$x>\sin x\quad\left(0<x<\frac{\pi}{2}\right).$$

(2) 再证 $\sin x>\frac{2}{\pi}x$. 设 $y=\pi\sin x-2x$,则有 $y(0)=y\left(\frac{\pi}{2}\right)=0$,$y'=\pi\cos x-2$,令 $y'=0$,得 $x=\arccos\frac{2}{\pi}$.

而 $y''=-\pi\sin x<0\left(0<x<\frac{\pi}{2}\right)$,所以 $y=\pi\sin x-2x$ 在 $x=\arccos\frac{2}{\pi}$处有极大值,由于驻点唯一且 y 在区间端点值为零,故在$\left(0,\frac{\pi}{2}\right)$内,$y=\pi\sin x-2x>0$,即 $\sin x>\frac{2}{\pi}x\left(0<x<\frac{\pi}{2}\right)$.

综上所述，有

$$x > \sin x > \frac{2}{\pi}x \quad \left(0 < x < \frac{\pi}{2}\right).$$

题型5 导数在经济学中的应用

例 22 设某产品的总成本函数为 $C(x)=400+3x+\frac{1}{2}x^2$，而需求函数为 $P=100/\sqrt{x}$，其中 x 为产量(假定等于需求量)，P 为价格，试求：(1)边际成本；(2)边际收益；(3)边际利润；(4)收益的价格弹性.

解 (1) 边际成本

$$C'(x) = \left(400 + 3x + \frac{1}{2}x^2\right)' = 3 + x.$$

(2) 收益函数

$$R(x) = Px = \frac{100}{\sqrt{x}}x = 100\sqrt{x},$$

于是边际收益 $R'(x)=(100\sqrt{x})'=\frac{50}{\sqrt{x}}$.

(3) 利润函数

$$L(x) = R(x) - C(x) = 100\sqrt{x} - \left(400 + 3x + \frac{1}{2}x^2\right),$$

于是边际利润

$$L'(x) = R'(x) - C'(x) = \frac{50}{\sqrt{x}} - (3 + x).$$

(4) 由 $P=\frac{100}{\sqrt{x}}$ 得 $x=\frac{100^2}{P^2}$，于是收益函数可表示为价格 P 的函数，即

$$R(P) = Px = P \cdot \frac{100^2}{P^2} = \frac{100^2}{P},$$

则收益对价格的弹性

$$\frac{\mathrm{E}R}{\mathrm{E}P} = \frac{R'(P)}{R(P)} \cdot P = \frac{-\frac{100^2}{P^2}}{\frac{100^2}{P}} \cdot P = -1.$$

其经济意义是当价格为 P 时，$\left|\frac{\mathrm{E}R}{\mathrm{E}P}\right|=1$ 为单位弹性，此时提价或降价对总收益没有明显影响.

例 23 某商品的需求函数是 $Q=2500-40P$. 其中 P 是商品单价，Q 为需求量，又成

本函数为$C=1000+30Q$,每单位商品国家征税0.5元,求商品单价定为多少时,利润最大?最大利润是多少?

解 销售商品Q单位时,收益为

$$\begin{aligned}R&=QP-0.5Q=(P-0.5)Q=(P-0.5)(2500-40P)\\&=2520P-40P^2-1250,\end{aligned}$$

成本为

$$C=1000+30(2500-40P)=76000-1200P,$$

故利润为

$$L=R-C=3720P-40P^2-77250.$$

令$L'=3720-80P=0$,得$P=46.5$(元),而$L''=-80P<0$,故当$P=46.5$时,L有唯一极大值,即最大值.所以商品单价定为46.5元时利润最大.其最大利润为

$$L(46.5)=3720\times46.5-40\times46.5^2-77250=9240\text{ 元}.$$

例24 设某厂每年需某种零件8000件,分批进货,每次进货费为40元,假定工厂对此种零件的需求量是均匀的,每个零件每年的库存保管费为4元,求最经济批量(或最优批量).

解 最经济批量即一年中进货费与库存费总和最小的批量.

设批量为x件,则批次为$\frac{8000}{x}$,全年总进货费为$40\times\frac{8000}{x}$元,由于工厂对此种零件的需求量是均匀的,故可以认为平均库存量为批量的一半,即$\frac{x}{2}$件,于是全年库存费共计$4\times\frac{x}{2}$元,则一年进货费与库存费总和为

$$y=40\times\frac{8000}{x}+4\times\frac{x}{2}=\frac{320000}{x}+2x.$$

令$y'=-\frac{320000}{x^2}+2=0$,得$x=400$($-400$舍去).$y''=\frac{640000}{x^3}$,当$x=400$时,$y'>0$,故$y$有极小值,也是最小值,即最经济的批量为400件.

例25 将一长为a的铁丝切成两段,并将其中一段围成正方形,另一段围成圆形,为使正方形与圆形面积之和最小,问两段铁丝的长各为多少?

解 设围成正方形的铁丝长为x,围成圆形的铁丝长为y,则正方形的边长为$\frac{x}{4}$,圆形的半径为$\frac{y}{2\pi}$,于是正方形与圆形面积之和为

$$S=\left(\frac{x}{4}\right)^2+\pi\left(\frac{y}{2\pi}\right)^2=\frac{x^2}{16}+\frac{y^2}{4\pi},$$

由题设$x+y=a$,将$y=a-x$代入上式得

$$S=S(x)=\frac{x^2}{16}+\frac{(a-x)^2}{4\pi},\quad S'(x)=\frac{x}{8}-\frac{a-x}{2\pi},$$

令 $S'(x)=0$ 得驻点 $x=\frac{4a}{4+\pi}$.

由 $S''(x)=\frac{1}{8}+\frac{1}{2\pi}>0$,故当 $x=\frac{4a}{4+\pi}$时,$S(x)$取得极小值,也是最小值.

由 $x+y=a$ 得 $y=a-x=\frac{\pi a}{4+\pi}$,因此,当围成正方形的铁丝之长为$\frac{4a}{4+\pi}$,围成圆形的铁丝之长为 $\frac{\pi a}{4+\pi}$ 时,正方形与圆形面积之和为最小,其最小面积为 $S=\frac{a^2}{4(4+\pi)}$.

例 26 某工厂生产某产品的次品数 y 是日产量 x 的函数

$$y=\begin{cases}\frac{x}{101-x}, & x\leqslant 100,\\ x, & x>100,\end{cases}\qquad x\in\mathbb{Z}_+,$$

每出一件合格品可获利 a 元,但出一件次品损失$\frac{1}{3}a$ 元,当获最大利益时,产品日产量应是多少?

解 已知产量为 x 件,次品数为 y,合格品数为 $x-y$,于是利润函数为

$$\begin{aligned}Q&=a(x-y)-\frac{1}{3}ay=ax-\frac{4}{3}ay\\&=\begin{cases}ax-\frac{4}{3}a\left(\frac{x}{1001-x}\right), & x\leqslant 100\\ ax-\frac{4}{3}ax, & x>100\end{cases}\\&=\begin{cases}\frac{99\,\frac{2}{3}ax-ax^2}{101-x}, & x\leqslant 100,\\ -\frac{1}{3}ax, & x>100.\end{cases}\end{aligned}$$

$$Q'=\begin{cases}\frac{99\,\frac{2}{3}a\times 101-202ax+ax^2}{(101-x)^2}, & x\leqslant 100,\\ -\frac{1}{3}ax, & x>100.\end{cases}$$

令 $Q'=0$,即 $101\times 99\,\frac{2}{3}a-202ax+ax^2=0$,解得 $x_1\approx 89$,$x_2\approx 113$(不合题意舍去).由于当 $x<89$ 时,$Q'>0$,当 $x>89$ 时,$Q'<0$,故 $x=89$ 是唯一极大值点,即最大值点.即当日产量为 89 件时,工厂获利最大.

题型 6 错解分析

例 27 设 $a>0$，$f(x)$ 在 $[a,b]$ 上连续，在 (a,b) 内可导，试证：存在 $\xi,\eta\in(a,b)$ 使

$$f'(\xi)=\frac{a+b}{2\eta}f'(\eta).$$

错证 (1) 由假设知 $f(x)$ 满足拉格朗日中值定理的条件，故存在一点 $\xi\in(a,b)$，使

$$\frac{f(a)-f(b)}{b-a}=f'(\xi). \quad ①$$

(2) 令 $g(x)=x^2$，$g'(x)=2x\neq0$，$x\in(a,b)$，易知 $f(x)$，$g(x)$ 满足柯西中值定理的条件，于是有

$$\frac{f(a)-f(b)}{b^2-a^2}=\frac{f'(\eta)}{2\eta},\quad \eta\in(a,b). \quad ②$$

(3) 由②式除以①式得

$$f'(\xi)=\frac{a+b}{2\eta}f(\eta).$$

错因分析 错在第(3)步. 因为无法断定 $f(b)-f(a)\neq0$，即 $f'(\xi)\neq0$，因此①式，②式相除未必可行.

正确解法 (1)，(2)同上，由②式得

$$\frac{f(a)-f(b)}{b-a}=\frac{a+b}{2\eta}f'(\eta), \quad ③$$

由①，③式可得

$$f'(\xi)=\frac{a+b}{2\eta}f'(\eta).$$

例 28 求 $\lim\limits_{x\to0}\dfrac{x^2\sin\frac{1}{x}}{\sin x}$.

错解 $\lim\limits_{x\to0}\dfrac{x^2\sin\frac{1}{x}}{\sin x}\left(\dfrac{0}{0}\text{型}\right)=\lim\limits_{x\to0}\dfrac{2x\sin\frac{1}{x}+x^2\cos\frac{1}{x}\left(-\frac{1}{x^2}\right)}{\cos x}$

$$=\lim_{x\to0}\left(\cos\frac{1}{x}\right)=\text{不存在}.$$

错因分析 当 $x\to0$ 时，虽然 $\dfrac{x^2\sin\frac{1}{x}}{\sin x}$ 是 $\dfrac{0}{0}$ 型，但是其分子、分母导数之比的极限不存在，不能用洛必达法则求极限，应另寻他法.

正确解法 $\lim\limits_{x\to0}\dfrac{x^2\sin\frac{1}{x}}{\sin x}=\lim\limits_{x\to0}\dfrac{x}{\sin x}\cdot\lim\limits_{x\to0}x\sin\dfrac{1}{x}=0.$

例 29 求$\lim\limits_{x\to 0}\dfrac{\sin x+x^2\sin\dfrac{1}{x}}{(1+\cos x)\ln(1+x)}$.

错解 属$\dfrac{0}{0}$型,利用洛必达法则.

$$\text{原式}=\lim_{x\to 0}\frac{\cos x+2x\sin\dfrac{1}{x}-\cos\dfrac{1}{x}}{-\sin x\ln(1+x)+\dfrac{1+\cos x}{1+x}},$$

因为$\lim\limits_{x\to 0}\left(\cos x+2x\sin\dfrac{1}{x}-\cos\dfrac{1}{x}\right)$不存在,所以原极限也不存在.

错因分析 同例 27.

正确解法 $\text{原式}=\lim\limits_{x\to 0}\dfrac{1}{1+\cos x}\cdot\dfrac{\sin x+x^2\sin\dfrac{1}{x}}{x}\cdot\dfrac{x}{\ln(1+x)}$

$=\lim\limits_{x\to 0}\dfrac{1}{1+\cos x}\cdot\lim\limits_{x\to 0}\left(\dfrac{\sin x}{x}+x\sin\dfrac{1}{x}\right)\cdot\lim\limits_{x\to 0}\dfrac{x}{\ln(1+x)}=\dfrac{1}{2}$.

例 30 求$\lim\limits_{x\to 1}\left(\dfrac{3}{x^3-1}-\dfrac{1}{\ln x}\right)$.

错解 属$\infty-\infty$型,先通分化为$\dfrac{0}{0}$型,再利用洛必达法则得

$$\begin{aligned}\text{原式}&=\lim_{x\to 1}\frac{3\ln x-(x^3-1)}{(x^3-1)\ln x}\left(\frac{0}{0}\text{型}\right)=\lim_{x\to 1}\frac{\dfrac{3}{x}-3x^2}{3x^2\ln x+(x^3-1)\cdot\dfrac{1}{x}}\\&=\lim_{x\to 1}\frac{3-3x^3}{3x^3\ln x+x^3-1}=\lim_{x\to 1}\frac{-9x^2}{9x^2\ln x+6x^2}=\lim_{x\to 1}\frac{-18x}{18x\ln x+9x+12x}\\&=\lim_{x\to 1}\frac{-18}{18\ln x+21}=-\frac{18}{21}=-\frac{6}{7}.\end{aligned}$$

错因分析 只有未定式$\dfrac{0}{0}$型或$\dfrac{\infty}{\infty}$型的极限可以应用洛必达法则,但该例的解答从第4个等号后的极限已不属于未定式极限,故不能用洛必达法则.

正确解法

$$\begin{aligned}\text{原式}&=\lim_{x\to 1}\frac{3\ln x-(x^3-1)}{(x^3-1)\ln x}=\lim_{x\to 1}\frac{\dfrac{3}{x}-3x^2}{3x^2\ln x+(x^3-1)\cdot\dfrac{1}{x}}\\&=\lim_{x\to 1}\frac{3-3x^3}{3x^3\ln x+x^3-1}=\lim_{x\to 1}\frac{-9x^2}{9x^2\ln x+6x^2}=-\frac{3}{2}.\end{aligned}$$

注 (1)必须是$\frac{0}{0}$型或$\frac{\infty}{\infty}$型未定式方能利用洛必达法则.(2)洛必达法则是求未定式极限的充分条件而非必要条件.因此,函数导数比的极限不存在(也不是∞)时,不能断定原来函数比的极限不存在,此时洛必达法则失效,需寻求其他解法(例如例27与例28).

例31 船航行一昼夜的耗费由两部分组成:一为固定耗费,设为a元;另一为变动耗费,设它与速度的立方成正比,试问应以怎样的速度v行驶为最经济?

错解 该船航行一昼夜的耗费为A(元),依题意,$A(v)=a+kv^3(0\leqslant v<+\infty)$.其中$v$为船速,$k$为比例系数,则

$$A'(v)=3kv^2,$$

令$A'(v)=0$,得$v=0$,故航行最为经济的船速为零.

错因分析 结论显然是错误的,当$v=0$时,$A(0)=a$,即船不行驶,一昼夜也要耗费a元,显然不是最经济的.错因在于衡量船航行最为经济的标准选择错了,不应是船航行一昼夜的耗费,而应是船每行驶单位路程的耗费.

正确解法 设时间以小时为单位,v为船速,则船一昼夜所行驶的路程$S=24v$,故船航行每单位路程的费用为

$$F(v)=\frac{a+kv^3}{24v}(\text{元}),\quad F'(v)=\frac{2kv^3-a}{24v^2},$$

令$F'(v)=0$得$v=\sqrt[3]{\frac{a}{2k}}$(唯一驻点),且为极小值点,故为最小值点,所以船应以速度$v=\sqrt[3]{\frac{a}{2k}}$行驶最经济.

4.3 习题

基本题

1. 罗尔定理对于下列函数是否成立,为什么?

(1) $f(x)=\frac{x}{2x^2+1},x\in[-1,1]$; (2) $f(x)=1-\sqrt[3]{x^2},x\in[-1,1]$;

(3) $f(x)=|x|,x\in[-a,a],a>0$.

2. 验证函数$f(x)=\ln\sin x$在区间$\left[\frac{\pi}{6},\frac{5\pi}{6}\right]$上满足罗尔定理的条件,并求中间值$\xi$.

3. 验证下列函数满足拉格朗日中值定理的条件,并求中间值ξ.

(1) $f(x)=\sin 2x,x\in\left[0,\frac{\pi}{2}\right]$; (2) $f(x)=x^2(x^2-2),x\in[-1,1]$;

(3) $f(x)=\tan x,x\in\left[-\frac{\pi}{4},\frac{\pi}{4}\right]$.

4. 验证函数 $f(x)=x^2+2, g(x)=x^3-1$ 在区间 $[0,2]$ 上满足柯西中值定理的条件，并求中间值 ξ.

5. 设 $f(x)=x(x-1)(x-2)(x-3)$，不用求导数，说明方程 $f'(x)=0$ 有几个实根，并指出它所在的区间.

6. 证明对函数 $y=px^2+qx+r$ 应用拉格朗日中值定理时，所求得的点 ξ 总是位于区间的正中间.

7. 在抛物线 $y=x^2$ 上的两点 $A(1,1)$ 和 $B(3,9)$ 之间的弧段上求一点 $M(\xi,\eta)$，使过此点的切线平行于弦 AB.

8. 证明下列恒等式：

(1) $\arcsin x+\arccos x=\frac{\pi}{2}$；　　(2) $\arctan x+\arctan\frac{1}{x}=\frac{\pi}{2}\quad(x>0)$.

9. 应用拉格朗日中值定理证明：当 $a>b>0, n>1$ 时，

$$nb^{n-1}(a-b)<a^n-b^n<na^{n-1}(a-b).$$

10. 如果 $0<\beta\leqslant\alpha<\frac{\pi}{2}$，证明：$\frac{\alpha-\beta}{\cos^2\beta}\leqslant\tan\alpha-\tan\beta\leqslant\frac{\alpha-\beta}{\cos^2\alpha}$.

11. 证明：在 $\left[\frac{1}{2},1\right]$ 上，有不等式 $\arctan x-\ln(1+x^2)\geqslant\frac{\pi}{4-\ln 2}$.

12. 若 $x>0$，试证明：$\frac{x}{1+x}<\ln(1+x)<x$.

13. 求下列极限：

(1) $\lim\limits_{x\to a}\frac{\sqrt[3]{x}-\sqrt[3]{a}}{\sqrt{x}-\sqrt{a}}$；　　(2) $\lim\limits_{x\to 0}\frac{x-\arctan x}{x^3}$；

(3) $\lim\limits_{x\to\frac{\pi}{4}}\frac{\sec^2x-2\tan x}{1+\cos 4x}$；　　(4) $\lim\limits_{x\to 0}\frac{x-\arcsin x}{x^3}$；

(5) $\lim\limits_{x\to 0}\frac{a^x-a^{\sin x}}{x^3}\ (a>0)$；　　(6) $\lim\limits_{x\to 0}\frac{1-\cos x^2}{x^2\sin x^2}$；

(7) $\lim\limits_{x\to+\infty}\frac{\ln x}{x^n}$；　　(8) $\lim\limits_{x\to 0}(1-\cos x)\cot x$；

(9) $\lim\limits_{x\to 1}\frac{x+x^2+\cdots+x^n-n}{x-1}$；　　(10) $\lim\limits_{x\to 0^+}x^{\sin x}$；

(11) $\lim\limits_{n\to\infty}\sqrt[n]{n}$；　　(12) $\lim\limits_{n\to\infty}n(a^{\frac{1}{n}}-1)\ (a>0)$.

14. 设函数 $f(x)$ 在 $(-\infty,+\infty)$ 内具有连续的二阶导数 $f''(x)$，且 $f(0)=0$，而

$$g(x)=\begin{cases}\dfrac{f(x)}{x}, & x\neq 0,\\ a, & x=0.\end{cases}$$

(1) 确定 a 的值，使得 $g(x)$ 在 $(-\infty,+\infty)$ 内连续；

(2) 求 $g'(x)$；

(3) 证明 $g'(x)$ 在 $(-\infty,+\infty)$ 内连续.

15. 设 $f(x)=\begin{cases}\dfrac{x\ln x}{1-x}, & x>0, x\neq 1,\\ 0, & x=0,\\ -1, & x=1.\end{cases}$ 证明：$f(x)$ 在定义域内连续.

16. 设 $f(x)=\begin{cases}\left[\dfrac{(1+x)^{\frac{1}{x}}}{\mathrm{e}}\right]^{\frac{1}{x}}, & x>0,\\ \mathrm{e}^{-\frac{1}{2}}, & x\leqslant 0.\end{cases}$ 证明：$f(x)$ 在 $x=0$ 处连续.

17. 确定下列函数的单调区间：

(1) $y=\dfrac{x}{x-2}$；

(2) $y=\dfrac{x}{x^2-6x-16}$；

(3) $y=\dfrac{1}{3}x-\sqrt[3]{x}$；

(4) $y=x-\sin x$；

(5) $y=x\sqrt{ax-x^2}\ (a>0)$.

18. 设当 $x>0$ 时，方程 $kx+\dfrac{1}{x^2}=1$ 有且仅有一个解，求 k 的取值范围.

19. 证明不等式：$1+x\ln(x+\sqrt{1+x^2})>\sqrt{1+x^2}\ (x>0)$.

20. 方程 $\ln x=ax\ (a>0)$ 有几个实根？

21. 单调函数的导数是否一定是单调函数？研究例子 $f(x)=x+\sin x$.

22. 求下列函数的极值：

(1) $y=x^2(x-12)^2$；

(2) $y=\dfrac{3x^2+4x+4}{x^2+x+1}$；

(3) $y=\dfrac{1+3x}{\sqrt{4+5x^2}}$；

(4) $y=\sqrt[3]{(x^2-1)^2}$；

(5) $y=(x-5)^2\sqrt[3]{(x+1)^2}$；

(6) $y=\mathrm{e}^x\cos x$；

(7) $y=x-\sin x$；

(8) $y=x^x\mathrm{e}^{-x}$；

(9) $y=x-\arctan x$；

(10) $y=\arctan x-\dfrac{1}{2}\ln(1+x^2)$；

(11) $y=|x|\mathrm{e}^{-x}$；

(12) $y=x^{\frac{1}{x}}$.

23. a 为何值时，函数 $f(x)=a\sin x+\dfrac{1}{3}\sin 2x$ 在 $x=\dfrac{\pi}{3}$ 处具有极值？并求此极值.

24. 设 $f(x)=3x^2+Ax^{-3}\ (A>0)$，为使当 $x>0$ 时，$f(x)\geqslant 20$ 恒成立，A 至少应取何值？

25. 试证明：若函数 $y=ax^3+bx^2+cx+d$ 满足条件 $b^2-3ac<0$，则该函数没有极值.

26. 确定 a,b,c,d 的值，使函数 $y=ax^3+bx^2+cx+d$ 在 $x=0$ 处有极大值 1，在 $x=2$ 处有极小值 0.

27. 求下列函数在指定区间上的最大值与最小值：

(1) $f(x)=x^2-4x+6,[-3,10]$；(2) $f(x)=|x^2-3x+2|,[-10,10]$；

(3) $f(x)=x+\dfrac{1}{x},[1,10]$；(4) $f(x)=\sin^4 x+\cos^4 x,[-\pi,\pi]$；

(5) $f(x)=\arctan\dfrac{1-x}{1+x},[0,1]$；(6) $f(x)=x^x,[0.1,+\infty)$.

28. 求下列曲线的凹凸区间和拐点：

(1) $y=\sqrt[3]{4x^3-12x}$；(2) $y=x^2\ln x$；(3) $y=x-\sin x$.

29. 求曲线 $\begin{cases}x=t^2\\ y=3t+t^3\end{cases}$ 的拐点.

30. 研究下列函数的性质并作出其图形：

(1) $y=3x-x^2$；(2) $y=x^2-\dfrac{2}{x}$；

(3) $y=(2+x^2)\mathrm{e}^{-x^2}$；(4) $y=\sqrt{\dfrac{x-1}{x+1}}$.

31. 设生产 x 个单位产品的总成本是 $C(x)=9+\dfrac{x^2}{12}$，求生产 6 个单位产品时的边际成本.

32. 设某种商品需求量 Q 对价格 P 的需求函数为 $Q=a^{-0.01P}\,(a>1)$，求需求量对价格 P 的弹性.

33. 设某产品的总成本函数为 $C(x)=x^3-4x^2+20x$（其中 x 是产品的产量），求它的边际成本函数、平均成本函数和边际平均成本函数.

34. 设某商品的需求量 Q 关于价格 P 的需求函数为 $Q=\mathrm{e}^{-\frac{P}{4}}$，求 $P=3$ 与 $P=4$ 时的需求弹性，并说明其经济意义.

35. 一块边长为 a 的正方形薄铁片，从四角各截去一个小方块，然后折成一个无盖的方盒子. 若使其容积最大，问截去小方块的边长应是多大？

36. 建造容积为一定的开口圆柱容器，若底面每平方米的造价是侧面每平方米造价的两倍，问底半径与高成怎样的比例，才能使该容器造价最低？

37. 在内接于椭圆 $\dfrac{x^2}{a^2}+\dfrac{y^2}{b^2}=1$ 的矩形中，求面积最大的矩形.

38. 试证明：周长相等的三角形中，等边三角形的面积最大.

39. 某商品的平均成本为 $C=1+120Q^3-6Q^2$.

(1) 求平均成本的极小值;

(2) 求总成本曲线的拐点;

(3) 说明总成本曲线的拐点为边际成本曲线的最低点.

40. 已知 A,B 两地相距 30km(如图 4.1 所示),在它们之间铺设一条管道. 由于地质条件不同,在 $y>0$ 地区,铺设管道费用为10^5 元/km,在 $y\leqslant 0$ 地区铺设管道的费用为 6×10^4 元/km,求最经济的铺设路线.(提示:总费用 $z=2\times BD$ 段费用 $+\ 2\times OD$ 段费用.)

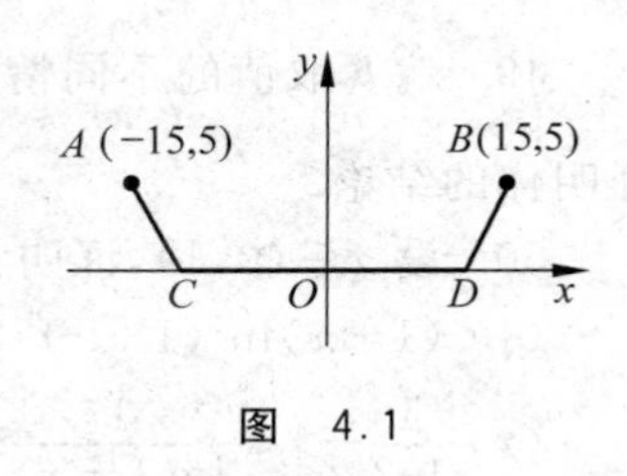

图 4.1

41. 一艘停泊在海中的军舰,离海岸 9km,离海岸上的兵营为 $3\sqrt{34}$ km. 今欲从舰上送信到兵营,已知送信人步行速度是 5km/h,划船速度是 4km/h,问送信人应在何处上岸,才能在最短时间内到达兵营?(假设海岸线是直的.)

42. 服用一剂药,当药剂量为 D 时所产生的病人体温的变化 T 为

$$T=\left(\frac{C}{2}-\frac{D}{3}\right)D^2,$$

其中 C 是正常数.

(1) 多大剂量的药使体温变化最大?

(2) 在药剂量为 D 时,身体对药物的敏感度定义为$\frac{\mathrm{d}T}{\mathrm{d}D}$. 药物的剂量多大时,身体的敏感度最大?

43. 推动一只船穿越某水域的燃料成本(以元/h 为单位)正比于船速的立方. 某渡船在以 10km/h 的速度航行时,每小时消耗价值 100 元的燃料. 除燃料外,经营这只船的成本(包括劳动力、维修等)为 675 元/h,它以何速度航行可使每千米航行成本最低?

综合题

44. 设 $f(x)$在$[a,b]$上连续,在(a,b)内二阶可导,$f(a)=f(b)=0$,且存在点 c,使得 $f(c)>0$,试证:至少存在一点 $\xi\in(a,b)$,使 $f''(\xi)<0$.

45. 设 $f(x)$在闭区间$[a,b]$满足 $f''(x)>0$,试证明存在唯一的 c,$a<c<b$,使

$$f'(c)=\frac{f(b)-f(a)}{b-a}.$$

46. 假设 $f(x)$和 $g(x)$在$[a,b]$上存在二阶导数,并且

$$g''(x)\neq 0,\quad f(a)=f(b)=g(a)=g(b)=0,$$

试证:(1) 在开区间(a,b)内 $g(x)\neq 0$;

(2) 在开区间(a,b)内至少存在一点 ξ,使 $\frac{f(\xi)}{g(\xi)}=\frac{f''(\xi)}{g''(\xi)}$.

47. 设函数 $y=y(x)$由方程 $2y^3-2y^2+2xy-x^2=1$ 所确定. 试求 $y=y(x)$的驻点,并判断它是否为极值点.

48. 设 $f(x)$在区间$[a,b]$上具有二阶导数，且 $f(a)=f(b)=0$，$f'(a)f'(b)>0$，证明：存在 $\xi\in(a,b)$和 $\eta\in(a,b)$，使 $f(\xi)=0$，$f''(\eta)=0$.

49. 就 k 取值的不同情况，确定方程 $x-\frac{\pi}{2}\sin x=k$ 在开区间$\left(0,\frac{\pi}{2}\right)$内根的个数，并证明你的结论.

50. 设 $x\in(0,1)$，证明：

(1) $(1+x)\ln^2(1+x)<x^2$；

(2) $\frac{1}{\ln 2}-1<\frac{1}{\ln(1+x)}-\frac{1}{x}<\frac{1}{2}$.

51. 试证：当 $x>0$ 时，$(x^2-1)\ln x\geqslant(x-1)^2$.

52. 设函数 $f(x)$，$g(x)$在区间$[a,b]$上连续，在区间(a,b)内可导，且 $f(a)=f(b)=0$，$g(x)\neq 0$，则在(a,b)内存在一点 ξ，使得 $f'(\xi)g(\xi)=g'(\xi)f(\xi)$.

53. 设函数 $f(x)$在区间$[0,1]$上连续，在区间$(0,1)$内可导，且 $f(0)=1$，$f(1)=0$，证明：存在一点 $\xi\in(0,1)$，使得 $f'(\xi)=-\frac{f(\xi)}{\xi}$.

54. 设函数 $f(x)$在区间$[a,b]$上可导$(a>0)$，证明：存在一点 $\xi\in(a,b)$，使得

$$2\xi[f(b)-f(a)]=(b^2-a^2)f'(\xi).$$

55. 设函数 $f(x)$，$g(x)$，$h(x)$在区间$[a,b]$上连续，在(a,b)内可导，证明：必存在 $\xi\in(a,b)$，使得

$$\begin{vmatrix} f(a) & g(a) & h(a) \\ f(b) & g(b) & h(b) \\ f'(\xi) & g'(\xi) & h'(\xi) \end{vmatrix}=0,$$

并由此证明拉格朗日中值定理和柯西定理都是它的特例.

56. 设 $f(x)$是在实轴上的可微函数，证明：$f(x)$的任何两个零点之间必有 $f(x)+f'(x)$的一个零点.

57. 证明：若函数 $f(x)$在$(-\infty,+\infty)$内可导，$f(a)=f(b)=0$，$f'(a)f'(b)>0$，则方程 $f'(x)=0$ 在(a,b)内至少有两个不同的实根.

58. 设函数 $f(x)$在$(-\infty,+\infty)$内有定义，且存在常数 k 与 $\alpha>1$，使得

$$|f(x_1)-f(x_2)|\leqslant k\,|x_1-x_2|^{\alpha}$$

对任意 x_1，x_2 成立，证明：$f(x)$在$(-\infty,+\infty)$上是常函数.

59. 设 $f(x)$在$[a,b]$上连续，在(a,b)内可导，且 $f(x)$为非线性函数，证明：存在一点 $c(a<c<b)$，使

$$|f'(c)|>\left|\frac{f(b)-f(a)}{b-a}\right|.$$

60. 设函数 $f(x)$在$[-1,1]$上具有三阶导数，且 $f(-1)=0$，$f(1)=1$，$f'(0)=0$，证明在$(-1,1)$内至少存在一点 ξ，使 $f'''(\xi)=3$.

61. 求极限：

(1) $\lim\limits_{x\to 1}\dfrac{x^x-x}{\ln x-x+1}$；　　(2) $\lim\limits_{x\to 0}\dfrac{1}{x^{100}}\mathrm{e}^{-\frac{1}{x^2}}$；

(3) $\lim\limits_{n\to\infty}n^2\left(\arctan\dfrac{a}{n}-\arctan\dfrac{a}{n+1}\right)$；　　(4) $\lim\limits_{x\to 0}\left[\dfrac{x^2\sin\dfrac{1}{x^2}}{\sin x}+\left(\dfrac{3-\mathrm{e}^x}{2+x}\right)^{\csc x}\right]$；

(5) $\lim\limits_{x\to 0}\dfrac{3\sin x+x^2\cos\dfrac{1}{x}}{(1+\cos x)\ln(1+x)}$；　　(6) $\lim\limits_{x\to 0}(1+3x)^{\frac{2}{\sin x}}$；

(7) $\lim\limits_{x\to 0^+}\dfrac{1-\sqrt{\cos x}}{x(1-\cos\sqrt{x})}$；　　(8) $\lim\limits_{x\to 0}\dfrac{\sqrt{1+\tan x}+\sqrt{1+\sin x}}{x\ln(1+x)-x^2}$.

62. 设 $f(x)=\begin{cases}\dfrac{\sin 2x+\mathrm{e}^{2ax}-1}{x}, & x\neq 0,\\ a, & x=0,\end{cases}$ 在$(-\infty,+\infty)$上连续，求 a.

63. 设 $f(x)=\dfrac{ax^2+bx+a-1}{x^2+1}$ 在 $x=-\sqrt{3}$ 处有极小值 0，求 a,b 的值. 并求 $f(x)$ 的极大值点.

64. 设 $f(x)$在$[a,b]$上连续，在(a,b)内可导，且 $f'(x)\neq 0$，试证存在 $\xi,\eta\in(a,b)$，使得$\dfrac{f'(\xi)}{f'(\eta)}=\dfrac{\mathrm{e}^b-\mathrm{e}^a}{b-a}\mathrm{e}^{-\eta}$.

65. 设 $f(x)$满足 $af(x)+bf\left(\dfrac{1}{x}\right)=\dfrac{c}{x}$，其中 a,b,c 为常数，$|a|>|b|$，$c>0$，问 a,b 应满足什么条件，$f(x)$才有极大值或极小值？

66. 设函数 $f(x)$有二阶连续导数，对于一切实数 x 满足方程

$$xf''(x)+3x\left[f'(x)\right]^2=1-\mathrm{e}^{-x}.$$

(1) 如果 $f(x)$在 $x=c$ $(c\neq 0)$处有极值，证明它是极小值；

(2) 如果 $f(x)$在 $x=0$ 处有极值，它是极小值还是极大值？

67. 在数 $1,\sqrt{2},\sqrt[3]{3},\cdots,\sqrt[n]{n},\cdots$中，求出最大的一个数.

自测题

一、单项选择题

1. 函数 $f(x)=\sqrt[3]{8x-x^2}$，则(　　).

A. 在任意闭区间$[a,b]$上罗尔定理一定成立

B. 在$[0,8]$上罗尔定理不成立

C. 在$[0,8]$上罗尔定理成立

D. 在任意闭区间上罗尔定理都不成立

2. 函数 $f(x)=\begin{cases}2-\ln x, & \frac{1}{e}\leqslant x\leqslant 1,\\ \frac{1}{x}+x, & 1<x\leqslant 3,\end{cases}$ 它在 $\left[\frac{1}{e},3\right]$ 上(　　).

A. 不满足拉格朗日中值定理的条件,因而不存在 ξ 满足定理的结论

B. 满足拉格朗日中值定理的条件,且 $\xi=\sqrt{\frac{9e-3}{8e-3}}$

C. 满足拉格朗日中值定理的条件,但无法求出 ξ 的表达式

D. 不满足拉格朗日中值定理的条件,但有 $\xi=\sqrt{\frac{9e-3}{8e-3}}$ 满足中值定理的结论

3. 设 $y=f(x)$ 是 (a,b) 内的可导函数,$x,x+\Delta x$ 是 (a,b) 内的任意两点,则(　　).

A. $\Delta y=f'(x)\Delta x$

B. 在 $x,x+\Delta x$ 之间恰有一点 ξ,使 $\Delta y=f'(\xi)\Delta x$

C. 在 $x,x+\Delta x$ 之间至少存在一点 ξ,使 $\Delta y=f'(\xi)\Delta x$

D. 对于 $x,x+\Delta x$ 之间的任意一点 ξ,均有 $\Delta y=f'(\xi)\Delta x$

4. 若 $a^2-3b<0$,则方程 $f(x)=x^3+ax^2+bx+c=0$(　　).

A. 无实根　　B. 有唯一的实根　　C. 有三个实根　　D. 有重实根

5. 求极限 $\lim\limits_{x\to 0}\frac{x^2\sin\frac{1}{x}}{\sin x}$ 时,下列各种解法中正确的是(　　).

A. 用洛必达法则后,求得极限为0

B. 因为 $\lim\limits_{x\to 0}\sin\frac{1}{x}$ 不存在,所以上述极限不存在

C. 原式 $=\lim\limits_{x\to 0}\frac{x}{\sin x}\cdot x\sin\frac{1}{x}=0$

D. 因为不能用洛必达法则,故极限不存在

6. 若 $f(x)$ 与 $f(x)$ 可导,$\lim\limits_{x\to a}f(x)=0$,$\lim\limits_{x\to a}g(x)=0$,且 $\lim\limits_{x\to a}\frac{f(x)}{g(x)}=l$,则(　　).

A. 必有 $\lim\limits_{x\to a}\frac{f'(x)}{g'(x)}=m$ 存在,且 $l=m$

B. 必有 $\lim\limits_{x\to a}\frac{f'(x)}{g'(x)}=m$ 存在,且 $l\neq m$

C. 如果 $\lim\limits_{x\to a}\frac{f'(x)}{g'(x)}=m$ 存在,则 $l=m$

D. 如果 $\lim\limits_{x\to a}\frac{f'(x)}{g'(x)}=m$ 存在,也不一定 $l=m$

7. 当 $x>0$ 时,下列不等式正确的是(　　).

A. $e^x<1+x$　　B. $\ln(1+x)>x$　　C. $e^x<ex$　　D. $\sin x<x$

8. 若 $f(x)$为可微函数,且$\lim\limits_{x\to 0}f'(x)=-\frac{1}{2}$,则 $f(0)$(　　).

A. 必为 $f(x)$的极大值　　B. 必为 $f(x)$的极小值

C. 可能是 $f(x)$的极值　　D. 必不是 $f(x)$的极值

9. 若点$(x_0,f(x_0))$为曲线 $y=f(x)$的拐点,则(　　).

A. 必有 $f''(x_0)$存在且等于零　　B. 必有 $f''(x_0)$存在但不一定等于零

C. 如果 $f''(x_0)$存在,必等于零　　D. 如果 $f''(x_0)$存在,必不等于零

10. 函数 $f(x)=xe^{-\frac{x^2}{2}}$的单调增区间是(　　).

A. $(-\infty,+\infty)$　B. $(1,+\infty)$　C. $(-1,1)$　D. $(0,1)$

二、填空题

1. 对于函数 $f(x)=x-\ln(1+x)$,在区间$[0,1]$上满足拉格朗日定理的 ξ 是________.

2. 当 $x\geqslant 1$ 时,$\arctan\sqrt{x^2-1}+\arcsin\frac{1}{x}=$________.

3. 函数 $f(x)=x+\frac{1}{x}$在________内单调增加,在________内单调减少.

4. 设 a 是一常数,则当函数 $f(x)=a\sin x+\frac{1}{3}\sin 3x$ 在 $x=\frac{\pi}{3}$处取得极值时,必有 $a=$________.

5. 设点$(-1,2)$是曲线 $y=ax^3+bx^2-1$ 的一个拐点,则 $a=$________,$b=$________.

6. 函数 $y=xe^{-x}$在$[-1,2]$上的最大值为________,最小值为________.

7. 已知曲线 $y=\frac{x^2}{x^2-1}$,则其水平渐近线方程是________,垂直渐近线方程是________.

8. 曲线 $y=x^2+\frac{1}{5}(3x+2)^{\frac{5}{3}}$在________内是凹的,在________内是凸的,拐点为________.

9. $\lim\limits_{n\to\infty}\left(\frac{\sqrt[n]{a}+\sqrt[n]{b}}{2}\right)^n=$________(其中 $a>0,b>0$).

10. $\lim\limits_{x\to 0}(1+xe^x)^{\frac{1}{\sin x}}=$________.

三、解答题

1. 求下列极限:

(1) $\lim\limits_{x\to 0}\frac{x-\tan x}{x-\sin x}$;　　(2) $\lim\limits_{x\to 0^+}\frac{1-e^{\frac{1}{x}}}{x+e^{\frac{1}{x}}}$;

(3) $\lim\limits_{x\to 1}\left(\frac{x}{x-1}-\frac{1}{\ln x}\right)$;　　(4) $\lim\limits_{x\to\infty}x^2\left(\cos\frac{1}{x}-1\right)$.

2. 求函数 $y=x^{\frac{2}{3}}\mathrm{e}^{-x}$ 的单调区间和极值.

3. 求曲线 $y=\dfrac{a}{x^2+a^2}(a>0)$ 的凹、凸区间及曲线的拐点.

4. 求函数 $f(x)=\sqrt[3]{4x^2(x-6)}$ 在 $[-1,5]$ 上的最大值和最小值.

5. 今欲做一个容积为 $V\mathrm{m}^3$ 的无盖圆柱形储粮桶，底用铝制，侧壁用木板制，已知每平方米铝板价格是木板价格的5倍，问怎样做才能使费用最小？

6. 证明：当 $0<x<\dfrac{\pi}{2}$ 时，$\sin x+\tan x>2x$.

7. 设 $f(x)=1-x+\dfrac{x^2}{2}-\dfrac{x^3}{3}+\cdots+(-1)^n\dfrac{x^n}{n}$，求证当 n 为奇数时，$f(x)$ 仅有一个零点；当 n 为偶数时，$f(x)$ 无零点.

8. 证明：若 $f(x)$ 在 $[a,b]$ 可导 $(0<a<b)$，则 $\exists\,\xi\in(a,b)$，使

$$f(b)-f(a)=\xi f'(\xi)\ln\frac{b}{a}.$$

9. 某商店的某商品售价为5元/件时，每天可出售1000件，又知当售价为4.8元/件时，每天可多售200件，且知多售出的件数与售价的降低数的平方成正比，试求需求函数和需求弹性.

4.4 习题答案

基本题

2. $\xi=\dfrac{\pi}{2}$.

3. (1) $\xi=-1$； (2) $\xi=0$； (3) $\xi=\pm\arccos\sqrt{\dfrac{\pi}{2}}$.

4. $\xi=\dfrac{14}{9}$.

7. $M(2,4)$.

13. (1) $\dfrac{2}{3}a^{\frac{1}{6}}$； (2) $\dfrac{1}{3}$； (3) $\dfrac{1}{2}$； (4) $\dfrac{1}{6}$； (5) $\dfrac{1}{6}\ln a$； (6) $\dfrac{1}{2}$；

(7) 0； (8) 0； (9) $\dfrac{n(n+1)}{2}$； (10) 1； (11) 1； (12) $\ln a$.

17. (1) $(-\infty,2)$，$(2,+\infty)$ 减； (2) $(-\infty,-2)$，$(-2,8)$，$(8,+\infty)$ 减；

(3) $(-\infty,-1)$，$(1,+\infty)$ 增，$(-1,1)$ 减；(4) $(-\infty,+\infty)$ 增；

(5) $\left(0,\dfrac{3}{4}a\right)$ 增，$\left(\dfrac{3}{4}a,a\right)$ 减.

22. (1) 极大值 $y(6)=6^4$,极小值 $y(12)=0$;

(2) 极大值 $y(0)=4$,极小值 $y(-2)=\frac{8}{3}$;

(3) 极大值 $y\left(\frac{12}{5}\right)=\sqrt{\frac{41}{20}}$;　(4) 极大值 $y(0)=1$,极小值 $y(\pm1)=0$;

(5) 极大值 $y\left(\frac{1}{2}\right)=\frac{81}{8}\sqrt[3]{18}$,极小值 $y(-1)=0,y(5)=0$;

(6) 极大值 $y\left(2k\pi+\frac{\pi}{4}\right)=\frac{1}{\sqrt{2}}e^{2k\pi+\frac{\pi}{4}}$,

极小值 $y\left((2k+1)\pi+\frac{\pi}{4}\right)=-\frac{1}{\sqrt{2}}e^{(2k+1)\pi+\frac{\pi}{4}},k=0,\pm1,\cdots$;

(7) 无极值;　(8) 极大值 $y(2)=4e^{-2}$,极小值 $y(1)=e^{-1}$;　(9) 无极值;

(10) 极大值 $y(1)=\frac{\pi}{4}-\frac{1}{2}\ln2$;　(11) 极大值 $y(1)=e^{-1}$,极小值 $y(0)=0$;

(12) 极大值 $y(e)=e^{\frac{1}{e}}$.

23. $a=\frac{2}{3}$,极大值 $f\left(\frac{\pi}{3}\right)=\frac{\sqrt{3}}{2}$.

24. A 至少取 64.

26. $a=\frac{1}{4},b=-\frac{3}{4},c=0,d=1$.

27. (1) 最大值 66,最小值 2;　(2) 最大值 132,最小值 0;

(3) 最大值 $10\frac{1}{10}$,最小值 2;　(4) 最大值 1,最小值$\frac{1}{2}$;

(5) 最大值$\frac{\pi}{4}$,最小值 0;　(6) 没有最大值,最小值$\left(\frac{1}{e}\right)^{\frac{1}{e}}$.

28. (1) $(-\infty,-\sqrt{3})$为凹区间,$(-\sqrt{3},0)$为凸区间,$(0,\sqrt{3})$为凹区间,$(\sqrt{3},+\infty)$为凸区间,拐点$(\pm\sqrt{3},0)$,$(0,0)$;

(2) $(0,e^{-\frac{3}{2}})$为凸区间,$(e^{-\frac{3}{2}},+\infty)$为凹区间,拐点$\left(e^{-\frac{3}{2}},-\frac{3}{2e^3}\right)$;

(3) $(2k\pi,(2k+1)\pi)$为凹区间,$((2k-1)\pi,2k\pi)$为凸区间,拐点$(k\pi,k\pi)$,$k=0,\pm1,\pm2,\cdots$.

29. 拐点$(1,\pm4)$.　35. $\frac{a}{6}$.　36. 1∶2.　37. 矩形边长分别为$\sqrt{2}a,\sqrt{2}b$.

39. (1) $\frac{449}{450}$;　(2) (0.025,0.02495).

综合题

47. 驻点为 $x=1$，是极值点.

61. (1) -2； (2) 0； (3) a； (4) e^{-1}； (5) $\frac{3}{2}$； (6) e^6； (7) $\frac{1}{2}$； (8) $-\frac{1}{2}$.

62. $a=-2$. 63. $a=-\frac{1}{2},b=-\sqrt{3}$；$x=\frac{\sqrt{3}}{3}$是极大点.

65. 当 $a>0,b<0$ 时，$x=\sqrt{-\frac{a}{b}}$是极小值点；当 $a<0,b>0$ 时，$x=-\sqrt{-\frac{a}{b}}$是极大值点.

67. $\sqrt[3]{3}$.

自测题

一、1. C. 2. D. 3. C. 4. B. 5. C.
6. C. 7. D. 8. D. 9. C. 10. C.

二、1. $\frac{1}{\ln 2}-1$. 2. $\frac{\pi}{2}$. 3. $(-\infty,-1)\cup(1,+\infty),(-1,0)\cup(0,1)$.

4. 2. 5. $a=\frac{2}{3},b=\frac{9}{2}$. 6. $e^{-1},-e$. 7. $y=1,x=\pm 1$.

8. $(-\infty,-1)$和$\left(-\frac{2}{3},+\infty\right)$，$\left(-1,-\frac{2}{3}\right)$；$\left(-1,\frac{4}{5}\right)$和$\left(-\frac{2}{3},\frac{4}{9}\right)$.

9. $\sqrt{ab}$. 10. e.

三、1. (1) -2； (2) -1； (3) $\frac{1}{2}$； (4) $-\frac{1}{2}$.

2. 单调减区间是$(-\infty,0)$和$\left(\frac{2}{3},+\infty\right)$，单调增区间是$\left(-0,\frac{2}{3}\right)$，极小值 $y\Big|_{x=0}=0$，极大值 $y\Big|_{x=\frac{2}{3}}=\frac{1}{3}\sqrt[3]{12}e^{-\frac{2}{3}}$.

3. $\left(-\frac{a}{\sqrt{3}},\frac{a}{\sqrt{3}}\right)$为凸区间，$\left(-\infty,\frac{-a}{\sqrt{3}}\right)$和$\left(\frac{a}{\sqrt{3}},+\infty\right)$为凹区间，拐点为$\left(\frac{a}{\sqrt{3}},\frac{3}{4a}\right)$和$\left(-\frac{a}{\sqrt{3}},\frac{3}{4a}\right)$.

4. 最大值 $f(0)=0$，最小值 $f(4)=-4\sqrt{2}$.

5. 桶高与底半径为 5∶1 时，所需费用最少.

9. $Q(P)=1000+5000(5-P)^2$， $\varepsilon_{QP}=\frac{10(5-P)P}{5(5-P)^2+1}$.

第 5 章 不定积分

5.1 内容提要

1. 原函数与不定积分的概念

(1) 原函数：设 $f(x)$是定义在区间 I 上的函数，如果存在函数 $F(x)$，对于 $\forall x \in I$，都有

$$F'(x) = f(x) \quad 或 \quad \mathrm{d}F(x) = f(x)\mathrm{d}x,$$

则称函数 $F(x)$为函数 $f(x)$在区间 I 上的一个**原函数**.

(2) 不定积分：函数 $f(x)$的所有原函数称为 $f(x)$的**不定积分**，记作 $\int f(x)\mathrm{d}x$.

不定积分的几何意义：设 $F(x)$为 $f(x)$的一个原函数，则曲线 $y=F(x)$称为 $f(x)$的**一条积分曲线**，不定积分就表示 $f(x)$的积分曲线族.

不定积分存在的条件：在某一区间 I 内连续的函数在该区间内的不定积分一定存在.

2. 基本积分表

(1) $\int k\mathrm{d}x = kx + C$ （k 是常数）；

(2) $\int x^{\alpha}\mathrm{d}x = \frac{x^{\alpha+1}}{\alpha+1} + C$ （$\alpha \neq -1$）；

(3) $\int \frac{1}{x}\mathrm{d}x = \ln|x| + C$；

(4) $\int \frac{1}{1+x^2}\mathrm{d}x = \arctan x + C$；

(5) $\int \frac{\mathrm{d}x}{\sqrt{1-x^2}} = \arcsin x + C$；

(6) $\int \cos x\mathrm{d}x = \sin x + C$；

(7) $\int \sin x\mathrm{d}x = -\cos x + C$；

(8) $\int \frac{\mathrm{d}x}{\cos^2 x} = \int \sec^2 x\mathrm{d}x = \tan x + C$；

(9) $\int \frac{\mathrm{d}x}{\sin^2 x} = \int \csc^2 x\mathrm{d}x = -\cot x + C$；

(10) $\int \sec x\tan x\mathrm{d}x = \sec x + C$；

(11) $\int \csc x\cot x\mathrm{d}x = -\csc x + C$；

(12) $\int \mathrm{e}^x\mathrm{d}x = \mathrm{e}^x + C$；

(13) $\int a^x \mathrm{d}x=\dfrac{a^x}{\ln a}+C\ (a\neq 1)$;

(14) $\int \sinh x\mathrm{d}x=\cosh x+C$;

(15) $\int \cosh x\mathrm{d}x=\sinh x+C$;

(16) $\int \tan x\mathrm{d}x=-\ln|\cos x|+C$;

(17) $\int \cot x\mathrm{d}x=\ln|\sin x|+C$;

(18) $\int \sec x\mathrm{d}x=\ln|\sec x+\tan x|+C$;

(19) $\int \csc x\mathrm{d}x=\ln|\csc x-\cot x|+C$;

(20) $\int \dfrac{\mathrm{d}x}{a^2+x^2}=\dfrac{1}{a}\arctan\dfrac{x}{a}+C\ (a\neq 0)$;

(21) $\int \dfrac{\mathrm{d}x}{x^2-a^2}=\dfrac{1}{2a}\ln\left|\dfrac{x-a}{x+a}\right|+C\ (a\neq 0)$;

(22) $\int \dfrac{\mathrm{d}x}{a^2-x^2}=\dfrac{1}{2a}\ln\left|\dfrac{a+x}{a-x}\right|+C\ (a\neq 0)$;

(23) $\int \dfrac{\mathrm{d}x}{\sqrt{a^2-x^2}}=\arcsin\dfrac{x}{a}+C$;

(24) $\int \dfrac{\mathrm{d}x}{\sqrt{x^2\pm a^2}}=\ln\left|x+\sqrt{x^2\pm a^2}\right|+C$.

3. 换元积分法

(1) 第一类换元法(凑微分法)

设 $f(u)$, $u=\varphi(x)$, $\varphi'(x)$都是连续函数,且 $F(u)$是 $f(u)$的一个原函数,则有第一类换元积分公式

$$\int f[\varphi(x)]\varphi'(x)\mathrm{d}x = F[\varphi(x)]+C.$$

(2) 第二类换元法

设函数 $x=\varphi(t)$严格单调、可导并且 $\varphi'(t)\neq 0$,又设 $f[\varphi(t)]\varphi'(t)$具有原函数,则有

$$\int f(x)\mathrm{d}x = \left[\int f[\varphi(t)]\varphi'(t)\mathrm{d}t\right]_{t=\varphi^{-1}(x)},$$

其中 $\varphi^{-1}(x)$是 $x=\varphi(t)$的反函数.

4. 分部积分法

设 $u(x)$, $v(x)$具有连续导数,则有分部积分公式

$$\int uv'\mathrm{d}x = uv-\int u'v\mathrm{d}x.$$

5. 几种特殊类型函数的积分

(1) 有理函数的积分

有理函数的一般形式是

$$R(x)=\frac{P_n(x)}{Q_m(x)},$$

其中 $P_n(x)$,$Q_m(x)$分别是关于 x 的 n 次和 m 次的实系数多项式.

当 $n<m$ 时,有理函数称为**有理真分式**;当 $n\geqslant m$ 时,有理函数称为**有理假分式**.

有理假分式总可以用多项式除法化为多项式与有理真分式之和.

有理真分式总可以分解为若干个部分分式之和,并最终归结为求下面 4 类部分分式的积分:

① $\frac{A}{x-a}$;　② $\frac{A}{(x-a)^n}$ $(n=2,3,\cdots)$;

③ $\frac{Ax+B}{x^2+px+q}$;　④ $\frac{Ax+B}{(x^2+px+q)^n}$ $(n=2,3,\cdots)$.

它们的积分分别为:

① $\int\frac{A}{x-a}\mathrm{d}x=A\ln|x-a|+C$;

② $\int\frac{A}{(x-a)^n}\mathrm{d}x=\frac{A}{1-n}(x-a)^{1-n}+C,n=2,3,\cdots$;

③ $\int\frac{Ax+B}{x^2+px+q}\mathrm{d}x=\frac{A}{2}\ln(x^2+px+q)+\frac{2B-Ap}{\sqrt{4q-p^2}}\arctan\frac{2x+p}{\sqrt{4q-p^2}}+C$;

④ $\int\frac{Ax+B}{(x^2+px+q)^n}\mathrm{d}x=\frac{A}{2}\int\frac{2x+p}{(x^2+px+q)^n}\mathrm{d}x+\left(B-\frac{Ap}{2}\right)\int\frac{1}{(x^2+px+q)^n}\mathrm{d}x$,

其中第一个积分

$$\int\frac{2x+p}{(x^2+px+q)^n}\mathrm{d}x=\frac{1}{1-n}\cdot\frac{1}{(x^2+px+q)^{n-1}}+C,$$

第二个积分

$$\int\frac{\mathrm{d}x}{(x^2+px+q)^n}=\int\frac{\mathrm{d}u}{(a^2+u^2)^n},\quad u=x+\frac{p}{2},\quad a=\sqrt{q-\frac{p^2}{4}},$$

而 $I_n=\int\frac{\mathrm{d}x}{(x^2+a^2)^n}$有递推公式

$$I_n=\frac{1}{2a^2(n-1)}\left[\frac{x}{(x^2+a^2)^{n-1}}+(2n-3)I_{n-1}\right].$$

(2) 三角函数有理的积分

三角函数有理式是指由 $\sin x$ 及 $\cos x$ 经过有限次四则运算所构成的函数,通常记作 $R(\sin x,\cos x)$. 求三角函数有理式的不定积分

$$\int R(\sin x,\cos x)\mathrm{d}x$$

的**万能替换公式**：设 $\tan\frac{x}{2}=t(-\pi<x<\pi)$，则有 $x=2\arctan t$，

$$\sin x=\frac{2t}{1+t^2},\quad \cos x=\frac{1-t^2}{1+t^2},\quad \mathrm{d}x=\frac{2}{1+t^2}\mathrm{d}t,$$

于是有

$$\int R(\sin x,\cos x)\mathrm{d}x=\int R\left(\frac{2t}{1+t^2},\frac{1-t^2}{1+t^2}\right)\frac{2}{1+t^2}\mathrm{d}t.$$

三角函数有理式 $R(\sin x,\cos x)$ 的不定积分化成了有理函数的积分.

(3) 简单无理函数的积分

对于带根号的简单无理函数的不定积分主要是通过对被积函数的变形或根据被积函数表达式的特点选择适当的变换，去掉根号，从而将原来的积分化为有理函数的积分.

常用的变换方法：

① $\int R(x,\sqrt{a^2-b^2x^2})\mathrm{d}x$，可作变量替换 $x=\frac{a}{b}\sin t$ 或 $x=\frac{a}{b}\cos t$；

② $\int R(x,\sqrt{a^2+b^2x^2})\mathrm{d}x$，可作变量替换 $x=\frac{a}{b}\tan t$；

③ $\int R(x,\sqrt{b^2x^2-a^2})\mathrm{d}x$，可作变量替换 $x=\frac{a}{b}\sec t$；

④ $\int R\left(x,\sqrt[n]{\frac{ax+b}{cx+d}}\right)\mathrm{d}x$，可作变量替换 $u=\sqrt[n]{\frac{ax+b}{cx+d}}$，$n=2,3,\cdots$.

5.2 典型例题解析

题型1 运用第一换元法(凑微分法)积分

例1 计算下列不定积分：

(1) $\int\frac{\mathrm{d}x}{(\arcsin x)^2\sqrt{1-x^2}}$；　　(2) $\int\frac{\ln(\tan x)}{\sin x\cos x}\mathrm{d}x$；

(3) $\int\frac{\arctan\sqrt{x}}{\sqrt{x}(1+x)}\mathrm{d}x$；　　(4) $\int\frac{\ln^2(x+\sqrt{1+x^2})}{\sqrt{1+x^2}}\mathrm{d}x$；

(5) $\int\frac{2^x3^x}{9^x-4^x}\mathrm{d}x$；　　(6) $\int\frac{\mathrm{d}x}{\mathrm{e}^x+\mathrm{e}^{-x}}$；

(7) $\int x^x(1+\ln x)\mathrm{d}x$；　　(8) $\int\frac{\mathrm{e}^x(1+\sin x)}{1+\cos x}\mathrm{d}x$.

解 (1) $\int\frac{\mathrm{d}x}{(\arcsin x)^2\sqrt{1-x^2}}=\int\frac{\mathrm{d}\arcsin x}{(\arcsin x)^2}=-\frac{1}{\arcsin x}+C.$

(2) 因为

$$[\ln(\tan x)]' = \frac{1}{\tan x}\cdot\frac{1}{\cos^2 x} = \frac{1}{\sin x\cos x},$$

所以

$$\int\frac{\ln(\tan x)}{\sin x\cos x}\mathrm{d}x = \int\ln(\tan x)\mathrm{d}\ln(\tan x) = \frac{1}{2}\ln^2(\tan x) + C.$$

(3) $\displaystyle\int\frac{\arctan\sqrt{x}}{\sqrt{x}(1+x)}\mathrm{d}x = \int\frac{\arctan\sqrt{x}}{1+(\sqrt{x})^2}\cdot 2\cdot\mathrm{d}\sqrt{x}$

$$=2\int\arctan\sqrt{x}\,\mathrm{d}\arctan\sqrt{x} = (\arctan\sqrt{x})^2 + C.$$

(4) 因为$\ln^2(x+\sqrt{1+x^2})$比$\dfrac{1}{\sqrt{1+x^2}}$复杂，而又知$\left[\ln(x+\sqrt{1+x^2})\right]' = \dfrac{1}{\sqrt{1+x^2}}$，所以

$$\text{原式} = \int\ln^2(x+\sqrt{1+x^2})\mathrm{d}\ln(x+\sqrt{1+x^2}) = \frac{1}{3}\ln^3(x+\sqrt{1+x^2}) + C.$$

(5) $\displaystyle\int\frac{2^x 3^x}{9^x-4^x}\mathrm{d}x = \int\frac{\left(\frac{3}{2}\right)^x}{\left(\frac{3}{2}\right)^{2x}-1}\mathrm{d}x = \frac{1}{\ln\frac{3}{2}}\int\frac{\mathrm{d}\left(\frac{3}{2}\right)^x}{\left(\frac{3}{2}\right)^{2x}-1}$

$$=\frac{1}{2(\ln 3-\ln 2)}\ln\left|\frac{\left(\frac{3}{2}\right)^x-1}{\left(\frac{3}{2}\right)^x+1}\right| + C$$

$$=\frac{1}{2(\ln 3-\ln 2)}\ln\left|\frac{3^x-2^x}{3^x+2^x}\right| + C.$$

(6) $\displaystyle\int\frac{\mathrm{d}x}{\mathrm{e}^x+\mathrm{e}^{-x}} = \int\frac{\mathrm{e}^x\mathrm{d}x}{\mathrm{e}^{2x}+1} = \int\frac{\mathrm{d}\mathrm{e}^x}{\mathrm{e}^{2x}+1} = \arctan\mathrm{e}^x + C.$

(7) $\displaystyle\int x^x(1+\ln x)\mathrm{d}x = \int\mathrm{e}^{x\ln x}\mathrm{d}(x\ln x) = \mathrm{e}^{x\ln x} + C = x^x + C.$

(8) $\displaystyle\int\frac{\mathrm{e}^x(1+\sin x)}{1+\cos x}\mathrm{d}x = \int\frac{\mathrm{e}^x\left(1+2\sin\frac{x}{2}\cos\frac{x}{2}\right)}{2\cos^2\frac{x}{2}}\mathrm{d}x = \int\left(\frac{\mathrm{e}^x}{2\cos^2\frac{x}{2}} + \mathrm{e}^x\tan\frac{x}{2}\right)\mathrm{d}x$

$$=\int\mathrm{e}^x\mathrm{d}\left(\tan\frac{x}{2}\right) + \tan\frac{x}{2}\mathrm{d}\mathrm{e}^x = \int\mathrm{d}\left(\mathrm{e}^x\tan\frac{x}{2}\right) = \mathrm{e}^x\tan\frac{x}{2} + C.$$

说明 (1) 利用凑微分法计算不定积分时要掌握常见的微分形式及“凑”的一些技巧，除基本微分公式外，下面几种凑微分形式比较常见：

① $\sin 2x\mathrm{d}x = \mathrm{d}(\sin^2 x) = -\mathrm{d}(\cos^2 x)$； ② $\tan x\mathrm{d}x = -\mathrm{d}(\ln\cos x)$；

③ $(1+\ln x)\mathrm{d}x = \mathrm{d}(x\ln x)$； ④ $\left(\dfrac{1-\ln x}{x^2}\right)\mathrm{d}x = \mathrm{d}\left(\dfrac{\ln x}{x}\right)$.

(2) 像$\int e^{\pm x^2}dx$, $\int \sin x^2 dx$, $\int \cos x^2 dx$, $\int \frac{1}{\ln x}dx$, $\int \frac{e^x}{x}dx$, $\int \frac{\sin x}{x}dx$, $\int \frac{\cos x}{x}dx$等这些不定积分不能用初等函数来表示,若在积分过程中划出上述积分时,就不要再往下做了,应回头考虑采用别的方法求解.

题型2 运用第二换元法(变量替换法)积分

例2 计算下列不定积分:

(1) $\int \frac{dx}{(1-x)^2\sqrt{1-x^2}}$;　　(2) $\int \frac{dx}{1+\sqrt{x^2+2x+2}}$;

(3) $\int \frac{dx}{x\sqrt{x^2-1}}$;　　(4) $\int \frac{dx}{x^2\sqrt{a^2+x^2}}\ (a>0)$;

(5) $\int \frac{\arctan x}{x^2(1+x^2)}dx$;　　(6) $\int \frac{dx}{x\sqrt{x^{12}-1}}$.

解 (1) 令$x=\cos t, 0<t<\pi$,则$1-x=1-\cos t=2\sin^2\frac{t}{2}$,于是

$$\int \frac{dx}{(1-x)^2\sqrt{1-x^2}}=-\int \frac{dt}{4\sin^4\frac{t}{2}}=-\frac{1}{2}\int \csc^4\frac{t}{2}d\left(\frac{t}{2}\right)$$

$$=\frac{1}{2}\int\left(\cot^2\frac{t}{2}+1\right)d\left(\cot\frac{t}{2}\right)=\frac{1}{6}\cot^3\frac{t}{2}+\frac{1}{2}\cot\frac{t}{2}+C.$$

由$x=\cos t$得

$$\sin\frac{t}{2}=\sqrt{\frac{1-x}{2}},\quad \cos\frac{t}{2}=\sqrt{\frac{1+x}{2}},\quad \cot\frac{t}{2}=\sqrt{\frac{1+x}{1-x}},$$

故

$$\int \frac{dx}{(1-x)^2\sqrt{1-x^2}}=\frac{1}{6}\left(\frac{1+x}{1-x}\right)^{\frac{3}{2}}+\frac{1}{2}\left(\frac{1+x}{1-x}\right)^{\frac{1}{2}}+C$$

$$=\frac{2-x}{3(1-x)^2}\sqrt{1-x^2}+C.$$

(2)

$$\int \frac{dx}{1+\sqrt{x^2+2x+2}}\xlongequal{u=x+1}\int \frac{du}{1+\sqrt{u^2+1}}$$

$$\xlongequal{u=\tan t}\int \frac{\sec^2 t}{1+\sec t}dt$$

$$=\int \frac{dt}{\cos t(1+\cos t)}$$

$$=\int \frac{dt}{\cos t}-\int \frac{dt}{1+\cos t}$$

$$=\int \frac{dt}{\cos t}-\int \frac{dt}{\sin^2 t}+\int \frac{\cos t}{\sin^2 t}dt$$

$$=\ln(\sec t+\tan t)+\cot t-\frac{1}{\sin t}+C$$

$$=\ln(\sqrt{1+u^2}+u)+\frac{1}{u}-\frac{\sqrt{1+u^2}}{u}+C \quad (参见图 5.1)$$

$$=\ln(\sqrt{x^2+2x+2}+x+1)+\frac{1-\sqrt{x^2+2x+2}}{x+1}+C.$$

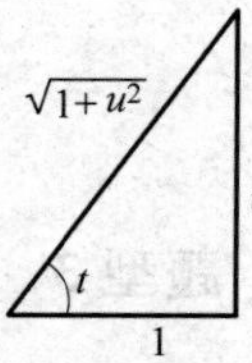

图 5.1

(3) 当 $x>1$ 时，令 $x=\sec t, 0<t<\frac{\pi}{2}$(以保证变换函数单调)，则 $\mathrm{d}x=\sec t\tan t\mathrm{d}t$，于是

$$\int\frac{\mathrm{d}x}{x\sqrt{x^2-1}}=\int\frac{\sec t\tan t\mathrm{d}t}{\sec t\tan t}=\int 1\mathrm{d}t=t+C=\arccos\frac{1}{x}+C;$$

当 $x<-1$ 时，

$$\int\frac{\mathrm{d}x}{x\sqrt{x^2-1}}\xlongequal{令\ x=-t}\int\frac{\mathrm{d}t}{t\sqrt{t^2-1}}\xlongequal{此时\ t>0}\arccos\frac{1}{t}+C$$

$$=\arccos\frac{1}{-x}+C=\arccos\frac{1}{|x|}+C.$$

所以

$$\int\frac{\mathrm{d}x}{x\sqrt{x^2-1}}=\arccos\frac{1}{|x|}+C.$$

(4) 令 $x=a\tan t, -\frac{\pi}{2}<t<\frac{\pi}{2}$，则 $\mathrm{d}x=a\sec^2 t\mathrm{d}t$，于是

$$\int\frac{\mathrm{d}x}{x^2\sqrt{a^2+x^2}}=\int\frac{a\sec^2 t\mathrm{d}t}{a^2\tan^2 t\cdot a\sec t}=\frac{1}{a^2}\int\frac{\sec t\mathrm{d}t}{\tan^2 t}$$

$$=\frac{1}{a^2}\int\frac{\cos t\mathrm{d}t}{\sin^2 t}=-\frac{1}{a^2}\cdot\frac{1}{\sin t}+C$$

$$=-\frac{1}{a^2}\cdot\frac{\sqrt{a^2+x^2}}{x}+C \quad (参见图 5.2).$$

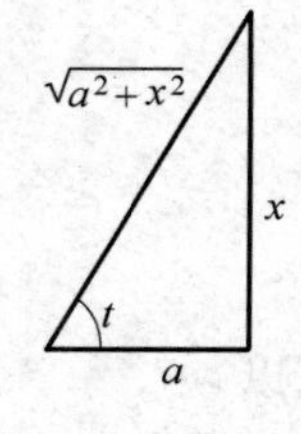

图 5.2

(5) 令 $\arctan x=t$，则 $x=\tan t, \mathrm{d}x=\sec^2 t\mathrm{d}t$，于是

$$原式=\int t\cot^2 t\mathrm{d}t=\int t(\csc^2 t-1)\mathrm{d}t=-\int t\mathrm{d}\cot t-\int t\mathrm{d}t$$

$$=-t\cot t+\int\cot t\mathrm{d}t-\frac{1}{2}t^2=-t\cot t+\ln|\sin t|-\frac{1}{2}t^2+C$$

$$=-\frac{1}{x}\arctan x+\frac{1}{2}\ln\frac{x^2}{1+x^2}-\frac{1}{2}\arctan^2 x+C.$$

(6) 如果被积函数分母的次数高于分子的次数时用“倒代换”比较有效.

令 $x=\frac{1}{t}$，则 $\mathrm{d}x=-\frac{1}{t^2}\mathrm{d}t$，于是

$$\int\frac{\mathrm{d}x}{x\sqrt{x^{12}-1}}=\int\frac{t}{\sqrt{\frac{1}{t^{12}}-1}}\left(-\frac{1}{t^2}\right)\mathrm{d}t=-\int\frac{t^5}{\sqrt{1-(t^6)^2}}\mathrm{d}t=-\frac{1}{6}\int\frac{\mathrm{d}t^6}{\sqrt{1-(t^6)^2}}$$

$$=-\frac{1}{6}\arcsin(t^6)+C=-\frac{1}{6}\arcsin\left(\frac{1}{x^6}\right)+C.$$

题型3 运用分部积分法积分

例3 计算下列不定积分：

(1) $\int\arcsin x\mathrm{d}x$； (2) $\int\sin\ln x\mathrm{d}x$；

(3) $\int\frac{\ln(\ln x)}{x}\mathrm{d}x$； (4) $\int\csc^3 x\mathrm{d}x$；

(5) $\int\frac{\arctan\mathrm{e}^x}{\mathrm{e}^x}\mathrm{d}x$； (6) $I_n=\int(\ln x)^n\mathrm{d}x$，并求 I_4.

解 (1) $\int\arcsin x\mathrm{d}x=x\arcsin x-\int\frac{x}{\sqrt{1-x^2}}\mathrm{d}x=x\arcsin x+\sqrt{1-x^2}+C.$

(2)
$$\begin{aligned}\int\sin(\ln x)\mathrm{d}x&=x\sin(\ln x)-\int x\cos(\ln x)\cdot\frac{1}{x}\mathrm{d}x\\&=x\sin(\ln x)-\int\cos(\ln x)\mathrm{d}x\\&=x\sin(\ln x)-x\cos(\ln x)+\int(-x)\sin(\ln x)\left(\frac{1}{x}\right)\mathrm{d}x\\&=x\sin(\ln x)-x\cos(\ln x)-\int\sin(\ln x)\mathrm{d}x,\end{aligned}$$

所以

$$\int\sin(\ln x)\mathrm{d}x=\frac{x}{2}(\sin(\ln x)-\cos(\ln x))+C.$$

(3)
$$\begin{aligned}\int\frac{\ln(\ln x)}{x}\mathrm{d}x&=\int\ln(\ln x)\mathrm{d}\ln x=\ln(\ln x)\ln x-\int\ln x\cdot\frac{1}{\ln x}\cdot\frac{1}{x}\mathrm{d}x\\&=\ln(\ln x)\ln x-\ln x+C=\ln x(\ln(\ln x)-1)+C.\end{aligned}$$

(4)
$$\begin{aligned}I&=\int\csc^2 x\csc x\mathrm{d}x=\int\csc x\mathrm{d}(-\cot x)\\&=-\csc x\cot x+\int\cot x(-\cot x\csc x)\mathrm{d}x\\&=-\csc x\cot x-\int\cot^2 x\csc x\mathrm{d}x\quad(\cot^2 x=\csc^2 x-1)\\&=-\csc x\cot x-\int\csc^3 x\mathrm{d}x+\int\csc x\mathrm{d}x\end{aligned}$$

$$=-\csc x\cot x-I+\ln|\csc x-\cot x|,$$

所以

$$\int\csc^3 x\mathrm{d}x=-\frac{1}{2}\csc x\cot x+\frac{1}{2}\ln|\csc x-\cot x|+C.$$

(5) $\displaystyle\int\frac{\arctan\mathrm{e}^x}{\mathrm{e}^x}\mathrm{d}x=-\int\arctan\mathrm{e}^x\mathrm{d}\mathrm{e}^{-x}$

$$=-\mathrm{e}^{-x}\arctan\mathrm{e}^x+\int\mathrm{e}^{-x}\frac{\mathrm{e}^x}{1+\mathrm{e}^{2x}}\mathrm{d}x$$

$$=-\mathrm{e}^{-x}\arctan\mathrm{e}^x+\int\frac{\mathrm{d}x}{1+\mathrm{e}^{2x}}$$

$$=-\mathrm{e}^{-x}\arctan\mathrm{e}^x+\int\frac{1+\mathrm{e}^{2x}-\mathrm{e}^{2x}}{1+\mathrm{e}^{2x}}\mathrm{d}x$$

$$=-\mathrm{e}^{-x}\arctan\mathrm{e}^x+x-\frac{1}{2}\ln(1+\mathrm{e}^{2x})+C.$$

(6) $\displaystyle I_n=\int(\ln x)^n\mathrm{d}x=x(\ln x)^n-\int x\mathrm{d}(\ln x)^n$

$$=x(\ln x)^n-n\int x(\ln x)^{n-1}\cdot\frac{1}{x}\mathrm{d}x$$

$$=x(\ln x)^n-n\int(\ln x)^{n-1}\mathrm{d}x=x(\ln x)^n-nI_{n-1}.$$

所以

$$I_1=\int\ln x\mathrm{d}x=x\ln x-x+C,$$

$$I_2=x(\ln x)^2-2x\ln x+2x+C,$$

$$I_3=x(\ln x)^3-3x(\ln x)^2+6x\ln x+C,$$

$$I_4=x(\ln x)^4-4x(\ln x)^3+12x(\ln x)^2-24x\ln x+24x+C.$$

题型 4 有理分式函数的积分

例 4 求下列各函数的积分：

(1) $\displaystyle\int\frac{x^3}{x+2}\mathrm{d}x$； (2) $\displaystyle\int\frac{3x+1}{x^2+x+1}\mathrm{d}x$；

(3) $\displaystyle\int\frac{\mathrm{d}x}{(x^2+1)(x^2+x+1)}$； (4) $\displaystyle\int\frac{x^2}{(1-x)^{100}}\mathrm{d}x$.

解 (1) $\displaystyle\int\frac{x^3}{x+2}\mathrm{d}x=\int\frac{(x^3+8)-8}{x+2}\mathrm{d}x=\int\left(x^2-2x+4-\frac{8}{x+2}\right)\mathrm{d}x$

$$=\frac{1}{3}x^3-x^2+4x-8\ln|x+2|+C.$$

(2) $$\int\frac{3x+1}{x^2+x+1}\mathrm{d}x=\int\frac{\frac{3}{2}(2x+1)-\frac{1}{2}}{x^2+x+1}\mathrm{d}x$$

$$=\frac{3}{2}\int\frac{\mathrm{d}(x^2+x+1)}{x^2+x+1}-\frac{1}{2}\int\frac{\mathrm{d}x}{\left(x+\frac{1}{2}\right)^2+\left(\frac{\sqrt{3}}{2}\right)^2}$$

$$=\frac{3}{2}\ln(x^2+x+1)-\frac{1}{2}\cdot\frac{2}{\sqrt{3}}\arctan\frac{2x+1}{\sqrt{3}}+C$$

$$=\frac{3}{2}\ln(x^2+x+1)-\frac{1}{\sqrt{3}}\arctan\frac{2x+1}{\sqrt{3}}+C.$$

(3) 设

$$\frac{1}{(x^2+1)(x^2+x+1)}=\frac{Ax+B}{x^2+x+1}+\frac{Cx+D}{x^2+1},$$

解得 $A=1,B=1,C=-1,D=0$. 于是

$$\int\frac{\mathrm{d}x}{(x^2+1)(x^2+x+1)}=\int\left(\frac{x+1}{x^2+x+1}-\frac{x}{x^2+1}\right)\mathrm{d}x$$

$$=\int\frac{\frac{1}{2}(2x+1)+\frac{1}{2}}{x^2+x+1}\mathrm{d}x-\frac{1}{2}\ln(1+x^2)$$

$$=\frac{1}{2}\ln(x^2+x+1)+\frac{1}{\sqrt{3}}\arctan\frac{2x+1}{\sqrt{3}}-\frac{1}{2}\ln(1+x^2)+C.$$

(4) 先进行变量替换以避免分解部分分式之和的复杂过程，令 $1-x=u$，则

$$\int\frac{x^2}{(1-x)^{100}}\mathrm{d}x=-\int\frac{(1-u)^2}{u^{100}}\mathrm{d}u=-\int(u^{-98}-2u^{-99}+u^{-100})\mathrm{d}u$$

$$=\frac{1}{97}\cdot\frac{1}{(1-x)^{97}}-\frac{1}{49}\cdot\frac{1}{(1-x)^{98}}+\frac{1}{99}\cdot\frac{1}{(1-x)^{99}}+C.$$

题型5 三角函数有理式的积分

例5 求下列三角函数有理式的积分：

(1) $\int\frac{\sin x\cos x}{\sin x+\cos x}\mathrm{d}x$；

(2) $\int\frac{x+\sin x}{1+\cos x}\mathrm{d}x$；

(3) $\int\frac{7\cos x-3\sin x}{5\cos x+2\sin x}\mathrm{d}x$；

(4) $\int\frac{\mathrm{d}x}{\sin^3 x\cos^5 x}$；

(5) $\int\frac{\mathrm{d}x}{\sin^4 x\cos^2 x}$；

(6) $\int\sin^5 x\cos^6 x\mathrm{d}x$；

(7) $\int\sin^4 x\cos^6 x\mathrm{d}x$；

(8) $\int\frac{\mathrm{d}x}{9\cos^2 x+4\sin^2 x}$；

(9) $\int \frac{\mathrm{d}x}{1+\sin x}$；　　(10) $\int \frac{1}{3+\cos x}\mathrm{d}x$；

(11) $\int \frac{1}{\sin^4 x+\cos^4 x}\mathrm{d}x$；　　(12) $\int \frac{\cos x}{2\cos x-\sin x}\mathrm{d}x$；

(13) $\int \frac{1}{A\sin x+B\cos x}\mathrm{d}x$.

解 (1) 因为

$$\frac{\sin x\cos x}{\sin x+\cos x}=\frac{(\sin x+\cos x)^2-1}{2(\sin x+\cos x)},$$

所以

$$\begin{aligned}\text{原式}&=\frac{1}{2}\int(\sin x+\cos x)\mathrm{d}x-\frac{1}{2\sqrt{2}}\int\frac{\mathrm{d}x}{\sin\left(x+\frac{\pi}{4}\right)}\\&=\frac{1}{2}(\sin x-\cos x)-\frac{1}{2\sqrt{2}}\ln\left|\csc\left(x+\frac{\pi}{4}\right)-\cot\left(x+\frac{\pi}{4}\right)\right|+C.\end{aligned}$$

(2) $$\begin{aligned}\int\frac{x+\sin x}{1+\cos x}\mathrm{d}x&=\int\frac{x+2\sin\frac{x}{2}\cos\frac{x}{2}}{2\cos^2\frac{x}{2}}\mathrm{d}x=\int\frac{x}{2\cos^2\frac{x}{2}}\mathrm{d}x+\int\tan\frac{x}{2}\mathrm{d}x\\&=x\tan\frac{x}{2}-\int\tan\frac{x}{2}\mathrm{d}x+\int\tan\frac{x}{2}\mathrm{d}x=x\tan\frac{x}{2}+C.\end{aligned}$$

(3) 设 $7\cos x-3\sin x=A(5\cos x+2\sin x)+B(5\cos x+2\sin x)'$，则得

$$\begin{cases}7=5A+2B,\\-3=2A-5B,\end{cases}$$

解得 $A=1,B=1$. 于是

$$\begin{aligned}\int\frac{7\cos x-3\sin x}{5\cos x+2\sin x}\mathrm{d}x&=\int\frac{5\cos x+2\sin x}{5\cos x+2\sin x}\mathrm{d}x+\int\frac{(5\cos x+2\sin x)'}{5\cos x+2\sin x}\mathrm{d}x\\&=x+\ln|5\cos x+2\sin x|+C.\end{aligned}$$

(4) 因为

$$\begin{aligned}\frac{1}{\sin^3 x\cos^5 x}&=\frac{\sin^2 x+\cos^2 x}{\sin^3 x\cos^5 x}=\frac{1}{\sin x\cos^5 x}+\frac{1}{\sin^3 x\cos^3 x}\\&=\frac{\sin^2 x+\cos^2 x}{\sin x\cos^5 x}+\frac{\sin^2 x+\cos^2 x}{\sin^3 x\cos^3 x}\\&=\frac{\sin x}{\cos^5 x}+\frac{1}{\sin x\cos^3 x}+\frac{1}{\sin x\cos^3 x}+\frac{1}{\sin^3 x\cos x}\\&=\frac{\sin x}{\cos^5 x}+2\frac{\sin^2 x+\cos^2 x}{\sin x\cos^3 x}+\frac{\sin^2 x+\cos^2 x}{\sin^3 x\cos x}\end{aligned}$$

$$= \frac{\sin x}{\cos^5 x} + \frac{2\sin x}{\cos^3 x} + \frac{\cos x}{\sin^3 x} + \frac{3}{\sin x\cos x},$$

故

$$\int \frac{dx}{\sin^3 x \cos^5 x} = \int \left(\frac{\sin x}{\cos^5 x} + \frac{2\sin x}{\cos^3 x} + \frac{\cos x}{\sin^3 x} + \frac{3}{\sin x\cos x} \right) dx$$

$$= \frac{1}{4\cos^4 x} + \frac{1}{\cos^2 x} - \frac{1}{2\sin^2 x} + 3\ln|\csc 2x - \cot 2x| + C.$$

注意 “1”的妙用，即$\sin^2 x + \cos^2 x = 1$.

（5）以$-\sin x$代替$\sin x$，并以$-\cos x$代替$\cos x$时，被积函数不改变符号，则令$t=\tan x$，于是

$$\int \frac{dx}{\sin^4 x\cos^2 x} = \int \frac{\sec^2 x dx}{\tan^4 x \cos^4 x} = \int \frac{(1+t^2)^2}{t^4} dt = t - \frac{t}{2} - \frac{1}{3t^3} + C$$

$$= \tan x - 2\cot x - \frac{1}{3\cot^3 x} + C.$$

（6）$\int \sin^5 x\cos^6 x dx = \int (1-\cos^2 x)^2 \cos^6 x \sin x dx$

$$= -\int (1-2\cos^2 x + \cos^4 x)\cos^6 x d(\cos x)$$

$$= -\int (\cos^6 x - 2\cos^8 x + \cos^{10} x) d(\cos x)$$

$$= -\frac{1}{7}\cos^7 x + \frac{2}{9}\cos^9 x - \frac{1}{11}\cos^{11} x + C.$$

（7）$\int \sin^4 x \cos^6 x dx = \int (\sin x\cos x)^4 \frac{1+\cos 2x}{2} dx = \frac{1}{32}\int \sin^4 2x(1+\cos 2x)dx$

$$= \frac{1}{32}\int \frac{(1-\cos 4x)^2}{4} dx + \frac{1}{64}\int \sin^4 2x d(\sin 2x)$$

$$= \frac{1}{128}\int \left(1 - 2\cos 4x + \frac{1+\cos 8x}{2}\right)dx + \frac{1}{320}\sin^5 2x$$

$$= \frac{1}{128}\left(\frac{3}{2}x - \frac{1}{2}\sin 4x + \frac{1}{16}\sin 8x\right) + \frac{1}{320}\sin^5 2x + C$$

$$= \frac{1}{64}\left(\frac{3}{4}x + \frac{1}{5}\sin^5 2x - \frac{1}{4}\sin 4x + \frac{1}{32}\sin 8x\right) + C.$$

（8）$\int \frac{dx}{9\cos^2 x + 4\sin^2 x} = \int \frac{dx}{\cos^2 x(9+4\tan^2 x)} = \int \frac{\sec^2 x dx}{9+4\tan^2 x}$

$$\xlongequal{u=\tan x} \int \frac{du}{9+4u^2} = \frac{1}{2}\int \frac{d(2u)}{3^2+(2u)^2} = \frac{1}{6}\arctan\left(\frac{2}{3}u\right) + C$$

$$= \frac{1}{6}\arctan\left(\frac{2}{3}\tan x\right) + C.$$

(9) 方法 1. $\int\frac{\mathrm{d}x}{1+\sin x}=\int\frac{\mathrm{d}x}{\left(\sin\frac{x}{2}+\cos\frac{x}{2}\right)^2}=\int\frac{\mathrm{d}x}{\left(1+\tan\frac{x}{2}\right)^2\cos^2\frac{x}{2}}$

$$=2\int\frac{1}{\left(1+\tan\frac{x}{2}\right)^2}\mathrm{d}\left(1+\tan\frac{x}{2}\right)=-\frac{2}{1+\tan\frac{x}{2}}+C.$$

方法 2. $\int\frac{\mathrm{d}x}{1+\sin x}=\int\frac{1-\sin x}{\cos^2 x}\mathrm{d}x=\int\frac{1}{\cos^2 x}\mathrm{d}x+\int\frac{\mathrm{d}\cos x}{\cos^2 x}$

$$=\tan x-\frac{1}{\cos x}+C=\tan x-\sec x+C.$$

(10) 令 $\tan\frac{x}{2}=t$,则 $\mathrm{d}x=\frac{2}{1+t^2}\mathrm{d}t,\cos x=\frac{1-t^2}{1+t^2}$,于是

$$\int\frac{\mathrm{d}x}{3+\cos x}=\int\frac{1}{3+\frac{(1-t^2)}{1+t^2}}\cdot\frac{2}{1+t^2}\mathrm{d}t=\int\frac{2}{3+3t^2+1-t^2}\mathrm{d}t$$

$$=\int\frac{1}{2+t^2}\mathrm{d}t=\frac{1}{\sqrt{2}}\arctan\frac{t}{\sqrt{2}}+C=\frac{1}{\sqrt{2}}\arctan\frac{\tan\frac{x}{2}}{\sqrt{2}}+C.$$

(11) $\int\frac{1}{\sin^4 x+\cos^4 x}\mathrm{d}x=\int\frac{1}{1-2\sin^2 x\cos^2 x}\mathrm{d}x$

$$=\int\frac{1}{1-\frac{1}{2}\sin^2 2x}\mathrm{d}x=\int\frac{1}{3+\cos 4x}\mathrm{d}(4x).$$

设 $\tan 2x=t$,则 $\cos 4x=\frac{1-t^2}{1+t^2},x=\frac{1}{2}\arctan t$,所以

$$\int\frac{1}{\sin^4 x+\cos^4 x}\mathrm{d}x=\int\frac{1}{3+\frac{1-t^2}{1+t^2}}\cdot\frac{2}{1+t^2}\mathrm{d}t$$

$$=\int\frac{1}{2+t^2}\mathrm{d}t=\frac{\sqrt{2}}{2}\arctan\left(\frac{t}{\sqrt{2}}\right)+C=\frac{\sqrt{2}}{2}\arctan\left(\frac{\tan 2x}{\sqrt{2}}\right)+C.$$

(12) 设 $I_1=\int\frac{\cos x}{2\cos x-\sin x}\mathrm{d}x,I_2=\int\frac{\sin x}{2\cos x-\sin x}\mathrm{d}x$,则

$$2I_1-I_2=\int\frac{2\cos x-\sin x}{2\cos x-\sin x}\mathrm{d}x=\int\mathrm{d}x=x+C_1,$$

$$-I_1-2I_2=\int\frac{-\cos x-2\sin x}{2\cos x-\sin x}\mathrm{d}x=\int\frac{1}{2\cos x-\sin x}\mathrm{d}(2\cos x-\sin x)$$

$$=\ln|2\cos x-\sin x|+C_2.$$

于是有

$$I_1=\frac{2}{5}x-\frac{1}{5}\ln|2\cos x-\sin x|+C.$$

(13) $$\int\frac{1}{A\sin x+B\cos x}\mathrm{d}x=\frac{1}{\sqrt{A^2+B^2}}\int\frac{1}{\frac{A}{\sqrt{A^2+B^2}}\sin x+\frac{B}{\sqrt{A^2+B^2}}\cos x}\mathrm{d}x$$

$$=\frac{1}{\sqrt{A^2+B^2}}\int\frac{1}{\sin(x+\beta)}\mathrm{d}x\quad\left(其中\ \beta=\arctan\frac{B}{A}\right)$$

$$=\frac{2}{\sqrt{A^2+B^2}}\ln|\csc(x+\beta)-\cot(x+\beta)|+C.$$

说明 (1) 做三角函数有理式的积分时首先根据被积函数的特点运用三角函数的恒等变形,用凑微分法和分部积分法解决.

(2) 用万能变换公式把三角函数有理式化为有理函数的积分,但有时积分很繁琐,因此能不用尽量不用.

题型6 简单无理函数的积分

例6 求下列积分:

(1) $\int\frac{xe^x}{\sqrt{e^x-1}}\mathrm{d}x$;　　(2) $\int\frac{\sqrt{x}}{1+\sqrt[4]{x^3}}\mathrm{d}x$;

(3) $\int\frac{\sqrt{x(x+1)}}{\sqrt{x}+\sqrt{x+1}}\mathrm{d}x$;　　(4) $\int\sqrt{\frac{x}{2-x}}\,\mathrm{d}x$;

(5) $\int\frac{x\mathrm{d}x}{\sqrt{1+x^2+(1+x^2)\sqrt{1+x^2}}}$.

解 (1) 令 $u=\sqrt{e^x-1}$,则 $e^x=u^2+1,x=\ln(u^2+1),\mathrm{d}x=\frac{2u}{1+u^2}\mathrm{d}u$,于是

$$\int\frac{xe^x}{\sqrt{e^x-1}}\mathrm{d}x=\int\frac{(u^2+1)\ln(u^2+1)}{u}\cdot\frac{2u}{1+u^2}\mathrm{d}u=2\int\ln(u^2+1)\mathrm{d}u$$

$$=2u\ln(u^2+1)-\int\frac{4u^2}{u^2+1}\mathrm{d}u=2u\ln(u^2+1)-4u+4\arctan u+C$$

$$=2x\sqrt{e^x-1}-4\sqrt{e^x-1}+4\arctan\sqrt{e^x-1}+C.$$

(2) 令 $t=\sqrt[4]{x}$,则 $\mathrm{d}x=4t^3\mathrm{d}t$,于是

$$\int\frac{\sqrt{x}}{1+\sqrt[4]{x^3}}\mathrm{d}x=\int\frac{t^2}{1+t^3}\cdot4t^3\mathrm{d}t=4\int\frac{t^5}{1+t^3}\mathrm{d}t=4\int\left(t^2-\frac{t^2}{1+t^3}\right)\mathrm{d}t$$

$$=\frac{4}{3}\left[\sqrt[4]{x^3}-\ln(1+\sqrt[4]{x^3})\right]+C.$$

(3) $\int \frac{\sqrt{x(x+1)}}{\sqrt{x}+\sqrt{x+1}}dx=\int \frac{\sqrt{x(x+1)}(\sqrt{x}-\sqrt{x+1})}{x-(x+1)}dx$

$$=\int[(x+1)\sqrt{x}-x\sqrt{x+1}]dx$$

$$=\frac{2}{5}x^{\frac{5}{2}}+\frac{2}{3}x^{\frac{3}{2}}-\int x\sqrt{x+1}\,dx.$$

令 $t=\sqrt{x+1}$,则 $x=t^2-1$,于是

$$\int x\sqrt{x+1}\,dx=\int(t^2-1)t\cdot 2tdt=\frac{2}{5}t^5-\frac{2}{3}t^3,$$

所以

$$原式=\frac{2}{5}x^{\frac{5}{2}}+\frac{2}{3}x^{\frac{3}{2}}-\frac{2}{5}(x+1)^{\frac{5}{2}}+\frac{2}{3}(x+1)^{\frac{3}{2}}+C.$$

(4) 令 $t=\sqrt{\frac{x}{2-x}}$,则 $x=\frac{2t^2}{1+t^2}$,于是

$$\int\sqrt{\frac{x}{2-x}}dx=\int t\frac{4t}{(1+t^2)^2}dt=-2\int t\,d\frac{1}{(1+t^2)^2}=\frac{-2t}{1+t^2}+2\int\frac{dt}{1+t^2}$$

$$=\frac{-2t}{1+t^2}+2\arctan t+C.$$

(5) $\int\frac{xdx}{\sqrt{1+x^2+(1+x^2)\sqrt{1+x^2}}}=\int\frac{1}{\sqrt{1+\sqrt{1+x^2}}}\frac{xdx}{\sqrt{1+x^2}}$

$$=\int\frac{d(\sqrt{1+x^2})}{\sqrt{1+\sqrt{1+x^2}}}=2\sqrt{1+\sqrt{1+x^2}}+C.$$

题型 7　杂例

例 7　求下列不定积分:

(1) $\int\frac{f'(\ln x)}{x\sqrt{f(\ln x)}}dx$;

(2) $\int xf'(2x)dx$,其中 $f(x)$的原函数是$\frac{\sin x}{x}$;

(3) 设 $f(x)=\begin{cases}x^2, & x\leqslant 0,\\ \sin x, & x>0,\end{cases}$ 求$\int f(x)dx$.

解　(1) $\int\frac{f'(\ln x)}{x\sqrt{f(\ln x)}}dx=\int\frac{1}{\sqrt{f(\ln x)}}df(\ln x)=2\sqrt{f(\ln x)}+C.$

(2) $\int xf'(2x)dx=\frac{1}{2}\int xdf(2x)=\frac{1}{2}xf(2x)-\frac{1}{4}\int f(2x)d(2x).$

因为 $f(x)$ 的原函数是 $\dfrac{\sin x}{x}$，所以

$$f(x)=\left(\frac{\sin x}{x}\right)'=\frac{x\cos x-\sin x}{x^2},\quad f(2x)=\frac{2x\cos 2x-\sin 2x}{4x^2},$$

于是

$$原式=\frac{2x\cos 2x-\sin 2x}{8x}-\frac{\sin 2x}{8x}+C=\frac{\cos 2x}{4}-\frac{\sin 2x}{4x}+C.$$

(3) 当 $x\leqslant 0$ 时，$\int f(x)\mathrm{d}x=\int x^2\mathrm{d}x=\dfrac{1}{3}x^3+C_1$；

当 $x>0$ 时，$\int f(x)\mathrm{d}x=\int \sin x\mathrm{d}x=-\cos x+C_2$.

因为不定积分只能用一个任意常数表示，下面推导 C_1 和 C_2 之间的关系. 由于 $\left(\int f(x)\mathrm{d}x\right)'=f(x)$，即 $\int f(x)\mathrm{d}x$ 是可导函数，故必连续，利用其连续性消去一个常数 C_1 或 C_2.

$$\lim_{x\to 0^-}\left(\frac{1}{3}x^3+C_1\right)=C_1,\quad \lim_{x\to 0^+}(-\cos x+C_2)=-1+C_2.$$

由 $\lim\limits_{x\to 0^-}\int f(x)\mathrm{d}x=\lim\limits_{x\to 0^+}\int f(x)\mathrm{d}x$ 推出 $C_1=-1+C_2$，记 $C_1=C$，得

$$\int f(x)\mathrm{d}x=\begin{cases}\dfrac{x^3}{3}+C, & x\leqslant 0,\\ 1-\cos x+C, & x>0.\end{cases}$$

5.3 习题

基本题

应用基本公式求不定积分：

1. $\int \sqrt{x\sqrt{x}}\,\mathrm{d}x$.

2. $\int \left(\dfrac{2}{1+x^2}-\dfrac{3}{\sqrt{1-x^2}}\right)\mathrm{d}x$.

3. $\int \dfrac{(1+x)^2}{x(1+x^2)}\mathrm{d}x$.

4. $\int \dfrac{x^4-1}{1+x^2}\mathrm{d}x$.

5. $\int \sin\dfrac{x}{2}\cos\dfrac{x}{2}\mathrm{d}x$.

6. $\int \sec x(\sec x-\tan x)\mathrm{d}x$.

7. $\int \dfrac{\cos 2x}{\cos x-\sin x}\mathrm{d}x$.

8. $\int \mathrm{e}^x\left(2-\dfrac{\mathrm{e}^{-x}}{\sqrt{x}}\right)\mathrm{d}x$.

9. $\int \dfrac{2\cdot 3^x-5\cdot 2^x}{5^x}\mathrm{d}x$.

10. $\int \cot^2 x\mathrm{d}x$.

11. $\int \frac{\cos 2x}{\cos^2 x \sin^2 x} \mathrm{d}x$.

12. $\int \frac{1+\cos^2 x}{1+\cos 2x} \mathrm{d}x$.

用换元积分法求下列不定积分：

13. $\int \frac{1}{3-2x} \mathrm{d}x$.

14. $\int \frac{x}{\sqrt{x^2+1}} \mathrm{d}x$.

15. $\int x \mathrm{e}^{-x^2} \mathrm{d}x$.

16. $\int x 3^{x^2+1} \mathrm{d}x$.

17. $\int \frac{x^2}{4+x^6} \mathrm{d}x$.

18. $\int \frac{\mathrm{e}^{\arctan x}}{1+x^2} \mathrm{d}x$.

19. $\int \frac{1}{3x^2-4} \mathrm{d}x$.

20. $\int \frac{\sin(\ln x)}{x} \mathrm{d}x$.

21. $\int \frac{\cos(\lg x)}{x} \mathrm{d}x$.

22. $\int \frac{\tan \sqrt{x-1}}{\sqrt{x-1}} \mathrm{d}x$.

23. $\int \frac{x}{\cos^2 \left(\frac{\pi}{3}+x^2\right)} \mathrm{d}x$.

24. $\int \frac{\mathrm{e}^{\frac{1}{x}} \sin(\mathrm{e}^{\frac{1}{x}})}{x^2} \mathrm{d}x$.

25. $\int \frac{\sin x \cos x}{\cos^5 2x} \mathrm{d}x$.

26. $\int \frac{1}{\mathrm{e}^{-x}+\mathrm{e}^x} \mathrm{d}x$.

27. $\int \frac{1}{1+\mathrm{e}^x} \mathrm{d}x$.

28. $\int \sec^{\frac{3}{2}} x \tan x \mathrm{d}x$.

29. $\int \frac{\csc x \cot x}{\sqrt{1-\csc x}} \mathrm{d}x$.

30. $\int \cot \sqrt{1+x^2} \frac{x}{\sqrt{1+x^2}} \mathrm{d}x$.

31. $\int \frac{10^{2\arccos x}}{\sqrt{1-x^2}} \mathrm{d}x$.

32. $\int \frac{\left(1-\sin \frac{x}{\sqrt{2}}\right)^2}{\sin \frac{x}{\sqrt{2}}} \mathrm{d}x$.

33. $\int \ln(\cos x) \tan x \mathrm{d}x$.

34. $\int \frac{\ln\left(x+\sqrt{1+x^2}\right)}{\sqrt{1+x^2}} \mathrm{d}x$.

35. $\int \frac{\cos x-\sin x}{\cos x+\sin x} \mathrm{d}x$.

36. $\int \frac{1}{\sin x \cos x} \mathrm{d}x$.

37. $\int \sin^3 x \cos^5 x \mathrm{d}x$.

38. $\int \cos^2 3x \mathrm{d}x$.

39. $\int \sin^2 x \cos^2 x \mathrm{d}x$.

40. $\int \sec^4 x \mathrm{d}x$.

41. $\int \tan^6 x \mathrm{d}x$.

42. $\int \cot^4 x \mathrm{d}x$.

43. $\int \tan^3 x \sec^4 x \mathrm{d}x$.

44. $\int \cot^5 x \mathrm{d}x$.

45. $\int \frac{1}{\sqrt{e^x-1}}dx$.

46. $\int \frac{1}{1+\sqrt[3]{3x+1}}dx$.

47. $\int x\sqrt{x-1}\,dx$.

48. $\int \frac{1}{x+2\sqrt{x}+5}dx$.

49. $\int \frac{\sqrt{x^2-2}}{x}dx$.

50. $\int \frac{1}{\sqrt{4+9x^2}}dx$.

51. $\int \frac{\sqrt{x^2+4}}{x^2}dx$.

52. $\int \sqrt{5-4x-x^2}\,dx$.

53. $\int \sqrt{x^2+2x+5}\,dx$.

54. $\int \frac{x^2}{\sqrt{4-x^2}}dx$.

55. $\int \frac{1}{x^3\sqrt{x^2-9}}dx$.

56. $\int \frac{x^2}{(x^2+8)^{\frac{3}{2}}}dx$.

57. $\int \frac{1}{(1+x^2)\sqrt{1-x^2}}dx$.

58. $\int \frac{1}{(1+5x^2)\sqrt{1+x^2}}dx$.

59. $\int \frac{1}{x\sqrt{5x^2+4x+1}}dx$.

60. $\int \frac{1}{x\sqrt{x^2-1}}dx$.

61. $\int \frac{x^2}{\sqrt{a^2-x^2}}dx\ (a>0)$.

62. $\int \frac{1}{(x^2+a^2)^{\frac{3}{2}}}dx$.

用分部积分法求下列不定积分：

63. $\int \sin\sqrt{x}\,dx$.

64. $\int x^2\cos x\,dx$.

65. $\int \frac{\ln x}{\sqrt{x}}dx$.

66. $\int \ln(x^2+x)\,dx$.

67. $\int x^2 e^{-x}\,dx$.

68. $\int x\tan^2 x\,dx$.

69. $\int (\arcsin x)^2\,dx$.

70. $\int \sec^3 x\,dx$.

71. $\int x\sec^2 x\,dx$.

72. $\int e^{2x}\cos 3x\,dx$.

73. $\int \sin(\ln x)\,dx$.

74. $\int \ln(x+\sqrt{1+x^2})\,dx$.

75. $\int x\ln(1+x^2)\,dx$.

76. $\int \frac{x\cos x}{\sin^2 x}dx$.

77. $\int \frac{\ln(\cos x)}{\cos^2 x}dx$.

78. $\int \frac{x\arctan x}{(1+x^2)^{\frac{3}{2}}}dx$.

79. $\int \frac{xe^x}{(x+1)^2}dx$.

80. $\int x^3 e^{x^2}\,dx$.

81. $\int \sin x \ln(\tan x) \mathrm{d}x$.

计算下列有理函数的不定积分：

82. $\int \frac{1}{x(1+x^2)} \mathrm{d}x$.

83. $\int \frac{x^4}{x^2-1} \mathrm{d}x$.

84. $\int \frac{x^2-x-2}{1+x^2} \mathrm{d}x$.

85. $\int \frac{x^2-1}{x^4+1} \mathrm{d}x$.

86. $\int \frac{1}{3x^2+4x-7} \mathrm{d}x$.

87. $\int \frac{3x-2}{x^2-4x+5} \mathrm{d}x$.

88. $\int \frac{x^3+x^2+2}{(x^2+2)^2} \mathrm{d}x$.

89. $\int \frac{1}{(x+1)^2(x^2+1)} \mathrm{d}x$.

90. $\int \frac{4x-2}{x^3-x^2-2x} \mathrm{d}x$.

91. $\int \frac{3x}{x^3-1} \mathrm{d}x$.

92. $\int \frac{1}{x^5-x^2} \mathrm{d}x$.

93. $\int \frac{x}{(x^2-2x+2)^2} \mathrm{d}x$.

94. $\int \frac{3x^2+3x+1}{x^3+2x^2+2x+1} \mathrm{d}x$.

求下列三角函数有理式的不定积分：

95. $\int \frac{1}{\sin x+\cos x} \mathrm{d}x$.

96. $\int \frac{1}{\sin^2 x \cos x} \mathrm{d}x$.

97. $\int \frac{1}{2+\sin^2 x} \mathrm{d}x$.

98. $\int \frac{1}{5\cos^2 x-4} \mathrm{d}x$.

99. $\int \frac{1}{\sin^2 x-5\sin x \cos x} \mathrm{d}x$.

100. $\int \frac{\cos x}{\sin^2 x-6\sin x+5} \mathrm{d}x$.

101. $\int \frac{1}{4\sec x+5} \mathrm{d}x$.

102. $\int \frac{1}{1+\sin x+\cos x} \mathrm{d}x$.

103. $\int \frac{1}{\sin x+\tan x} \mathrm{d}x$.

104. $\int \frac{1}{(1+\cos x)^2} \mathrm{d}x$.

105. $\int \frac{1}{\tan^2 x+\sin^2 x} \mathrm{d}x$.

106. $\int \frac{1}{(2-\sin x)(3-\sin x)} \mathrm{d}x$.

107. $\int \frac{\mathrm{d}x}{\sin^4 x \cos^2 x} \mathrm{d}x$.

求下列无理函数的不定积分：

108. $\int \frac{1}{\sqrt{x+2}-\sqrt{x+1}} \mathrm{d}x$.

109. $\int \frac{x+3}{x\sqrt{2x+3}} \mathrm{d}x$.

110. $\int \frac{1}{\sqrt{x}+\sqrt[3]{x}} \mathrm{d}x$.

111. $\int \sqrt{\frac{1-x}{1+x}} \cdot \frac{1}{x} \mathrm{d}x$.

112. $\int \frac{\sqrt{x+1}+2}{(x+1)^2-\sqrt{x+1}}dx$.

113. $\int \frac{1}{1+\sqrt{x}+\sqrt{1+x}}dx$.

114. $\int \frac{1}{\sqrt[3]{(x+1)^2(x-1)^4}}dx$.

115. $\int \frac{1}{1-\sqrt{4x-x^2-3}}dx$.

116. $\int \frac{1}{(x+2)\sqrt{x^2+4x+3}}dx$.

117. $\int \frac{x}{\sqrt[3]{1-3x}}dx$.

综合题

导出下列不定积分的递推公式：

118. $I_n=\int x^n e^{-x}dx$.

119. $I_n=\int x^n \cos x dx$ ($n\leqslant 2$).

120. $I_n=\int \frac{1}{\sin^n x}dx$ ($n\geqslant 2$).

121. $I_n=\int \sin^n x dx$，并求 I_4.

计算下列不定积分：

122. $\int \frac{x}{1+\sqrt{1+x^2}}dx$.

123. $\int \frac{1+\sin x}{1+\cos x}dx$.

124. $\int \frac{1}{(x-2)(x+3)^2}dx$.

125. $\int \frac{x\ln x}{(x^2-1)^{\frac{3}{2}}}dx$.

126. $\int \frac{x}{(1+x^2)^2}\arctan x dx$.

127. $\int \frac{\sin^3 x}{2+\cos x}dx$.

128. $\int \frac{\arctan e^x}{e^x}dx$.

129. $\int \frac{xe^x}{\sqrt{e^x-2}}dx$.

130. $\int \frac{1}{x^2\sqrt{2x^2-2x+1}}dx$.

131. $\int \frac{1-\ln x}{(x-\ln x)^2}dx$.

132. $\int \arctan(1+\sqrt{x})dx$.

133. $\int \frac{(1+x^2)\arcsin x}{x^2\sqrt{1-x^2}}dx$.

134. $\int \frac{x+1}{x(1+xe^x)}dx$.

135. $\int \frac{1}{1+e^{\frac{x}{2}}+e^{\frac{x}{3}}+e^{\frac{x}{6}}}dx$.

136. $\int |x|dx$.

137. $\int e^{-|x|}dx$.

138. $\int f(x)dx$，其中 $f(x)=\begin{cases}1, & -\infty<x<0,\\ x+1, & 0\leqslant x\leqslant 1,\\ 2x, & 1<x<+\infty.\end{cases}$

139. $\int xf''(x)dx$.

140. 试证明：

$$\int uv^{(n+1)}dx=uv^{(n)}-u'v^{(n-1)}+u''v^{(n-2)}-\cdots+(-1)^n u^{(n)}v+(-1)^{n+1}\int u^{(n+1)}v dx.$$

按此公式计算积分 $\int x^8 e^x dx$.

自测题

一、选择题

1. 设 $f(x)$ 在区间 I 内连续且 $f(x)\neq 0$，若 $F_1(x)$，$F_2(x)$ 是 $f(x)$ 的两个原函数，则在区间 I 内(　　).

A. $F_2(x)=F_1(x)$　　B. $F_1(x)=CF_2(x)$

C. $F_1(x)+F_2(x)=C$　　D. $F_2(x)-F_1(x)=C$

2. 下列等式中，正确的是(　　).

A. $\int f'(x)dx=f(x)$　　B. $\frac{d}{dx}\int f(x)dx=f(x)+C$

C. $\int df(x)=f(x)$　　D. $d\int f(x)dx=f(x)dx$

3. 若 $f(x)$ 的一个原函数是 e^{-2x}，则 $\int f'(x)dx=$(　　).

A. $e^{-2x}+C$　　B. $-2e^{-2x}+C$　　C. $-2e^{-2x}+C$　　D. $-\frac{1}{2}e^{-2x}+C$

4. 下列各对函数中，是同一函数的原函数的是(　　).

A. $\arctan x$ 与 $\operatorname{arccot} x$　　B. e^x 与 $\frac{1}{2}e^{2x}$

C. $\frac{2^x}{\ln 2}$ 与 $2^x+\ln 2$　　D. $\ln(2x)$ 与 $\ln x$

5. 设 $\int f(x)dx=F(x)+C$，且 $x=at+b$，则 $\int f(t)dt=$(　　).

A. $F(x)+C$　　B. $F(t)+C$

C. $F(at+b)+C$　　D. $\frac{1}{a}F(at+b)+C$

二、填空题

1. $\int \frac{1}{1+\sin x}dx=$(　　).　　2. $\int (2^x e^x+1)dx=$(　　).

3. $\int \frac{1}{\sqrt{x}(1+x)}dx=$(　　).　　4. $\int \frac{1}{x\sqrt{x^2-1}}dx=$(　　).

5. $\int \frac{\cos 2x}{\sin^2 x\cos^2 x}dx=$(　　).

三、解答题

求下列不定积分：

1. $\int \frac{1-x^3+\sqrt{x}}{x\sqrt{x}}\mathrm{d}x$.

2. $\int x(2x-3)^{10}\mathrm{d}x$.

3. $\int \frac{\cos^3 x}{\sqrt{\sin x}}\mathrm{d}x$.

4. $\int \frac{1}{(\cos x+3\sin x)^2}\mathrm{d}x$.

5. $\int \frac{2x+3}{x^2-3x+3}\mathrm{d}x$.

6. $\int \frac{1}{x^2\sqrt{1+x^2}}\mathrm{d}x$.

7. $\int \frac{\sqrt{4-x^2}}{x}\mathrm{d}x$.

8. $\int \frac{1}{\sqrt{x}(1+\sqrt[4]{x})^2}\mathrm{d}x$.

9. $\int \frac{\sqrt{1+\ln x}}{x\ln x}\mathrm{d}x$.

10. $\int x^2\mathrm{e}^{-2x}\mathrm{d}x$.

11. $\int \frac{x}{(x^2+1)(x-2)}\mathrm{d}x$.

12. $\int x\sin(3x-2)\mathrm{d}x$.

5.4 习题答案

基本题

1. $\frac{4}{7}x^{\frac{7}{4}}+C$.
2. $2\arctan x-3\arcsin x+C$.
3. $\ln|x|+2\arctan x+C$.
4. $\frac{1}{3}x^3-x+C$.
5. $-\frac{1}{2}\cos x+C$.
6. $\tan x-\sec x+C$.
7. $\sin x-\cos x+C$.
8. $2\mathrm{e}^x-2\sqrt{x}+C$.
9. $2\ln\frac{3}{5}\cdot\left(\frac{3}{5}\right)^x-5\ln\frac{2}{5}\cdot\left(\frac{2}{5}\right)^x+C$.
10. $-\cot x-x+C$.
11. $-\cot x-\tan x+C$.
12. $\frac{1}{2}\tan x-\frac{1}{2}x+C$.
13. $-\frac{1}{2}\ln|3-2x|+C$.
14. $\sqrt{x^2+1}+C$.
15. $-\frac{1}{2}\mathrm{e}^{-x^2}+C$.
16. $\frac{1}{2\ln 3}\cdot 3^{x^2+1}+C$.
17. $\frac{1}{6}\arctan\frac{x^3}{2}+C$.
18. $\mathrm{e}^{\arctan x}+C$.
19. $\frac{\sqrt{3}}{12}\ln\left|\frac{\sqrt{3}x-2}{\sqrt{3}x+2}\right|+C$.
20. $-\cos(\ln x)+C$.
21. $\ln 10\cdot\sin(\lg x)+C$.
22. $-2\ln\left|\cos\sqrt{x-1}\right|+C$.
23. $\frac{1}{2}\tan\left(\frac{\pi}{3}+x^2\right)+C$.
24. $\cos(\mathrm{e}^{\frac{1}{x}})+C$.
25. $\frac{1}{16\cos^4 2x}+C$.
26. $\arctan\mathrm{e}^x+C$.
27. $x-\ln(1+\mathrm{e}^x)+C$.
28. $\frac{2}{3}\sec^{\frac{3}{2}}x+C$.

29. $2\sqrt{1-\csc x}+C$.　30. $\ln\left|\sin\sqrt{1+x^2}\right|+C$.　31. $-\frac{10^{2\arccos x}}{2\ln 10}+C$.

32. $\sqrt{2}\ln\left|\csc\frac{x}{\sqrt{2}}-\cot\frac{x}{\sqrt{2}}\right|-2x-\sqrt{2}\cos\frac{x}{\sqrt{2}}+C$.　33. $-\frac{1}{2}(\ln\cos x)^2+C$.

34. $\frac{1}{2}\ln^2(x+\sqrt{1+x^2})+C$.　35. $\frac{1}{2}\ln|\cos x+\sin x|+C$.

36. $\ln|\csc 2x-\cot 2x|+C$.　37. $\frac{1}{8}\cos^8 x-\frac{1}{6}\cos^6 x+C$.

38. $\frac{1}{2}x+\frac{1}{12}\sin 6x+C$.　39. $\frac{1}{8}x-\frac{1}{32}\sin 4x+C$.

40. $\tan x+\frac{1}{3}\tan^3 x+C$.　41. $\frac{1}{4}\tan^4 x-\frac{1}{2}\tan^2 x-\ln|\cos x|+C$.

42. $-\frac{1}{3}\cot^3 x+\cot x+x+C$.　43. $\frac{1}{4}\tan^4 x+\frac{1}{6}\tan^6 x+C$.

44. $\frac{2}{5}\csc^5 x-\frac{1}{3}\csc^3 x-\frac{1}{7}\csc^7 x+C$.　45. $2\arctan\sqrt{e^x-1}+C$.

46. $\frac{1}{2}(\sqrt[3]{(3x+1)^2}-\sqrt[3]{3x+1})+\ln\left|\sqrt[3]{3x+1}+1\right|+C$.

47. $\frac{2}{5}(x-1)^{\frac{5}{2}}+\frac{2}{3}(x-1)^{\frac{3}{2}}+C$.　48. $\ln\left|x+2\sqrt{x}+5\right|-\arctan\frac{\sqrt{x}+1}{2}+C$.

49. $\sqrt{x^2-2}-\sqrt{2}\arccos\frac{\sqrt{2}}{x}+C$.　50. $\frac{1}{3}\ln\left|3x+\sqrt{4+9x^2}\right|+C$.

51. $\ln\left|x+\sqrt{x^2+1}\right|-\frac{\sqrt{x^2+4}}{x}+C$.　52. $\frac{9}{2}\arcsin\frac{x+2}{3}+\frac{x+2}{2}\sqrt{5-4x-x^2}+C$.

53. $\frac{x+1}{2}\sqrt{x^2+2x+5}+2\ln|x+1+\sqrt{x^2+2x+5}|+C$.

54. $2\left(\arcsin\frac{x}{2}-\frac{x\sqrt{4-x^2}}{4}\right)+C$.　55. $\frac{1}{54}\arccos\frac{3}{x}+\frac{\sqrt{x^2-9}}{18x^2}+C$.

56. $\ln\left|x+\sqrt{8+x^2}\right|-\frac{x}{\sqrt{8+x^2}}+C$.　57. $\frac{1}{\sqrt{2}}\arctan\frac{\sqrt{2}x}{\sqrt{1-x^2}}+C$.

58. $\frac{1}{2}\arctan\frac{2x}{\sqrt{1+x^2}}+C$.　59. $-\ln\left|\frac{1+2x+\sqrt{5x^2+4x+1}}{x}\right|+C$.

60. $-\arcsin\frac{1}{x}+C$.　61. $\frac{a^2}{2}\arcsin\frac{x}{a}+\frac{x}{2}\sqrt{a^2-x^2}+C$.　62. $\frac{x}{a^2\sqrt{a^2+x^2}}+C$.

63. $2(\sin\sqrt{x}-\sqrt{x}\cos\sqrt{x})+C$.　64. $x^2\sin x+2x\cos x-2\sin x+C$.

65. $2\sqrt{x}\ln x-4\sqrt{x}+C$.　66. $x\ln(x^2+x)+\ln|x+1|-2x+C$.

67. $-e^{-x}(x^2+2x+2)+C$.　68. $x\tan x+\ln|\cos x|-\frac{1}{2}x^2+C$.

69. $x(\arcsin x)^2+2\sqrt{1-x^2}\arcsin x-2x+C.$

70. $\frac{1}{2}(\sec x\tan x+\ln|\sec x+\tan x|)+C.$

71. $x\tan x+\ln|\cos x|+C.$

72. $\frac{e^{2x}}{13}(2\cos 3x+3\sin 3x)+C.$

73. $\frac{x}{2}[\sin(\ln x)-\cos(\ln x)]+C.$

74. $x\ln(x+\sqrt{1+x^2})-\sqrt{1+x^2}+C.$

75. $\frac{1+x^2}{2}\ln(1+x^2)-\frac{1}{2}x^2+C.$

76. $-\frac{x}{\sin x}+\ln|\csc x-\cot x|+C.$

77. $\tan x\ln(\cos x)+\tan x-x+C.$

78. $\frac{x-\arctan x}{\sqrt{1+x^2}}+C.$

79. $\frac{e^x}{x+1}+C.$

80. $\frac{1}{2}(x^2-1)e^{x^2}+C.$

81. $-\cos x\ln(\tan x)+\ln\tan\frac{x}{2}+C.$

82. $\ln|x|-\frac{1}{2}\ln(1+x^2)+C.$

83. $\frac{x^3}{3}+x+\frac{1}{2}\ln\left|\frac{x-1}{x+1}\right|+C.$

84. $x-\frac{1}{2}\ln(1+x^2)-3\arctan x+C.$

85. $\frac{\sqrt{2}}{4}\ln\left|\frac{x^2-\sqrt{2}x+1}{x^2+\sqrt{2}x+1}\right|+C.$

86. $\frac{1}{10}\ln\left|\frac{x-1}{3x+7}\right|+C.$

87. $\frac{3}{2}\ln|x^2-4x+5|+4\arctan(x-2)+C.$

88. $\frac{1}{2}\ln(x^2+2)+\frac{1}{\sqrt{2}}\arctan\frac{x}{\sqrt{2}}+\frac{1}{x^2+2}+C.$

89. $\frac{1}{2}\ln|x+1|-\frac{1}{2(x+1)}-\frac{1}{4}\ln(1+x^2)+C.$

90. $\ln\frac{|x(x-2)|}{(x+1)^2}+C.$

91. $\ln|x-1|-\frac{1}{2}\ln(x^2+x+1)+\sqrt{3}\arctan\frac{2x+1}{\sqrt{3}}+C.$

92. $\frac{1}{x}+\frac{1}{6}\ln\frac{(x-1)^2}{x^2+x+1}+\frac{1}{\sqrt{3}}\arctan\frac{2x+1}{\sqrt{3}}+C.$

93. $\frac{1}{2}\arctan(x-1)+\frac{x-2}{2(x^2-2x+2)}+C.$

94. $\ln|x+1|+\ln(x^2+x+1)-\frac{2\sqrt{3}}{3}\arctan\frac{2x+1}{\sqrt{3}}+C.$

95. $\frac{1}{2}\ln\left|\tan\left(\frac{x}{2}+\frac{\pi}{8}\right)\right|+C.$

96. $\ln|\sec x+\tan x|-\frac{1}{\sin x}+C.$

97. $\frac{1}{\sqrt{6}}\arctan\left(\frac{\sqrt{6}}{2}\tan x\right)+C.$

98. $\frac{1}{4}\ln\left|\frac{1+2\tan x}{1-2\tan x}\right|+C.$

99. $\frac{1}{5}\ln\left|\frac{\tan x-5}{\tan x}\right|+C.$

100. $\frac{1}{4}\ln\left(\frac{5-\sin x}{1-\sin x}\right)+C.$

101. $\frac{4}{15}\ln\left|\frac{\tan\frac{x}{2}-3}{\tan\frac{x}{2}+3}\right|+\frac{x}{5}+C.$　　102. $\ln\left|1+\tan\frac{x}{2}\right|+C.$

103. $\frac{1}{2}\ln\left|\tan\frac{x}{2}\right|-\frac{1}{4}\tan^2\frac{x}{2}+C.$　　104. $\frac{1}{2}\tan\frac{x}{2}+\frac{1}{6}\tan^3\frac{x}{2}+C.$

105. $-\frac{1}{2\tan x}-\frac{1}{2\sqrt{2}}\arctan\frac{\tan x}{\sqrt{2}}+C.$

106. $\frac{2}{\sqrt{3}}\arctan\frac{2\tan\frac{x}{2}-1}{\sqrt{3}}-\frac{1}{\sqrt{2}}\arctan\frac{3\tan\frac{x}{2}-1}{2\sqrt{2}}+C.$

107. $\tan x-\frac{2}{\tan x}-\frac{1}{3\tan^3 x}+C.$　　108. $\frac{2}{9}\left(\sqrt{(x+2)^3}+\sqrt{(x-1)^3}\right)+C.$

109. $\sqrt{2x+3}+\sqrt{3}\ln\left|\frac{x-3\sqrt{2x+3}+6}{x-3}\right|+C.$

110. $2\sqrt{x}-3\sqrt[3]{x}+6\sqrt[6]{x}-6\ln(1+\sqrt[6]{x})+C.$

111. $\ln\left|\frac{\sqrt{1-x^2}-1}{x}\right|-2\arctan\sqrt{\frac{1-x}{1+x}}+C.$

112. $\ln\left|\frac{(\sqrt{x+1}-1)^2}{x+\sqrt{x+1}+2}\right|-\frac{2}{\sqrt{3}}\arctan\frac{2\sqrt{x+1}+1}{\sqrt{3}}+C.$

113. $\sqrt{x}-\frac{1}{2}4\ln\left|\sqrt{x}+\sqrt{x+1}\right|+\frac{x}{2}-\frac{\sqrt{x^2+x}}{2}+C.$

114. $-\frac{3}{2}\sqrt[3]{\frac{x+1}{x-1}}+C.$　　115. $\frac{1+\sqrt{4x-x^2-3}}{2-x}-\arcsin(x-2)+C.$

116. $\arccos\frac{1}{x+2}+C.$　　117. $\frac{1}{15}(1-3x)^{\frac{5}{3}}-\frac{1}{6}(1-3x)^{\frac{2}{3}}+C.$

综合题

118. $I_n=\int x^n \mathrm{e}^{-x}\mathrm{d}x=-x^n\mathrm{e}^{-x}+nI_{n-1}.$

119. $I_n=\int x^n\cos x\mathrm{d}x=x^n\sin x-nx^{n-1}\cos x+n(n-1)I_{n-2}.$

120. $I_n=-\frac{\cos x}{(n-1)\sin^{n-1}x}+\frac{n-2}{n-1}I_{n-2}.$

121. $I_n=\int \sin^n x\mathrm{d}x=-\cos x\sin^{n+1}x+(n+1)I_n-(n+2)I_{n+2},$

$$I_4=\frac{3}{8}x-\frac{3}{16}\sin 2x-\frac{\cos x\sin^3 x}{4}+C.$$

122. $\sqrt{1+x^2}-\ln(1+\sqrt{1+x^2})+C$.　　123. $\tan\frac{x}{2}-\ln(1+\cos x)+C$

124. $\frac{1}{25}\ln\left|\frac{x-2}{x+3}\right|+\frac{1}{5}\frac{1}{x+3}+C$　　125. $-\frac{\ln x}{\sqrt{x^2-1}}-\arcsin\frac{1}{|x|}+C$.

126. $-\frac{\arctan x}{2(1+x^2)}+\frac{1}{4}\arctan x+\frac{x}{4(1+x^2)}+C$.

127. $\frac{1}{2}\cos^2 x-2\cos x+3\ln(2+\cos x)+C$.

128. $-\mathrm{e}^{-x}\arctan\mathrm{e}^x+x-\frac{1}{2}\ln(1+\mathrm{e}^{2x})+C$.

129. 令 $\sqrt{\mathrm{e}^x-2}=t, I=2\sqrt{\mathrm{e}^x-2}(x-2)+4\sqrt{2}\arctan\sqrt{\frac{\mathrm{e}^x-2}{2}}+C$.

130. 令 $x=\frac{1}{t}, x>0$($x<0$ 同理)，

$$I=-\frac{\sqrt{2x^2-2x+1}}{x}-\ln\left|\frac{1-x+\sqrt{2x^2-2x+1}}{x}\right|+C.$$

131. 令 $x=\frac{1}{t}, I=\frac{x}{x-\ln x}+C$.

132. 令 $1+\sqrt{x}=t, I=x\arctan(1+\sqrt{x})-\sqrt{x}+\ln(2+2\sqrt{x}+x)+C$.

133. $-\frac{\sqrt{1-x^2}}{x}\arcsin x+\ln|x|+\frac{(\arcsin x)^2}{2}+C$.

134. 令 $\mathrm{e}^x=t, I=\ln|x\mathrm{e}^x|-\ln|1+x\mathrm{e}^x|+C=x+\ln\left|\frac{x}{1+x\mathrm{e}^x}\right|+C$.

135. 设 $\mathrm{e}^{\frac{x}{6}}=t$，或 $x=6\ln t, I=x-3\ln[(1+\mathrm{e}^{\frac{x}{6}})\sqrt{1+\mathrm{e}^{\frac{x}{3}}}]-3\arctan\mathrm{e}^{\frac{x}{6}}+C$.

136. $\int|x|\mathrm{d}x=\frac{x|x|}{2}+C$.　　137. $\int\mathrm{e}^{|x|}\mathrm{d}x=\begin{cases}-\mathrm{e}^{-x}+C+1, & x\geqslant 0,\\ \mathrm{e}^x+C-1, & x<0.\end{cases}$

138. 已知 $f(x)=\begin{cases}1, & -\infty<x<0,\\ x+1, & 0\leqslant x\leqslant 1,\\ 2x, & 1<x<+\infty,\end{cases}$ 在 $x=0, x=1$ 处连续，则 $F(x)=\int f(x)\mathrm{d}x$ 也连续，故

$$F(x)=\begin{cases}x+C, & -\infty<x<0,\\ \frac{1}{2}x^2+x+C, & 0\leqslant x\leqslant 1,\\ x^2+\frac{1}{2}+C, & 1<x<+\infty.\end{cases}$$

139. $xf'(x)-f(x)+C$.

140. 证明：

$$\int uv^{(n+1)}\mathrm{d}x=\int u\mathrm{d}v^{(n)}=uv^{(n)}-\int u'\mathrm{d}v^{(n-1)}$$

$$=uv^{(n)}-u'v^{n-1}+\int u''\mathrm{d}v^{(n-2)}=uv^{(n)}-u'v^{(n-1)}+u''v^{(n-2)}-\int u'''\mathrm{d}v^{(n-3)}$$

$$=uv^{(n)}-u'v^{(n-1)}+u''v^{(n-2)}-u'''v^{(n-3)}+\cdots+(-1)^n u^{(n)}v+(-1)^{n+1}\int u^{(n+1)}v\mathrm{d}x,$$

所以

$$\int x^8\mathrm{e}^x\mathrm{d}x=x^8\mathrm{e}^x-8x^7\mathrm{e}^x-8\cdot 7x^6\mathrm{e}^x-8\cdot 7\cdot 6x^5\mathrm{e}^x+\cdots+8!\,\mathrm{e}^x+C.$$

自测题

一、1. D. 2. D. 3. C. 4. D. 5. B.

二、1. $\tan x-\sec x+C$. 2. $\dfrac{2^x\mathrm{e}^x}{1+\ln 2}+x+C$. 3. $2\arctan\sqrt{x}+C$.

4. $\arccos\dfrac{1}{x}+C$. 5. $-\cot x-\tan x+C$.

三、1. $-2x^{-\frac{1}{2}}-\dfrac{2}{5}x^{\frac{5}{2}}+\ln|x|+C$. 2. $\dfrac{1}{48}(2x-3)^{12}+\dfrac{3}{44}(2x-3)^{11}+C$.

3. $2\sqrt{\sin x}\left(1-\dfrac{1}{5}\sin^2 x\right)+C$. 4. $-\dfrac{1}{3+9\tan x}+C$.

5. $\ln|x^2-3x+3|+4\sqrt{3}\arctan\dfrac{2x-3}{\sqrt{3}}+C$. 6. $-\dfrac{\sqrt{1+x^2}}{x}+C$.

7. $2\ln\left|\dfrac{2-\sqrt{4-x^2}}{x}\right|+\sqrt{4-x^2}+C$. 8. $4\left(\ln\left|1+\sqrt[4]{x}\right|+\dfrac{1}{1+\sqrt[4]{x}}\right)+C$.

9. $2\sqrt{1+\ln x}+\ln\left|\dfrac{\sqrt{1+\ln x}-1}{\sqrt{1+\ln x}+1}\right|+C$. 10. $-\dfrac{1}{4}\mathrm{e}^{-2x}(2x^2+2x+1)+C$.

11. $\dfrac{1}{5}\ln\dfrac{(x-2)^2}{x^2+1}+\dfrac{1}{5}\arctan x+C$.

12. $-\dfrac{x}{3}\cos(3x-2)+\dfrac{1}{9}\sin(3x-2)+C$.

第 6 章 定 积 分

6.1 内容提要

1. 定积分的概念

(1) 定积分的定义

设 $f(x)$在区间$[a,b]$有定义.

分割：将 $[a,b]$ 分成任意 n 个小区间：$[x_0,x_1],[x_1,x_2],\cdots,[x_{i-1},x_i],\cdots,[x_{n-1},x_n]$,分点为

$$a = x_0 < x_1 < x_2 < \cdots < x_{n-1} < x_n = b,$$

小区间$[x_{i-1},x_i]$的长度表示为 $\Delta x_i = x_i - x_{i-1}$，$\mathrm{d}(T) = \max\{\Delta x_1, \Delta x_2, \cdots, \Delta x_n\}$；

取点：在$[x_{i-1},x_i]$中任取一点 $\xi_i(i=1,2,\cdots,n)$；

求和：$\sum\limits_{i=1}^{n} f(\xi_i)\Delta x_i$；

取极限：$\lim\limits_{d(T)\to 0}\sum\limits_{i=1}^{n} f(\xi_i)\Delta x_i$.

若上述极限存在,则称极限值为 $f(x)$在$[a,b]$上的**定积分**,即

$$\int_a^b f(x)\mathrm{d}x = \lim_{d(T)\to 0}\sum_{i=1}^{n} f(\xi_i)\Delta x_i.$$

补充：$\int_a^a f(x)\mathrm{d}x = 0$；$\int_a^b f(x)\mathrm{d}x = -\int_b^a f(x)\mathrm{d}x$.

注 “分割、取点、求和、取极限”体现了定积分“化整为零,以不变代变,积零成整,近似计算精确化”这样一种思想方法.

(2) 定积分的性质

定积分的性质见表 6-1.

表 6-1

线性性质	$\int_a^b[\alpha f(x)\pm\beta g(x)]\mathrm{d}x=\alpha\int_a^b f(x)\mathrm{d}x\pm\beta\int_a^b g(x)\mathrm{d}x$
区间可加性	$\int_a^b f(x)\mathrm{d}x=\int_a^c f(x)\mathrm{d}x+\int_c^b f(x)\mathrm{d}x$
比较性质	$f(x)\leqslant g(x)(a\leqslant x\leqslant b)\Rightarrow\int_a^b f(x)\mathrm{d}x\leqslant\int_a^b g(x)\mathrm{d}x$
估值性质	$m\leqslant f(x)\leqslant M(a\leqslant x\leqslant b)\Rightarrow\int_a^b m\mathrm{d}x\leqslant\int_a^b f(x)\mathrm{d}x\leqslant\int_a^b M\mathrm{d}x$
中值定理	$\int_a^b f(x)\mathrm{d}x=f(\xi)(b-a)$（$f(x)$ 在闭区间$[a,b]$上连续）

(3) 定积分的几何意义

介于曲线 $y=f(x)$，x 轴及直线 $x=a$，$x=b$ 之间的各部分面积的代数和.

2. 微积分基本定理

如果函数 $f(x)$在区间$[a,b]$上可积，则变上限的定积分 $\Phi(x)=\int_a^x f(t)\mathrm{d}t$ 称为 $f(x)$ 在$[a,b]$上的**积分上限函数**.

定理 6.1 如果函数 $f(x)$在区间$[a,b]$上可积，则积分上限函数 $\Phi(x)=\int_a^x f(t)\mathrm{d}t$ 在$[a,b]$上连续.

定理 6.2 如果函数 $f(x)$ 在区间$[a,b]$上连续，则积分上限函数 $\Phi(x)=\int_a^x f(t)\mathrm{d}t$ 在$[a,b]$上可导，且 $\Phi'(x)=f(x)(a\leqslant x\leqslant b)$.

对于积分限函数有如下求导公式：

$$\frac{\mathrm{d}}{\mathrm{d}x}\int_a^x f(t)\mathrm{d}t=f(x);$$

$$\frac{\mathrm{d}}{\mathrm{d}x}\int_a^{\varphi(x)} f(t)\mathrm{d}t=f[\varphi(x)]\varphi'(x);$$

$$\frac{\mathrm{d}}{\mathrm{d}x}\int_{\psi(x)}^{\varphi(x)} f(t)\mathrm{d}t=f[\varphi(x)]\varphi'(x)-f[\psi(x)]\psi'(x).$$

3. 定积分的计算

(1) 牛顿-莱布尼茨公式

如果函数 $F(x)$是连续函数 $f(x)$在区间$[a,b]$上的一个原函数，则

$$\int_a^b f(x)\mathrm{d}x=F(b)-F(a).$$

(2) 定积分的换元积分法

若函数 $f(x)$在区间$[a,b]$上连续,函数 $x=\varphi(t)$在区间$[\alpha,\beta]$上具有连续的导数,当 t 在区间$[\alpha,\beta]$上变化时,$x=\varphi(t)$的值在$[a,b]$上变化,又 $\varphi(\alpha)=a,\varphi(\beta)=b$,则

$$\int_a^b f(x)\mathrm{d}x=\int_\alpha^\beta f[\varphi(t)]\varphi'(t)\mathrm{d}t.$$

(3) 定积分的分部积分法

设函数 $u(x),v(x)$在区间$[a,b]$上具有连续导数,则有

$$\int_a^b u\mathrm{d}v=[uv]_a^b-\int_a^b v\mathrm{d}u.$$

(4) 几个常用的积分公式

① 若 $f(x)$在$[-a,a](a>0)$上连续,则有

$$\int_{-a}^a f(x)\mathrm{d}x=\begin{cases}0, & f(x)\text{ 为奇函数},\\ 2\int_0^a f(x)\mathrm{d}x, & f(x)\text{ 为偶函数}.\end{cases}$$

② 若 $f(x)$在$(-\infty,+\infty)$上连续且以 T 为周期,则有

$$\int_a^{a+T} f(x)\mathrm{d}x=\int_0^T f(x)\mathrm{d}x.$$

③ 当 $f(x)$连续时,有 $\int_0^{\frac{\pi}{2}} f(\sin x)\mathrm{d}x=\int_0^{\frac{\pi}{2}} f(\cos x)\mathrm{d}x$.

④ 当 $f(x)$连续时,有 $\int_0^\pi xf(\sin x)\mathrm{d}x=\frac{\pi}{2}\int_0^\pi f(\sin x)\mathrm{d}x$.

⑤ 当 $f(x)$连续时,有 $\int_0^\pi f(\sin x)\mathrm{d}x=2\int_0^{\frac{\pi}{2}} f(\sin x)\mathrm{d}x$.

⑥ $$\int_0^{\frac{\pi}{2}}\sin^n x\,\mathrm{d}x=\int_0^{\frac{\pi}{2}}\cos^n x\,\mathrm{d}x=\begin{cases}\frac{n-1}{n}\cdot\frac{n-3}{n-2}\cdot\cdots\cdot\frac{3}{4}\cdot\frac{1}{2}\cdot\frac{\pi}{2}, & n\text{ 为偶数},\\ \frac{n-1}{n}\cdot\frac{n-3}{n-2}\cdot\cdots\cdot\frac{4}{5}\cdot\frac{2}{3}, & n\text{ 为奇数}.\end{cases}$$

4. 广义积分

(1) 无穷限的广义积分

$$\int_a^{+\infty} f(x)\mathrm{d}x=\lim_{b\to+\infty}\int_a^b f(x)\mathrm{d}x.$$

$$\int_{-\infty}^b f(x)\mathrm{d}x=\lim_{a\to-\infty}\int_a^b f(x)\mathrm{d}x.$$

$$\int_{-\infty}^{+\infty} f(x)\mathrm{d}x=\lim_{a\to-\infty}\int_a^c f(x)\mathrm{d}x+\lim_{b\to+\infty}\int_c^b f(x)\mathrm{d}x\quad(c\text{ 为任意常数}).$$

若上述极限存在,则称相应的广义积分**收敛**,否则称为广义积分**发散**.

（2）无界函数的广义积分

设函数 $f(x)$在区间$(a,b]$上连续，且 a 为瑕点（即无穷间断点），

$$\int_a^b f(x)\mathrm{d}x = \lim_{\eta\to 0^+}\int_{a+\eta}^b f(x)\mathrm{d}x.$$

当 b 为瑕点或 $c\in(a,b)$为瑕点时，可类似地定义

$$\int_a^b f(x)\mathrm{d}x = \lim_{\eta\to 0^+}\int_a^{b-\eta} f(x)\mathrm{d}x,$$

$$\int_a^b f(x)\mathrm{d}x = \lim_{\varepsilon\to 0^+}\int_a^{c-\varepsilon} f(x)\mathrm{d}x + \lim_{\eta\to 0^+}\int_{c+\eta}^b f(x)\mathrm{d}x.$$

若上述极限存在，则称相应的广义积分**收敛**，否则称为广义积分**发散**.

（3）两个常用结论

① 广义积分$\int_1^{+\infty}\frac{1}{x^p}\mathrm{d}x$，当 $p>1$ 时收敛，当 $p\leqslant 1$ 时发散.

② 广义积分$\int_0^b\frac{\mathrm{d}x}{x^q}$，当 $q<1$ 时收敛；当 $q\geqslant 1$ 时发散.

6.2 典型例题解析

题型1 有关定积分概念和性质的命题

例1 求下列极限：

（1）$\lim\limits_{n\to\infty}\left(\frac{1}{n+1}+\frac{1}{n+2}+\cdots+\frac{1}{2n}\right)$；　　（2）$\lim\limits_{n\to\infty}\frac{\sqrt[n]{n!}}{n}$.

解 （1）$\frac{1}{n+1}+\frac{1}{n+2}+\cdots+\frac{1}{2n}=\sum\limits_{i=1}^{n}\frac{1}{1+\frac{i}{n}}\cdot\frac{1}{n}$.

设 $f(x)=\frac{1}{1+x}, x\in[0,1]$，将区间$[0,1]$ n 等分，则分点 $x_i=\frac{i}{n}(i=0,1,2,\cdots,n)$，每个小区间$[x_{i-1},x_i]$的长度 $\Delta x_i=\frac{1}{n}$，令 $\xi_i=x_i=\frac{i}{n}$，于是 $f(\xi_i)=\frac{1}{1+\frac{i}{n}}$. 所以

$$\lim_{n\to\infty}\sum_{i=1}^{n}\frac{1}{1+\frac{i}{n}}\cdot\frac{1}{n}=\lim_{n\to\infty}\sum_{i=1}^{n}f(\xi_i)\Delta x_i=\int_0^1\frac{1}{1+x}\mathrm{d}x=\int_0^1\ln(1+x)\mathrm{d}x=\ln 2.$$

（2）$\lim\limits_{n\to\infty}\frac{\sqrt[n]{n!}}{n}=\lim\limits_{n\to\infty}\sqrt[n]{\frac{1}{n}\cdot\frac{2}{n}\cdot\cdots\cdot\frac{n}{n}}=\lim\limits_{n\to\infty}\mathrm{e}^{\ln\sqrt[n]{\frac{1}{n}\cdot\frac{2}{n}\cdot\cdots\cdot\frac{n}{n}}}=\lim\limits_{n\to\infty}\mathrm{e}^{\frac{1}{n}\sum\limits_{i=1}^{n}\ln\frac{i}{n}}=\mathrm{e}^{\int_0^1\ln x\mathrm{d}x}$，

而$\int_0^1\ln x\mathrm{d}x=\lim\limits_{\varepsilon\to 0^+}(x\ln x-x)\big|_\varepsilon^1=-1$，故原极限 $=\frac{1}{\mathrm{e}}$.

例2 求下列极限：

(1) $\lim\limits_{n\to\infty}\int_n^{n+p}\frac{\sin x}{x}\mathrm{d}x$；　　(2) $\lim\limits_{n\to\infty}\int_0^1\frac{x^n\mathrm{e}^x}{1+\mathrm{e}^x}\mathrm{d}x$.

解 (1) 因为

$$\int_n^{n+p}\frac{\sin x}{x}\mathrm{d}x=\sin\xi\int_n^{n+p}\frac{\mathrm{d}x}{x}=\sin\xi\ln\frac{n+p}{n},\quad n\leqslant\xi\leqslant n+p,$$

又因为 $\lim\limits_{n\to\infty}\ln\frac{n+p}{n}=0$，$|\sin\xi|\leqslant 1$，故 $\lim\limits_{n\to\infty}\int_n^{n+p}\frac{\sin x}{x}\mathrm{d}x=0$.

(2) 因为 $0<\frac{x^n\mathrm{e}^x}{1+\mathrm{e}^x}<x^n$，所以

$$0<\int_0^1\frac{x^n\mathrm{e}^x}{1+\mathrm{e}^x}\mathrm{d}x<\int_0^1x^n\mathrm{d}x=\frac{1}{n+1}.$$

又因为 $\lim\limits_{n\to\infty}\frac{1}{n+1}=0$，故 $\lim\limits_{n\to\infty}\int_0^1\frac{x^n\mathrm{e}^x}{1+\mathrm{e}^x}\mathrm{d}x=0$.

例3 估计下列积分值：

(1) $\int_{-1}^1\mathrm{e}^{-x^2}\mathrm{d}x$；　　(2) $\int_{\frac{\pi}{4}}^{\frac{\pi}{2}}\frac{\sin x}{x}\mathrm{d}x$.

解 (1) 设 $f(x)=\mathrm{e}^{-x^2}$，则 $f'(x)=-2x\mathrm{e}^{-x^2}$. 令 $f'(x)=0$，得驻点 $x=0\in[-1,1]$. 而 $f(0)=\mathrm{e}^0=1$，$f(\pm1)=\mathrm{e}^{-1}=\frac{1}{\mathrm{e}}$，由此可知 $f(x)=\mathrm{e}^{-x^2}$.

在区间$[-1,1]$上的最小值和最大值分别为 $m=\frac{1}{\mathrm{e}}$，$M=1$.

由估值定理可得

$$\frac{1}{\mathrm{e}}[1-(-1)]\leqslant\int_{-1}^1\mathrm{e}^{-x^2}\mathrm{d}x\leqslant 1\cdot[1-(-1)],$$

即

$$\frac{2}{\mathrm{e}}\leqslant\int_{-1}^1\mathrm{e}^{-x^2}\mathrm{d}x\leqslant 2.$$

(2) 设 $f(x)=\frac{\sin x}{x}$，则

$$f'(x)=\frac{x\cos x-\sin x}{x^2}=\frac{\cos x}{x^2}(x-\tan x).$$

因为在$\left[\frac{\pi}{4},\frac{\pi}{2}\right]$上，$\tan x>x$，$\cos x>0$，所以 $f'(x)<0$，可知 $f(x)$是单调减函数.

于是

$$\frac{2}{\pi}=f\left(\frac{\pi}{2}\right)\leqslant f(x)\leqslant f\left(\frac{\pi}{4}\right)=\frac{2\sqrt{2}}{\pi},$$

故

$$\frac{1}{2}=\int_{\frac{\pi}{4}}^{\frac{\pi}{2}}\frac{2}{\pi}\mathrm{d}x<\int_{\frac{\pi}{4}}^{\frac{\pi}{2}}\frac{\sin x}{x}\mathrm{d}x<\int_{\frac{\pi}{4}}^{\frac{\pi}{2}}\frac{2\sqrt{2}}{\pi}\mathrm{d}x=\frac{\sqrt{2}}{2},$$

即

$$\frac{1}{2}\leqslant\int_{\frac{\pi}{4}}^{\frac{\pi}{2}}\frac{\sin x}{x}\mathrm{d}x\leqslant\frac{\sqrt{2}}{2}.$$

例 4 证明：$1-\frac{1}{\mathrm{e}}<\int_0^{\frac{\pi}{2}}\mathrm{e}^{-\sin x}\mathrm{d}x<\frac{\pi}{2}\left(1-\frac{1}{\mathrm{e}}\right)$.

证明 因为 $\forall x\in\mathbb{R}$，$\mathrm{e}^{-\sin x}\geqslant\cos x\mathrm{e}^{-\sin x}$，所以

$$\int_0^{\frac{\pi}{2}}\mathrm{e}^{-\sin x}\mathrm{d}x>\int_0^{\frac{\pi}{2}}\cos x\mathrm{e}^{-\sin x}\mathrm{d}x=\int_0^{\frac{\pi}{2}}\mathrm{e}^{-\sin x}\mathrm{d}\sin x=-\mathrm{e}^{-\sin x}\Big|_0^{\frac{\pi}{2}}=1-\frac{1}{\mathrm{e}}.$$

下面证明 $-\sin x<-\frac{2}{\pi}x$，即 $\frac{\sin x}{x}>\frac{2}{\pi}\left(0<x<\frac{\pi}{2}\right)$.

设 $f(x)=\frac{\sin x}{x}$，则

$$f'(x)=\frac{x\cos x-\sin x}{x^2}.$$

又设 $g(x)=x\cos x-\sin x$，则 $g'(x)=-x\cos x<0\left(\forall x:0<x<\frac{\pi}{2}\right)$，所以 $g(x)$ 严格单调减少；又由于 $g(x)<g(0)=0$，因此 $f'(x)<0$，从而 $f(x)$ 严格单调减少，$f(x)>f\left(\frac{\pi}{2}\right)=\frac{2}{\pi}$，故 $\frac{\sin x}{x}>\frac{2}{\pi}$，即 $-\sin x<-\frac{2}{\pi}x$.

所以

$$\int_0^{\frac{\pi}{2}}\mathrm{e}^{-\sin x}\mathrm{d}x<\int_0^{\frac{\pi}{2}}\mathrm{e}^{-\frac{2}{\pi}x}\mathrm{d}x\xlongequal{\text{令 }2x/\pi=t}\frac{\pi}{2}\int_0^1\mathrm{e}^{-t}\mathrm{d}t=\frac{\pi}{2}\left(1-\frac{1}{\mathrm{e}}\right),$$

故

$$1-\frac{1}{\mathrm{e}}<\int_0^{\frac{\pi}{2}}\mathrm{e}^{-\sin x}\mathrm{d}x<\frac{\pi}{2}\left(1-\frac{1}{\mathrm{e}}\right).$$

题型 2 定积分的计算

例 5 求下列定积分：

(1) $\int_0^a\sqrt{a^2-x^2}\mathrm{d}x$； (2) $\int_0^{\frac{\pi}{2}}\sin(2x+\pi)\mathrm{d}x$；

(3) $\int_0^{\frac{\pi}{2}}\sqrt{1-\sin 2x}\mathrm{d}x$； (4) $\int_0^3 f(x)\mathrm{d}x$，$f(x)=\begin{cases}1-x, & 0\leqslant x\leqslant 1,\\ 2x-2, & 1<x\leqslant 3.\end{cases}$

解 (1) $\int_0^a \sqrt{a^2-x^2}\,dx$ 可以用换元积分法来计算. 但是如果利用定积分的几何意义来计算,就简捷得多.

因为$\int_0^a \sqrt{a^2-x^2}\,dx$ 是以原点为圆心,a 为半径的圆在第一象限部分的面积,所以

$$\int_0^a \sqrt{a^2-x^2}\,dx=\frac{\pi a^2}{4}.$$

(2) $\int_0^{\frac{\pi}{2}} \sin(2x+\pi)dx=\frac{1}{2}\int_0^{\frac{\pi}{2}} \sin(2x+\pi)d(2x+\pi)=-\frac{1}{2}\cos(2x+\pi)\Big|_0^{\frac{\pi}{2}}=-1.$

(3) $$\begin{aligned}\int_0^{\frac{\pi}{2}} \sqrt{1-\sin 2x}\,dx&=\int_0^{\frac{\pi}{2}} |\sin x-\cos x|\,dx\\&=\int_0^{\frac{\pi}{4}}(\cos x-\sin x)dx+\int_{\frac{\pi}{4}}^{\frac{\pi}{2}}(\sin x-\cos x)dx\\&=[\sin x+\cos x]_0^{\frac{\pi}{4}}-[\cos x+\sin x]_{\frac{\pi}{4}}^{\frac{\pi}{2}}=2(\sqrt{2}-1).\end{aligned}$$

(4) $\int_0^3 f(x)dx=\int_0^1(1-x)dx+\int_1^3(2x-2)dx=\left[x-\frac{x^2}{2}\right]_0^1+[x^2-2x]_1^3=\frac{9}{2}.$

例 6 求下列定积分:

(1) $\int_0^1 (x^3+3^x+e^{3x})x\,dx$;

(2) $\int_{-\frac{1}{2}}^{\frac{1}{2}}\left[\frac{\sin x}{x^8+1}+\sqrt{\ln^2(1-x)}\right]dx$;

(3) $\int_0^{\frac{\pi}{2}} \frac{\sin x}{\sin x+\cos x}dx$;

(4) $\int_0^{\ln 5} \frac{e^x\sqrt{e^x-1}}{e^x+3}dx$;

(5) $\int_1^e \left(\frac{\ln x}{x}\right)^2 dx$;

(6) $\int_0^{\frac{\pi}{4}} \ln\sin 2x\,dx$;

(7) $\int_{-2}^2 \min\left\{\frac{1}{|x|},x^2\right\}dx$;

(8) $\int_0^1 e^{\pi x}\cos\pi x\,dx$.

解 (1) $$\begin{aligned}\int_0^1 (x^3+3^x+e^{3x})x\,dx&=\int_0^1 x\,d\left(\frac{x^4}{4}+\frac{3^x}{\ln 3}+\frac{1}{3}e^{3x}\right)\\&=x\left(\frac{x^4}{4}+\frac{3^x}{\ln 3}+\frac{1}{3}e^{3x}\right)\Big|_0^1-\int_0^1\left(\frac{x^4}{4}+\frac{3^x}{\ln 3}+\frac{1}{3}e^{3x}\right)dx\\&=\frac{1}{4}+\frac{3}{\ln 3}+\frac{1}{3}e^3-\left(\frac{x^5}{20}+\frac{3^x}{\ln^2 3}+\frac{1}{9}e^{3x}\right)\Big|_0^1\\&=\frac{3\ln 3-2}{\ln^2 3}+\frac{2}{9}e^3+\frac{14}{45}.\end{aligned}$$

(2) 因为奇函数在对称区间上的积分值为零,所以

$$\int_{-\frac{1}{2}}^{\frac{1}{2}}\left[\frac{\sin x}{x^8+1}+\sqrt{\ln^2(1-x)}\right]dx=0+\int_{-\frac{1}{2}}^{\frac{1}{2}}|\ln(1-x)|\,dx$$

$$=\int_{-\frac{1}{2}}^{0}\ln(1-x)\mathrm{d}x-\int_{0}^{\frac{1}{2}}\ln(1-x)\mathrm{d}x$$

$$=\left[x\ln(1-x)-x-\ln(1-x)\right]_{-\frac{1}{2}}^{0}$$

$$+\left[x\ln(1-x)-x-\ln(1-x)\right]_{\frac{1}{2}}^{0}$$

$$=\frac{3}{2}\ln\frac{3}{2}+\ln\frac{1}{2}.$$

(3) 因为

$$I=\int_{0}^{\frac{\pi}{2}}\frac{\sin x}{\sin x+\cos x}\mathrm{d}x=\int_{0}^{\frac{\pi}{2}}\frac{\cos x}{\cos x+\sin x}\mathrm{d}x \quad (\text{常用的积分公式③}),$$

所以

$$2I=\int_{0}^{\frac{\pi}{2}}\frac{\sin x+\cos x}{\cos x+\sin x}\mathrm{d}x=\int_{0}^{\frac{\pi}{2}}\mathrm{d}x=\frac{\pi}{2},$$

故 $I=\frac{\pi}{4}$.

(4) 令 $\sqrt{\mathrm{e}^{x}-1}=t$,则 $x=\ln(t^{2}+1)$,$t\in[0,2]$,于是

$$\int_{0}^{\ln 5}\frac{\mathrm{e}^{x}\sqrt{\mathrm{e}^{x}-1}}{\mathrm{e}^{x}+3}\mathrm{d}x=\int_{0}^{2}\frac{(t^{2}+1)t}{t^{2}+4}\frac{2t}{t^{2}+1}\mathrm{d}t=2\int_{0}^{2}\frac{t^{2}+4-4}{t^{2}+4}\mathrm{d}t$$

$$=2\left(t\Big|_{0}^{2}-2\int_{0}^{2}\frac{1}{1+(t/2)^{2}}\mathrm{d}\frac{t}{2}\right)=2\left(2-2\arctan\frac{t}{2}\Big|_{0}^{2}\right)=4-\pi.$$

(5) $\int_{1}^{\mathrm{e}}\left(\frac{\ln x}{x}\right)^{2}\mathrm{d}x=\int_{1}^{\mathrm{e}}(\ln x)^{2}\mathrm{d}\left(-\frac{1}{x}\right)=-\frac{1}{x}(\ln x)^{2}\Big|_{1}^{\mathrm{e}}+\int_{1}^{\mathrm{e}}\frac{2\ln x}{x^{2}}\mathrm{d}x$

$$=-\frac{1}{\mathrm{e}}+2\int_{1}^{\mathrm{e}}\ln x\mathrm{d}\left(-\frac{1}{x}\right)=-\frac{1}{\mathrm{e}}-\frac{2}{x}\ln x\Big|_{1}^{\mathrm{e}}+2\int_{1}^{\mathrm{e}}\frac{1}{x^{2}}\mathrm{d}x$$

$$=-\frac{3}{\mathrm{e}}+2\left(-\frac{1}{x}\right)\Big|_{1}^{\mathrm{e}}=-\frac{5}{\mathrm{e}}+2.$$

(6) 令 $2x=t$,则 $I=\int_{0}^{\frac{\pi}{4}}\ln\sin 2x\mathrm{d}x=\frac{1}{2}\int_{0}^{\frac{\pi}{2}}\ln\sin t\mathrm{d}t$.

$$I=\int_{0}^{\frac{\pi}{4}}\ln\sin 2x\mathrm{d}x=\int_{0}^{\frac{\pi}{4}}\ln(2\sin x\cos x)\mathrm{d}x=\int_{0}^{\frac{\pi}{4}}(\ln 2+\ln\sin x+\ln\cos x)\mathrm{d}x$$

$$=\frac{\pi}{4}\ln 2+\int_{0}^{\frac{\pi}{4}}\ln\sin x\mathrm{d}x+\int_{\frac{\pi}{4}}^{\frac{\pi}{2}}\ln\sin x\mathrm{d}x=\frac{\pi}{4}\ln 2+\int_{0}^{\frac{\pi}{2}}\ln\sin x\mathrm{d}x=\frac{\pi}{4}\ln 2+2I,$$

所以 $I=-\frac{\pi}{4}\ln 2$.

(7) 因为 $\min\left\{\frac{1}{|x|},x^{2}\right\}=\begin{cases}x^{2}, & |x|\leqslant 1,\\ \frac{1}{|x|}, & |x|>1\end{cases}$ 是偶函数,所以

$$原式 = 2\int_0^2 \min\left\{\frac{1}{|x|}, x^2\right\}dx = 2\int_0^1 x^2 dx + 2\int_1^2 \frac{1}{x}dx = \frac{2}{3} + 2\ln 2.$$

(8) $\int_0^1 e^{\pi x}\cos\pi x dx = \int_0^1 e^{\pi x} d\,\frac{\sin\pi x}{\pi} = \frac{1}{\pi}e^{\pi x}\sin\pi x\Big|_0^1 - \int_0^1 \frac{\sin\pi x}{\pi} de^{\pi x}$

$$= 0 - \int_0^1 e^{\pi x}\sin\pi x dx = -\int_0^1 e^{\pi x} d\left(-\frac{\cos\pi x}{\pi}\right)$$

$$= \frac{1}{\pi}e^{\pi x}\cos\pi x\Big|_0^1 - \int_0^1 \frac{\cos\pi x}{\pi}de^{\pi x}$$

$$= -\frac{1}{\pi}(e^{\pi}+1) - \int_0^1 e^{\pi x}\cos\pi x dx,$$

移项合并得

$$\int_0^1 e^{\pi x}\cos\pi x dx = -\frac{1}{2\pi}(e^{\pi}+1).$$

例7 设 $f(x) = \int_0^x e^{-y^2+2y}dy$,求 $\int_0^1 (x-1)^2 f(x)dx$.

解 $原式 = \int_0^1 (x-1)^2\left[\int_0^x e^{-y^2+2y}dy\right]dx$

$$= \left[\frac{1}{3}(x-1)^3\int_0^x e^{-y^2+2y}dy\right]_0^1 - \int_0^1 \frac{1}{3}(x-1)^3 e^{-x^2+2x}dx$$

$$= -\frac{1}{6}\int_0^1 (x-1)^2 e^{-(x-1)^2+1} d[(x-1)^2]$$

$$\xlongequal{令(x-1)^2=u} -\frac{e}{6}\int_1^0 ue^{-u}du = -\frac{1}{6}(e-2).$$

题型3 有关积分限函数的命题

例8 求极限 $\lim\limits_{x\to 0}\dfrac{\int_{\cos x}^1 e^{-t^2}dt}{x^2}$.

解 $\frac{d}{dx}\int_{\cos x}^1 e^{-t^2}dt = -\frac{d}{dx}\int_1^{\cos x} e^{-t^2}dt = -e^{-\cos^2 x}(\cos x)' = \sin x e^{-\cos^2 x}$,

所以

$$\lim_{x\to 0}\frac{\int_{\cos x}^1 e^{-t^2}dt}{x^2} = \lim_{x\to 0}\frac{\sin x e^{-\cos^2 x}}{2x} = \frac{1}{2e}.$$

例9 设 $f(x)$ 在 $(-\infty,+\infty)$ 内连续,且 $f(x)>0$,证明函数 $F(x) = \dfrac{\int_0^x tf(t)dt}{\int_0^x f(t)dt}$ 在 $(0,+\infty)$ 内为单调增加函数.

证明 $F'(x)=\dfrac{xf(x)\int_0^x f(t)\mathrm{d}t-f(x)\int_0^x tf(t)\mathrm{d}t}{\left(\int_0^x f(t)\mathrm{d}t\right)^2}=\dfrac{f(x)\int_0^x (x-t)f(t)\mathrm{d}t}{\left(\int_0^x f(t)\mathrm{d}t\right)^2}.$

因为 $f(x)>0(x>0)$，所以$\int_0^x f(t)\mathrm{d}t>0$，又因为$(x-t)f(t)>0$，所以$\int_0^x (x-t)f(t)\mathrm{d}t>0$，所以 $F'(x)>0(x>0)$. 故 $F(x)$在$(0,+\infty)$内为单调增加函数.

例 10 设 $f(x)$在$[0,1]$上连续，且 $f(x)<1$，证明：$2x-\int_0^x f(t)\mathrm{d}t=1$ 在$[0,1]$上只有一个解.

证明 令 $F(x)=2x-\int_0^x f(t)\mathrm{d}t-1$. 因为 $f(x)<1$，所以 $F'(x)=2-f(x)>0$，即 $F(x)$在$[0,1]$上为单调增加函数. 又 $F(0)=-1<0$，

$$F(1)=1-\int_0^1 f(t)\mathrm{d}t=\int_0^1[1-f(t)]\mathrm{d}t>0,$$

所以 $F(x)=0$ 在$[0,1]$上有一个解，再由其单调性知，在$[0,1]$上只有一解.

例 11 设 $x\geqslant 0$ 时 $f(x)$连续，并且 $\int_0^{x^2} f(t)\mathrm{d}t=x^2(1+x)$，求 $f(2)$.

解 等式两边对 x 求导，有 $f(x^2)\cdot 2x=2x+3x^2$，所以

$$f(x^2)=1+\frac{3}{2}x,\quad x>0.$$

令 $x=\sqrt{2}$，得 $f(2)=1+\dfrac{3\sqrt{2}}{2}$.

题型 4 有关定积分等式和不等式的证明

例 12 设 $f(x)$连续，证明：$\int_a^b f(x)\mathrm{d}x=(b-a)\int_0^1 f[a+(b-a)x]\mathrm{d}x$.

证明 比较等式两边被积函数，可知应令 $x=a+(b-a)u$，于是

$$\begin{aligned}\text{左边}&=\int_a^b f(x)\mathrm{d}x=\int_0^1 f[a+(b-a)u](b-a)\mathrm{d}u\\&=(b-a)\int_0^1 f[a+(b-a)x]\mathrm{d}x=\text{右边}.\end{aligned}$$

例 13 设 $f(x)$在$[0,a]$上连续且 $f(x)=f(a-x)$，证明：$\int_0^a f(x)\mathrm{d}x=2\int_0^{\frac{a}{2}} f(x)\mathrm{d}x$.

证明 等式左边

$$\int_0^a f(x)\mathrm{d}x=\int_0^{\frac{a}{2}} f(x)\mathrm{d}x+\int_{\frac{a}{2}}^a f(x)\mathrm{d}x,$$

由已知条件 $f(x)=f(a-x)$可知，令 $x=a-t$，于是

$$\int_{\frac{a}{2}}^{a} f(x)\mathrm{d}x=-\int_{\frac{a}{2}}^{0} f(a-t)\mathrm{d}t=\int_{0}^{\frac{a}{2}} f(t)\mathrm{d}t=\int_{0}^{\frac{a}{2}} f(x)\mathrm{d}x,$$

所以

$$\int_{0}^{a} f(x)\mathrm{d}x=\int_{0}^{\frac{a}{2}} f(x)\mathrm{d}x+\int_{\frac{a}{2}}^{a} f(x)\mathrm{d}x=2\int_{0}^{\frac{a}{2}} f(x)\mathrm{d}x.$$

例 14 设 $f(x)$在$[a,b]$上连续,且 $f(x)>0$. 证明:

$$\int_{a}^{b} f(x)\mathrm{d}x\int_{a}^{b} \frac{\mathrm{d}x}{f(x)} \geqslant (b-a)^{2}.$$

提示 证明这类命题时,一般要做辅助函数,步骤是:(1)将要证结论中的积分上限(或下限)换成 x,式中相同的字母也换成 x,移项使不等式一端为零,另一端表达式即为所作的辅助函数 $F(x)$;(2)求 $F'(x)$并判断 $F(x)$的单调性;(3)判断 $F(a)=0$(或 $F(b)=0$),从而推出所要结论.

证明 作辅助函数

$$F(x)=\int_{a}^{x} f(t)\mathrm{d}t\int_{a}^{x} \frac{\mathrm{d}t}{f(t)}-(x-a)^{2},$$

则

$$\begin{aligned}F'(x)&=f(x)\int_{a}^{x} \frac{1}{f(t)}\mathrm{d}t+\int_{a}^{x} f(t)\mathrm{d}t\cdot\frac{1}{f(x)}-2(x-a)\\&=\int_{a}^{x} \frac{f(x)}{f(t)}\mathrm{d}t+\int_{a}^{x} \frac{f(t)}{f(x)}\mathrm{d}t-\int_{a}^{x} 2\mathrm{d}t=\int_{a}^{x}\left(\frac{f(x)}{f(t)}+\frac{f(t)}{f(x)}-2\right)\mathrm{d}t.\end{aligned}$$

因为 $f(x)>0$,所以$\frac{f(x)}{f(t)}+\frac{f(t)}{f(x)}\geqslant 2$,故 $F'(x)\geqslant 0$,即 $F(x)$单调增加. 又因为 $F(a)=0$,所以 $F(b)\geqslant F(a)=0$,故

$$\int_{a}^{b} f(x)\mathrm{d}x\int_{a}^{b} \frac{\mathrm{d}x}{f(x)} \geqslant (b-a)^{2}.$$

例 15 设 $f(x)$在$[a,b]$上连续且递增,求证:

$$(a+b)\int_{a}^{b} f(x)\mathrm{d}x \leqslant 2\int_{a}^{b} xf(x)\mathrm{d}x.$$

证明 令

$$F(x)=2\int_{a}^{x} tf(t)\mathrm{d}t-(a+x)\int_{a}^{x} f(t)\mathrm{d}t \quad (a<t<x),$$

则

$$\begin{aligned}F'(x)&=2xf(x)-\int_{a}^{x} f(t)\mathrm{d}t-(a+x)f(x)=xf(x)-af(x)-\int_{a}^{x} f(t)\mathrm{d}t\\&=(x-a)f(x)-\int_{a}^{x} f(t)\mathrm{d}t=f(x)\int_{a}^{x}\mathrm{d}t-\int_{a}^{x} f(t)\mathrm{d}t\\&=\int_{a}^{x}[f(x)-f(t)]\mathrm{d}t\geqslant 0.\end{aligned}$$

由于 $f(x)$在$[a,b]$上连续,且递增,所以 $F(x)$递增,因此 $F(b)\geqslant F(a)\geqslant 0$,即

$$F(b)=2\int_a^b tf(t)\mathrm{d}t-(a+b)\int_a^b f(t)\mathrm{d}t\geqslant 0,$$

故

$$(a+b)\int_a^b f(x)\mathrm{d}x\leqslant 2\int_a^b xf(x)\mathrm{d}x.$$

例 16 设 $f(x)$和 $g(x)$在$[a,b]$上可积,求证(施瓦茨不等式):

$$\left[\int_a^b f(x)g(x)\mathrm{d}x\right]^2\leqslant\left[\int_a^b f^2(x)\mathrm{d}x\right]\left[\int_a^b g^2(x)\mathrm{d}x\right].$$

证明 $\forall\lambda\in\mathbb{R}$,有

$$\int_a^b[f(x)+\lambda g(x)]^2\mathrm{d}x=\lambda^2\int_a^b g^2(x)\mathrm{d}x+2\lambda\int_a^b f(x)g(x)\mathrm{d}x+\int_a^b f^2(x)\mathrm{d}x\geqslant 0,$$

所以

$$\Delta=4\left[\int_a^b f(x)g(x)\mathrm{d}x\right]^2-4\int_a^b f^2(x)\mathrm{d}x\int_a^b g^2(x)\mathrm{d}x\leqslant 0,$$

即

$$\left[\int_a^b f(x)g(x)\mathrm{d}x\right]^2\leqslant\int_a^b f^2(x)\mathrm{d}x\int_a^b g^2(x)\mathrm{d}x.$$

注 运用前几例的辅助函数法也可证明此结论.

例 17 设 $f(x)$在$[a,b]$上连续,且 $f(x)\neq 0$,证明:

$$\int_a^b f(x)\mathrm{d}x\int_a^b\frac{1}{f(x)}\mathrm{d}x\geqslant(b-a)^2.$$

证明 由于 $f(x)$在$[a,b]$上连续,且 $f(x)\neq 0$,由施瓦茨不等式知

$$\left(\int_a^b\mathrm{d}x\right)^2=\left(\int_a^b\frac{1}{\sqrt{f(x)}}\sqrt{f(x)}\,\mathrm{d}x\right)^2\leqslant\int_a^b f(x)\mathrm{d}x\int_a^b\frac{1}{f(x)}\mathrm{d}x,$$

故

$$\int_a^b f(x)\mathrm{d}x\int_a^b\frac{1}{f(x)}\mathrm{d}x\geqslant(b-a)^2.$$

注 此题运用了施瓦茨不等式,辅助函数法也可证明.

例 18 设 $f(x)$在$[a,b]$上连续可导,且 $f(a)=0$,而 $M=\max\limits_{a\leqslant x\leqslant b}|f(x)|$,则

$$M^2\leqslant(b-a)\int_a^b f'^2(x)\mathrm{d}x.$$

证明 由于 $f(x)$在$[a,b]$上可导,且 $f(a)=0$,由施瓦茨不等式知

$$\left[\int_a^x f'(x)\mathrm{d}x\right]^2\leqslant\int_a^x\mathrm{d}x\int_a^x[f'(x)]^2\mathrm{d}x,$$

或

$$[f(x)-f(a)]^2\leqslant(x-a)\int_a^x[f'(x)]^2\mathrm{d}x,$$

于是

$$f^2(x) \leqslant (x-a)\int_a^x [f'(x)]^2 \mathrm{d}x \leqslant (b-a)\int_a^b [f'(x)]^2 \mathrm{d}x,$$

故

$$M^2 = \max_{a \leqslant x \leqslant b} |f(x)|^2 \leqslant (b-a)\int_a^b [f'(x)]^2 \mathrm{d}x.$$

例 19 设 $f(x)$在$[a,b]$上连续，$g(x)$在$[a,b]$上可积，且 $g(x) \geqslant 0$(或 $g(x) \leqslant 0$). 证明：$\int_a^b f(x)g(x)\mathrm{d}x = f(\xi)\int_a^b g(x)\mathrm{d}x \ (a \leqslant \xi \leqslant b)$(积分中值定理的推广).

证明 因为 $f(x)$在$[a,b]$上连续，所以 $f(x)$ 在$[a,b]$上必有最大值 M 和最小值 m，于是 $m \leqslant f(x) \leqslant M$，又因为 $g(x) \geqslant 0$，所以

$$mg(x) \leqslant f(x)g(x) \leqslant Mg(x),$$

从而

$$\int_a^b mg(x)\mathrm{d}x \leqslant \int_a^b f(x)g(x)\mathrm{d}x \leqslant \int_a^b Mg(x)\mathrm{d}x,$$

即

$$m\int_a^b g(x)\mathrm{d}x \leqslant \int_a^b f(x)g(x)\mathrm{d}x \leqslant M\int_a^b g(x)\mathrm{d}x.$$

当 $\int_a^b g(x)\mathrm{d}x > 0$ 时，有

$$m \leqslant \frac{\int_a^b f(x)g(x)\mathrm{d}x}{\int_a^b g(x)\mathrm{d}x} \leqslant M.$$

设 $\dfrac{\int_a^b f(x)g(x)\mathrm{d}x}{\int_a^b g(x)\mathrm{d}x} = \mu$，则 $m \leqslant \mu \leqslant M$. 因为 $f(x)$在$[a,b]$上连续，故在$[a,b]$上至少存在一点 ξ，使得 $f(\xi) = \mu$，所以

$$\frac{\int_a^b f(x)g(x)\mathrm{d}x}{\int_a^b g(x)\mathrm{d}x} = f(\xi),$$

即

$$\int_a^b f(x)g(x)\mathrm{d}x = f(\xi)\int_a^b g(x)\mathrm{d}x, \quad \xi \in [a,b].$$

当 $\int_a^b g(x)\mathrm{d}x = 0$ 时，显然有$\int_a^b f(x)g(x)\mathrm{d}x = 0$，对于$[a,b]$ 上任意一点 ξ，都有 $\int_a^b f(x)g(x)\mathrm{d}x = f(\xi)\int_a^b g(x)\mathrm{d}x$.

综上所述,可得

$$\int_a^b f(x)g(x)\mathrm{d}x = f(\xi)\int_a^b g(x)\mathrm{d}x,\quad a\leqslant\xi\leqslant b.$$

同理可证 $g(x)\leqslant 0$ 时的情形(留给读者完成).

例 20 设 $f(x)$,$g(x)$在$[a,b]$上连续,$g(x)$在$[a,b]$上可导,且 $g'(x)$连续,$g'(x)\geqslant 0$,证明至少存在一点 $\xi\in[a,b]$,使得

$$\int_a^b f(x)g(x)\mathrm{d}x = g(a)\int_a^\xi f(x)\mathrm{d}x + g(b)\int_\xi^b f(x)\mathrm{d}x \quad \text{(第二积分中值定理)}.$$

证明 记 $F(x)=\int_a^x f(t)\mathrm{d}t$,则

$$\int_a^b f(x)g(x)\mathrm{d}x = \int_a^b g(x)\mathrm{d}F(x) = F(x)g(x)\big|_a^b - \int_a^b F(x)g'(x)\mathrm{d}x.$$

对 $\int_a^b F(x)g'(x)\mathrm{d}x$ 应用积分中值定理,有

$$\int_a^b F(x)g'(x)\mathrm{d}x = F(\xi)\int_a^b g'(x)\mathrm{d}x = F(\xi)g(x)\big|_a^b = F(\xi)[g(b)-g(a)],$$

其中 $\xi\in[a,b]$,于是

$$\begin{aligned}\int_a^b f(x)g(x)\mathrm{d}x &= F(b)g(b)-F(a)g(a)-F(\xi)[g(b)-g(a)]\\ &= g(a)[F(\xi)-F(a)]+g(b)[F(b)-F(\xi)]\\ &= g(a)\int_a^\xi f(x)\mathrm{d}x + g(b)\int_\xi^b f(x)\mathrm{d}x,\quad \xi\in[a,b].\end{aligned}$$

例 21 设 $a,b>0$,$f(x)$在$[-a,b]$上非负可积,且有 $\int_{-a}^b xf(x)\mathrm{d}x=0$,求证:

$$\int_{-a}^b x^2 f(x)\mathrm{d}x \leqslant ab\int_{-a}^b f(x)\mathrm{d}x.$$

证明 因为 $a,b>0$,$f(x)$在$[-a,b]$非负可积,$\int_{-a}^b xf(x)\mathrm{d}x=0$,则

$$\begin{aligned}\int_{-a}^b (x+a)(x-b)f(x)\mathrm{d}x &= \int_{-a}^b [x^2+(a-b)x-ab]f(x)\mathrm{d}x\\ &= \int_{-a}^b x^2 f(x)\mathrm{d}x + (a-b)\int_{-a}^b xf(x)\mathrm{d}x - ab\int_{-a}^b f(x)\mathrm{d}x\\ &= \int_{-a}^b x^2 f(x)\mathrm{d}x - ab\int_{-a}^b f(x)\mathrm{d}x.\end{aligned}$$

又因为

$$\int_{-a}^b (x+a)(x-b)f(x)\mathrm{d}x = (\xi+a)(\xi-b)\int_{-a}^b f(x)\mathrm{d}x \leqslant 0,\quad \xi\in[-a,b],$$

所以

$$\int_{-a}^{b} x^2 f(x)\mathrm{d}x \leqslant ab\int_{-a}^{b} f(x)\mathrm{d}x.$$

题型 5 广义积分

例 22 填空：

(1) 积分 $\int_0^1 \frac{\ln x}{x-1}\mathrm{d}x$ 的瑕点是( )；

(2) 广义积分 $\int_{-\infty}^{x} f(t)\mathrm{d}t$ 的几何意义是( ).

解 (1) 积分 $\int_0^1 \frac{\ln x}{x-1}\mathrm{d}x$ 可能的瑕点是 $x=0, x=1$，因为 $\lim\limits_{x\to 1}\frac{\ln x}{x-1}=\lim\limits_{x\to 1}\frac{1}{x}=1$，所以 $x=1$ 不是瑕点，积分 $\int_0^1 \frac{\ln x}{x-1}\mathrm{d}x$ 的瑕点是 $x=0$.

(2) 广义积分 $\int_{-\infty}^{x} f(t)\mathrm{d}t$ 的几何意义是过点 x 平行于 y 轴的直线左边，曲线 $y=f(x)$ 与 x 轴之间图形的面积.

例 23 求下列广义积分：

(1) $\int_{-\infty}^{+\infty}\frac{\mathrm{d}x}{x^2+4x+9}$； (2) $\int_1^2 \frac{\mathrm{d}x}{x\sqrt{3x^2-2x-1}}$.

解 (1) 原式 $=\int_{-\infty}^{0}\frac{\mathrm{d}x}{x^2+4x+9}+\int_{0}^{+\infty}\frac{\mathrm{d}x}{x^2+4x+9}$

$$=\lim_{a\to-\infty}\int_a^0 \frac{\mathrm{d}x}{(x+2)^2+5}+\lim_{b\to+\infty}\int_0^b \frac{\mathrm{d}x}{(x+2)^2+5}$$

$$=\lim_{a\to-\infty}\frac{1}{\sqrt{5}}\arctan\frac{x+2}{\sqrt{5}}\Big|_a^0+\lim_{b\to+\infty}\frac{1}{\sqrt{5}}\arctan\frac{x+2}{\sqrt{5}}\Big|_0^b=\frac{\pi}{\sqrt{5}}.$$

(2) 因为 $\lim\limits_{x\to 1}f(x)=\lim\limits_{x\to 1}\frac{1}{x\sqrt{3x^2-2x-1}}=\infty$，所以 $x=1$ 为 $f(x)$ 的暇点.

$$\text{原式}=\lim_{\varepsilon\to 0^+}\int_{1+\varepsilon}^{2}\frac{\mathrm{d}x}{x\sqrt{3x^2-2x-1}}=\lim_{\varepsilon\to 0^+}\left[-\int_{1+\varepsilon}^{2}\frac{\mathrm{d}(1+1/x)}{\sqrt{2^2-(1+1/x)^2}}\right]$$

$$=-\lim_{\varepsilon\to 0^+}\arcsin\frac{1+1/x}{2}\Big|_{1+\varepsilon}^{2}=\frac{\pi}{2}-\arcsin\frac{3}{4}.$$

例 24 判断下列各广义积分的敛散性：

(1) $\int_2^{+\infty}\frac{\mathrm{d}x}{x^2-x-2}$； (2) $\int_0^{-\infty}\frac{\mathrm{d}x}{x^2-4x+3}$； (3) $\int_0^{\frac{\pi}{2}}\frac{\mathrm{d}x}{\sqrt{\sin x}}$； (4) $\int_0^{+\infty}\frac{\mathrm{d}x}{\mathrm{e}^x\sqrt{x}}$.

解 (1) $\dfrac{1}{x^2-x-2}=\dfrac{1}{(x-2)(x+1)}$,所以 $x=2$ 为瑕点. $\int_2^3 \dfrac{dx}{x^2-x-2}$ 与 $\int_2^3 \dfrac{dx}{x-2}$ 同敛散,所以广义积分发散.

(2) $\dfrac{1}{x^2-4x+3}=\dfrac{1}{(x-3)(x-1)}$,因为 $x=1,3$ 不在积分限内,所以该积分只为无穷限上的广义积分, $\int_0^{-\infty} \dfrac{dx}{x^2-4x+3}$ 与 $\int_0^{-\infty} \dfrac{dx}{x^2}$ 同敛散,所以广义积分收敛.

(3) 因为 $\sin x \sim x, x \to 0$,故 $\int_0^{\frac{\pi}{2}} \dfrac{dx}{\sqrt{\sin x}}$ 与 $\int_0^{\frac{\pi}{2}} \dfrac{dx}{\sqrt{x}}$ 同敛散,所以广义积分收敛.

(4) $\int_0^{+\infty} \dfrac{dx}{e^x\sqrt{x}}=\int_0^1 \dfrac{dx}{e^x\sqrt{x}}+\int_1^{+\infty} \dfrac{dx}{e^x\sqrt{x}}$, $\int_0^1 \dfrac{dx}{e^x\sqrt{x}}$ 与 $\int_0^1 \dfrac{dx}{\sqrt{x}}$ 同敛散, $\int_0^1 \dfrac{dx}{e^x\sqrt{x}}$ 收敛; $\int_1^{+\infty} \dfrac{dx}{e^x\sqrt{x}}$ 与 $\int_1^{+\infty} \dfrac{dx}{e^x}$ 同敛散, $\int_1^{+\infty} \dfrac{dx}{e^x\sqrt{x}}$ 收敛,所以原广义积分收敛.

6.3 习题

基本题

1. 利用定义计算下列积分:

(1) $\int_0^1 (x+1)^2 dx$;　　(2) $\int_0^1 e^x dx$.

2. 根据定积分的性质,比较下列积分的大小:

(1) $\int_0^1 x^2 dx$ 与 $\int_0^1 \sin^2 x dx$;　　(2) $\int_0^1 e^x dx$ 与 $\int_0^1 e^{x^3} dx$;

(3) $\int_3^4 \ln x dx$ 与 $\int_3^4 (\ln x)^2 dx$;　　(4) $\int_0^1 \dfrac{\sin x}{x} dx$ 与 $\int_0^1 \left(\dfrac{\sin x}{x}\right)^2 dx$.

3. 估计下列各积分的值:

(1) $\int_1^2 \dfrac{x}{1+x^2} dx$;　　(2) $\int_{\frac{1}{\sqrt{3}}}^{\sqrt{3}} x\arctan x dx$;

(3) $\int_0^{2\pi} \dfrac{1}{10+3\cos x} dx$;　　(4) $\int_8^{18} \dfrac{x+1}{x+2} dx$.

4. 设 $F(x)=\int_1^x \dfrac{t}{2+\cos t} dt$, 求 $F'(x), F'(\pi)$.

5. 设 $F(x)=\int_{x^2}^{\sin x} e^{-t^2} dt$,求 $F'(x), F''(x)$.

6. 设 $x=\int_0^t \sin u du, y=\int_t^1 \cos u du$,求 $\dfrac{dy}{dx}$.

7. 设$\int_0^y(1+t)\mathrm{d}t+\int_0^{x^2}t^3\cos t\mathrm{d}t=0$，求$\frac{\mathrm{d}y}{\mathrm{d}x}$.

8. 设$f(x)$是连续函数，函数$\varphi(x)$与$\psi(x)$可微，证明：

$$\frac{\mathrm{d}}{\mathrm{d}x}\int_{\varphi(x)}^{\psi(x)}f(t)\mathrm{d}t=f[\psi(x)]\psi'(x)-f[\varphi(x)]\varphi'(x).$$

9. 求函数$f(x)=\int_0^x(t-1)(t-2)\mathrm{e}^{-t^2}\mathrm{d}t$的极值.

10. 求下列极限：

(1) $\lim\limits_{x\to0}\frac{\int_{x^2}^0\ln(1+t)\mathrm{d}t}{x^2}$；　(2) $\lim\limits_{x\to0}\frac{\int_0^{x^2}t^{\frac{3}{2}}\mathrm{d}t}{\int_0^x t(t-\sin t)\mathrm{d}t}$；

(3) $\lim\limits_{x\to0^+}\frac{\int_0^{\sin x}\sqrt{\tan t}\,\mathrm{d}t}{\int_0^{\tan x}\sqrt{\sin t}\,\mathrm{d}t}$；　(4) $\lim\limits_{x\to0}\frac{\int_0^x(1+\sin 2t)^{\frac{1}{t}}\mathrm{d}t}{x}$.

计算下列各积分：

11. $\int_0^{\frac{\pi}{2}}\sin x\mathrm{d}x$.　12. $\int_2^3\frac{2x^4-5x^2+3}{x^2-1}\mathrm{d}x$.

13. $\int_0^{\frac{\pi}{4}}\tan^2\theta\mathrm{d}\theta$.　14. $\int_0^{2\pi}\sqrt{1-\cos 2x}\,\mathrm{d}x$.

15. $\int_0^{2\pi}|\sin x-\cos x|\mathrm{d}x$.　16. $\int_1^4|t^2-3t+2|\mathrm{d}t$.

17. $\int_0^{\pi}\min\left(\frac{1}{2},\sin x\right)\mathrm{d}x$.

18. 设$f(x)=\begin{cases}|x-1|, & 0\leqslant x\leqslant 2,\\ 0, & x<0\text{ 或 }x>2,\end{cases}$求$\int_{-1}^3 f(x)\mathrm{d}x$.

19. 设$f(x)=\begin{cases}x+1, & x<0,\\ x, & x\geqslant 0,\end{cases}$求$\varphi(x)=\int_{-1}^x f(t)\mathrm{d}t$在$[-1,1]$的表达式，并研究$\varphi(x)$在$[-1,1]$的连续性和可微性.

利用定积分求下列和式的极限：

20. $\lim\limits_{n\to\infty}\left(\frac{1}{\sqrt{n^2+1}}+\frac{1}{\sqrt{n^2+2^2}}+\cdots+\frac{1}{\sqrt{n^2+n^2}}\right)$.

21. 求$\lim\limits_{n\to\infty}\left(\frac{1}{n^2}+\frac{2}{n^2}+\cdots+\frac{n-1}{n^2}+\frac{n}{n^2}\right)$.

22. 求$\lim\limits_{n\to\infty}\frac{\sqrt[n]{(n+1)(n+2)\cdots(n+n)}}{n}$.

23. 求$\lim\limits_{n\to\infty}\left(\dfrac{2}{\sqrt{4n^2-1^2}}+\dfrac{2}{\sqrt{4n^2-2^2}}+\cdots+\dfrac{2}{\sqrt{4n^2-n^2}}\right)$.

利用换元积分法计算下列定积分：

24. $\int_0^{\ln 2}\sqrt{e^x-1}\,dx$.

25. $\int_0^{\frac{\pi}{2}}\sin x\cos^2 x\,dx$.

26. $\int_{-2}^{-1}\dfrac{dx}{(11+5x)^3}$.

27. $\int_0^1\dfrac{x\,dx}{\sqrt{1-x^2}}$.

28. $\int_1^2\dfrac{1}{x^2}e^{\frac{1}{x}}\,dx$.

29. $\int_0^{\pi}(1-\cos^3 x)\,dx$.

30. $\int_1^{e}\dfrac{\ln x\,dx}{x\sqrt{1+\ln^2 x}}$.

31. $\int_1^2\dfrac{\sqrt{x^2-1}}{x}\,dx$.

32. $\int_0^1 x\sqrt{\dfrac{1-x}{1+x}}\,dx$.

33. $\int_0^1\dfrac{\arcsin\sqrt{x}}{\sqrt{x(1-x)}}\,dx$.

34. $\int_1^{\sqrt{3}}\dfrac{dx}{x^2\sqrt{1+x^2}}$.

35. $\int_0^{\pi}\dfrac{x\sin^3 x}{1+\cos^2 x}\,dx$.

36. $\int_0^a x^2\sqrt{a^2-x^2}\,dx\ (a>0)$.

37. $\int_0^{\frac{\pi}{4}}\dfrac{\cos x+\sin x}{\sqrt{\cos x-\sin x}}\,dx$.

38. 设 $f(x)=\begin{cases}\dfrac{1}{1+x}, & x\geqslant 0,\\ \dfrac{1}{1+e^x}, & x<0.\end{cases}$ 求 $\int_0^2 f(x-1)\,dx$.

39. 计算下列积分(利用函数的奇偶性)：

(1) $\int_{-1}^1|x|\ln(x+\sqrt{1+x^2})\,dx$；

(2) $\int_{-1}^1\sin^2 x\ln\dfrac{2+x}{2-x}\,dx$；

(3) $\int_{-\frac{1}{2}}^{\frac{1}{2}}\dfrac{(\arcsin x)^2}{\sqrt{1-x^2}}\,dx$.

40. 设 $f(x)=e^{-x^2}$，求 $\int_0^1 f'(x)f''(x)\,dx$.

41. 已知 $f(0)=1,f(2)=3,f'(2)=5$，求 $\int_0^1 xf''(2x)\,dx$.

42. 证明 $\int_0^1 x^m(1-x)^n\,dx=\int_0^1 x^n(1-x)^m\,dx\ (m,n\in\mathbb{Z}_+)$，并由此计算

$$\int_0^1 x^2(1-x)^{2000}\,dx.$$

43. 证明 $\int_0^{\frac{\pi}{2}}\dfrac{\sin\theta}{\sin\theta+\cos\theta}\,d\theta=\int_0^{\frac{\pi}{2}}\dfrac{\cos\theta}{\sin\theta+\cos\theta}\,d\theta$，并求其值.

44. 证明：$\int_0^{\pi}\sin^n x\,\mathrm{d}x = 2\int_0^{\frac{\pi}{2}}\sin^n x\,\mathrm{d}x$.

45. 证明：若函数 $f(x)$是连续的奇函数，则 $\int_0^x f(t)\,\mathrm{d}t$ 是偶函数.

46. 若函数 $f(x)$是连续的偶函数，则 $\int_0^x f(t)\,\mathrm{d}t$ 是奇函数吗？证明你的结论.

47. 设 $f(x)$是以 l 为周期的连续函数，证明 $\int_a^{a+l} f(x)\,\mathrm{d}x$ 的值与 a 无关.

计算下列定积分：

48. $\int_0^1 x^2 \mathrm{e}^{2x}\,\mathrm{d}x$.

49. $\int_0^{2\pi} x^2\cos x\,\mathrm{d}x$.

50. $\int_0^{\sqrt{3}} x\arctan x\,\mathrm{d}x$.

51. $\int_0^{\frac{1}{2}} (\arcsin x)^2\,\mathrm{d}x$.

52. $\int_1^4 \frac{\ln x}{\sqrt{x}}\,\mathrm{d}x$.

53. $\int_0^{\frac{\pi}{2}} \mathrm{e}^x\sin x\,\mathrm{d}x$.

54. $\int_0^{\frac{\pi}{4}} \sec^3 x\,\mathrm{d}x$.

55. $\int_{\frac{1}{\mathrm{e}}}^{\mathrm{e}} |\ln x|\,\mathrm{d}x$.

56. $\int_0^{\frac{1}{2}} x\ln\frac{1+x}{1-x}\,\mathrm{d}x$.

57. $\int_{\frac{\pi}{4}}^{\frac{\pi}{2}} \frac{x}{\sin^2 x}\,\mathrm{d}x$.

58. $\int_0^{2\pi} x\sqrt{1+\cos x}\,\mathrm{d}x$.

59. $\int_0^{\frac{\pi^2}{4}} (\sin\sqrt{x})^2\,\mathrm{d}x$.

60. $\int_{-\frac{1}{2}}^{\frac{1}{2}} \frac{(1+x)\arcsin x}{\sqrt{1-x^2}}\,\mathrm{d}x$.

61. $\int_1^{16} \arctan\sqrt{\sqrt{x}-1}\,\mathrm{d}x$.

62. $\int_0^{\frac{\pi}{2}} \frac{\cos^p x}{\sin^p x+\cos^p x}\,\mathrm{d}x\ (p>0)$.

判断下列广义积分的敛散性，如果收敛，则计算广义积分的值：

63. $\int_0^{+\infty} \mathrm{e}^{-ax}\,\mathrm{d}x\ (a>0)$.

64. $\int_{-2}^{-1} \frac{1}{x\sqrt{x^2-1}}\,\mathrm{d}x$.

65. $\int_{\mathrm{e}}^{+\infty} \frac{1}{x\ln^2 x}\,\mathrm{d}x$.

66. $\int_0^3 \frac{1}{\sqrt[3]{3x-1}}\,\mathrm{d}x$.

67. $\int_{-\infty}^{+\infty} \frac{1}{x^2+x+1}\,\mathrm{d}x$.

68. $\int_0^1 \ln x\,\mathrm{d}x$.

69. $\int_1^{+\infty} \frac{\arctan x}{x^2}\,\mathrm{d}x$.

70. $\int_1^{\mathrm{e}} \frac{1}{x\sqrt{1-\ln^2 x}}\,\mathrm{d}x$.

71. $\int_0^{+\infty} x^n \mathrm{e}^{-x}\,\mathrm{d}x\ (n\in\mathbb{Z}_+)$.

72. $\int_0^{\frac{\pi}{2}} \frac{\mathrm{d}x}{\cos^2 x}$.

73. 当 k 为何值时，广义积分 $\int_2^{+\infty}\frac{1}{x(\ln x)^k}dx$ 收敛？当 k 为何值时，广义积分发散？

74. 已知 $\int_{-\infty}^{+\infty}p(x)dx=1$，其中 $p(x)=\begin{cases}\frac{c}{\sqrt{1-x^2}}, & |x|<1,\\ 0, & |x|\geqslant 1,\end{cases}$ 求 c.

75. Γ 函数定义为 $\Gamma(\alpha)=\int_0^{+\infty}x^{\alpha-1}e^{-x}dx\ (\alpha>0)$，已知 $\Gamma\left(\frac{1}{2}\right)=\sqrt{\pi}$，试利用递推公式计算：(1) $\Gamma\left(\frac{9}{2}\right)$；(2) $\Gamma\left(\frac{5}{2}\right)$.

76. 用 Γ 函数表示积分：

(1) $\int_0^{+\infty}e^{-x^n}dx\ (n>0)$；　　(2) $\int_0^{+\infty}x^n e^{-a^2x^2}dx\ (a>0, n\geqslant 0)$.

利用 Γ 函数计算下列积分的值：

77. $\int_2^{+\infty}e^2 x e^{-(x-2)^2}dx$.　　78. $\int_0^{+\infty}x^{2m+1}e^{-x^2}dx$.

79. $\int_0^{+\infty}x^{2^m}e^{-x^2}dx$.

综合题

80. 求 $\lim\limits_{n\to\infty}\frac{\sqrt{1}+\sqrt{2}+\cdots+\sqrt{n}}{n\sqrt{n}}$.

81. 设 $f(x)$ 在区间 $[0,1]$ 连续，且 $f(x)>0$，求

$$\lim_{n\to\infty}\sqrt[n]{f\left(\frac{1}{n}\right)f\left(\frac{2}{n}\right)\cdots f\left(\frac{n}{n}\right)}.$$

82. 证明：(1) $\ln(n!)>\int_1^n\ln x dx\quad(n\geqslant 2)$；　(2) $n!>e\left(\frac{n}{e}\right)^n\quad(n\geqslant 2)$.

83. 设 $f(x)$ 在区间 $[0,1]$ 连续，且当 $0\leqslant x\leqslant 1$ 时，$0\leqslant f(x)<1$，证明：

$$\lim_{n\to\infty}\int_0^1 f^n(x)dx=0.$$

84. 求极限 $\lim\limits_{n\to\infty}\int_0^1(1-x^2)^n dx$，其中 $n\in\mathbb{Z}_+$.

85. 设 $f(x)$ 是连续函数，证明：

$$\int_0^x\left[\int_0^y f(t)dt\right]dy=\int_0^x(x-y)f(y)dy.$$

86. 已知 $f(x)$ 满足方程 $f(x)=\frac{1}{2}x+e^x\int_0^1 f(x)dx$，求 $f(x)$.

87. 设 $f(x)$在$(-\infty,+\infty)$内连续，且 $F(x)=\int_0^x(x-2t)f(t)\mathrm{d}t$，证明：

(1) 如果 $f(x)$是偶函数，则 $F(x)$也是偶函数；

(2) 如果 $f(x)$递减，则 $F(x)$递增.

88. 已知 $f(\pi)=4$，$\int_0^{\pi}[f(x)+f''(x)]\sin x\mathrm{d}x=5$，求 $f(0)$.

89. 设 $F(x)=\int_0^x \mathrm{e}^{-t}\cos t\mathrm{d}t$，试求：

(1) $F(0)$，$F'(0)$，$F''(0)$；　　(2) $F(x)$在$[0,\pi]$内的极大值或极小值.

90. 设 $f(x)$是单调增加连续函数，证明：当 $x>0$ 时，$g(x)=\frac{1}{x}\int_0^x f(t)\mathrm{d}t$ 是单调增加函数.

91. 设函数 $f(x)$连续，当 $x>0$ 时，$f(x)>0$，试证函数

$$g(x)=\frac{\int_0^x f(t)\mathrm{d}t}{\int_0^x tf(t)\mathrm{d}t}$$

当 $x>0$ 时单调减少.

92. 已知 $f(x)=\begin{cases}\sin x, & |x|<\frac{\pi}{2},\\ 0, & |x|\geqslant\frac{\pi}{2}.\end{cases}$ 试求 $I(x)=\int_0^x f(t)\mathrm{d}t$.

93. 设 $f(x)$在$[-a,a]$上连续，证明：$\int_{-a}^{a}f(x)\mathrm{d}x=\int_0^a[f(x)+f(-x)]\mathrm{d}x$. 利用此结果计算定积分$\int_{-\frac{\pi}{4}}^{\frac{\pi}{4}}\frac{1}{1+\sin x}\mathrm{d}x$.

94. 设 $f(x)$ 是区间$[0,a]$$(a>0)$ 上连续函数，且当 $0\leqslant x\leqslant\frac{a}{2}$ 时，$f(x)+f(a-x)>0$，证明：$\int_0^a f(x)\mathrm{d}x>0$.

95. 设 $f(x)$在$[0,1]$上连续且单调不增，证明对任何 $a\in(0,1)$，有

$$\int_0^a f(x)\mathrm{d}x\geqslant a\int_0^1 f(x)\mathrm{d}x.$$

96. 设 $f(x)$在$[a,b]$上连续，证明 $\int_a^b f^2(x)\mathrm{d}x=0$ 的充要条件是 $f(x)$在$[a,b]$上恒等于零.

97. 设 $f(x)$与 $g(x)$在$[a,b]$上连续，$f(x)\leqslant g(x)$且 $\int_a^b f(x)\mathrm{d}x=\int_a^b g(x)\mathrm{d}x$，证明：

在$[a,b]$上$f(x)\equiv g(x)$.

98. 求连续函数$f(x)$，使它满足

$$\int_0^1 f(tx)\mathrm{d}t = f(x) + x\sin x,\quad f(0)=0.$$

99. 设$f(x)$在$[a,b]$上连续，且递增，求证：

$$(a+b)\int_a^b f(x)\mathrm{d}x \leqslant 2\int_a^b xf(x)\mathrm{d}x.$$

100. 设$f(x)$在$[0,+\infty)$上连续，且$\lim\limits_{x\to+\infty} f(x)=A$，求证：$\lim\limits_{n\to\infty}\int_0^1 f(nx)\mathrm{d}x = A$.

101. 求$\lim\limits_{n\to\infty}\left[\dfrac{\sin\frac{\pi}{n}}{n+1}+\dfrac{\sin\frac{2\pi}{n}}{n+1/2}+\cdots+\dfrac{\sin\frac{n\pi}{n}}{n+1/n}\right]$.

102. 设$y=f(x)$是$[0,1]$上的任一非负连续函数.

(1) 试证存在$x_0\in(0,1)$，使得以区间$[0,x_0]$为底、$f(x_0)$为高的矩形面积等于以区间$[x_0,1]$为底、$y=f(x)$为曲边的曲边梯形的面积.

(2) 又设$f(x)$在区间$(0,1)$内可导，且$f'(x)>-\dfrac{2f(x)}{x}$，证明(1)中的x_0是唯一的.

103. 确定a,b,c的值，使$\lim\limits_{x\to0}\dfrac{ax-\sin x}{\int_b^x \frac{\ln(1+t^3)}{t}\mathrm{d}t}=c\,(c\neq0)$.

104. 设$f(x)$是区间$[0,+\infty)$上单调减少且非负的连续函数，

$$a_n=\sum_{k=1}^n f(k)-\int_1^n f(x)\mathrm{d}x,\quad n=1,2,\cdots,$$

证明数列$\{a_n\}$的极限存在.

105. 设

$$f(x)=\begin{cases}\dfrac{\int_0^x\left[(t-1)\int_0^{t^2}\varphi(u)\mathrm{d}u\right]\mathrm{d}t}{\sin^2 x}, & x\neq0,\\ 0, & x=0,\end{cases}$$

其中$\varphi(u)$为连续函数，讨论$f(x)$在$x=0$的连续性与可微性.

自测题

一、单项选择题

1. 设$f(x)$为连续函数，则积分$I=\int_0^s f(x+t)\mathrm{d}x$（　　）.

A. 与x,s,t有关　　B. 与t,x有关　　C. 与s,t有关　　D. 仅与x有关

2. $f(x)$在$[a,b]$上连续是$f(x)$在$[a,b]$上可积的（　　）.

A. 必要条件　　B. 充分条件　　C. 充要条件　　D. 无关条件

3. 设 $f(x)$ 在 $[1,4]$ 上连续，$F(x)=(x-4)\int_1^x f(t)\mathrm{d}t$，则在 $(1,4)$ 内必存在一点 ξ，使 $F'(\xi)=(\quad)$.

A. 0　　B. 1　　C. $\frac{1}{4}$　　D. $\frac{1}{2}$

4. $\frac{\mathrm{d}}{\mathrm{d}x}\int_0^{\sin x}\sqrt{1-t^2}\,\mathrm{d}t=(\quad)$.

A. $\cos x$　　B. $|\cos x|$　　C. $-\cos^2 x$　　D. $|\cos x|\cos x$

5. $f(x)$ 在 $[a,b]$ 上有界是 $f(x)$ 在 $[a,b]$ 上可积的(　　).

A. 必要条件　　B. 充分条件　　C. 充要条件　　D. 无关条件

6. $f(x)$ 在 $[a,b]\,(b>a)$ 上连续且 $\int_a^b f(x)\mathrm{d}x=0$，则(　　).

A. 在 $[a,b]$ 内的某个小区间上 $f(x)=0$

B. $[a,b]$ 上的一切 x 均使 $f(x)=0$

C. 在 $[a,b]$ 内至少有一点 x，使 $f(x)=0$

D. 在 $[a,b]$ 内不一定有 x，使 $f(x)=0$

7. 设 $f(x)$ 为连续函数，则 $\int_0^1 f(\sqrt{1-x})\mathrm{d}x=(\quad)$.

A. $2\int_0^1 xf(x)\mathrm{d}x$　　B. $-2\int_0^1 xf(x)\mathrm{d}x$　　C. $\frac{1}{2}\int_0^1 f(x)\mathrm{d}x$　　D. $-\frac{1}{2}\int_0^1 f(x)\mathrm{d}x$

8. $\int_0^{\pi}\sqrt{1-\sin^2 x}\,\mathrm{d}x=(\quad)$.

A. 0　　B. 1　　C. 2　　D. -2

9. 广义积分 $\int_0^{+\infty}\frac{1}{(x+1)^p}\mathrm{d}x$ (　　).

A. 当 $p>1$ 时收敛　　B. 当 $p\geqslant 1$ 时收敛

C. 当 $0<p\leqslant 1$ 时收敛　　D. 当 $p\neq 1$ 时收敛

10. 下列广义积分中，发散的是(　　).

A. $\int_0^1\frac{1}{\sqrt{1-x}}\mathrm{d}x$　　B. $\int_0^1\frac{1}{x^2}\mathrm{d}x$　　C. $\int_0^{+\infty}\mathrm{e}^{-x}\mathrm{d}x$　　D. $\int_{-\infty}^{+\infty}\frac{1}{1+x^2}\mathrm{d}x$

二、填空题

1. $\int_{-1}^1(x-\sqrt{1-x^2})^2\mathrm{d}x=$ ________.

2. 设 $I(n)=\int_0^a x^{\frac{1}{n}}\mathrm{d}x\quad(n\in\mathbb{Z}_+)$，则 $\lim\limits_{n\to+\infty}I(n)=$ ________.

3. 设 $f(x)$ 是连续函数，且 $f(x)=x+2\int_0^1 f(t)\mathrm{d}t$，则 $f(x)=$ ________.

4. 设 $f(x)=\int_1^x \frac{\ln t}{1+t}\mathrm{d}t \quad (x>0)$，则 $f'(x)+f'\left(\frac{1}{x}\right)=$ ________.

5. 设 $F(x)=\int_0^x t\mathrm{e}^{-t^2}\mathrm{d}t$，则 $F(x)$ 的极小值是________.

6. 设 $f(x)$ 具有连续的二阶导数，$f(0)=1,f(2)=3,f'(2)=5$，则 $\int_0^1 xf''(2x)\mathrm{d}x=$ ________.

7. $f(x)=\int_0^x \frac{2t-1}{t^2-t+1}\mathrm{d}t$ 在$[0,2]$上的最大值为________，最小值为________.

8. 若 $|y|\leqslant 1$，则 $\int_{-1}^1 |x-y|\mathrm{e}^x\mathrm{d}x=$ ________.

9. $\int_1^{+\infty}\frac{\mathrm{d}x}{\mathrm{e}^{x+1}+\mathrm{e}^{3-x}}=$ ________.

10. 设 $f(x)=\begin{cases} x, & |x|\leqslant \pi, \\ x^2, & x<-\pi, \\ \cos x, & x>\pi, \end{cases}$ 则 $F(x)=\int_0^x f(t)\mathrm{d}t=$ ________.

三、解答题

1. 求 $\lim\limits_{n\to\infty}\frac{\sqrt{1}+\sqrt{2}+\cdots+\sqrt{n}}{n\sqrt{n}}$.

2. 求积分：

(1) $\int_0^{\pi}\sqrt{\sin t-\sin^3 t}\,\mathrm{d}t$； (2) $\int_0^{\frac{1}{\sqrt{3}}}\frac{1}{(1+5x^2)\sqrt{1+x^2}}\mathrm{d}x$；

(3) $\int_0^1 x^5\ln^3 x\mathrm{d}x$； (4) $\int_0^{\frac{\pi}{4}}\frac{x\sec^2 x}{(1+\tan x)^2}\mathrm{d}x$.

3. 设函数 $f(x)$ 在$(-\infty,+\infty)$内连续，且 $F(x)=\int_0^x (x-2t)f(t)\mathrm{d}t$，证明：

(1) $F(x)$与 $f(x)$有相同的奇偶性； (2) 若 $f(x)$递减，则 $F(x)$递增.

4. 设函数 $f(x)$在$[-a,a]$内连续，证明：

$$\int_{-a}^a f(x)\mathrm{d}x=\int_0^a [f(x)+f(-x)]\mathrm{d}x.$$

由此推出 $\int_{-\frac{\pi}{4}}^{\frac{\pi}{4}}\frac{1}{1+\sin x}\mathrm{d}x=2\int_0^{\frac{\pi}{4}}\sec^2 x\mathrm{d}x$，并求其值.

5. 设函数 $f(x)$和 $g(x)$都在$[a,b]$上可积，求证：

$$\left[\int_a^b f(x)g(x)\mathrm{d}x\right]^2\leqslant\int_a^b f^2(x)\mathrm{d}x\int_a^b g^2(x)\mathrm{d}x.$$

6. 设 $f(x)$在$[a,b]$上连续，则存在 $\xi\in[a,b]$，使得 $\int_a^b f(x)\mathrm{d}x=f(\xi)(b-a)$.

7. 设 $\begin{cases} x=\int_0^t f(u^2)\mathrm{d}u, \\ y=[f(t^2)]^2, \end{cases}$ 其中 $f(u)$ 具有二阶导数，且 $f(u)\neq 0$，求 $\frac{\mathrm{d}^2y}{\mathrm{d}x^2}$.

8. 设 $f(x)$ 连续，$\varphi(x)=\int_0^1 f(xt)\mathrm{d}t$，且 $\lim\limits_{x\to 0}\frac{f(x)}{x}=A$（$A$ 为常数），求 $\varphi'(x)$ 并讨论 $\varphi'(x)$ 在 $x=0$ 处的连续性.

9. 研究广义积分的收敛性：

(1) $\int_0^{+\infty}\frac{\mathrm{d}x}{\sqrt[6]{1+x^2+6x^5+3x^7}}$；　(2) $\int_1^{+\infty}\frac{\frac{\pi}{2}-\arctan x}{x}\mathrm{d}x$；

(3) $\int_2^{+\infty}\frac{\mathrm{d}x}{x(\ln x)^p}$；　(4) $\int_0^{+\infty}\frac{x^p}{1+x+x^2}\mathrm{d}x$.

6.4 习题答案

基本题

1. (1) $\frac{7}{3}$；　(2) $\mathrm{e}-1$.

2. (1) $\int_0^1 x^2\mathrm{d}x$ 大；　(2) $\int_0^1 \mathrm{e}^x\mathrm{d}x$ 大；　(3) $\int_3^4(\ln x)^2\mathrm{d}x$ 大；　(4) $\int_0^1\frac{\sin x}{x}\mathrm{d}x$ 大.

3. (1) $\frac{2}{5}\leqslant\int_1^2\frac{x}{1+x^2}\mathrm{d}x\leqslant\frac{1}{2}$；　(2) $\frac{\pi}{9}\leqslant\int_{\frac{1}{\sqrt{3}}}^{\sqrt{3}}x\arctan x\mathrm{d}x\leqslant\frac{2\pi}{3}$；

(3) $\frac{2\pi}{13}\leqslant\int_0^{2\pi}\frac{\mathrm{d}x}{10+3\cos x}\leqslant\frac{2\pi}{7}$；　(4) $9\leqslant\int_8^{18}\frac{x+1}{x+2}\mathrm{d}x\leqslant 9.5$.

4. $F'(x)=\frac{x}{2+\cos x}$，　$F'(\pi)=\pi$.

5. $F'(x)=\cos x\mathrm{e}^{-\sin^2 x}-2x\mathrm{e}^{-x^4}$，　$F''(x)=-\sin x\mathrm{e}^{-\sin^2 x}(1+2\cos^2 x)+2\mathrm{e}^{-x^4}(-1+4x^4)$.

6. $\frac{\mathrm{d}y}{\mathrm{d}x}=-\cot t$. 7. $\frac{\mathrm{d}y}{\mathrm{d}x}=\frac{-2x^7\cos x^2}{1+y}$.　　9. 极小值 $f(2)$，极大值 $f(1)$.

10. (1) 0；　(2) 12；　(3) 1；　(4) e^2.

11. 1.　　12. $9\frac{2}{3}$.　　13. $1-\frac{\pi}{4}$.　　14. $4\sqrt{2}$.

15. $2(\sqrt{2}-1)$.　　16. $4\frac{5}{6}$.　　17. $\frac{\pi}{3}+2-\sqrt{3}$.　　18. 1.

19. $\varphi(x)=\begin{cases}\frac{x^2}{2}+x+\frac{1}{2}, & -1\leqslant x<0, \\ \frac{x^2}{2}+\frac{1}{2}, & 0\leqslant x\leqslant 1,\end{cases}$　$\varphi(x)$ 在 $[-1,1]$ 上连续，但在 $x=0$ 不可导.

20. $\ln(1+\sqrt{2})$.　21. $\frac{1}{2}$.　22. $4-\frac{1}{e}$.　23. $\frac{\pi}{3}$.　24. $2-\frac{\pi}{2}$.

25. $\frac{1}{3}$.　26. $\frac{7}{72}$.　27. 1.　28. $e-\sqrt{e}$.　29. π.　30. $\frac{a^4\pi}{16}$.

31. $\sqrt{3}-\frac{\pi}{3}$.　32. $1-\frac{\pi}{4}$.　33. $\frac{\pi^2}{4}$.　34. $\sqrt{2}-\frac{2\sqrt{3}}{3}$.　35. $\frac{\pi}{2}(\pi-2)$.

36. $\sqrt{2}-1$.　37. 2.　38. $\ln(1+e)$.　39. (1) 0；　(2) 0；　(3) $\frac{\pi}{324}$.

40. $2e^{-2}$.　41. 2.　42. $\frac{2}{2001\times2002\times2003}$.　43. $\frac{\pi}{4}$.　48. $\frac{1}{4}(e^2-1)$.

49. 4π.　50. $\frac{2\pi}{3}-\frac{\sqrt{3}}{2}$.　51. $\frac{\pi^2}{49}+\frac{\sqrt{3}}{6}\pi-1$.　52. $4(2\ln2-1)$.

53. $\frac{1}{2}(e^{\frac{\pi}{2}}+1)$.　54. $\frac{1}{2}[\sqrt{2}+\ln(\sqrt{2}+1)]$.　55. $2\left(1-\frac{1}{e}\right)$.

56. $\frac{1}{2}-\frac{3}{8}\ln3$.　57. $\frac{\pi}{4}+\frac{1}{2}\ln2$.　58. $4\sqrt{2}\pi$.　59. $\frac{\pi^2}{8}+\frac{1}{2}$.

60. $1-\frac{\sqrt{3}}{6}\pi$.　61. $\frac{16}{3}\pi-2\sqrt{3}$.　62. $\frac{\pi}{4}$.　63. $\frac{1}{a}$.　64. $-\frac{\pi}{3}$.

65. 1.　66. 1.　67. $\frac{2\pi}{\sqrt{3}}$.　68. -1.　69. $\frac{\pi}{4}+\frac{1}{2}\ln2$.

70. $\frac{\pi}{2}$.　71. $n!$.　72. 发散.

73. 当 $k>1$ 时收敛于 $\frac{1}{(k-1)(\ln2)^{k-1}}$，当 $k\leqslant1$ 时发散.

74. $\frac{1}{\pi}$.

75. (1) $\frac{105}{16}\sqrt{\pi}$；　(2) $\frac{15}{4}\sqrt{\pi}$.

76. (1) $\frac{1}{n}\Gamma\left(\frac{1}{n}\right)$；　(2) $\frac{1}{2a^{n+1}}\Gamma\left(\frac{n+1}{2}\right)$.

77. $\frac{e^2}{2}(1+2\sqrt{\pi})$.　78. $\frac{m!}{2}$.　79. $\frac{(2m-1)(2m-3)\cdots3\cdot1}{2^{m+1}}\sqrt{\pi}$.

综合题

80. $\frac{2}{3}$.

81. 解：$\lim\limits_{n\to\infty}\sqrt[n]{f\left(\frac{1}{n}\right)f\left(\frac{2}{n}\right)\cdots f\left(\frac{n}{n}\right)}=\lim\limits_{n\to\infty}e^{\ln\sqrt[n]{f(\frac{1}{n})f(\frac{2}{n})\cdots f(\frac{n}{n})}}$

$$=\lim_{n\to\infty}e^{\frac{1}{n}\sum\limits_{i=1}^{n}\ln f(\frac{i}{n})}=e^{\lim\limits_{n\to\infty}\sum\limits_{i=1}^{n}\ln f(\frac{i}{n})\cdot\frac{1}{n}}=e^{\int_0^1\ln f(x)dx}.$$

82. (1) $\int_1^n \ln x dx=\sum\limits_{k=1}^{n-1}\int_k^{k+1}\ln x dx<\sum\limits_{k=1}^{n-1}\int_k^{k+1}\ln(k+1)dx=\sum\limits_{k=1}^{n-1}\ln(k+1)=\ln(n!)$；

(2) 因为 $\ln(n!)>\int_1^n\ln x dx$，所以 $n!>e^{\int_1^n\ln x dx}$，或 $n!>e^{\ln n\cdot n-n+1}$，$n!>\frac{e^{\ln n\cdot n}}{e^{n-1}}$，即 $n!>e^{1-n}n^n$，故 $n!>e\left(\frac{n}{e}\right)^n$.

83. 提示：由于 $f(x)$ 在区间 $[0,1]$ 上连续，且 $0\leqslant f(x)<1$，则 $\exists M(0<M<1)$，$\forall x\in[0,1]$ 有 $f(x)\leqslant M$.

84. 令 $x=\sin t$，则 $\lim\limits_{n\to\infty}\int_0^1(1-x)^n dx=\lim\limits_{n\to\infty}\int_0^{\frac{\pi}{2}}\cos^n t dt=0$.

85. 提示：用分部积分法.

86. $f(x)=\frac{1}{2}x-\frac{e^x}{4(e-2)}$.　88. $f(0)=1$.

89. $F(0)=0,F'(0)=1,F''(0)=-1$；$F(x)$ 在 $[0,1]$ 有极大值 $\frac{1}{2}(e^{-\frac{\pi}{2}}+1)$.

90. $g'(x)=\frac{xf(x)-\int_0^x f(t)dt}{x^2}=\frac{\int_0^x[f(x)-f(t)]dt}{x^2}\geqslant 0$.

91. $g'(x)=\frac{f(x)\left[\int_0^x tf(t)dt-x\int_0^x f(t)dt\right]}{\left(\int_0^x tf(t)dt\right)^2}$，令 $F(x)=\int_0^x tf(t)dt-x\int_0^x f(t)dt$，

则 $F'(x)=xf(x)-\int_0^x f(t)dt-xf(x)=-\int_0^x f(t)dt<0$.

92. 解：(1) 当 $x\leqslant-\frac{\pi}{2}$ 时，$I(x)=\int_0^x f(t)dt=-\int_x^0 f(t)dt=-\int_x^{-\frac{\pi}{2}}f(t)dt-\int_{-\frac{\pi}{2}}^0 f(t)dt=-\int_{-\frac{\pi}{2}}^0\sin t dt=1$；

(2) 当 $-\frac{\pi}{2}<x<\frac{\pi}{2}$ 时，$I(x)=\int_0^x f(t)dt=\int_0^x\sin t dt=1-\cos x$；

(3) 当 $x\geqslant\frac{\pi}{2}$ 时，$I(x)=\int_0^x f(t)dt=\int_0^{\frac{\pi}{2}}f(t)dt+\int_{\frac{\pi}{2}}^x f(t)dt=\int_0^{\frac{\pi}{2}}\sin t dt=1$.

综上可得

$$I(x)=\begin{cases}1-\cos x, & |x|<\dfrac{\pi}{2},\\ 1, & |x|\geqslant\dfrac{\pi}{2}.\end{cases}$$

93. 令 $t=-x$,则 $\int_0^a f(-x)\mathrm{d}x=-\int_0^{-a} f(t)\mathrm{d}t=\int_{-a}^0 f(t)\mathrm{d}t=\int_{-a}^0 f(x)\mathrm{d}x$,

$$\int_0^a[f(x)+f(-x)]\mathrm{d}x=\int_0^a f(x)\mathrm{d}x+\int_{-a}^0 f(-x)\mathrm{d}x=\int_{-a}^a f(x)\mathrm{d}x.$$

$$\int_{-\frac{\pi}{4}}^{\frac{\pi}{4}}\frac{1}{1+\sin x}\mathrm{d}x=2.$$

94. 提示:$\int_0^a f(x)\mathrm{d}x=\int_0^{\frac{a}{2}} f(x)\mathrm{d}x+\int_{\frac{a}{2}}^a f(x)\mathrm{d}x$.

令 $t=a-x$,则$\int_{\frac{a}{2}}^a f(x)\mathrm{d}x=\int_{\frac{a}{2}}^0 f(a-t)\mathrm{d}(-t)=\int_0^{\frac{a}{2}} f(a-x)\mathrm{d}x$,所以

$$\int_0^a f(x)\mathrm{d}x=\int_0^{\frac{a}{2}} f(x)\mathrm{d}x+\int_0^{\frac{a}{2}} f(a-x)\mathrm{d}x=\int_0^{\frac{a}{2}}[f(x)+f(a-x)]\mathrm{d}x.$$

95. 提示:$\int_0^a f(x)\mathrm{d}x=a\int_0^1 f(ax)\mathrm{d}x$.

96. 证明:(1) 充分条件:若 $f(x)\equiv 0$,则 $\int_a^b f^2(x)\mathrm{d}x=\int_a^b 0\mathrm{d}x=0$.

(2) 必要条件:假设 $f(x)$在$[a,b]$上不恒为 0,则 $\exists x_0\in[a,b]$,使 $f^2(x_0)>0$. 若 x_0 不是区间的端点,即 $x_0\in(a,b)$,由 $f(x)$ 连续,对 $\varepsilon_0=\dfrac{f^2(x_0)}{2}>0$,$\exists\delta>0$,使 $\forall x$: $|x-x_0|<\delta$,其中$(x_0-\delta,x_0+\delta)\subset[a,b]$,有$|f^2(x)-f^2(x_0)|<\varepsilon$,而

$$\begin{aligned}\int_a^b f^2(x)\mathrm{d}x&=\int_a^{x_0-\delta} f^2(x)\mathrm{d}x+\int_{x_0-\delta}^{x_0+\delta} f^2(x)\mathrm{d}x+\int_{x_0}^b f^2(x)\mathrm{d}x\geqslant 0+\frac{f^2(x_0)}{2}\cdot 2\delta+0\\&=\delta f^2(x_0)>0.\end{aligned}$$

这与 $\int_a^b f^2(x)\mathrm{d}x=0$ 矛盾.

若 $x_0=a$,或 $x_0=b$,只考虑 a 点的右邻域和 b 点的左邻域,同理可以证明.

97. 提示:设 $F(x)=g(x)-f(x)$,利用上题结果即得所证.

98. 提示:令 $y=tx$,则 $\int_0^1 f(tx)\mathrm{d}x=\dfrac{1}{x}\int_0^x f(y)\mathrm{d}y$,所以

$$\int_0^x f(y)\mathrm{d}y=xf(x)+x^2\sin x,$$

求导得

$$f(x) = f(x) + xf'(x) + 2x\sin x + x^2\cos x,$$

积分

$$\int_0^x f'(x)\mathrm{d}x = -2\int_0^x \sin t\mathrm{d}t - \int_0^x t\cos t\mathrm{d}t,$$

得

$$f(x) - f(0) = \cos x - x\sin x - 1.$$

所以所求函数为 $f(x)=\cos x - x\sin x - 1$.

99. 提示：令 $F(x) = 2\int_a^x tf(t)\mathrm{d}t - (a+x)\int_a^x f(t)\mathrm{d}t (a < t < x)$，证 $F'(x) \geqslant 0$.

100. 提示：令 $nx = t$，则 $\int_0^1 f(nx)\mathrm{d}x = \frac{1}{n}\int_0^n f(t)\mathrm{d}t$，所以

$$\lim_{n\to\infty}\int_0^1 f(nx)\mathrm{d}x = \lim_{n\to\infty}\frac{\int_0^n f(t)\mathrm{d}t}{n} = \lim_{y\to\infty}\frac{\int_0^y f(t)\mathrm{d}t}{y} = \lim_{y\to\infty} f(y) = A.$$

101. 证明：由于

$$\frac{\sin\frac{i\pi}{n}}{n+1} < \frac{\sin\frac{i\pi}{n}}{n+\frac{i}{n}} < \frac{\sin\frac{i\pi}{n}}{n},$$

则

$$\frac{1}{n+1}\sum_{i=1}^{n}\sin\frac{i\pi}{n} < \sum_{i=1}^{n}\frac{\sin\frac{i\pi}{n}}{n+\frac{i}{n}} < \frac{1}{n}\sum_{i=1}^{n}\sin\frac{i\pi}{n}.$$

因为

$$\lim_{n\to\infty}\frac{1}{n}\sum_{i=1}^{n}\sin\frac{i\pi}{n} = \int_0^1 \sin\pi x\mathrm{d}x = \frac{2}{\pi},$$

$$\lim_{n\to\infty}\frac{1}{n+1}\sum_{i=1}^{n}\sin\frac{i\pi}{n} = \lim_{n\to\infty}\left(\frac{n}{n+1}\cdot\frac{1}{n}\sum_{i=1}^{n}\sin\frac{i\pi}{n}\right) = \frac{2}{\pi},$$

故

$$\lim_{n\to\infty}\left(\frac{\sin\frac{\pi}{n}}{n+1} + \frac{\sin\frac{2\pi}{n}}{n+\frac{1}{2}} + \cdots + \frac{\sin\frac{n\pi}{n}}{n+\frac{1}{n}}\right) = \frac{2}{\pi}.$$

102. 证明：令 $G(x) = -x\int_x^1 f(t)\mathrm{d}t$，则 $G(x)$ 在 $[0,1]$ 上连续，在 $(0,1)$ 内可导，且 $G(0) = G(1) = 0$. 由罗尔定理，$\exists x_0 \in (0,1)$，使得 $G'(x_0) = 0$，即

$$x_0 f(x_0) = \int_{x_0}^{1} f(t)\mathrm{d}t.$$

因为

$$G'(x_0) = xf(x) - \int_{x}^{1} f(t)\mathrm{d}t, \quad G''(x) = xf''(x) + 2f(x) > 0,$$

因此 $G'(x)$在$(0,1)$内是严格递增的,故 x_0 是唯一的.

103. 解:由于当 $x\to 0$ 时,$ax-\sin x\to 0$,且 $\lim\limits_{x\to 0}\dfrac{ax-\sin x}{\int_b^x \frac{\ln(1+t^3)}{t}\mathrm{d}t}$存在而不为零,所以 $\lim\limits_{x\to 0}\int_b^x \dfrac{\ln(1+t^3)}{t}\mathrm{d}t = 0$,则 $b=0$.又由于

$$\lim_{x\to 0}\frac{ax-\sin x}{\int_0^x \frac{\ln(1+t^3)}{t}\mathrm{d}t} = \lim_{x\to 0}\frac{a-\cos x}{\frac{\ln(1+x^3)}{x}} = \lim_{x\to 0}\frac{a-\cos x}{x^2\ln(1+x^3)^{\frac{1}{x^3}}} = c,$$

若 $a\neq 1$,则 $c=\infty$,故 $a=1$;且

$$\lim_{x\to 0}\frac{1-\cos x}{x^2\ln(1+x^3)^{\frac{1}{x^3}}} = \lim_{x\to 0}\frac{\sin x}{2x} = \frac{1}{2}.$$

于是 $a=1,b=0,c=\dfrac{1}{2}$.

104. 证明:由于

$$\begin{aligned} a_n &= \sum_{k=1}^{n} f(k) - \int_1^n f(x)\mathrm{d}x = \sum_{k=1}^{n} f(k) - \sum_{k=1}^{n-1}\int_k^{k+1} f(x)\mathrm{d}x \\ &= f(n) + \sum_{k=1}^{n-1}\int_k^{k+1}[f(k)-f(x)]\mathrm{d}x > 0, \end{aligned}$$

因为 $f(x)$非负递减,$f(x)<f(k)$,$x\in[k,k+1]$,所以

$$\begin{aligned} a_{n+1}-a_n &= f(n+1) - \int_1^{n+1} f(x)\mathrm{d}x + \int_1^n f(x)\mathrm{d}x \\ &= f(n+1) - \int_n^{n+1} f(x)\mathrm{d}x = \int_n^{n+1}[f(n+1)-f(x)]\mathrm{d}x \leqslant 0, \end{aligned}$$

故$\{a_n\}$递减有下界,极限存在.

105. 解:由于

$$f(x) = \frac{\int_0^x\left[(t-1)\int_0^{t^2}\varphi(u)\mathrm{d}u\right]\mathrm{d}t}{\sin^2 x},\ x\neq 0;\quad f(x)=0,\ x=0.$$

则:(1) $\lim\limits_{x\to 0} f(x) = \lim\limits_{x\to 0}\dfrac{(x-1)\int_0^{x^2}\varphi(u)\mathrm{d}u}{2\sin x\cos x} = \lim\limits_{x\to 0}\dfrac{(x-1)\int_0^{x^2}\varphi(u)\mathrm{d}u}{\sin 2x}$

$$=\lim_{x\to 0}\frac{-\varphi(x^2)\times 2x}{2\cos x}=0,$$

故 $f(x)$ 在 $x=0$ 连续.

(2) $$\lim_{x\to 0}\frac{f(x)-f(0)}{x}=\lim_{x\to 0}\frac{\int_0^x\left[(t-1)\int_0^{t^2}\varphi(u)\mathrm{d}u\right]\mathrm{d}t}{x\sin^2 x}$$

$$=\lim_{x\to 0}\frac{\int_0^x\left[(t-1)\int_0^{t^2}\varphi(u)\mathrm{d}u\right]\mathrm{d}t}{x^3}\cdot\lim_{x\to 0}\frac{x^2}{\sin^2 x}$$

$$=\lim_{x\to 0}\frac{\int_0^x\left[(t-1)\int_0^{t^2}\varphi(u)\mathrm{d}u\right]\mathrm{d}t}{x^3}$$

$$=\lim_{x\to 0}\frac{(x-1)\int_0^{x^2}\varphi(u)\mathrm{d}u}{3x^2}=\lim_{x\to 0}\frac{-\int_0^{x^2}\varphi(u)\mathrm{d}u}{3x^2}$$

$$=\lim_{x\to 0}\frac{-\varphi(x^2)\cdot 2x}{6x}=-\frac{1}{3}\varphi(0).$$

故 $f(x)$ 在 $x=0$ 可微.

自测题

一、1. C.　2. B.　3. A.　4. D.　5. A.
6. C.　7. A.　8. C.　9. A.　10. B.

二、1. 2.　2. a.　3. $x-1$.　4. $\frac{1-x}{1+x}\ln x$.　5. 0.　6. 2.

7. $\ln 3$，$\ln\frac{3}{4}$.　8. $2\mathrm{e}^y-(\mathrm{e}+\mathrm{e}^{-1})y-2\mathrm{e}^{-1}$.　9. $\frac{\pi}{4\mathrm{e}^2}$.

10. $$F(x)=\begin{cases}\frac{1}{2}x^2, & |x|\leqslant\pi,\\ \frac{\pi^2}{2}+\frac{\pi^3}{3}+\frac{x^3}{3}, & x<-\pi,\\ \frac{\pi^2}{2}+\sin x, & x>\pi.\end{cases}$$

三、1. $\frac{2}{3}$.　2. (1) $\frac{4}{3}$；　(2) $\frac{\pi}{8}$；　(3) $-\frac{1}{216}$；　(4) $\frac{1}{4}\ln 2+\frac{\pi}{8}$.

7. $\frac{\mathrm{d}^2 y}{\mathrm{d}x^2}=\frac{4}{f(t^2)}$.

9. (1) 收敛；　(2) 收敛；　(3) $p>1$ 时收敛，$p\leqslant 1$ 时发散；
(4) $|p|<1$ 时收敛，$|p|\geqslant 1$ 时发散.

第 7 章 定积分的应用

7.1 内容提要

1. 微元法的基本思想

如果所求量 A 符合下列条件：

(1) A 是与一个变量的变化区间$[a,b]$有关的量；

(2) A 对于区间$[a,b]$具有可加性；

(3) 局部量 ΔA_i 的近似值可表示为 $f(\xi_i)\Delta x_i$，这里 $f(x)$是根据实际问题确定的函数. 那么，就可以用定积分来表达这个量 A.

通常写出这个量的定积分表达式分两步：

第 1 步　分割区间(给出自变量增量或微分)，写出所求量微元(所求量微分).

分割区间$[a,b]$，取具有代表性的任意一个小区间，记作$[x,x+\mathrm{d}x]$，设相应的局部量为 ΔA，分析局部量 ΔA，求出近似：

$$\Delta A \approx f(x)\mathrm{d}x.$$

只要 $\Delta A=f(x)\mathrm{d}x+o(\mathrm{d}x)$，则 $f(x)\mathrm{d}x$ 就可作为所求量 A 的微分，即

$$\mathrm{d}A = f(x)\mathrm{d}x.$$

第 2 步　求定积分得整体量.

由于 $\mathrm{d}A=f(x)\mathrm{d}x$，于是

$$A = \int_a^b \mathrm{d}A = \int_a^b f(x)\mathrm{d}x.$$

这种取微分(微元)再求积分的方法就称为微元法.

2. 平面图形的面积

(1) 直角坐标情形

① 由曲线 $y=f(x)$，直线 $x=a$，$x=b$ 及 $y=0$ 所围成的曲边梯形的面积

$$A = \int_a^b |f(x)|\mathrm{d}x.$$

② 如果平面区域是由区间$[a,b]$上的两条连续曲线 $y=f(x)$ 与 $y=g(x)$(彼此可能相交)及二直线 $x=a$ 与 $x=b$ 围成(见图 7.1),则它的面积为

$$A=\int_a^b|f(x)-g(x)|\mathrm{d}x.$$

③ 如果平面区域是由区间$[c,d]$上的两条连续曲线 $x=\varphi(y)$ 与 $x=\psi(y)$(彼此可能相交)及二直线 $y=c$ 与 $y=d$ 围成(见图 7.2),则它的面积为

$$A=\int_c^d|\varphi(y)-\psi(y)|\mathrm{d}y.$$

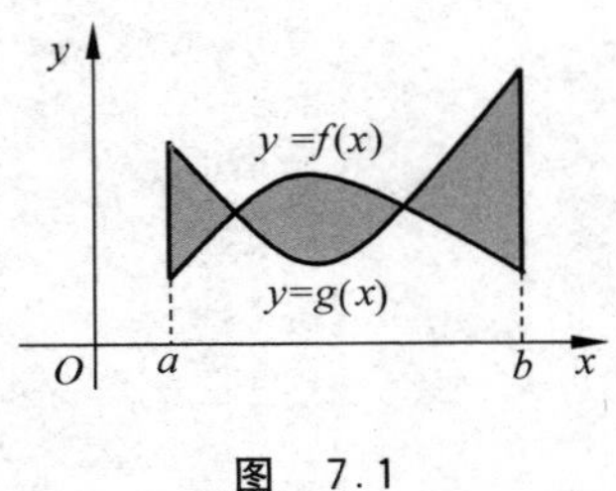

图 7.1

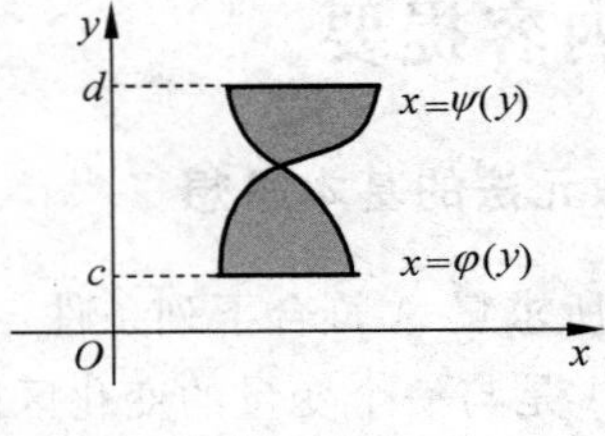

图 7.2

(2) 参数方程情形

若曲边梯形的曲边 $y=f(x)$,$x\in[a,b]$,由参数方程

$$\begin{cases}x=\varphi(t),\\ y=\psi(t),\end{cases}\quad \alpha\leqslant t\leqslant\beta$$

给出时,且 $\varphi(t)$,$\psi(t)$在$[\alpha,\beta]$上具有连续导数,$\varphi'(t)>0$(对于 $\varphi'(t)<0$,或 $\psi'(t)\neq0$ 的情形可作类似的讨论),$\varphi(\alpha)=a$,$\varphi(\beta)=b$. 则曲边梯形的面积为

$$A=\int_a^b|y|\mathrm{d}x=\int_\alpha^\beta|\psi(t)|\varphi'(t)\mathrm{d}t.$$

(3) 极坐标情形

设曲线 AB 是由极坐标方程

$$r=f(\theta)\quad(\alpha\leqslant\theta\leqslant\beta)$$

给出,其中 $f(\theta)$在$[\alpha,\beta]$连续. 则由曲线 $r=f(\theta)$,半直线 $\theta=\alpha$ 和半直线 $\theta=\beta$ 所围成的曲边扇形(见图 7.3)的面积为

$$S=\frac{1}{2}\int_\alpha^\beta r^2\mathrm{d}\theta=\frac{1}{2}\int_\alpha^\beta[f(\theta)]^2\mathrm{d}\theta.$$

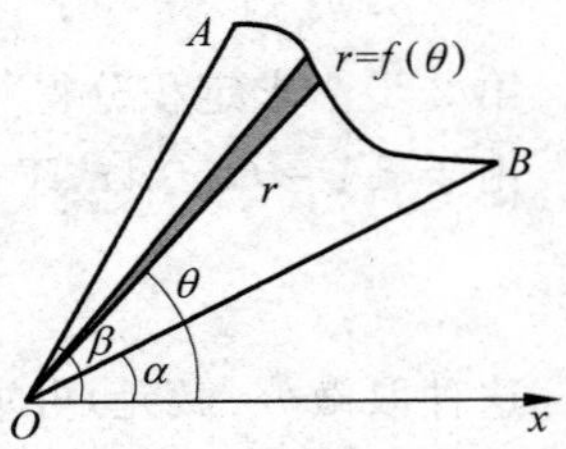

图 7.3

3. 体积

(1) 平行截面面积为已知函数的立体体积

设有一立体,被垂直于 x 轴的平面所截得到的截面面积为 $S(x)$,$a\leqslant x\leqslant b$,且 $S(x)$是 x 的连续函数(见图 7.4),则该立体的体积为

$$V=\int_a^b S(x)\mathrm{d}x.$$

(2) 旋转体的体积

① 由连续曲线 $y=f(x)$ 与直线 $x=a,x=b$ 及 x 轴所围成的曲边梯形绕 x 轴旋转，所得的旋转体(见图 7.5)的体积为

$$V_x=\pi\int_a^b f^2(x)\mathrm{d}x.$$

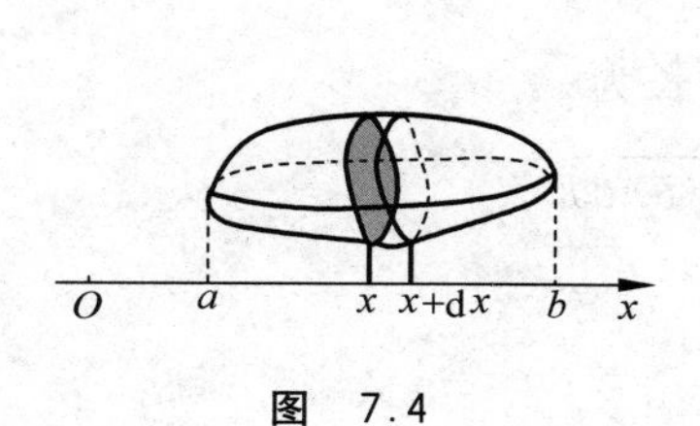

图 7.4

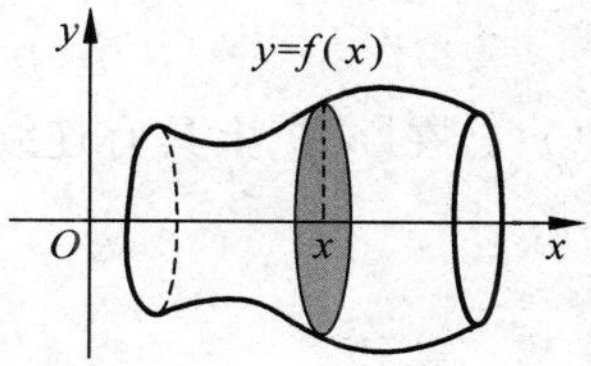

图 7.5

② 由连续曲线 $x=\varphi(y)$ 和直线 $y=c,y=d$ 及 y 轴所围成的曲边梯形绕 y 轴旋转所生成的旋转体的体积为

$$V_y=\pi\int_c^d \varphi^2(y)\mathrm{d}y.$$

③ 由连续曲线 $y=f(x)$ 与直线 $x=a,x=b$ 及 x 轴所围成的曲边梯形绕 y 轴旋转，所得的旋转体的体积为

$$V_y=2\pi\int_a^b x\,|f(x)|\,\mathrm{d}x.$$

④ 由连续曲线 $x=\varphi(y)$ 和直线 $y=c,y=d$ 及 y 轴所围成曲边梯形绕 x 轴旋转所生成的旋转体的体积为

$$V_x=2\pi\int_c^d y\,|\varphi(y)|\,\mathrm{d}y.$$

4. 平面曲线的弧长

(1) 直角坐标情形

设曲线弧由方程 $y=f(x)(a\leqslant x\leqslant b)$ 给出，其中 $f(x)$ 在$[a,b]$上具有连续的导数，则曲线弧的弧长为

$$s=\int_a^b\sqrt{1+y'^2}\,\mathrm{d}x.$$

(2) 参数方程情形

若曲线由参数方程

$$\begin{cases} x = \varphi(t), \\ y = \psi(t), \end{cases} \quad \alpha \leqslant t \leqslant \beta$$

给出,其中 $\varphi(t)$,$\psi(t)$在$[\alpha,\beta]$上具有连续的导数,则曲线弧长为

$$s = \int_{\alpha}^{\beta} \sqrt{[\varphi'(t)]^2 + [\psi'(t)]^2}\,\mathrm{d}t.$$

(3) 极坐标情形

若曲线由极坐标方程

$$r = r(\theta) \quad (\alpha \leqslant \theta \leqslant \beta)$$

给出,其中 $r(\theta)$在$[\alpha,\beta]$上具有连续的导数,则曲线弧长为

$$s = \int_{\alpha}^{\beta} \sqrt{[r'(\theta)]^2 + r^2(\theta)}\,\mathrm{d}\theta.$$

5. 平均值

连续函数 $f(x)$在区间$[a,b]$上的平均值为

$$\overline{y} = \frac{1}{b-a}\int_a^b f(x)\,\mathrm{d}x.$$

6. 简单的经济应用

(1) 已知某产品在时刻 t 的总产量的变化率为 $f(t)$,则从时刻 t_1 到时刻 t_2 的总产量为

$$Q = \int_{t_1}^{t_2} f(t)\,\mathrm{d}t.$$

(2) 已知边际成本 $C'(x)$是产品产量 x 的函数,则生产第 a 个单位产品到第 b 个单位产品的可变成本为

$$C_{a,b} = \int_{a-1}^{b} C'(x)\,\mathrm{d}x.$$

注意 积分下限是 $a-1$ 而不是 a.

(3) 已知总费用变化率为 $f(x)$,其中 x 表示变量,则总费用

$$F(x) = \int_0^x f(x)\,\mathrm{d}x.$$

(4) 已知某种新产品投入市场的销售速度为时间 t 的函数 $f(t)$,那么,在 T 个单位时间内,该产品的总销售量

$$S = \int_0^T f(t)\,\mathrm{d}t.$$

(5) 已知某一产品产量为 x 时的边际收益为 $R'(x)$,其总收益为 $R(x)$,销售量为 x

的平均收益为$\overline{R}(x)$,则

$$R(x)=\int_0^x R'(x)\mathrm{d}x,\quad \overline{R}(x)=\frac{R(x)}{x}=\frac{1}{x}\int_0^x R'(x)\mathrm{d}x.$$

7.2 典型例题解析

题型 1 求平面图形的面积

例 1 求曲线 $y=x+\frac{1}{x}$,$x=2$,$y=2$ 所围成的图形面积.

解 由 $y'=1-\frac{1}{x^2}$知 $x=1$ 为函数的极小值点,再求解方程

$$\begin{cases}x=2,\\ y=x+\dfrac{1}{x},\end{cases}\quad 与 \quad \begin{cases}y=2,\\ y=x+\dfrac{1}{x},\end{cases}$$

得到曲线与 $x=2$,$y=2$ 的两个交点坐标分别为$\left(2,\frac{5}{2}\right)$与$(1,2)$,从而画出所求区域的图像(图 7.6 阴影部分).

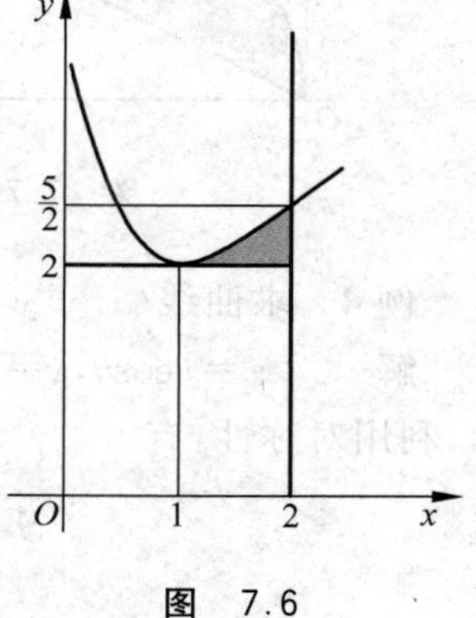

图 7.6

由图 7.6 可知,所求区域的面积为

$$A=\int_1^2\left(x+\frac{1}{x}-2\right)\mathrm{d}x=\ln2-\frac{1}{2}.$$

例 2 曲线 $y=\sqrt{2x-x^2}$与直线 $y=\frac{x}{\sqrt{3}}$所围成的图形面积为( ).

A. $2\int_{\frac{\pi}{6}}^{\frac{\pi}{2}}\cos\theta\mathrm{d}\theta$ B. $2\int_0^{\frac{\pi}{2}}\sin\theta\mathrm{d}\theta$ C. $2\int_0^{\frac{\pi}{6}}\cos^2\theta\mathrm{d}\theta$ D. $2\int_{\frac{\pi}{6}}^{\frac{\pi}{2}}\cos^2\theta\mathrm{d}\theta$

解 如图 7.7 所示. $y=\frac{x}{\sqrt{3}}$在极坐标下的方程为$\theta=\frac{\pi}{6}$,$y=\sqrt{2x-x^2}$ 为 $r=2\cos\theta$,因而利用极坐标系下求面积公式,阴影部分的面积为$\frac{1}{2}\int_{\frac{\pi}{6}}^{\frac{\pi}{2}}(2\cos\theta)^2\mathrm{d}\theta=2\int_{\frac{\pi}{6}}^{\frac{\pi}{2}}\cos^2\theta\mathrm{d}\theta$,故选 D .

例 3 求两椭圆 $x^2+\frac{y^2}{3}=1$ 与$\frac{x^2}{3}+y^2=1$ 公共部分的面积.

解 此题可以在直角坐标下也可以在极坐标下求解. 下面采取极坐标方式. 如图 7.8 所示,由对称性可知,所求面积等于图中阴影部分面积的 8 倍.

椭圆 $x^2+\frac{y^2}{3}=1$ 的极坐标方程为 $r^2=\frac{3}{3\cos^2\theta+\sin^2\theta}$，所以，由对称性可知，两个椭圆的公共部分的面积为

$$A=8\cdot\frac{1}{2}\int_0^{\frac{\pi}{4}}r^2\,\mathrm{d}\theta=4\int_0^{\frac{\pi}{4}}\frac{3}{3\cos^2\theta+\sin^2\theta}\mathrm{d}\theta$$

$$=12\int_0^{\frac{\pi}{4}}\frac{1}{3+\tan^2\theta}\sec^2\theta\mathrm{d}\theta=\frac{12}{\sqrt{3}}\arctan\left(\frac{\tan\theta}{\sqrt{3}}\right)\Big|_0^{\frac{\pi}{4}}=\frac{2}{\sqrt{3}}\pi.$$

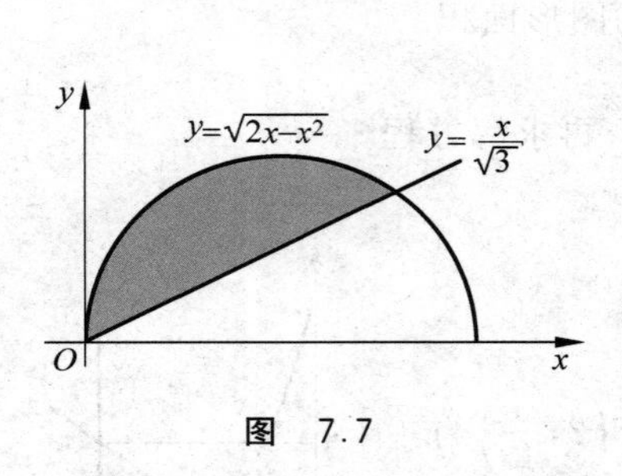

图 7.7

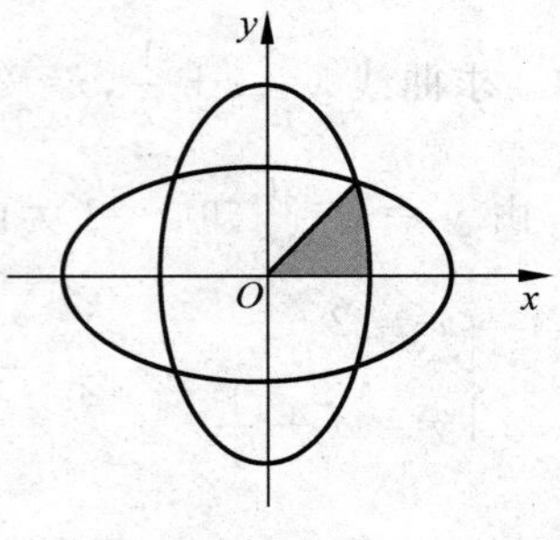

图 7.8

例 4 求曲线 $(x^2+y^2)^2=2a^2xy$ 所围成图形的面积.

解 设 $x=r\cos\theta, y=r\sin\theta$，则 $r^4=2a^2r^2\sin\theta\cos\theta$，$r^2=a^2\sin2\theta$ 是双纽线，如图 7.9 所示，利用对称性，有

$$S=4S_1=4\int_0^{\frac{\pi}{4}}\frac{1}{2}r^2\,\mathrm{d}\theta=4\int_0^{\frac{\pi}{4}}\frac{1}{2}a^2\sin2\theta\mathrm{d}\theta$$

$$=a^2\int_0^{\frac{\pi}{4}}2\sin2\theta\mathrm{d}\theta=-a^2\cos2\theta\Big|_0^{\frac{\pi}{4}}=a^2.$$

例 5 求曲线 $(x^2+y^2)^3=a^2(x^4+y^4)$ 所围成图形的面积.

解 令 $x=r\cos\theta, y=r\sin\theta$，则

$$r^6=a^2r^4(\cos^4\theta+\sin^4\theta),$$

所以

$$r^2=a^2(\cos^4\theta+\sin^4\theta)=a^2[(\cos^2\theta+\sin^2\theta)^2-2\sin^2\theta\cos^2\theta]=a^2\left(1-\frac{1}{2}\sin^2 2\theta\right).$$

设所求面积为 S，如图 7.10 所示，根据对称性有

$$S=8\int_0^{\frac{\pi}{4}}\frac{1}{2}r^2\,\mathrm{d}\theta=4a^2\int_0^{\frac{\pi}{4}}\left(1-\frac{1}{2}\sin^2 2\theta\right)\mathrm{d}\theta$$

$$=4a^2\int_0^{\frac{\pi}{4}}\left(1-\frac{1}{4}+\frac{1}{4}\cos4\theta\right)\mathrm{d}\theta=\frac{3}{4}\pi a^2.$$

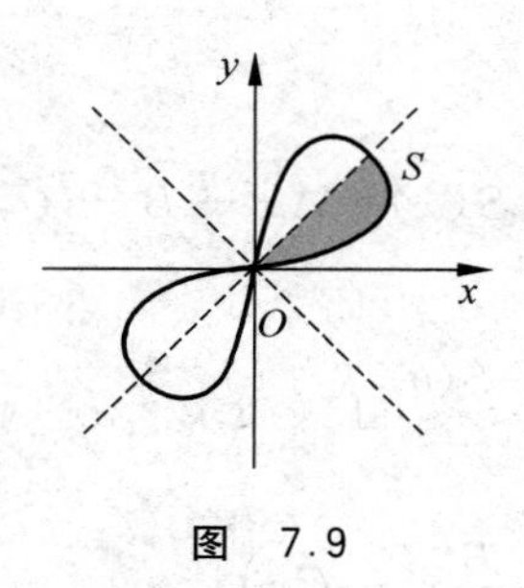

图 7.9

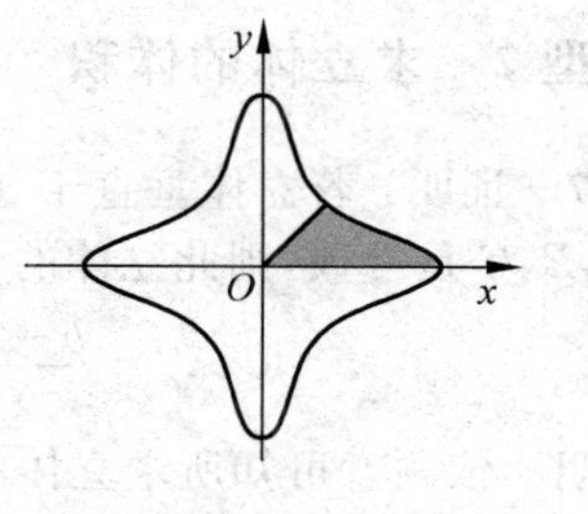

图 7.10

例 6 设 $f(x)=\int_{-1}^{x}(1-|t|)\mathrm{d}t(x\geqslant -1)$，试求曲线 $y=f(x)$ 与 Ox 轴所围成图形的面积.

解 (1) 当 $x\leqslant 0$ 时，有

$$f(x)=\int_{-1}^{x}(1-|t|)\mathrm{d}t=\int_{-1}^{x}(1+t)\mathrm{d}t=\left(t+\frac{1}{2}t^2\right)\Big|_{-1}^{x}=\frac{1}{2}x^2+x+\frac{1}{2}.$$

(2) 当 $x>0$ 时，有

$$f(x)=\int_{-1}^{0}(1-|t|)\mathrm{d}t+\int_{0}^{x}(1-|t|)\mathrm{d}t=\int_{-1}^{0}(1+t)\mathrm{d}t+\int_{0}^{x}(1-t)\mathrm{d}t$$

$$=\left(t+\frac{1}{2}t^2\right)\Big|_{-1}^{0}+\left(t-\frac{1}{2}t^2\right)\Big|_{0}^{x}=\frac{1}{2}+x-\frac{1}{2}x^2.$$

综上可得

$$f(x)=\begin{cases}\dfrac{1}{2}x^2+x+\dfrac{1}{2}, & x<0,\\[2mm] \dfrac{1}{2}+x-\dfrac{1}{2}x^2, & x\geqslant 0,\end{cases}$$

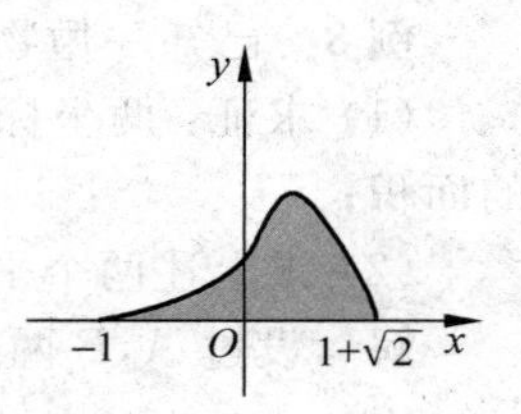

图 7.11

如图 7.11 所示. 曲线与 x 轴分别交于 $x=-1, x=1+\sqrt{2}$，因此 $y=f(x)$ 与 Ox 轴所围成的图形的面积为

$$S=\int_{-1}^{0}\left(\frac{1}{2}x^2+x+\frac{1}{2}\right)\mathrm{d}x+\int_{0}^{1+\sqrt{2}}\left(\frac{1}{2}+x-\frac{1}{2}x^2\right)\mathrm{d}x$$

$$=\left(\frac{1}{6}x^3+\frac{1}{2}x^2+\frac{1}{2}x\right)\Big|_{-1}^{0}+\left(\frac{1}{2}x+\frac{1}{2}x^2-\frac{1}{6}x^3\right)\Big|_{0}^{1+\sqrt{2}}$$

$$=\frac{1}{6}-\frac{1}{2}+\frac{1}{2}+\frac{1}{2}(1+\sqrt{2})+\frac{1}{2}(1+\sqrt{2})^2-\frac{1}{6}(1+\sqrt{2})^3$$

$$=\frac{1}{6}(6+4\sqrt{2})=\frac{1}{3}(3+2\sqrt{2}).$$

题型 2 求立体的体积

例 7 证明：若立体垂直于 x 轴的横截面的面积为 $S(x)=Ax^2+Bx+C$，$a\leqslant x\leqslant b$，其中 A,B,C 是常数，则此立体的体积为

$$V=\frac{b-a}{6}\left[S(a)+4S\left(\frac{a+b}{2}\right)+S(b)\right].$$

证明 依题意可知所求立体的体积为

$$V=\int_a^b(Ax^2+Bx+C)\mathrm{d}x=\left(\frac{A}{3}x^3+\frac{B}{2}x^2+Cx\right)\Big|_a^b$$
$$=\frac{A}{3}b^3+\frac{B}{2}b^2+Cb-\frac{A}{3}a^3-\frac{B}{2}a^2-Ca.$$

另一方面

$$\frac{b-a}{6}\left[S(a)+4S\left(\frac{a+b}{2}\right)+S(b)\right]$$
$$=\frac{b-a}{6}\left[Aa^2+Ba+C+Ab^2+Bb+C+4A\left(\frac{a+b}{2}\right)^2+4B\left(\frac{a+b}{2}\right)+4C\right]$$
$$=\frac{A}{3}b^3+\frac{B}{2}b^2+Cb-\frac{A}{3}a^3-\frac{B}{2}a^2-Ca,$$

所以

$$V=\frac{b-a}{6}\left[S(a)+4S\left(\frac{a+b}{2}\right)+S(b)\right].$$

例 8 已知一抛物线通过 x 轴上的两点 $A(1,0)$，$B(3,0)$.

(1) 求证：两坐标轴与该抛物线所围成图形的面积等于 x 轴与该抛物线所围成图形的面积；

(2) 求上述两个平面图形绕 x 轴旋转一周所产生的两个旋转体体积之比.

解 设过 A,B 两点的抛物线方程为

$$y=a(x-1)(x-3)=a(x-2)^2-a.$$

当 $a>0$ 时，抛物线向上开口，且顶点在 $(2,-a)$，见图 7.12(a)；

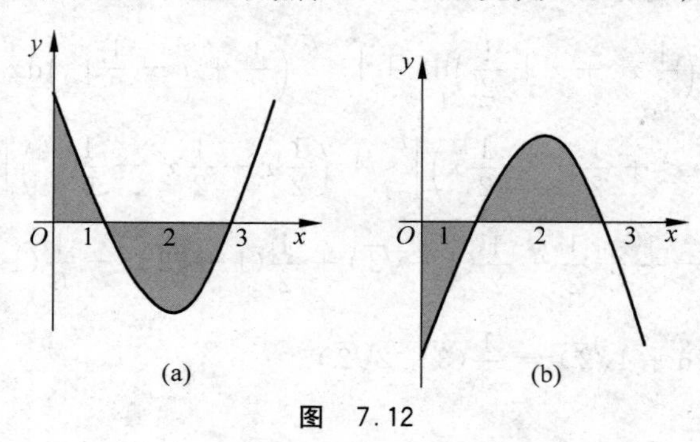

图 7.12

当 $a<0$ 时，抛物线向下开口，且顶点在 $(2,-a)$，见图 7.12(b).

(1) 不管 $a>0$ 还是 $a<0$，两坐标轴与该抛物线围成图形的面积相等，即它为 S_1；抛物线与 x 轴围成的图形的面积也相等，将其记为 S_2. 则

$$S_1=\int_0^1|a(x-1)(x-3)|\mathrm{d}x=|a|\int_0^1(1-x)(3-x)\mathrm{d}x$$
$$=|a|\int_0^1(x^2-4x+3)\mathrm{d}x=\frac{4}{3}|a|;$$
$$S_2=\int_1^3|a(x-1)(x-3)|\mathrm{d}x=|a|\int_1^3(x-1)(3-x)\mathrm{d}x$$
$$=|a|\int_1^3(-x^2+4x-3)\mathrm{d}x=\frac{4}{3}|a|.$$

因此 $S_1=S_2$.

(2) 两坐标轴与该抛物线围成图形绕 x 轴旋转所得旋转体的体积为

$$V_1=\pi\int_0^1 a^2[(x-1)(x-3)]^2\mathrm{d}x=\pi a^2\int_0^1[(x-2)^2-1]^2\mathrm{d}x$$
$$=\pi a^2\int_0^1[(x-2)^4-2(x-2)^2+1]\mathrm{d}x$$
$$=\pi a^2\left[\frac{1}{5}(x-2)^5-\frac{2}{3}(x-2)^3+x\right]_0^1=\frac{38}{15}\pi a^2;$$

抛物线与 x 轴围成的图形绕 x 轴旋转所得旋转体的体积

$$V_2=\pi\int_1^3 a^2[(x-1)(x-3)]^2\mathrm{d}x$$
$$=\pi a^2\left[\frac{1}{5}(x-2)^5-\frac{2}{3}(x-2)^3+x\right]_1^3=\frac{16}{15}\pi a^2.$$

故 $\dfrac{V_1}{V_2}=\dfrac{19}{8}$.

例 9 已知星形线 $\begin{cases}x=a\cos^3 t\\ y=a\sin^3 t\end{cases}$ $(a>0)$. 求：

(1) 它所围成的面积；

(2) 它的弧长；

(3) 它绕 x 轴旋转而成的旋转体体积.

解 (1) 设面积为 A. 如图 7.13 所示，由对称性，有

$$A=4\int_0^a y\mathrm{d}x$$
$$=4\int_{\frac{\pi}{2}}^0 a\sin^3 t\cdot 3a\cos^2 t(-\sin t)\mathrm{d}t$$
$$=12\int_0^{\frac{\pi}{2}} a^2[\sin^4 t-\sin^6 t]\mathrm{d}t=\frac{3}{8}\pi a^2.$$

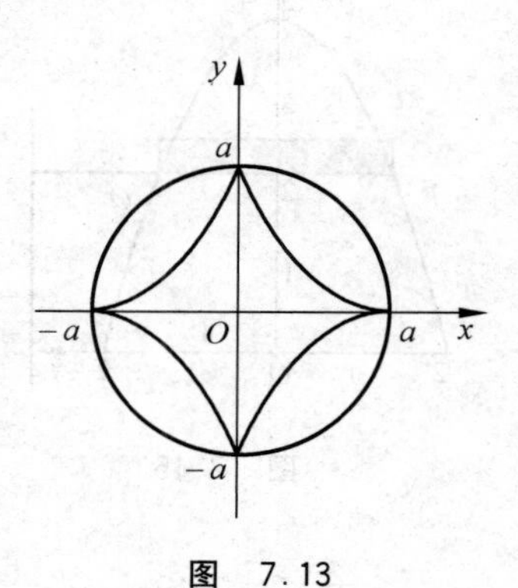

图 7.13

(2) 设弧长为 L. 由对称性,有

$$L=4\int_0^{\frac{\pi}{2}}\sqrt{(x')^2+(y')^2}\,\mathrm{d}t=4\int_0^{\frac{\pi}{2}}3a\cos t\sin t\,\mathrm{d}t=6a.$$

(3) 设旋转体的体积为 V. 由对称性,有

$$V=2\int_0^a\pi y^2\,\mathrm{d}x=2\int_{\frac{\pi}{2}}^0\pi a^2\sin^6 t\cdot 3a\cos^2 t(-\sin t)\,\mathrm{d}t$$

$$=6\pi a^3\int_0^{\frac{\pi}{2}}\sin^7 t(1-\sin^2 t)\,\mathrm{d}t=6\pi a^3\left(\frac{6}{7}\times\frac{4}{5}\times\frac{2}{3}-\frac{8}{9}\times\frac{6}{7}\times\frac{4}{5}\times\frac{2}{3}\right)=\frac{32}{105}\pi a^3.$$

例 10 求心形线 $\rho=a(1+\cos\theta)$ 所围平面图形绕极轴旋转所得旋转体的体积.

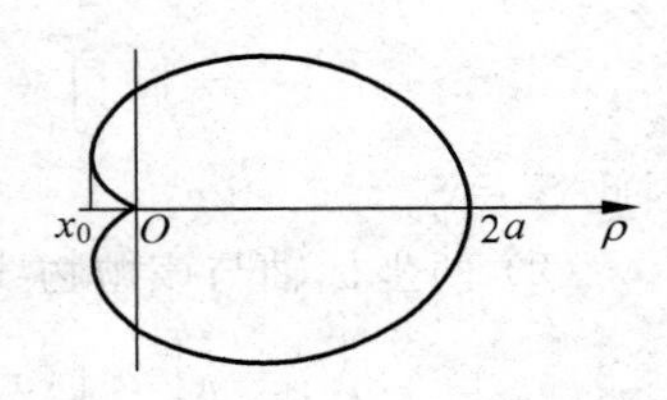

图 7.14

解 由图形的对称性(见图 7.14),整体图形绕极轴旋转所得旋转体体积相当于上半部分图形绕极轴旋转所得旋转体的体积

$$V=\pi\int_{x_0}^{2a}y^2(x)\,\mathrm{d}x-\pi\int_{x_0}^{0}y^2(x)\,\mathrm{d}x.$$

因为

$$x=\rho\cos\theta=a(1+\cos\theta)\cos\theta,\qquad y=\rho\sin\theta=a(1+\cos\theta)\sin\theta,$$

所以

$$V=\pi\int_{\theta_0}^{0}a^2(1+\cos\theta)^2\sin^2\theta\cdot a(-\sin\theta-\sin 2\theta)\,\mathrm{d}\theta$$

$$-\pi\int_{\theta_0}^{\pi}a^2(1+\cos\theta)^2\sin^2\theta\cdot a(-\sin\theta-\sin 2\theta)\,\mathrm{d}\theta$$

$$=\pi a^3\int_0^{\pi}(1+\cos\theta)^2\sin^2\theta\cdot a(\sin\theta+\sin 2\theta)\,\mathrm{d}\theta=\frac{8}{3}\pi a^3.$$

例 11 求由曲线 $y=4-x^2$ 及 $y=0$ 所围成的图形绕直线 $x=3$ 旋转构成旋转体的体积.

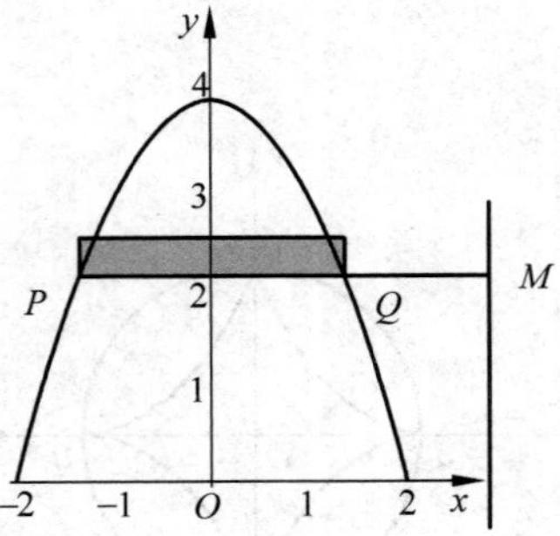

解 取积分变量为 y, $y\in[0,4]$,如图 7.15 所示,体积元素为

$$\mathrm{d}V=[\pi\,\overline{PM}^2-\pi\,\overline{QM}^2]\mathrm{d}y$$

$$=[\pi(3+\sqrt{4-y})^2-\pi(3-\sqrt{4-y})^2]\mathrm{d}y$$

$$=12\pi\sqrt{4-y}\,\mathrm{d}y,$$

所以

$$V=12\pi\int_0^4\sqrt{4-y}\,\mathrm{d}y=64\pi.$$

图 7.15

题型 3 求曲线弧长

例 12 已知抛物线 $y=px^2(p>0)$.

(1) 计算抛物线在直线 $y=1$ 下方的弧长 l； (2) 求 $\lim\limits_{p\to+\infty} l$ 和 $\lim\limits_{p\to 0} l$.

解 解 $\begin{cases} y=px^2, \\ y=1, \end{cases}$ 得 $x=\pm\dfrac{1}{\sqrt{p}}$，所求弧长 l 为

$$l=\int_{-\frac{1}{\sqrt{p}}}^{\frac{1}{\sqrt{p}}}\sqrt{1+(2px)^2}\,\mathrm{d}x=2\int_0^{\frac{1}{\sqrt{p}}}\sqrt{1+(2px)^2}\,\mathrm{d}(2px)\cdot\frac{1}{2p}$$

$$=\frac{1}{p}\left(\frac{2px}{2}\sqrt{1+(2px)^2}+\ln\left|2px+\sqrt{1+(2px)^2}\right|\right)\Bigg|_0^{\frac{1}{\sqrt{p}}}$$

$$=\frac{1}{p}\left(\sqrt{p}\,\sqrt{1+4p}+\frac{1}{2}\ln\left|2\sqrt{p}+\sqrt{1+4p}\right|\right)$$

$$=\frac{1}{p}\left(\sqrt{p(1+4p)}+\frac{1}{2}\ln\left|2\sqrt{p}+\sqrt{1+4p}\right|\right),$$

所以

$$\lim_{p\to+\infty} l=\lim_{p\to+\infty}\left(\sqrt{\frac{1}{p}+4}+\frac{1}{2}\cdot\frac{\ln(2\sqrt{p}+\sqrt{1+4p})}{p}\right)=2.$$

显然 $\lim\limits_{p\to 0^+} l=\infty$.

例 13 求曲线 $y=\sqrt{x-x^2}+\arcsin\sqrt{x}$ 的弧长.

解 函数的定义域为 $\begin{cases} x>0, \\ x-x^2>0, \end{cases}$ 即 $0<x<1$.

$$y'=\sqrt{\frac{1-x}{x}},\quad 1+y'^2=\frac{1}{x},$$

所以弧长 $l=\int_0^1\dfrac{1}{\sqrt{x}}\mathrm{d}x=2\sqrt{x}\,\Big|_0^1=2$.

例 14 求曲线 $(y-\arcsin x)^2=1-x^2$ 的弧长.

解 函数的定义域为 $|x|<1$，曲线的图形分成两支：

$y_{1,2}=\arcsin x\pm\sqrt{1-x^2}$，$|x|<1$（见图 7.16）.

$1+(y'_{1,2})^2=\dfrac{2}{1\pm x}$，由图形的对称性知

$$l=2\int_{-1}^{1}\sqrt{\frac{2}{1+x}}\,\mathrm{d}x=4\sqrt{2}\,\sqrt{1+x}\,\Big|_{-1}^{1}=8.$$

上述积分是个广义积分，但这个广义积分收敛.

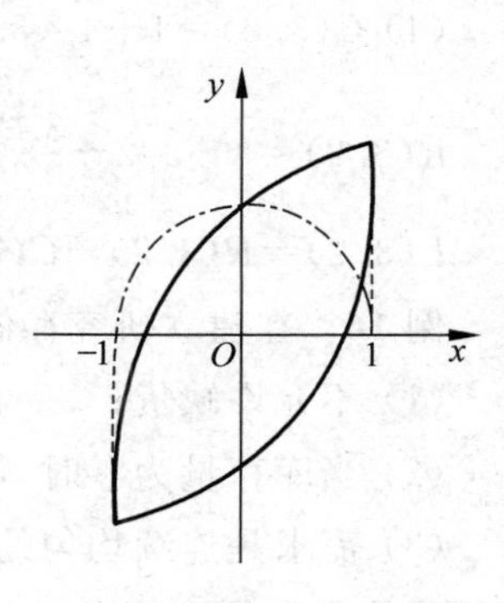

图 7.16

题型 4 简单的经济应用

例 15 设某产品的边际成本是产量 x 的函数

$$C'(x) = 4 + 0.25x(\text{万元 / 百台}),$$

边际收入也是产量 x 的函数

$$R'(x) = 8 - x.$$

(1) 求产量由 100 台增加到 500 台时总成本与总收入各增加多少?

(2) 固定成本 $C(0)=1$ 万元,分别求总成本、总收入及总利润函数.

(3) 产量为多少时总利润最大?

(4) 求总利润最大时的总成本、总收入及总利润.

解 (1) $\Delta C = \int_1^5 (4 + 0.25x)\mathrm{d}x = \left(4x + \frac{1}{8}x^2\right)\Big|_1^5 = 19(\text{万元})$,

$$\Delta R = \int_1^5 (8 - x)\mathrm{d}x = \left(8x - \frac{1}{2}x^2\right)\Big|_1^5 = 20(\text{万元}).$$

(2) 总成本 $C(x) = C(0) + \int_0^x C'(x)\mathrm{d}x = 1 + \int_0^x (4 + 0.25x)\mathrm{d}x = 1 + 4x + \frac{x^2}{8}$.

总收入 $R(x) = \int_0^x R'(x)\mathrm{d}x = 1 + \int_0^x (8 - x)\mathrm{d}x = 8x - \frac{x^2}{2}$.

总利润 $L(x)=R(x)-C(x)=-\frac{5x^2}{8}+4x-1$.

(3) $L'(x)=-\frac{5x}{4}+4$,令 $L'(x)=0$ 得 $x=3.2$(百台). 又 $L''(3.2)=-\frac{5}{4}<0$,所以 $x=3.2$ 为极大值点,也是最大值点,故当 $x=3.2$(百台)时,总利润最大.

(4) $C(3.2)=1+4\times 3.2+\frac{3.2^2}{8}=15.08$(万元).

$R(3.2)=8\times 3.2-\frac{3.2^2}{2}=20.48$(万元).

$L(3.2)=R(3.2)-C(3.2)=20.48-15.08=5.4$(万元).

例 16 在建立研究存储模型时,为使问题简化,总是假设:

(1) 不允许缺货;

(2) 当库存量为零时,可立即得到补充;

(3) 需求是连续均匀的.

证明平均库存量为最大库存量的一半.

证明 设年需求量为 S,每次订货量为 q,则存储量变化情况可用图 7.17 的折线表示.

在两次订货间隔时间 t 内,存储总量为直线下方三角形面积,即 $Q=\frac{1}{2}qt$,所以平均存储量为 $\frac{Q}{t}=\frac{q}{2}$.

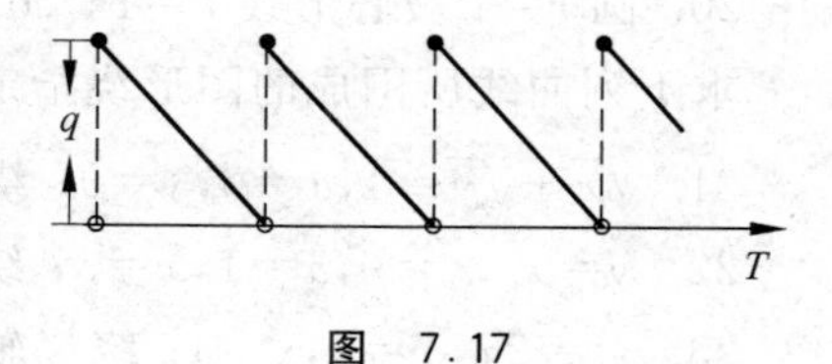

图 7.17

7.3 习题

基本题

求平面图形的面积:

1. 求抛物线 $y=3-2x-x^2$ 与 Ox 轴所围成图形的面积.

2. 求由曲线 $y=\ln x$ 和直线 $y=\ln a, y=\ln b, x=0(b>a>0)$ 所围成平面图形的面积.

3. 求由曲线 $y=e^x, y=e^{-x}$ 和直线 $x=1$ 所围成的图形的面积.

4. 求由曲线 $y=2-x^2, y^3=x^2$ 所围成的图形的面积.

5. 抛物线 $y^2=2x$ 分圆 $x^2+y^2=8$ 的面积为两部分,求这两部分的面积.

6. 求曲线 $y^2=(4-x)^3$ 与 $x=0$ 所围成的图形的面积.

7. 求抛物线 $y=-x^2+4x-3$ 及其在点 $(0,-3)$ 和 $(3,0)$ 处的切线所围成图形的面积.

8. 直线 $y=x$ 将椭圆 $x^2+3y^2=6y$ 分成两块,设小块面积为 A,大块面积为 B,求 A/B 的值.

9. 求曲线 $\sqrt{y}+\sqrt{x}=1$ 与坐标轴所围成的图形的面积.

10. 求抛物线 $y^2=4ax$ 及其在点 $(a,2a)$ 处的法线所围成图形的面积.

11. 求直线 $y=\sqrt{3}x$ 与圆 $(x-a)^2+y^2=a^2(a>0)$ 所围成的图形较小部分的面积.

12. 求三个圆 $x^2+y^2=4, (x-2)^2+y^2=4, (x-1)^2+(y-\sqrt{3})^2=4$ 公共部分的面积.

13. 求由抛物线 $y^2=4ax$ 与过焦点的弦所围成图形的面积的最小值 $(a>0)$.

14. 求由摆线 $x=a(t-\sin t), y=a(1-\cos t)(0\leqslant t\leqslant 2\pi)$ 的一拱与 x 轴所围成图形的面积.

15. 求由曲线 $\begin{cases}x=2t-t^2,\\y=2t^2-t^3\end{cases}$ 所围成图形的面积.

16. 求由三叶玫瑰曲线 $r=8\sin 3\theta$ 所围成图形的面积.

17. 求由曲线 $r=3(1-\sin\theta)$ 所围成图形的面积.

18. 求在圆 $r=2\cos\theta$ 内部且在心形线 $r=2(1-\cos\theta)$ 外部的面积.

19. 求由曲线 $r=\sqrt{2}\sin\theta$ 与 $r^2=\cos 2\theta$ 所围成的图形的公共部分的面积.

20. 圆 $r=1$ 被心形线 $r=1+\cos\theta$ 分割成两部分，求这两部分的面积.

求下列曲线所围成的图形绕指定旋转轴旋转所成旋转体的体积：

21. $\sqrt{x}+\sqrt{y}=1, x=0, y=0$；绕 x 轴.

22. $y=x^3, y=0, x=1, x=3$；绕 x 轴.

23. $y^2=2x, x=0, y=4$；绕 y 轴.

24. $y^2=2x^3$ 在第一象限部分，$x=1, x=4, y=0$；绕 x 轴.

25. $y=\tan x, y=0, 0\leqslant x\leqslant\frac{\pi}{4}$；绕 x 轴.

26. $y=\sin x, y=0, 0\leqslant x\leqslant\pi$；绕 x 轴.

27. $y=\sin x, y=0, 0\leqslant x\leqslant\pi$；绕 y 轴.

28. $y^2=4x$ 在第一象限部分，$y=0, x=4$；绕直线 $x=4$.

29. $x^2=3-y, y=-1$；绕 $y=-1$.

30. 由 $y=x^2+1, x=0, x=1, y=0$ 围成的平面图形，绕 y 轴.

31. 由 $y=2x-x^2, y=0$ 围成的图形，绕 y 轴.

计算下列立体的体积：

32. 以抛物线 $y^2=2x$ 与直线 $x=2$ 所围成的图形为底，而垂直于抛物线轴的截面都是等边三角形的立体.

33. 以长半轴 $a=10$，短半轴 $b=5$ 的椭圆为底，而垂直于长轴的截面是等边三角形的立体.

34. 立体的底是曲线 $y=x^2, y=8-x^2$ 所围的平面图形，垂直于 x 轴的平面与该立体的截面是以 AB（见图 7.18）为直径的半圆.

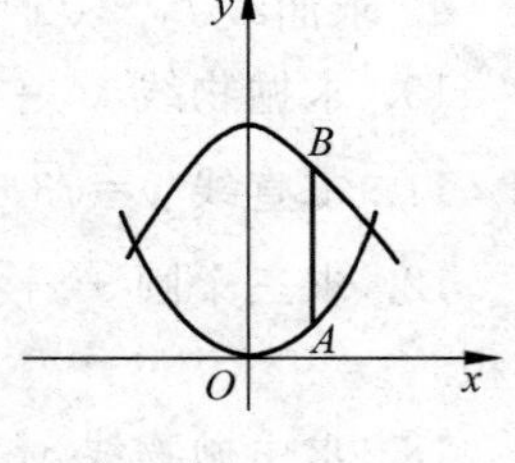

图 7.18

35. 以椭圆 $\frac{x^2}{a^2}+\frac{y^2}{b^2}=1(0<b<a)$ 为底的柱体，被一个通过短轴而与底面成 α 角的平面所截，求截得部分的体积.

36. 求心形线 $r=4(1+\cos\theta)$ 及射线 $\theta=0$ 及 $\theta=\frac{\pi}{2}$ 所围成的图形绕极轴旋转所成旋转体的体积.

求下列曲线弧长：

37. 计算抛物线 $y^2=2px(p>0)$ 从顶点到点 $\left(\frac{p}{2}, p\right)$ 的一段曲线弧长.

38. 计算半立方抛物线 $y^2=\frac{2}{3}(x-1)^3$ 被抛物线 $y^2=\frac{x}{3}$ 截得的一段弧的长度.

39. 计算曲线 $x=\frac{1}{4}y^2-\frac{1}{2}\ln y$ 相应于 $1\leqslant y\leqslant \mathrm{e}$ 的一段弧的长度.

40. 计算悬链线 $y=\frac{\mathrm{e}^x+\mathrm{e}^{-x}}{2}$ 在 $x=-1$ 到 $x=1$ 之间一段弧的长度.

41. 求心形线 $r=a(1+\cos\theta)$ 的全长.

42. 计算曲线 $x=\mathrm{e}^t\sin t, y=\mathrm{e}^t\cos t$ 自 $t=0$ 到 $t=\frac{\pi}{2}$ 的一段弧的长度.

43. 计算曲线 $r=a\theta$ 自 $\theta=0$ 到 $\theta=2\pi$ 一段弧的长度.

44. 在星形线 $x=a\cos^3 t, y=a\sin^3 t$ 上两点 $A(a,0)$ 及 $B(0,a)$ 之间的弧段上求点 M，使弧 AM 的长为弧 AB 长的 $1/4$.

45. 在摆线 $x=a(t-\sin t), y=a(1-\cos t)$ 上求分割摆线第一拱的长度成 1∶3 的点的坐标.

46. 证明曲线 $y=\sin x$ 的一个周期的弧长等于椭圆 $2x^2+y^2=2$ 的周长.

47. 求曲线 $r=a\sin^6\frac{\theta}{3}$ 的全长($a>0$).

综合题

48. 已知抛物线 $y=x^2+ax+b$，(1)从原点作此曲线的切线可作几条?(2)若有两条，求出此二切线与曲线所成图形的面积.

49. 设 $f(x)$ 是三次多项式，当 $x=3$ 时有极小值 0. 又知曲线 $y=f(x)$ 在点(1,8)的切线过点(3,0). 试求：(1) $f(x)$；(2)曲线 $y=f(x)$ 与 Ox 轴所围成图形的面积.

50. 在抛物线 $y=-x^2+1$ 上求一点 $P(x_0,y_0)(x_0\neq 0)$，使过 P 点的切线与抛物线及两坐标轴所围成的图形面积最小.

51. 如图 7.19，已知抛物线 $y=x(x-a)$ 与直线 $y=0$，$x=c(0<a<c)$ 所围成的图形绕 Ox 轴旋转所得旋转体的体积恰好等于 $\triangle OPA$ 绕 Ox 轴旋转所得锥体的体积，求 c 值.

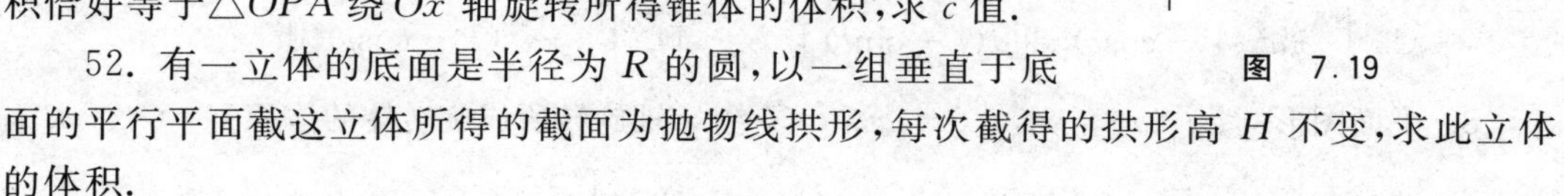

图 7.19

52. 有一立体的底面是半径为 R 的圆，以一组垂直于底面的平行平面截这立体所得的截面为抛物线拱形，每次截得的拱形高 H 不变，求此立体的体积.

自测题

一、单项选择题

1. 曲线 $y=\sqrt{x}$ 与直线 $x=1, y=2$ 所围成的图形的面积 $S=$(　　).

A. $\frac{7}{3}$　　B. $\frac{4}{3}$　　C. $\frac{14}{3}$　　D. $\frac{16}{3}$

2. 曲线 $x=y^2$ 与直线 $x-y=2$ 所围成的图形的面积 $S=$(　　).

A. $\frac{9}{2}$　　B. $\frac{7}{2}$　　C. $\frac{31}{6}$　　D. $\frac{23}{6}$

3. 圆周 $\rho=\cos\theta,\rho=2\cos\theta$ 及 $\theta=0,\theta=\frac{\pi}{4}$ 所围成的图形的面积 $S=$(　　).

A. $\frac{3}{8}(\pi+2)$　　B. $\frac{1}{16}(\pi+2)$　　C. $\frac{3}{16}(\pi+2)$　　D. $\frac{7}{8}\pi$

4. 曲线 $y=x^2$ 与 $x=y^2$ 所围成的平面图形绕 x 轴旋转一周所形成的旋转体的体积 $V=$(　　).

A. $\frac{\pi}{5}$　　B. $\frac{3\pi}{5}$　　C. π　　D. $\frac{3\pi}{10}$

5. 曲线 $y=\frac{x^2}{4}-\frac{1}{2}\ln x$ 介于 $x=1$ 与 $x=2$ 之间的一段曲线弧长 $l=$(　　).

A. $\frac{1}{4}(1+2\ln 2)$　　B. $\frac{3}{4}(1+2\ln 2)$

C. $\frac{1}{4}(1-\ln 2)$　　D. $\frac{3}{4}+\frac{1}{2}\ln 2$

6. 曲线 $y=\mathrm{e}^x$ 与曲线过原点的切线及 y 轴所围成的图形的面积 $S=$(　　).

A. $\int_0^1(\mathrm{e}^x-\mathrm{e}x)\mathrm{d}x$　　B. $\int_1^{\mathrm{e}}(\ln y-y\ln y)\mathrm{d}y$

C. $\int_1^{\mathrm{e}}(\mathrm{e}^x-x\mathrm{e}^x)\mathrm{d}x$　　D. $\int_0^1(\ln y-y\ln y)\mathrm{d}y$

7. 摆线 $\begin{cases}x=a(t-\sin t)\\y=a(1-\cos t)\end{cases}$ $(a>0)$ 一拱与 x 轴所围成图形绕 x 轴旋转所成旋转体的体积 $V=$(　　).

A. $\int_0^{2\pi a}\pi a^2(1-\cos t)^2\mathrm{d}[a(t-\sin t)]$　　B. $\int_0^{2\pi}\pi a^2(1-\cos t)^2\mathrm{d}t$

C. $\int_0^{2\pi}\pi a^2(1-\cos t)^2\mathrm{d}[a(t-\sin t)]$　　D. $\int_0^{2\pi a}\pi a^2(1-\cos t)^2\mathrm{d}t$

8. 平面图形 $0\leqslant f_1(x)\leqslant y\leqslant f_2(x),a\leqslant x\leqslant b$ 绕 x 轴旋转所成旋转体的体积 $V=$(　　).

A. $\pi\int_a^b[f_2(x)-f_1(x)]^2\mathrm{d}x$　　B. $\pi\int_a^b[f_2(x)-f_1(x)]\mathrm{d}x$

C. $\pi\int_a^b([f_2(x)]^2-[f_1(x)]^2)\mathrm{d}x$　　D. $\int_a^b([f_2(x)]^2-[f_1(x)]^2)\mathrm{d}x$

9. 曲线 $y=\sin x(0\leqslant x\leqslant\pi)$ 及 x 轴所围成平面图形绕 y 轴旋转所得旋转体的体积 $V=$(　　).

A. $2\pi^2$　　B. π^2　　C. 2　　D. 4π

10. 心形线 $r=4(1+\cos\theta)$ 与射线 $\theta=0,\theta=\dfrac{\pi}{2}$ 围成的图形绕极轴旋转所成旋转体的体积 $V=($　　$)$.

A. $\int_0^{\frac{\pi}{2}}\pi 16(1+\cos\theta)^2\mathrm{d}\theta$

B. $\int_0^{\frac{\pi}{2}}\pi 16(1+\cos\theta)^2\sin^2\theta\mathrm{d}\theta$

C. $\int_0^{\frac{\pi}{2}}\pi 16(1+\cos\theta)^2\sin^2\theta\mathrm{d}[4(1+\cos\theta)\cos\theta]$

D. $\int_{\frac{\pi}{2}}^0\pi 16(1+\cos\theta)^2\sin^2\theta\mathrm{d}[4(1+\cos\theta)\cos\theta]$

二、解答题

1. 求下列平面图形的面积：

(1) 由曲线 $y=\dfrac{x^2}{2},x^2+y^2=8$ 所围成(上半部分)；

(2) 由曲线 $y=\mathrm{e}^x,y=\mathrm{e}^{-x}$ 及 $x=1$ 所围成；

(3) 由曲线 $r=3\cos\theta,r=1+\cos\theta$ 所围成的公共部分；

(4) 抛物线 $y=x(x-a)$ 与直线 $y=x$ 围成.

2. 求曲线的弧长：

(1) 曲线 $r=a\mathrm{e}^{\lambda\theta}(\lambda>0)$ 从 $\theta=0$ 至 $\theta=\alpha$ 的一段；

(2) 曲线 $\begin{cases}x=a(\cos t+t\sin t),\\ y=a(\sin t-t\cos t)\end{cases}$ 从 $t=0$ 至 $t=\pi$ 的一段.

3. 求曲线 $y=\mathrm{e}^x(x\leqslant 0),x=0,y=0$ 所围图形绕 Ox 轴和 Oy 轴旋转所得旋转体的体积.

4. 在抛物线 $4y=x^2$ 上有一点 P,已知该点的法线与抛物线所围成的弓形的面积为最小,求 P 点的坐标.

5. 有一内壁形状为抛物面 $z=x^2+y^2$ 的容器,原来盛有 $8\pi\mathrm{cm}^3$ 的水,后来又注入 $64\pi\mathrm{cm}^3$ 的水,问水面提高了多少?

7.4 习题答案

基本题

1. $\dfrac{32}{3}$.　2. $b-a$.　3. $\mathrm{e}+\mathrm{e}^{-1}-2$.　4. $2\dfrac{2}{15}$.　5. $S_{小}=2\left(\pi+\dfrac{2}{3}\right),S_{大}=2\left(3\pi-\dfrac{2}{3}\right)$.

6. $25\dfrac{3}{5}$. 7. 2. 8. $\dfrac{A}{B}=\dfrac{4\pi-3\sqrt{3}}{8\pi+3\sqrt{3}}$. 9. $\dfrac{1}{6}$. 10. $\dfrac{64}{3}a^2$. 11. $\left(\dfrac{\pi}{6}-\dfrac{\sqrt{3}}{4}\right)a^2$.

12. $2(\pi-\sqrt{3})$. 13. $\dfrac{8}{3}a^2$. 14. $3\pi a^2$. 15. $\dfrac{8}{15}$. 16. 16π. 17. $\dfrac{27}{2}\pi$.

18. $4\left(\sqrt{3}-\dfrac{\pi}{3}\right)$. 19. $\dfrac{\pi}{6}+\dfrac{1-\sqrt{3}}{2}$. 20. $S_1=\dfrac{5}{4}\pi-2, S_2=2-\dfrac{\pi}{4}$. 21. $\dfrac{\pi}{15}$.

22. $\dfrac{2186}{7}\pi$. 23. $\dfrac{256}{5}\pi$. 24. $\dfrac{255}{2}\pi$. 25. $\pi\left(1-\dfrac{\pi}{4}\right)$. 26. $\dfrac{\pi^2}{2}$. 27. $2\pi^2$.

28. $\dfrac{512}{15}\pi$. 29. $\dfrac{512}{15}\pi$. 30. $\dfrac{3}{2}\pi$. 31. $\dfrac{8}{3}\pi$. 32. $4\sqrt{3}$. 33. $\dfrac{1000}{3}\sqrt{3}$.

34. $\dfrac{256}{15}\pi$. 35. $\dfrac{2}{3}a^2b\cdot\tan\alpha$. 36. 160π. 37. $\dfrac{p}{2}[\sqrt{2}+\ln(1+\sqrt{2})]$.

38. $\dfrac{8}{9}\left[\left(\dfrac{5}{2}\right)^{\frac{3}{2}}-1\right]$. 39. $\dfrac{1}{4}(e^2+1)$. 40. $e-e^{-1}$. 41. $8a$. 42. $\sqrt{2}(e^{\frac{\pi}{2}}-1)$.

43. $\pi a\sqrt{1+4\pi^2}+\dfrac{a}{2}\ln(2\pi+\sqrt{1+4\pi^2})$. 44. $\left(\dfrac{3\sqrt{3}}{8}a, \dfrac{a}{8}\right)$.

45. $\left(\left(\dfrac{2\pi}{3}-\dfrac{\sqrt{3}}{2}\right)a, \dfrac{3}{2}a\right)$. 47. $\dfrac{3}{2}\pi a$.

综合题

48. 解：由于 $y=x^2+ax+b$ 的图像开口向上，则：

(1) 当 $b>0$ 时，图像与 y 轴的交点在点 $(0,0)$ 的上方，过 $(0,0)$ 点有两条切线；

(2) 当 $b=0$ 时，图像通过点 $(0,0)$，过 $(0,0)$ 点有一条切线；

(3) 当 $b<0$ 时，图像与 y 轴的交点在点 $(0,0)$ 的下方，过 $(0,0)$ 点不存在切线.

当 $b>0$ 时，有两条切线，设切点为 (x_0, y_0)，切线斜率为 k，则

$$k=y'|_{x=x_0}=2x_0+a,$$

切线方程为

$$y-y_0=(2x_0+a)(x-x_0).$$

因为切线通过原点，从而 $-y_0=-x_0(2x_0+a)$，即 $y_0=x_0(2x_0+a)$. 又因为 (x_0, y_0) 在抛物线上，所以 $y_0=x_0^2+ax_0+b$，从而有 $2x_0^2+ax_0=x_0^2+ax_0+b$，解得 $x_0=\pm\sqrt{b}$，$k_{1,2}=\pm 2\sqrt{b}+a$. 故切线方程为 $y=(a+2\sqrt{b})x$ 和 $y=(a-2\sqrt{b})x$，所求区域的面积为

$$S=\int_{-\sqrt{b}}^{0}[x^2+ax+b-(a-2\sqrt{b})x]\mathrm{d}x+\int_{0}^{\sqrt{b}}[x^2+ax+b-(a+2\sqrt{b})x]\mathrm{d}x$$

$$=\left[\frac{1}{3}x^3+\frac{1}{2}x^2a+bx-(a-2\sqrt{b})\frac{1}{2}x^2\right]_{-\sqrt{b}}^{0}$$

$$+\left[\frac{1}{3}x^3+\frac{1}{2}x^2a+bx-(a+2\sqrt{b})\frac{1}{2}x^2\right]_0^{\sqrt{b}}$$

$$=-\left(-\frac{1}{3}b\sqrt{b}+\frac{1}{2}ab-b\sqrt{b}-\frac{1}{2}ab+b\sqrt{b}\right)+\frac{1}{3}b\sqrt{b}+\frac{1}{2}ba+b\sqrt{b}-\frac{1}{2}ab-b\sqrt{b}$$

$$=\frac{2}{3}b\sqrt{b}.$$

49. 解：设 $f(x)=ax^3+bx^2+cx+d$.

由于 $x=3$ 是 $f(x)$ 的极小值点，且极小值是 0，则 $0=27a+9b+3c+d$,

$$f'(3)=(3ax^2+2bx+c)\big|_{x=3}=27a+6b+c=0.$$

已知点(1,8)在曲线 $y=f(x)$ 上，有 $8=a+b+c+d$. 由于过该点切线方程为

$$y-8=k(x-1)=f'(1)(x-1)=(3a+2b+c)(x-1),$$

该切线过(3,0)，则有 $0-8=2(3a+2b+c)$，即 $3a+2b+c=-4$，解下面方程组：

$$\begin{cases}27a+9b+3c+d=0,\\27a+6b+c=0,\\a+b+c+d=8,\\3a+2b+c=-4.\end{cases}\quad\text{得}\begin{cases}a=1,\\b=-5,\\c=3,\\d=9.\end{cases}$$

因此，所求三次多项式为 $f(x)=x^3-5x^2+3x+9$.

令 $y=0$，即 $x^3-5x^2+3x+9=(x-3)^2(x+1)=0$. 解得 $x_1=3, x_2=-1$. 所以曲线 $y=f(x)$ 与 Ox 轴所围区域的面积是

$$S=\int_{-1}^{3}|x^3-5x^2+3x+9|\,\mathrm{d}x=\int_{-1}^{3}(x-3)^2|x+1|\,\mathrm{d}x=\int_{-1}^{3}(x^3-5x^2+3x+9)\,\mathrm{d}x$$

$$=\left(\frac{1}{4}x^4-\frac{5}{3}x^3+\frac{3}{2}x^2+9x\right)\Big|_{-1}^{3}=\frac{64}{3}.$$

50. 解：在曲线上取一点 $P(x_0,y_0)$，则 $y_0=-x_0^2+1$，过 $P(x_0,y_0)$ 切线的斜率 $k=y'\big|_{(x_0\ \ y_0)}=-2x_0$，所以切线方程是

$$y-(-x_0^2+1)=-2x_0(x-x_0),\quad \text{即}\quad y=-2x_0x+x_0^2+1.$$

该切线在 x 轴、y 轴上的截距分别是 $\dfrac{x_0^2+1}{2x_0}$，x_0^2+1，故该切线、抛物线、二坐标轴所围成区域的面积是

$$S=\frac{1}{2}\cdot\frac{(x_0^2+1)^2}{x_0}-\int_0^1(-x^2+1)\,\mathrm{d}x=\frac{1}{4}\cdot\frac{(x_0^2+1)^2}{x_0}-\frac{2}{3},$$

求导 $S'=\dfrac{1}{4}\cdot\dfrac{x_0^4-1}{x_0^2}$，令 $S'=0$，解得 $x_0=\pm1$ 此时 $y_0=0$. 故所求点为$(\pm1,0)$.

51. 解：如图(见原题)，P 点坐标是$(c,c(c-a))$，由阴影部分绕 x 轴旋转的旋转体体积是

$$V=\pi\int_0^c f^2(x)\mathrm{d}x=\pi\int_0^c x^2(x-a)^2\mathrm{d}x$$

$$=\pi\int_0^c(x^4-2ax^3+a^2x^2)\mathrm{d}x=\pi\left(\frac{1}{5}x^5-\frac{a}{2}x^4+\frac{a^2}{3}x^3\right)\Big|_0^c$$

$$=\pi\left(\frac{1}{5}c^5-\frac{a}{2}c^4+\frac{a^2}{3}c^3\right).$$

由$\triangle OPA$绕x轴旋转的旋转体体积是

$$\frac{1}{3}\pi r^2h=\frac{1}{3}\pi c^2(c-a)^2c.$$

由题意

$$\frac{1}{3}\pi c^3(c-a)^2=\pi\left(\frac{1}{5}c^5-\frac{a}{2}c^4+\frac{a^2}{3}c^3\right),$$

即

$$\frac{1}{5}c^2-\frac{a}{2}c+\frac{a^2}{3}=\frac{1}{3}c^2-\frac{2}{3}ca+\frac{a^2}{3},$$

或$\frac{1}{5}c-\frac{a}{2}=\frac{1}{3}c-\frac{2}{3}a$,即$\frac{2}{15}c=\frac{1}{6}a$,从而解得$c=\frac{5}{4}a$.

52. 解:如图7.20(a),用过$(x_0,0)$且垂直于x轴的平面截立体,令截面面积为$S(x_0)$.圆方程是$x^2+y^2=R^2$.如图7.20(b),抛物线方程是$y=ax^2+H$,其中a为未知常数.由于该抛物线过$(\sqrt{R^2-x_0^2},0)$点,因此有$0=a(R^2-x_0^2)+H$,$a=\frac{-H}{R^2-x_0^2}$,所以

$$y=\frac{-H}{R^2-x_0^2}x^2+H=\frac{H}{x_0^2-R^2}x^2+H.$$

因此,

$$S(x_0)=2\int_0^{\sqrt{R^2-x_0^2}}\left(\frac{H}{x_0^2-R^2}x^2+H\right)\mathrm{d}x=2H\left(\frac{\frac{1}{3}x^3}{x_0^2-R^2}+x\right)\Bigg|_0^{\sqrt{R^2-x_0^2}}$$

$$=2H\sqrt{R^2-x_0^2}\left(\frac{1}{3}+1\right)=\frac{4}{3}H\sqrt{R^2-x_0^2}.$$

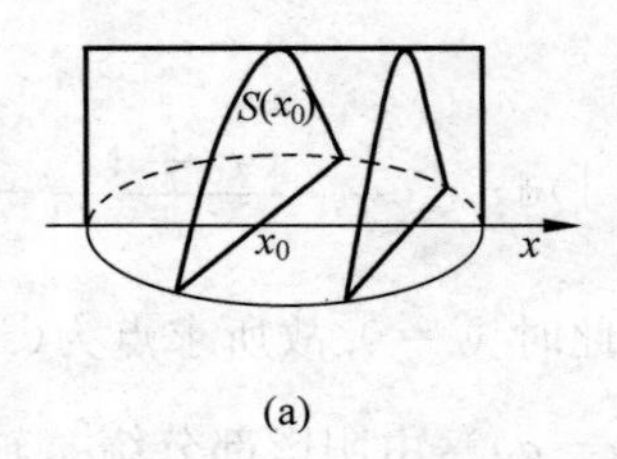

(a)

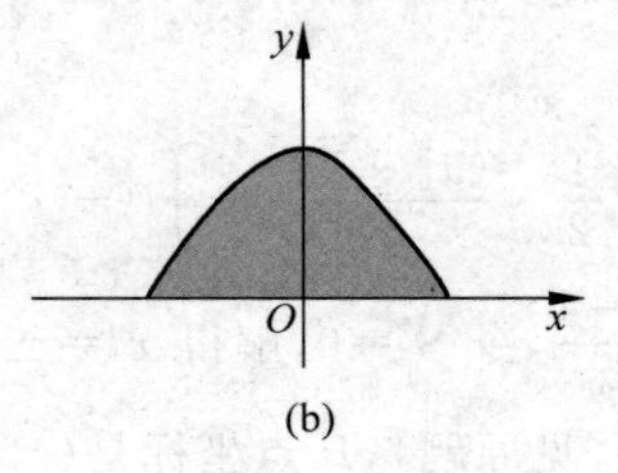

(b)

图 7.20

于是所求的立体的体积

$$V=2\int_0^R \frac{4}{3}H\sqrt{R^2-x^2}\,\mathrm{d}x=\frac{8}{3}H\left(\frac{x}{2}\sqrt{R^2-x^2}+\frac{R^2}{2}\arcsin\frac{x}{R}\right)\Big|_0^R$$

$$=\frac{8}{3}H\cdot\frac{R^2}{2}\cdot\frac{\pi}{2}=\frac{2\pi R^2}{3}H.$$

自测题

一、1. B. 2. A. 3. C. 4. D. 5. D.

6. A. 7. C. 8. C. 9. A. 10. D.

二、1. (1) $\int_{-2}^{2}\left(\sqrt{8-x^2}-\frac{x^2}{2}\right)\mathrm{d}x$；(2) $\int_0^1(\mathrm{e}^x-\mathrm{e}^{-x})\mathrm{d}x$；

(3) $2\left[\int_0^{\frac{\pi}{3}}\frac{1}{2}(1+\cos\theta)^2\mathrm{d}\theta+\int_{\frac{\pi}{3}}^{\frac{\pi}{2}}\frac{1}{2}(3\cos\theta)^2\mathrm{d}\theta\right]$；(4) $\frac{(3+a)a^2}{6}$.

2. (1) $\int_0^{\alpha}\alpha\mathrm{e}^{\lambda\theta}\sqrt{1+\lambda^2}\,\mathrm{d}\theta$；(2) $\int_0^{\pi}at\,\mathrm{d}t$.

3. $V_x=\frac{\pi}{2}$；$V_y=2\pi$. 4. $P(\pm 2,1)$. 5. 8cm.

第 8 章 微分方程初步

8.1 内容提要

1. 基本概念

(1) 微分方程及解的概念

凡含有未知函数的导数或微分的方程叫**微分方程**.微分方程中出现的未知函数的最高阶导数的阶数称为微分方程的**阶**.代入微分方程能使方程成为恒等式的函数称为微分方程的**解**.含有任意常数,且任意常数的个数与微分方程的阶数相同的解称为微分方程**通解**.确定了通解中任意常数以后的解称为**特解**.用来确定任意常数的条件称为**初始条件**.

(2) 差分方程及解的概念

含有自变量、未知函数以及未知函数差分的方程称为**差分方程**(或含有自变量以及未知函数一个以上时期的符号的方程称为差分方程).方程中含有未知函数差分的最高阶数称为差分方程的**阶**(或方程中含有未知函数附标的最大值与最小值的差称为差分方程的阶).

n 阶差分方程的一般形式为

$$H(x, y_x, \Delta y_x, \Delta^2 y_x, \cdots, \Delta^n y_x) = 0,$$

或

$$F(x, y_x, y_{x+1}, \cdots, y_{x+n}) = 0.$$

如果一个函数代入差分方程后,方程两边恒等,则称此函数为该差分方程的**解**. 对差分方程附加一定的条件,这种附加条件称之为**初始条件**.满足初始条件的解称为**特解**.如果差分方程的解中含有相互独立的任意常数的个数恰好等于方程的阶数,则称它为差分方程的**通解**.

2. 可分离变量的微分方程

(1) 可分离变量的微分方程

形如

$$\frac{\mathrm{d}y}{\mathrm{d}x} = f(x)g(y)$$

的方程称为**可分离变量的微分方程**,其中 $f(x)$,$g(x)$是 x 或 y 的连续函数. 此方程通解为

$$\int \frac{\mathrm{d}y}{g(y)} = \int f(x)\mathrm{d}x + C \quad (C\text{ 是任意常数}).$$

若 $g(y)=0$ 有实根 y_0,则 $y=y_0$(y_0 为常数)也是解.

(2) 可化为可分离变量的方程

① 形如

$$\frac{\mathrm{d}y}{\mathrm{d}x} = f(ax+by)$$

的方程,其中 a 和 b 是常数. 作变量代换 $z=ax+by$,将方程化为可分离变量的方程.

② 形如

$$\frac{\mathrm{d}y}{\mathrm{d}x} = \varphi\left(\frac{y}{x}\right)$$

的方程称为**齐次方程**. 作变量代换$\frac{y}{x}=u$,将方程化为可分离变量的方程.

3. 一阶线性微分方程

(1) 一阶线性微分方程

一般形式为

$$\frac{\mathrm{d}y}{\mathrm{d}x} + P(x)y = Q(x),$$

其中 $P(x)$,$Q(x)$都是 x 的已知连续函数.

若 $Q(x)\equiv 0$,方程

$$\frac{\mathrm{d}y}{\mathrm{d}x} + P(x)y = 0$$

称为**一阶线性齐次方程**,其通解为

$$y = C\mathrm{e}^{-\int P(x)\mathrm{d}x} \quad (C\text{ 为任意常数}).$$

当 $Q(x)\equiv 0$ 不成立时,方程称为**一阶线性非齐次方程**,通解为

$$y = \mathrm{e}^{-\int P(x)\mathrm{d}x}\left[\int Q(x)\mathrm{e}^{\int P(x)\mathrm{d}x}\mathrm{d}x + C\right].$$

(2) 伯努利方程

形式为

$$y' + P(x)y = Q(x)y^{\alpha} \quad (\alpha\text{ 为常数,且 }\alpha \neq 0,1).$$

令 $y^{1-\alpha}=z$,可化成一阶线性微分方程

$$\frac{\mathrm{d}z}{\mathrm{d}x}+(1-\alpha)P(x)z=(1-\alpha)Q(x).$$

4. 几类可降阶的高阶微分方程

(1) $y^{(n)}=f(x)$型

积分 n 次便可得到通解

$$\underbrace{\iint\cdots\int}_{n个}f(x)\mathrm{d}x=C_1x^{n-1}+C_2x^{n-2}+\cdots+C_{n-1}x+C_n.$$

(2) $y''=f(x,y')$型

方程右端不显含 y,令 $y'=p(x)$,则得

$$p'(x)=f(x,p(x)).$$

这是关于未知函数 $p(x)$的一阶微分方程,可求出其通解 $p=p(x,C_1)$.

再由关系式 $y'=p(x)$积分即得原方程的通解为

$$y=\int p(x,C_1)\mathrm{d}x+C_2.$$

(3) $y''=f(y,y')$型

方程右端不显含自变量 x,作代换 $y'=p(y)$,则 $y''=\frac{\mathrm{d}p}{\mathrm{d}y}p$,方程化为

$$p\frac{\mathrm{d}p}{\mathrm{d}y}=f(y,p).$$

这是关于未知函数 $p(y)$的一阶微分方程,求出通解 $p=p(y,C_1)$.

再由关系式

$$\frac{\mathrm{d}y}{\mathrm{d}x}=p(y,C_1),$$

用分离变量法解得原方程的通解为 $y=y(x,C_1,C_2)$.

5. 线性微分方程解的性质与解的结构

n 阶线性微分方程的一般形式为

$$y^{(n)}+p_1(x)y^{(n-1)}+\cdots+p_{n-1}(x)y'+p_n(x)y=f(x),$$

其中 $p_1(x),\cdots,p_n(x),f(x)$都是 x 的连续函数.

$$y^{(n)}+p_1(x)y^{(n-1)}+\cdots+p_{n-1}(x)y'+p_n(x)y=0$$

称为 ***n* 阶线性齐次方程**.

(1) 解的叠加原理

设 $y_1(x), y_2(x)$ 分别是方程

$$y^{(n)} + p_1(x)y^{(n-1)} + \cdots + p_{n-1}(x)y' + p_n(x)y = f_1(x)$$

和

$$y^{(n)} + p_1(x)y^{(n-1)} + \cdots + p_{n-1}(x)y' + p_n(x)y = f_2(x)$$

的解，则 $y_1(x) + y_2(x)$ 是方程

$$y^{(n)} + p_1(x)y^{(n-1)} + \cdots + p_{n-1}(x)y' + p_n(x)y = f_1(x) + f_2(x)$$

的解.

(2) 复解的分解原理

如果 $y(x) = y_1(x) + \mathrm{i}y_2(x)$(其中 $\mathrm{i} = \sqrt{-1}$)是方程

$$y^{(n)} + p_1(x)y^{(n-1)} + \cdots + p_{n-1}(x)y' + p_n(x)y = f_1(x) + \mathrm{i}f_2(x)$$

的解，则 $y_1(x)$ 与 $y_2(x)$ 分别是方程

$$y^{(n)} + p_1(x)y^{(n-1)} + \cdots + p_{n-1}(x)y' + p_n(x)y = f_1(x)$$

和

$$y^{(n)} + p_1(x)y^{(n-1)} + \cdots + p_{n-1}(x)y' + p_n(x)y = f_2(x)$$

的解.

(3) 二阶齐次线性方程解的结构

定理 如果 $y_1(x), y_2(x)$ 分别是方程 $y' + p_1(x)y' + p_2(x)y = 0$ 的两个线性无关的解，则该方程的通解为

$$y = C_1 y_1 + C_2 y_2.$$

(4) 二阶非齐次线性方程解的结构

定理 设 y^* 是线性非齐次方程 $y_1'' + p_1(x)y_1' + p_2(x)y_1 = f(x)$ 的一个特解，Y 是相应的齐次方程的通解，则非齐次方程的通解为

$$y = Y + y^*.$$

6. 二阶常系数线性微分方程

表 8-1 列出了二阶常系数线性微分方程的解的各种形式.

表 8-1

	特征根情况	方程的通解
齐次方程 $y'' + py' + qy = 0$ 特征方程 $\lambda^2 + p\lambda + q = 0$	两个不同实根 $\lambda_{1,2}$	$y = C_1 e^{\lambda_1 x} + C_2 e^{\lambda_2 x}$
	两个相等实根 $\lambda_1 = \lambda_2 = \lambda$	$y = (C_1 + C_2 x)e^{\lambda x}$
	两个共轭复根 $\lambda_{1,2} = \alpha \pm \beta\mathrm{i}$	$y = e^{\alpha x}(C_1 \cos\beta x + C_2 \sin\beta x)$

续表

	$f(x)=P_m(x)e^{\lambda x}$	特解 y^* 形式
非齐次方程 $y''+py'+qy=f(x)$	λ 不是特征方程的根	$y^*=Q_m(x)e^{\lambda x}$
	λ 是特征方程的单重根	$y^*=xQ_m(x)e^{\lambda x}$
	λ 是特征方程的二重根	$y^*=x^2Q_m(x)e^{\lambda x}$

注：其中 $P_m(x)$，$Q_m(x)$ 都表示 m 次多项式，C_1，C_2 为任意常数.

7. 一阶常系数线性差分方程

方程的各种解的形式见表 8-2.

表 8-2

齐次方程 $y_{x+1}-ay_x=0$	通解为 $y_x=Aa^x$	
非齐次方程 $y_{x+1}-ay_x=f(x)$ 通解：$y_x=Aa^x+\tilde{y}_x$	$f(x)$ 的形式	特解 y^* 形式
	$f(x)=C$	$a\neq1$ 时，$\tilde{y}_x=k$
		$a=1$ 时，$\tilde{y}_x=kx$
	$f(x)=cb^x$	$b\neq a$ 时，$\tilde{y}_x=kb^x$
		$b=a$ 时，$\tilde{y}_x=kxb^x$
	$f(x)=P_n(x)$	$a\neq1$ 时，$\tilde{y}_x=Q_n(x)$
		$a=1$ 时，$\tilde{y}_x=xQ_n(x)$

注：其中 $P_n(x)$，$Q_n(x)$ 都表示 n 次多项式，A 为任意常数.

*8. 二阶常系数线性差分方程

二阶常系数线性差分方程的特征根及通解形式见表 8-3.

表 8-3

	特征根情形	方程通解
齐次方程 $y_{x+2}+ay_{x+1}+by_x=0$	两个不同实根 $\lambda_{1,2}$	$y_x=A_1\lambda_1^x+A_2\lambda_2^x$
	两个相等实根 $\lambda_1=\lambda_2=\lambda$	$y_x=(A_1+A_2x)\lambda^x$
	两个共轭复根 $\lambda_{1,2}=\alpha\pm\beta\mathrm{i}$ $=r(\cos\theta\pm\mathrm{i}\sin\theta)$	$y_x=r^x(A_1\cos x\theta+A_2\sin x\theta)$
非齐次方程 $y_{x+2}+ay_{x+1}+by_x=f(x)$ 通解：$y=y_x+y_x^*$	$f(x)=P_n(x)\lambda^x$	特解 y_x^* 形式
	λ 不是特征方程的根	$y_x^*=Q_n(x)\lambda^x$
	λ 是特征方程的单重根	$y_x^*=xQ_n(x)\lambda^x$
	λ 是特征方程的二重根	$y_x^*=x^2Q_n(x)\lambda^x$

8.2 典型例题解析

题型 1 可分离变量的微分方程

例 1 求解下列微分方程：

(1) $\dfrac{dy}{dx}=\dfrac{y}{\sqrt{1-x^2}}$；　　(2) $\dfrac{dy}{dx}=(1+x+x^2)y$，且 $y(0)=e$.

解 (1) 分离变量得

$$\frac{dy}{y}=\frac{dx}{\sqrt{1-x^2}},$$

两边积分，有

$$\int\frac{1}{y}dy=\int\frac{1}{\sqrt{1-x^2}}dx,$$

求积分得

$$\ln|y|=\arcsin x+C_1,$$

即

$$y=\pm e^{C_1}e^{\arcsin x}=Ce^{\arcsin x}\quad(C=\pm e^{C_1}),$$

从而通解为

$$y=Ce^{\arcsin x}\quad(\text{显然 } y=0 \text{ 也包含在其中}).$$

(2) 分离变量得

$$\frac{dy}{y}=(1+x+x^2)dx,$$

两边积分，有

$$\int\frac{1}{y}dy=\int(1+x+x^2)dx,$$

求积分得

$$\ln|y|=x+\frac{x^2}{2}+\frac{x^3}{3}+C_1,$$

即

$$y=\pm e^{C_1}e^{x+\frac{x^2}{2}+\frac{x^3}{3}}=Ce^{x+\frac{x^2}{2}+\frac{x^3}{3}},\quad C=\pm e^{C_1},$$

从而通解为

$$y=Ce^{x+\frac{x^2}{2}+\frac{x^3}{3}}.$$

由 $y(0)=e$，得 $C=e$，故特解为 $y=e^{1+x+\frac{x^2}{2}+\frac{x^3}{3}}$.

例 2 求微分方程$(3x^2+2xy-y^2)\mathrm{d}x+(x^2-2xy)\mathrm{d}y=0$的通解.

解 由原方程得

$$\frac{\mathrm{d}y}{\mathrm{d}x}=\frac{3x^2+2xy-y^2}{-x^2+2xy}=\frac{3+2\dfrac{y}{x}-\left(\dfrac{y}{x}\right)^2}{2\dfrac{y}{x}-1}.$$

令$u=\dfrac{y}{x}$,代入原方程得关于u和x的微分方程

$$xu'=\frac{3+3u-3u^2}{2u-1},$$

分离变量得

$$\int\frac{2u-1}{3+3u-3u^2}\mathrm{d}u=\int\frac{\mathrm{d}x}{x}.$$

从而有

$$-\frac{1}{3}\int\frac{1}{1+u-u^2}\mathrm{d}(1+u-u^2)=\ln x+\ln C_1,$$

即

$$-\frac{1}{3}\ln(1+u-u^2)=\ln C_1x,\quad 1+u-u^2=\frac{C}{x^3},$$

因此

$$1+\frac{y}{x}-\frac{y^2}{x^2}=\frac{C}{x^3},$$

所以原方程的通解是$x^2+xy-y^2=\dfrac{C}{x}$.

例 3 求方程$(x+2y-3)\mathrm{d}x+(2x-y+1)\mathrm{d}y=0$的通解.

解 原方程化为

$$\frac{\mathrm{d}y}{\mathrm{d}x}=-\frac{x+2y-3}{2x-y+1},$$

解方程组

$$\begin{cases}x+2y-3=0,\\2x-y+1=0,\end{cases}$$

得$x=\dfrac{1}{5}$,$y=\dfrac{7}{5}$.令

$$\begin{cases}X=x-\dfrac{1}{5},\\Y=y-\dfrac{7}{5},\end{cases}\quad\text{即}\quad\begin{cases}x=X+\dfrac{1}{5},\\y=Y+\dfrac{7}{5},\end{cases}$$

原方程变为

$$\frac{\mathrm{d}Y}{\mathrm{d}X}=-\frac{X+2Y}{2X-Y},$$

这是齐次方程

$$\frac{\mathrm{d}Y}{\mathrm{d}X}=-\frac{1+2Y/X}{2-Y/X},$$

令 $u=\frac{Y}{X}$，则 $Y=uX,\frac{\mathrm{d}Y}{\mathrm{d}X}=u+X\frac{\mathrm{d}u}{\mathrm{d}X}$，代入上一方程，得

$$u+X\frac{\mathrm{d}u}{\mathrm{d}X}=-\frac{1+2u}{2-u},$$

移项并分离变量，得

$$\frac{u-2}{1+4u-u^2}\mathrm{d}u=\frac{1}{X}\mathrm{d}X,$$

积分得

$$-\frac{1}{2}\ln|1+4u-u^2|=\ln|X|+C_1,$$

$$(1+4u-u^2)X^2=C_2,\quad C_2=\pm\mathrm{e}^{-2C_1}.$$

回代得

$$X^2+4XY-Y^2=C_2,$$

即

$$\left(x-\frac{1}{5}\right)^2+4\left(x-\frac{1}{5}\right)\left(y-\frac{7}{5}\right)-\left(y-\frac{7}{5}\right)^2=C_2.$$

整理得通解

$$x^2-6x-y^2+4xy+2y=C.$$

题型 2　一阶线性微分方程

例 4　求解下列一阶线性微分方程：

(1) $y'+y\tan x=\cos x$；　　(2) $\frac{\mathrm{d}y}{\mathrm{d}x}=\frac{1}{x+y^2}$.

解　(1) 由一阶线性非齐次方程通解公式有

$$y=\mathrm{e}^{-\int p(x)\mathrm{d}x}\left(\int q(x)\mathrm{e}^{\int p(x)\mathrm{d}x}\mathrm{d}x+C\right)=\mathrm{e}^{-\int\tan x\mathrm{d}x}\left(\int\cos x\mathrm{e}^{\int\tan x\mathrm{d}x}\mathrm{d}x+C\right)$$

$$=\mathrm{e}^{\ln\cos x}\left(\int\cos x\cdot\frac{1}{\cos x}\mathrm{d}x+C\right)=(x+C)\cos x.$$

(2) 方程变形为$\frac{\mathrm{d}x}{\mathrm{d}y}-x=y^2$,这是$x$关于$y$的一阶线性微分方程,其中$P(y)=-1$,$Q(y)=y^2$,通解为

$$x=\mathrm{e}^{-\int(-1)\mathrm{d}y}\left[C+\int y^2\mathrm{e}^{\int(-1)\mathrm{d}y}\cdot\mathrm{d}y\right]=\mathrm{e}^{y}\left[C+\int y^2\mathrm{e}^{-y}\mathrm{d}y\right]=C\mathrm{e}^{y}-(y^2+2y+2).$$

例 5 求微分方程$(y^4-3x^2)\mathrm{d}y+xy\mathrm{d}x=0$的通解.

解 令$x^2=t$,则$2x\mathrm{d}x=\mathrm{d}t$,从而有$(y^4-3t)\mathrm{d}y+\frac{1}{2}y\mathrm{d}t=0$,所以

$$\frac{\mathrm{d}t}{\mathrm{d}y}=\frac{-y^4+3t}{\frac{1}{2}y},\quad 或\quad t'-\frac{6}{y}t=-2y^3,$$

通解是

$$t=\mathrm{e}^{-\int\left(-\frac{6}{y}\right)\mathrm{d}y}\left(\int(-2y^3)\mathrm{e}^{\int-\frac{6}{y}\mathrm{d}y}\mathrm{d}y+C\right),$$

从而有

$$x^2=y^6\left(-\int 2y^3y^{-6}\mathrm{d}y+C\right)=y^6\left(-2\int y^{-3}\mathrm{d}y+C\right)=y^6(y^{-2}+C)=y^4+Cy^6,$$

即

$$x^2=y^4+Cy^6.$$

例 6 已知可微函数$f(x)$满足方程$\int_1^x\frac{f(x)}{f^2(x)+x}\mathrm{d}x=f(x)-1$,试求$f(x)$.

解 两边求导得

$$\frac{f(x)}{f^2(x)+x}=f'(x)=\frac{\mathrm{d}y}{\mathrm{d}x},$$

因此

$$\frac{\mathrm{d}x}{\mathrm{d}y}=\frac{y^2+x}{y},\quad 或\quad x'-\frac{1}{y}x=y,$$

所以

$$x=\mathrm{e}^{-\int\left(-\frac{1}{y}\right)\mathrm{d}y}\left(\int y\mathrm{e}^{\int\left(-\frac{1}{y}\right)\mathrm{d}y}\mathrm{d}y+C\right)=y\left(\int y\cdot\frac{1}{y}\mathrm{d}y+C\right)=y(y+C).$$

当$x=1$时,$f(x)=1$,即$y=1$,所以$C=0$,$x=y^2$,从而$f(x)=\sqrt{x}$.

题型 3 几类可降阶的高阶微分方程

例 7 解下列二阶微分方程:

(1) 求方程$yy''-(y')^2=0$的通解;

(2) $y''-xy'^2=0, y(0)=0, y'(0)=-1$;

(3) $yy''-y'(y'-1)=0$.

解 (1) 方程不显含自变量 x，令 $y'=p(y)$ 原方程可变为 $yp\dfrac{dp}{dy}-p^2=0$，即 $p=0$ 或 $y\dfrac{dp}{dy}=p$，由 $y'=p=0$ 得 $y=C$. 由 $y\dfrac{dp}{dy}=p$ 分离变量，得

$$\frac{dp}{p}=\frac{dy}{y},$$

两边积分

$$\int\frac{dp}{p}=\int\frac{dy}{y},$$

求积分得 $\ln p=\ln y+\ln C_1$，即 $p=C_1y$.

解 $y'=C_1y$，得 $y=C_2e^{C_1x}$. 因 $y=C$ 包含于 $y=C_2e^{C_1x}$ 中，故原方程通解为 $y=C_2e^{C_1x}$.

(2) 方程不显含 y，令 $y'=p$，则 $y''=p'$，原方程变为

$$p'-xp^2=0,$$

分离变量得

$$\frac{1}{p^2}dp=xdx,$$

积分得

$$-\frac{1}{p}=\frac{1}{2}x^2+C_1,\quad 即\quad -y'=\frac{2}{x^2+2C_1}.$$

因 $y'(0)=-1$，故 $C_1=1$，$y'=\dfrac{-2}{x^2+2}$，再积分得

$$y=-\sqrt{2}\arctan\frac{x}{\sqrt{2}}+C_2,$$

又 $y(0)=0$，得 $C_2=0$. 故 $y=-\sqrt{2}\arctan\dfrac{x}{\sqrt{2}}$ 为满足初始条件的特解.

(3) 方程不显含 x，令 $y'=p$，则 $y''=p\dfrac{dp}{dy}$，原方程变为

$$yp\frac{dp}{dy}-p(p-1)=0,$$

从而推得 $p=0$，或 $y\dfrac{dp}{dy}=p-1$.

由 $p=0$ 得 $y=C$；由 $y\dfrac{dp}{dy}=p-1$，分离变量得

$$\frac{dp}{p-1}=\frac{dy}{y},$$

积分得

$$\ln|p-1|=\ln|y|+\ln|C_1|,\quad 即\quad p-1=C_1y,$$

代回 p 得 $y'=1+C_1y$,再分离变量,得

$$\frac{\mathrm{d}y}{1+C_1y}=\mathrm{d}x,$$

积分得

$$\ln|1+C_1y|=C_1x+\ln|C_2|.$$

故 $1+C_1y=C_2\mathrm{e}^{C_1x}$ 为原方程的通解,而 $y=C$ 是该方程的特解.

题型 4　二阶(常系数)线性微分方程

例 8　已知 $y_1=x\mathrm{e}^x+\mathrm{e}^{2x}$,$y_2=x\mathrm{e}^x+\mathrm{e}^{-x}$,$y_3=x\mathrm{e}^x+\mathrm{e}^{2x}+\mathrm{e}^{-x}$ 是某二阶线性微分方程的三个解,求此微分方程.

解　设所求微分方程为 $y''+a_1(x)y'+a_2(x)y=f(x)$. 因为 $y_3-y_1=\mathrm{e}^{-x}$,$y_3-y_2=\mathrm{e}^{2x}$ 都是相应的齐次方程 $y''+a_1(x)y'+a_2(x)y=0$ 的解,将其代入原方程有

$$\begin{cases}1-a_1(x)+a_2(x)=0,\\4+2a_1(x)+a_2(x)=0,\end{cases}$$

解得 $a_1(x)=-1$,$a_2(x)=-2$. 所以所求方程为 $y''-y'-2y=f(x)$.

又知 $y^*=y_1-(y_3-y_2)=x\mathrm{e}^x$ 是其一个解,故

$$f(x)=(x\mathrm{e}^x)''-(x\mathrm{e}^x)'-2x\mathrm{e}^x=\mathrm{e}^x-2x\mathrm{e}^x,$$

因此所求方程为 $y''-y'-2y=\mathrm{e}^x-2x\mathrm{e}^x$.

例 9　设微分方程 $y''+k^2y=0(k>0)$.

(1) 确定 k,使方程有满足条件 $y|_{x=0}=y|_{x=1}=0$ 的非零解;

(2) 对于方程的任意一个解 y,证明 $y'^2+k^2y^2$ 为常数.

解　(1) 特征方程 $r^2+k^2=0$ 的根是 $r_{1,2}=\pm k\mathrm{i}$. 通解是

$$y=C_1\cos kx+C_2\sin kx.$$

由初始条件 $y|_{x=0}=y|_{x=1}=0$,得 $0=C_1$,$C_2\sin k=0$,$k=n\pi(n\in\mathbb{Z}_+)$,非零解是 $y=C_2\sin n\pi x$.

(2) 设 y 是方程的一个解,则有 $y''+k^2y=0$. 因为

$$(y'^2+k^2y^2)'=2y'y''+k^2\cdot 2yy'=2y'(y''+k^2y)=0,$$

所以 $y'^2+k^2y^2$ 是一个常数.

例 10　求下列二阶常系数线性微分方程的解:

(1) $y''-2y'+2y=\mathrm{e}^x$;　　(2) $y''+4y'+4y=\mathrm{e}^{-2x}$.

解 （1）相应的齐次方程为

$$y''-2y'+2y=0,$$

特征方程为

$$r^2-2r+2=0,$$

特征根是 $r_{1,2}=1\pm \mathrm{i}$. 所以齐次方程通解是

$$y_1(x)=\mathrm{e}^x(C_1\cos x+C_2\sin x).$$

因为 $\lambda=1$ 不是特征方程的特征根，因此设非齐次方程的特解为 $y_2(x)=a\mathrm{e}^x$，代入原方程，有

$$a\mathrm{e}^x-2a\mathrm{e}^x+2a\mathrm{e}^x=\mathrm{e}^x,$$

解得 $a=1$. 所以原方程通解为

$$y=\mathrm{e}^x+\mathrm{e}^x(C_1\cos x+C_2\sin x).$$

（2）相应的齐次方程为

$$y''+4y'+4y=0,$$

特征方程是

$$r^2+4r+4=0,$$

特征根 $r_1=r_2=-2$，齐次方程通解是 $\mathrm{e}^{-2x}(C_1x+C_2)$.

因为 $\lambda=-2$ 是特征方程的二重根，所以可设非齐次方程的特解为

$$y(x)=x^2a\mathrm{e}^{-2x},$$

代入方程整理并求得 $2a=1$，即 $a=\dfrac{1}{2}$，从而特解为 $y=\dfrac{1}{2}x^2\mathrm{e}^{-2x}$，所以原方程通解为

$$y=\frac{1}{2}x^2\mathrm{e}^{-2x}+\mathrm{e}^{-2x}(C_1x+C_2).$$

题型 5 微分方程的简单应用

例 11 设曲线 $y=f(x)$ 为连接 $A(1,0)$，$B(0,1)$ 两点的曲线，位于弦 AB 的上方，$P(x,y)$ 为其上任一点，弦 BP 与该曲线围成的面积为 x^3，求该曲线.

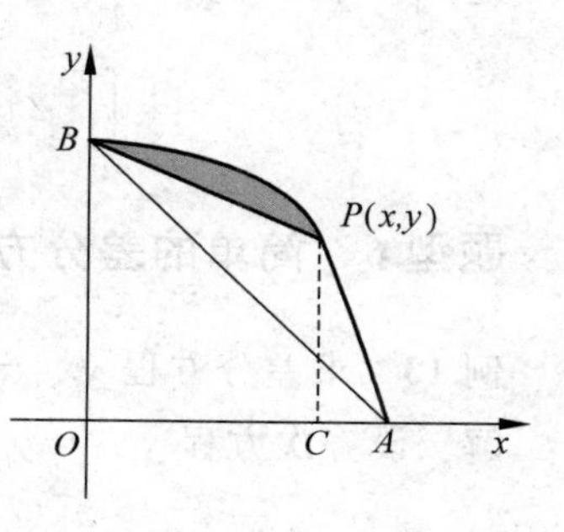

图 8.1

解 由题意画出图 8.1，从图中可以看出，阴影部分的面积等于曲边梯形 $BPCO$ 的面积减去直角梯形 $BPCO$ 的面积，即

$$\int_0^x f(x)\mathrm{d}x-\frac{1}{2}x[1+f(x)]=x^3,$$

两边求导，得

$$f(x)-\frac{1}{2}[1+f(x)]-\frac{1}{2}xf'(x)=3x^2,$$

即

$$f'(x)-\frac{1}{x}f(x)=-6x-\frac{1}{x},$$

解这个一阶线性方程，得

$$f(x)=-6x^2+Cx+1.$$

由于曲线过 $A(1,0)$，因而有 $0=-6+C+1$，得 $C=5$，所以曲线方程为

$$f(x)=-6x^2+5x+1.$$

例 12 已知曲线 $y=f(x)(x>0)$ 是微分方程 $2y''+y'-y=(6-4x)\mathrm{e}^{-x}$ 的一条积分曲线，此曲线通过原点且在原点处的切线斜率为 0.

(1) 试求曲线 $y=f(x)$ 到 x 轴的最大距离；

(2) 计算 $\int_0^{+\infty} f(x)\mathrm{d}x$.

解 微分方程的特征方程为 $2\lambda^2+\lambda-1=0$，解得特征根 $\lambda_1=-1,\lambda_2=\frac{1}{2}$.

设非齐次方程的特解为 $y^*(x)=x(ax+b)\mathrm{e}^{-x}$，带入方程并求得 $a=1,b=0$，即 $y^*(x)=x^2\mathrm{e}^{-x}$，故微分方程的通解为

$$y=C_1\mathrm{e}^{-x}+C_2\mathrm{e}^{\frac{1}{2}x}+x^2\mathrm{e}^{-x}.$$

将初始条件 $y|_{x=0}=0,y'|_{x=0}=0$，代入通解中，得 $C_1=0,C_2=0$，故曲线为 $y=x^2\mathrm{e}^{-x}$.

(1) $y'=f'(x)=2x\mathrm{e}^{-x}-x^2\mathrm{e}^{-x}$，令 $f'(x)=0$，得驻点 $x=2$.

$$f''(x)=2\mathrm{e}^{-x}-2x\mathrm{e}^{-x}-2x\mathrm{e}^{-x}+x^2\mathrm{e}^{-x},\quad f''(2)=-2\mathrm{e}^{-2}<0,$$

故 $\max f(x)=x^2\mathrm{e}^{-x}|_{x=2}=4\mathrm{e}^{-2}$，即为曲线到 x 轴的最大距离.

(2)
$$\int_0^{+\infty} f(x)\mathrm{d}x=\int_0^{+\infty} x^2\mathrm{e}^{-x}\mathrm{d}x=-x^2\mathrm{e}^{-x}\Big|_0^{+\infty}+\int_0^{+\infty}2x\mathrm{e}^{-x}\mathrm{d}x$$
$$=\int_0^{+\infty}2x\mathrm{e}^{-x}\mathrm{d}x=-x^2\mathrm{e}^{-x}\Big|_0^{+\infty}+\int_0^{+\infty}2\mathrm{e}^{-x}\mathrm{d}x=2.$$

题型 6 简单的差分方程

例 13 求差分方程 $y_{t+1}-y_t=t2^t$ 的通解.

解 设齐次方程 $y_{t+1}-y_t=0$ 的通解为 $\tilde{y}_t=(at+b)2^t$，带入方程，得 $y=A$,

$$a[(t+1)+b]2^{t+1}-(at+b)2^t=t2^t,$$

即 $2at+2a+2b-at-b=t$，解得 $a=1,b=-2$. 所以原方程通解为

$$y=A+(t-2)2^t\quad(A\text{ 为任意常数}).$$

8.3 习题

基本题

指出下列各题中的函数是否为所给微分方程的解：

1. $xy'-2y=0, y=5x^2$.

2. $dy-y^2dx=0, y=-\dfrac{1}{x+c}$.

3. $y'=-\dfrac{x}{y}, x^2+y^2=C$.

4. $y''-y^2=x^2, y=\dfrac{1}{x}$.

5. $y''+y=0, y=C_1\cos x+C_2\sin x$.

6. $y''-2y'+y=0, y=xe^x$.

7. $xy''+2y'-xy=0, y=\dfrac{\sin x}{x}$.

在下列各题中，对给定的曲线族，求出它所对应的微分方程：

8. $(x-C)^2+y^2=1$.

9. $y=C_0+C_1x+C_2x^2$.

10. $xy=C_1e^x+C_2e^{-x}$.

求微分方程的通解：

11. $x(y^2-1)dx+y(x^2-1)dy=0$.

12. $(e^{x+y}-e^x)dx+(e^{x+y}+e^x)dy=0$.

13. $y-xy'=a(y^2+y')$.

14. $xy'-y\ln y=0$.

15. $y'\tan x-y=a$.

16. $y'=\dfrac{x}{y\sqrt{1-x^2}}$.

17. $3e^x\tan y dx+(1-e^x)\sec^2 y dy=0$.

18. $(x+xy)+y'(y-xy)=0$.

19. $x\sqrt{3+y^2}dx+y\sqrt{2+x^2}dy=0$.

20. $y'y\sqrt{\dfrac{1-x^2}{1-y^2}}+1=0$.

21. $\dfrac{dy}{dx}=\dfrac{2y}{x-2y}$.

22. $y(x^2-xy+y^2)dx+x(x^2+xy+y^2)dy=0$.

23. $\dfrac{dy}{dx}=\dfrac{4x+3y}{x+y}$.

24. $x\dfrac{dy}{dx}=y(\ln y-\ln x)$.

25. $x\dfrac{dy}{dx}=y+\sqrt{x^2+y^2}$.

26. $(x^3+y^3)dx-3xy^2dy=0$.

27. $(1+2e^{\frac{x}{y}})dx+2e^{\frac{x}{y}}\left(1-\dfrac{x}{y}\right)dy=0$.

28. $\left(2x\tan\dfrac{y}{x}+y\right)dx=xdy$.

29. $xy'+y=2\sqrt{xy}$.

30. $xdy=y(1+\ln y-\ln x)dx$.

31. $\dfrac{dy}{dx}=2\left(\dfrac{y+2}{x+y-1}\right)^2$.

32. $(4x+3y+1)dx+(x+y-1)dy=0$.

33. $\dfrac{dy}{dx}=\dfrac{y-x+1}{y-x+5}$.

34. $\dfrac{dy}{dx}=\dfrac{y-x+1}{y+x+5}$.

35. $\dfrac{dy}{dx}=\dfrac{1}{(x+y)^2}$.

36. $\dfrac{dy}{dx}=\cos(x-y)$.

37. $y+xy'=y(\ln x+\ln y)$.

38. $y'=y^2+2(\sin x-1)y+\sin^2 x-2\sin x-\cos x+1$.

39. $\dfrac{dy}{dx}=(x+y)^2$.

40. $y(xy+1)dx+x(1+xy+x^2y^2)dy=0$.

41. $\dfrac{dy}{dx}+\dfrac{y}{x}=1$.

42. $(x^2-1)\dfrac{dy}{dx}+2xy=4x^2$.

43. $(x^2-1)y'+2xy-\cos x=0$.

44. $\dfrac{dy}{dx}=\dfrac{y}{y-x}$.

45. $ydx+(1+y)xdy=e^y dy$.

46. $y'+y=e^{-x}$.

47. $xy'+y=x^2+3x+2$.

48. $(y^2-6x)y'+2y=0$.

49. $\tan t\dfrac{dx}{dt}-x=5$.

50. $\dfrac{ds}{dt}+s\cos t=\dfrac{1}{2}\sin 2t$.

51. $\dfrac{dy}{dx}+\dfrac{2}{x}y=3x^2y^{\frac{4}{3}}$.

52. $y'-\dfrac{4}{x}y=x\sqrt{y}$.

53. $3xy'-y-3xy^4\ln x=0$.

54. $xdy=y(xy-1)dx$.

55. $y'+y=y^2(\cos x-\sin x)$.

求下列微分方程满足给定初始条件的特解：

56. $(1+x^2)y'=\arctan x, y(0)=0$.

57. $x\dfrac{dy}{dx}+y-e^{-x}=0, y(1)=e$.

58. $\cos x\dfrac{dy}{dx}=y\sin x+\cos^2 x, y\Big|_{x=\pi}=1$.

59. $xy'+(1-x)y=e^{2x}(0<x<+\infty), \lim\limits_{x\to 0^+}y(x)=1$.

60. $x\dfrac{dy}{dx}+x+\sin(x+y)=0, y\Big|_{x=\frac{\pi}{2}}=0$.

61. $y'=e^{2x-y}, y\Big|_{x=0}=0$.

62. $y'\sin x=y\ln y, y\Big|_{x=\frac{\pi}{2}}=e$.

63. $y'-3y=e^{2x}, y\Big|_{x=0}=0$.

64. $y'+y\tan x=\sin 2x, y\Big|_{x=0}=2$.

65. $y'-y=-y^2(x^2+x+1), y\Big|_{x=0}=1$.

66. $2xyy'+(1+x)y^2=e^x, y\Big|_{x=1}=\sqrt{e}$.

67. $xy'+y=y^2x^2\ln x, y\Big|_{x=1}=\dfrac{1}{2}$.

68. $y'=\dfrac{x}{y}+\dfrac{y}{x}, y\Big|_{x=1}=2$.

69. $xy'-2y=x^5, y\Big|_{x=1}=1$.

70. $y'-y\tan x=\sec x, y\Big|_{x=0}=0$.

71. 已知曲线通过原点，且曲线上点(x,y)处的切线斜率等于$2x+y$，求此曲线的方程.

72. 求一曲线，使其切线在纵轴上的截距等于切点的横坐标.

73. 假设任何物体在空气中的温度服从牛顿冷却定律(冷却速度与物体和空气的温度差成比例). 如果空气是20℃，一物体在20min内由100℃冷却至60℃，问在多长的时间里这个物体的温度将达到30℃？

74. 在伽利略发现一块物体在没有空气阻力的情况下从某高处放手下落时，其速度与下落时间(从下落开始算起)成正比这一规律之前，他猜测速度是与下落距离成正比的.

(1) 假设这一猜测是正确的，那么，试写出有关t时刻下落距离$S(t)$与它的导数的方程；

(2) 用你在(1)中得到的方程及正确的初始条件，说明他的猜测是错误的.

75. 枯死的落叶在森林中以每年3g/cm^2的速率聚集到地面上，同时，这些枯叶又以每年75%的速率腐烂. 试写出一个有关枯叶总质量(1cm^2之上的)随时间变化的微分方程. 解你所得到的微分方程，并研究当时间$t\to+\infty$时，总质量的变化趋势.

76. 一长方体形容器其三个维度分别为20m，10m和10m，因此它的容积为2000m^3，即2×10^6L. 起初容器装满纯净水，在$t=0$(min)时，浓度为10g/L的盐水以60L/min的速度被注入到容器中，盐水立即就与纯净水融合，融合后多出的混合盐水也以同样的速度被从容器底下排出，以$S(t)$表示t时刻容器中盐的质量.

(1) 写出$S(t)$所满足的微分方程；

(2) 解此方程求出$S(t)$；

(3) $t\to\infty$时，$S(t)$如何？

77. 有一子弹以$v_0=200$m/s的速度射入厚度为$h=10$cm的木板，穿过木板后仍有速度$v_1=80$m/s. 假设木板对子弹的阻力与其速度的平方成正比，求子弹通过木板所需要的时间.

78. 设$y=f(x)(x\geqslant0)$连续可微，且$f(0)=1$，现已知曲线$y=f(x)$，x轴，x轴上过O与x两点的垂线围成的图形的面积值与曲线$y=f(x)$在$[0,x]$上的一段弧长值相等，求$f(x)$.

79. 设有一质量为m的质点，以初速度v_0被竖直向上抛，假定空气阻力与速度成正比，求速度v与时间t的函数关系.

80. 镭的衰变有如下的规律：镭的衰变速度与镭的现存量R成正比，由经验断定，镭经过1600年后，只余原始量R_0的一半，试求镭的量R与时间t的函数关系.

81. 容纳1000m^3空气的房间，原来没有一氧化碳. 从时间$t=0$开始，含有4%一氧化碳的烟吹入房间，其速率为$0.1\text{m}^3/\text{min}$，充分对流后的混合气体又以相同的速率流出房间，试求多长时间后房间内一氧化碳的浓度达到0.012%.

82. 某种日用品，当时的售价是每个单位P(元)，在一段时间后，市场规律使得这一售价趋向于一平衡价格.这一平衡价格为P_0(元),按照这种价格供需双方正好达到平衡.价格的变化率是由艾文思价格调解模型来描述的.这一模型说,实际市场上的价格P(元)的变化率是与实际价格同平衡价格之间的差值成正比的.

(1) 写出作为时间t的函数P满足的微分方程;

(2) 解出P;

(3) 对不同的初始条件(即有高于平衡值的,又有低于平衡值的)画出解曲线;

(4) $t\to\infty$时,P的变化如何?

求下列微分方程的通解:

83. $y''=2x\ln x$.

84. $xy''=y'+x^2$.

85. $yy''=1+(y')^2$.

86. $y''=\dfrac{1}{\sqrt{y}}$.

87. $y''=(y')^3+y'$.

88. $y''=2x-\cos x$.

89. $y''=\dfrac{1}{x}$.

90. $y''=1+(y')^2$.

91. $y''=y'+x$.

92. $xy''+y'=0$.

93. $yy''+1=(y')^2$.

求下列微分方程满足给定初始条件的特解:

94. $y''(x^2+1)=2xy'$, $y\big|_{x=0}=1$, $y'\big|_{x=0}=3$.

95. $yy''=2((y')^2-y')$, $y\big|_{x=0}=1$, $y'\big|_{x=0}=2$.

96. $y''=3\sqrt{y}$, $y\big|_{x=0}=1$, $y'\big|_{x=0}=2$.

97. $y''=2y^3$, $y\big|_{x=0}=1$, $y'\big|_{x=0}=1$.

98. $y^3y''=-1$, $y\big|_{x=0}=1$, $y'\big|_{x=1}=0$.

求以下列各组函数为基本解组的微分方程:

99. $y_1=\cos x$, $y_2=\sin x$.

100. $y_1=e^{2x}$, $y_2=e^{-3x}$.

求下列微分方程的通解:

101. $y''-4y=0$.

102. $y''+4y'=0$.

103. $y''-2y'+2y=0$.

104. $y''+2y'+y=0$.

105. $y''-2y'-3y=0$.

106. $y''+2y'+5y=0$.

107. $y''-6y'+25y=0$.

108. $y^{(4)}-y=0$.

109. $y^{(5)}+2y'''+y'=0$.

110. $y'''+y=0$.

111. $y''+y'=2x^2e^x$.

112. $y''+10y'+25y=2e^{-5x}$.

113. $y''+3y'+2y=2x\sin x$.

114. $y''+4y=-4\sin 2x$.

115. $y''-6y'+9y=e^x\sin x$.

116. $y''+2y'+5y=e^{-x}\cos 2x$.

117. $y''+y'=\cos^2 x+e^x+x^2$.

118. $y''+4y=x\sin^2 x$.

119. $y''-y=x$.

120. $y''-y'=x^2$.

121. $y''-5y'+4y=x^2-2x+1$.

122. $y''+4y=e^{-2x}$.

123. $y''+y'-2y=e^x+e^{2x}$.

124. $y''-2y'+y=x+2xe^x$.

125. $y''-3y'=2e^{2x}\sin x$.

求微分方程满足初始条件的特解：

126. $y''-4y'+3y=0, y\big|_{x=0}=6, y'\big|_{x=0}=10$.

127. $y''+25y=0, y\big|_{x=0}=2, y'\big|_{x=0}=5$.

128. $y''-4y'+13y=0, y\big|_{x=0}=0, y'\big|_{x=0}=3$.

129. $y''-y=4xe^x, y\big|_{x=0}=0, y'\big|_{x=0}=1$.

130. $y''-4y'=5, y\big|_{x=0}=1, y'\big|_{x=0}=0$.

131. 设已知跳伞运动员打开降落伞时，其速度是 176m/s，假设空气阻力是$\frac{w}{256}v^2$（其中 w 是人伞系统的总重量），试求降落伞打开 t（单位：s）时的运动速度以及其极限速度.

132. 一质量为 m 的物体，在粘性液体中由静止自由下落，假设液体的阻力与运动速度成正比，试求物体运动的规律.

133. 长 6m 的链条自桌面无摩擦地向下滑动，假定在运动起始时，链条自桌面上垂下部分已有一半长，试问需要多少时间链条才全部从桌面上滑落下来.

134. 位于坐标原点的我舰向位于 Ox 轴上 A 点处的敌舰发射制导鱼雷，鱼雷始终对准敌舰，设敌舰以速度 v_0 沿平行于 Oy 轴的直线行驶，又设鱼雷的速度是 $5v_0$，求鱼雷的航迹曲线方程. 又敌舰行多远时被击中？（为便于计算设 OA 距离为 1）.

求下列差分方程的通解或在给定初始条件下的特解：

135. $y_{t+1}-2y_t=3^t, y_0=0$.

136. $y_{t+1}+4y_t=2t^2+t-1$.

137. $y_{t+2}-11y_{t+1}+10y_t=27, y_0=0, y_1=6$.

138. $y_{x+2}-2y_{x+1}+2y_x=2^x$.

139. $y_{x+2}-6y_{x+1}+8y_x=3x^2+2+5\cdot 2^x$.

140. $y_{x+3}-3y_{x+2}+3y_{x+1}-y_x=24(x+2)$.

141. 设某产品在 t 时期的价格为 P_t，供给量与需求量分别为 S_t 与 D_t，对于 $t=0,1,2,\cdots$，有 $S_t=2P_t+1, D_t=-4P_{t-1}+5, S_t=D_t$.

(1) 求证：P_t 应满足差分方程 $P_{t+1}+2P_t=2$；

(2) 在 $P_0=1$ 的初始条件下，求它的特解.

142. 若$\bar{y}_{1t}$是差分方程$y_{t+2}+ay_{t+1}+by_t=f_1(t)$的特解，$\bar{y}_{2t}$是差分方程

$$y_{t+2}+ay_{t+1}+by_t=f_2(t)$$

的特解，证明$\bar{y}_t=\bar{y}_{1t}+\bar{y}_{2t}$是差分方程$y_{t+2}+ay_{t+1}+by_t=f_1(t)+f_2(t)$的特解.

综合题

求下列微分方程的通解：

143. $y'+y\cos x=(\ln x)\mathrm{e}^{-\sin x}$.

144. $\dfrac{\mathrm{d}y}{\mathrm{d}x}=\dfrac{y}{2x}+\dfrac{1}{2y}\tan\dfrac{y^2}{x}$.

145. 求方程$f'(y)\dfrac{\mathrm{d}y}{\mathrm{d}x}+P(x)f(y)=Q(x)$的通解，其中$f'(y),P(x),Q(x)$是连续函数.

146. 若$f(x)$在$(-\infty,+\infty)$有定义，恒不为零，$f'(0)$存在，并且对任意的x,y，恒有$f(x+y)=f(x)+f(y)$，试求$f(x)$.

147. 设$f(x)$为可微函数，解方程$f(x)=\mathrm{e}^x+\mathrm{e}^x\int_0^x[f(t)]^2\mathrm{d}t$.

148. 已知$\int_0^1 f(xt)\mathrm{d}t=\dfrac{1}{2}f(x)+1(x\neq 0,f$可微$)$，求$f(x)$.

*149. 设$f(u)$具有二阶连续偏导数，而$z=f(\mathrm{e}^x\sin y)$满足方程$\dfrac{\partial^2 z}{\partial x^2}+\dfrac{\partial^2 z}{\partial y^2}=\mathrm{e}^{2x}z$，求$f(u)$.

150. 求微分方程$y''+a^2y=\sin x$的通解，其中常数$a>0$.

151. 设$F(x)=f(x)g(x)$，其中函数$f(x),g(x)$在$(-\infty,+\infty)$满足下列条件：$f'(x)=g(x),g'(x)=f(x),f(0)=0,f(x)+g(x)=2\mathrm{e}^x$.

(1) 求$F(x)$所满足的一阶微分方程；　　(2) 求$F(x)$表达式.

152. 利用代换$y=\dfrac{u}{\cos x}$将方程$y''\cos x-2y'\sin x+3y\cos x=\mathrm{e}^x$化简，并求出原方程的通解.

153. 求初值问题$\begin{cases}(y+\sqrt{x^2+y^2})\mathrm{d}x-x\mathrm{d}y=0,\\ y\big|_{x=1}=0\end{cases}$的解.

154. 已知连续函数$f(x)$满足条件$f(x)=\int_0^{3x}f\left(\dfrac{t}{3}\right)\mathrm{d}t+\mathrm{e}^{2x}$，求$f(x)$.

*155. 设函数$f(t)$在$[0,+\infty)$上连续，且满足方程

$$f(t)=\mathrm{e}^{4\pi t^2}+\iint\limits_{x^2+y^2\leqslant 4t^2}f\left(\frac{1}{2}\sqrt{x^2+y^2}\right)\mathrm{d}x\mathrm{d}y,$$

求$f(t)$.

156. 设函数$f(x)$在$[1,+\infty)$上连续，若由曲线$y=f(x)$，直线$x=1,x=t(t>1)$与x

轴所围成的平面图形绕 x 轴旋转一周所成的旋转体体积为 $V(t)=\frac{\pi}{3}[t^2f(t)-f(1)]$，试求 $y=f(x)$ 所满足的微分方程，并求该微分方程满足条件 $y\Big|_{x=2}=\frac{2}{9}$ 的解.

157. 设有微分方程 $y'-2y=\varphi(x)$，其中 $\varphi(x)=\begin{cases}2, & x<1,\\ 0, & x>1.\end{cases}$ 试求在 $(-\infty,+\infty)$ 内的连续函数 $y=y(x)$，使之在 $(-\infty,1)$ 和 $(1,+\infty)$ 内都满足所给方程，且满足条件 $y(0)=0$.

自测题

一、选择题

1. 微分方程 $(2x-y)\mathrm{d}x+(2y-x)\mathrm{d}y=0$ 的通解为(　　).

A. $x^2+y^2=C$　　B. $x^2-y^2=C$

C. $x^2+xy+y^2=C$　　D. $x^2-xy+y^2=C$

2. 微分方程 $\frac{\mathrm{d}y}{\mathrm{d}x}=\frac{y}{x}+\tan\frac{y}{x}$ 的通解是(　　).

A. $\frac{1}{\sin\frac{y}{x}}=Cx$　　B. $\sin\frac{y}{x}=x+C$

C. $\sin\frac{y}{x}=Cx$　　D. $\sin\frac{x}{y}=Cx$

3. 设函数 $y(x)$ 满足微分方程 $\cos^2xy'+y=\tan x$，且当 $x=\frac{\pi}{4}$ 时 $y=0$，则当 $x=0$ 时 $y=$(　　).

A. $\frac{\pi}{4}$　　B. $-\frac{\pi}{4}$　　C. -1　　D. 1

4. 方程 $x(\ln x-\ln y)\mathrm{d}y-y\mathrm{d}x=0$ 是(　　).

A. 可分离变量方程　　B. 齐次方程

C. 一阶线性微分方程　　D. 伯努利方程

5. 方程 $y''-6y+9=(x+1)\mathrm{e}^{3x}$ 的待定特解为(　　).

A. $(ax+b)\mathrm{e}^{3x}$　　B. $x(ax+b)\mathrm{e}^{3x}$

C. $x^2(ax+b)\mathrm{e}^{3x}$　　D. $(x+1)\mathrm{e}^{3x}$

6. 微分方程 $y''+2y'+y=0$ 的通解是(　　).

A. $y=C_1\cos x+C_2\sin x$　　B. $y=C_1\mathrm{e}^x+C_2\mathrm{e}^{2x}$

C. $y=(C_1+C_2x)\mathrm{e}^{-x}$　　D. $y=C_1\mathrm{e}^x+C_2\mathrm{e}^{-x}$

7. 设函数 $y_1(x),y_2(x),y_3(x)$ 都是非齐次方程 $\frac{\mathrm{d}^2y}{\mathrm{d}x^2}+a(x)\frac{\mathrm{d}y}{\mathrm{d}x}+b(x)y=f(x)$ 的特

解，其中 $a(x)$，$b(x)$，$f(x)$ 都是已知函数，则对于任意常数 C_1，C_2，函数

$$y=(1-C_1-C_2)y_1(x)+C_1y_2(x)+C_2y_3(x)(\quad).$$

A. 是所给微分方程的通解

B. 不是微分方程的通解

C. 是所给微分方程的特解

D. 可能是所给微分方程的通解，也可能不是通解，但肯定不是特解

8. 微分方程 $y'''=y''$ 的通解是 $y=(\quad)$.

A. $e^x+C_1x^2+C_2x+C_3$　　B. $C_1x^2+C_2x+C_3$

C. $C_1e^x+C_2x+C_3$　　D. $C_1x^3+C_2x^2+C_3$

9. 微分方程 $y''-7y'+6y=\sin x$ 的一个特解是 $y^*=(\quad)$.

A. $e^{-x}+\frac{5}{74}\sin x+\frac{7}{74}\cos x$　　B. $e^x+\frac{5}{74}\sin x+\frac{7}{74}\cos x$

C. $e^{-6x}+\frac{5}{74}\sin x+\frac{7}{74}\cos x$　　D. $e^{-x}+e^{-6x}+\frac{5}{74}\sin x+\frac{7}{74}\cos x$

10. 若 y_1 和 y_2 是二阶齐次微分方程的两个特解，则 $y=C_1y_1+C_2y_2$（其中 C_1，C_2 为任意常数）(　　).

A. 是该方程的通解　　B. 是该方程的解

C. 是该方程的特解　　D. 不一定是该方程的解

二、填空题

1. 一阶线性非齐次微分方程 $y'=p(x)y+q(x)$ 的通解是________.

2. 微分方程 $e^xy'-1=0$ 的通解为________.

3. 微分方程 $y''-2y'+y=x-2$ 的通解为________.

4. 微分方程 $y''+y=-2x$ 的通解为________.

5. 已知函数 $y=y(x)$ 满足方程 $xy\mathrm{d}x=\sqrt{2-x^2}\,\mathrm{d}y$ 且当 $x=1$ 时 $y=1$，则当 $x=-1$ 时 $y=$________.

6. 微分方程 $x\mathrm{d}y-y\mathrm{d}x=y^2e^y\mathrm{d}y$ 的通解是________.

7. 方程 $xy''=y'$ 的通解是________.

8. 方程 $yy''=(y')^2$ 的通解为________.

9. 差分方程 $y_{t+1}-y_t=t2^t$ 的通解为________.

10. 差分方程 $2y_{t+1}+10y_t-5t=0$ 的通解为________.

三、解答题

1. 求微分方程 $x\frac{\mathrm{d}y}{\mathrm{d}x}+x+\sin(x+y)=0$ 的通解.

2. 求解初值问题 $\begin{cases}(x^2+2xy-y^2)+(y^2+2xy-x^2)y'=0,\\ y\big|_{x=1}=0.\end{cases}$

3. 求方程$\frac{dy}{dx}=\frac{1+y^2}{\arctan y-x}$的通解.

4. 求方程 $y\frac{dy}{dx}-y^2+2x=0$ 的通解.

5. 求解初值问题$\begin{cases}xy''+y'+x=0,\\ y(1)=0,y'(1)=0.\end{cases}$

6. 求微分方程 $2y''+5y'=\cos^2 x$ 的通解.

7. 求解初值问题 $y''-7y'+10y=x^2e^x$, $y(0)=0$, $y'(0)=0$.

8. 若函数 $f(x)$满足方程 $\int_0^1 f(tx)dt=nf(x)\ (n\in\mathbb{Z}_+)$,求连续函数 $f(x)$.

9. 若一设备全新时的价值为 10000 元,其贬值率(即价值的降低率)与当时的价值 $P(t)$成正比,以$-\alpha(\alpha>0)$表示比例系数,求设备在 t 年末的价值. 如果该设备在 5 年末价值为 6000 元,求 20 年末的价值.

10. 一质量为 m 的质点作直线运动,从速度为零的时刻起,有一个与运动方向一致、大小与时间成正比(比例系数为 k_1)的力作用于它,此外还受到一个与速度成正比(比例系数为 k_2)的阻力的作用. 求质点运动的速度随时间 t 变化的函数关系.

8.4 习题答案

基本题

1. 是. 2. 是. 3. 是. 4. 不是. 5. 是. 6. 是. 7. 是.

8. $yy'=-\sqrt{1-y^2}$. 9. $y'''=0$. 10. $xy=2y'+xy''$.

11. $(x^2-1)(y^2-1)=C$. 12. $(e^x+1)(e^y-1)=C$. 13. $\frac{y}{ay-1}=C(a+x)$.

14. $y=e^{Cx}$. 15. $y=C\sin x-a$. 16. $y^2=C-2\sqrt{1-x^2}$.

17. $\tan y=C(e^x-1)^3$. 18. $(x-1)(y+1)=Ce^{y-x}$. 19. $\sqrt{2+x^2}+\sqrt{3+y^2}=C$.

20. $\sqrt{1-y^2}=\arcsin x+C$. 21. $y=C(x+2y)^2$. 22. $xy=Ce^{-\arctan\frac{y}{x}}$.

23. $\ln C(y+2x)+\frac{x}{y+2x}=0$. 24. $y=xe^{Cx+1}$. 25. $Cx^2=y+\sqrt{x^2+y^2}$.

26. $x^3-2y^3=Cx$. 27. $x+2ye^{\frac{x}{y}}=C$. 28. $\sin\frac{y}{x}=Cx^2$.

29. $\sqrt{xy}=x-C$. 30. $y=xe^{Cx}$. 31. $y+2=Ce^{2\arctan\frac{x-3}{y+2}}$.

32. $\ln(2x+y+3)+\frac{x+4}{2x+y+3}=C$. 33. $(y-x)^2+10y-2x=C$.

34. $\sqrt{(x+2)^2+(y+3)^2}=Ce^{\arctan\frac{y+3}{x+2}}$. 35. $y-\arctan(x+y)=C$.

36. $x+\cot\frac{x-y}{2}=C$. 37. $xy=e^{Cx}$. 38. $x+\frac{1}{y+\sin x-1}=C$.

39. $y=-x+\tan(x+C)$. 40. $2x^2y^2\ln y-2xy+1=Cx^2y^2$.

41. $x^2-2xy=C$. 42. $y=\frac{1}{x^2-1}\left(\frac{4}{3}x^3+C\right)$. 43. $y=\frac{1}{x^2-1}(\sin x+C)$.

44. $x=\frac{y}{2}+\frac{C}{y}$ 或 $y^2-2xy=C$. 45. $x=\frac{e^y}{2y}+\frac{Ce^{-y}}{y}$.

46. $y=(x+C)e^{-x}$. 47. $y=\frac{1}{3}x^2+\frac{3}{2}x+2+\frac{C}{x}$. 48. $x=\frac{1}{2}y^2+Cy^3$.

49. $x=C\sin t-5$. 50. $S=Ce^{-\sin t}+\sin t-1$. 51. $7y^{-\frac{1}{3}}=Cx^{\frac{2}{3}}-3x^3$.

52. $y=x^4(\ln\sqrt{x}+C)^2$. 53. $y^{-3}=\frac{C}{x}+\frac{3}{4}x(2\ln x-1)$. 54. $y=\frac{1}{Cx-x\ln x}$.

55. $y=\frac{1}{-\sin x+Ce^x}$. 56. $y=\frac{1}{2}(\arctan x)^2$. 57. $y=\frac{e^x}{x}$.

58. $y=\frac{x-\pi-2}{2\cos x}+\frac{\sin x}{2}$. 59. $y=\frac{e^x+e^{2x}}{x}$. 60. $\frac{1-\cos(x+y)}{\sin(x+y)}=\frac{\pi}{2x}$.

61. $e^y=\frac{1}{2}(e^{2x}+1)$. 62. $y=e^{\tan\frac{x}{2}}$. 63. $y=e^{3x}-e^{2x}$.

64. $y=4\cos x-2\cos^2 x$. 65. $y=\frac{1}{x^2-x+2-e^{-x}}$.

66. $2xy^2=e^x+e^{2-x}$. 67. $y=\frac{4}{x+x^3-2x^3\ln x}$. 68. $y^2=2x^2(\ln x+2)$.

69. $y=\frac{1}{3}x^5+\frac{2}{3}x^2$. 70. $y=x\sec x$. 71. $y=2(e^x-x+1)$.

72. $y=x(C-\ln x)$. 73. 1小时. 75. $M=4-Ce^{-0.75t}$, $t\to\infty$, $M\to 4$.

77. $t=\frac{3}{4000\ln\frac{5}{2}}$. 78. $f(x)=\frac{1}{2}(e^x+e^{-x})$. 79. $v=\left(v_0+\frac{m}{k}g\right)e^{-\frac{k}{m}t}-\frac{m}{k}g$.

81. 30min. 83. $y=C_1x-\frac{5x^3}{18}+\frac{x^3}{3}\ln x+C_2$. 84. $y=\frac{1}{3}x^3+\frac{C_1}{2}x^2+C_2$.

85. $x=\frac{1}{C_1}\ln(C_1y+\sqrt{C_1^2y^2-1})+C_2$.

86. $x+C_2=\pm\left[\frac{2}{3}(\sqrt{y}+C_1)^{\frac{3}{2}}-2C_1\sqrt{\sqrt{y}+C_1}\right]$.

87. $y=\arcsin(C_2e^x)+C_1$. 88. $y=\frac{1}{3}x^3+\cos x+C_1x+C_2$.

89. $y=x\ln x+C_1x+C_2$. 90. $y=-\ln\cos(x+C_1)+C_2$.

91. $y=C_1\mathrm{e}^x-\frac{1}{2}x^2-x+C_2$. 92. $y=C_1\ln x+C_2$.

93. $y=C_1\sinh\left(\frac{x}{C_1}+C_2\right)$. 94. $y=x^3+3x+1$.

95. $y=\tan\left(x+\frac{\pi}{4}\right)$. 96. $y=\left(\frac{1}{2}x+1\right)^4$. 97. $y=\frac{1}{1-x}$.

98. $y=\sqrt{2x-x^2}$. 99. $y''+y=0$. 100. $y''+y-6y=0$.

101. $y=C_1\mathrm{e}^{2x}+C_2\mathrm{e}^{-2x}$. 102. $y=C_1+C_2\mathrm{e}^{-4x}$. 103. $y=\mathrm{e}^x(C_1\cos x+C_2\sin x)$.

104. $y=\mathrm{e}^{-x}(C_1+C_2x)$. 105. $y=C_1\mathrm{e}^{3x}+C_2\mathrm{e}^{-x}$.

106. $y=\mathrm{e}^{-x}(C_1\cos 2x+C_2\sin 2x)$. 107. $y=\mathrm{e}^{3x}(C_1\cos 4x+C_2\sin 4x)$.

108. $y=C_1\mathrm{e}^x+C_2\mathrm{e}^{-x}+C_3\cos x+C_4\sin x$.

109. $y=C_1+(C_2+C_3x)\cos x+(C_4+C_5)\sin x$.

110. $y=C_1\mathrm{e}^{-x}+\mathrm{e}^{\frac{1}{2}x}+\left(C_1\cos\frac{\sqrt{3}}{2}x+C_2\sin\frac{\sqrt{3}}{2}x\right)$.

111. $y=C_1+C_2\mathrm{e}^{-x}+\mathrm{e}^x\left(x^2-3x+\frac{7}{2}\right)$. 112. $y=(C_1+C_2x)\mathrm{e}^{-5x}+x^2\mathrm{e}^{-5x}$.

113. $y=C_1\mathrm{e}^{-x}+C_2\mathrm{e}^{-2x}+\left(\frac{x}{5}+\frac{6}{25}\right)\sin x+\left(-\frac{3}{5}x+\frac{17}{25}\right)\cos x$.

114. $y=C_1\cos 2x+C_2\sin 2x+x\cos 2x$.

115. $y=(C_1+C_2x)\mathrm{e}^{3x}+\left(\frac{4}{25}\cos x+\frac{3}{25}\sin x\right)\mathrm{e}^x$.

116. $y=\mathrm{e}^{-x}(C_1\cos 2x+C_2\sin 2x)+x\mathrm{e}^{-x}\left(\frac{3}{25}\cos 2x+\frac{4}{25}\sin 2x\right)$.

117. $y=C_1+C_2\mathrm{e}^{-x}+\frac{1}{2}\mathrm{e}^x-\frac{1}{10}\cos 2x+\frac{1}{20}\sin 2x+\frac{1}{3}x^3-x^2+\frac{5}{2}x$.

118. $y=C_1\cos 2x+C_2\sin 2x+\frac{x}{8}\left(1-\frac{1}{4}\cos 2x-\frac{x}{2}\sin 2x\right)$.

119. $y=C_1\mathrm{e}^x+C_2\mathrm{e}^{-x}-x$. 120. $y=C_1+C_2\mathrm{e}^x-2x-x^2-\frac{1}{3}x^3$.

121. $y=C_1\mathrm{e}^x+C_2\mathrm{e}^{4x}+\frac{9}{32}+\frac{1}{8}x+\frac{1}{4}x^2$. 122. $y=C_1\cos 2x+C_2\sin 2x+\frac{1}{8}\mathrm{e}^{-2x}$.

123. $y=C_1\mathrm{e}^{-2x}+C_2\mathrm{e}^x+\frac{1}{3}x\mathrm{e}^x+\frac{1}{4}\mathrm{e}^{2x}$. 124. $y=(C_1+C_2x)\mathrm{e}^x+\frac{1}{3}x^3\mathrm{e}^x+x+2$.

125. $y=C_1+C_2\mathrm{e}^{3x}+\frac{1}{5}\mathrm{e}^{2x}(3\sin x+\cos x)$. 126. $y=4\mathrm{e}^x+2\mathrm{e}^{3x}$.

127. $y=2\cos 5x+\sin 5x$. 128. $y=\mathrm{e}^{2x}\sin 3x$.

129. $y=\mathrm{e}^x-\mathrm{e}^{-x}+\mathrm{e}^x(x^2-x)$. 130. $y=\frac{1}{16}(11+5\mathrm{e}^{4x})-\frac{5}{4}x$.

131. $v=\dfrac{16\left(6+5\mathrm{e}^{-\frac{49}{40}t}\right)}{6-5\mathrm{e}^{-\frac{49}{40}t}}$,当 $t\to+\infty$时,$v\to 16\mathrm{m/s}$.

132. $v=\dfrac{mg}{k}\left(1-\mathrm{e}^{-\frac{k}{m}t}\right)$.　133. $t=\sqrt{\dfrac{6}{g}}\ln(2+\sqrt{3})\mathrm{s}$.

134. 鱼雷轨迹为 $y=\dfrac{1}{2}\left[-\dfrac{5}{4}(1-x)^{\frac{4}{5}}+\dfrac{5}{6}(1-x)^{6}5\right]+\dfrac{5}{24}$,故舰驶离 A 点$\dfrac{5}{24}$个单位后即被击中.

135. $y_t=-2^t+3^t$.　136. $y_t=C(-4)^t-\dfrac{36}{125}+\dfrac{1}{25}t+\dfrac{2}{5}t^2$.

137. $y_t=10^t-3t-1$.　138. $y_x=(\sqrt{2})^x\left(C_1\cos\dfrac{\pi}{4}x+C_2\sin\dfrac{\pi}{4}x\right)+2^{x-1}$.

139. $y_x=C_1 2^x+C_2 4^x+\dfrac{44}{9}+\dfrac{8}{3}x+x^2+\dfrac{5}{4}x\cdot 2^x$.

140. $y_x=C_1+C_2x+C_3x^2+2x^3+x^4$.

综合题

143. 解:此方程是一阶线性非齐次方程,所以其通解为

$$y=\mathrm{e}^{-\int p(x)\mathrm{d}x}\left(\int q(x)\mathrm{e}^{\int p(x)\mathrm{d}x}\mathrm{d}x+C\right)=\mathrm{e}^{-\int\cos x\mathrm{d}x}\left(\int\ln x\cdot\mathrm{e}^{-\sin x}\mathrm{e}^{\int\cos x\mathrm{d}x}\mathrm{d}x+C\right)$$

$$=\mathrm{e}^{-\sin x}\left(\int\ln x\mathrm{d}x+C\right)=\mathrm{e}^{-\sin x}(x\ln x-x+C).$$

144. 解:令$\dfrac{y^2}{x}=u$,$y^2=xu$ 则 $2y\mathrm{d}y=u\mathrm{d}x+x\mathrm{d}u$,$2y\dfrac{\mathrm{d}y}{\mathrm{d}x}=u+x\dfrac{\mathrm{d}u}{\mathrm{d}x}$,由题设得

$$y\frac{\mathrm{d}y}{\mathrm{d}x}=\frac{y^2}{2x}+\frac{1}{2}\tan\frac{y^2}{x},$$

因此

$$u+x\frac{\mathrm{d}u}{\mathrm{d}x}=\frac{y^2}{x}+\tan\frac{y^2}{x}=u+\tan u,$$

$$\frac{\mathrm{d}u}{\tan u}=\frac{\mathrm{d}x}{x},\quad\int\frac{\cos u}{\sin u}\mathrm{d}u=\int\frac{\mathrm{d}x}{x}+C,\quad\ln\sin u=\ln C_1x,$$

即 $\sin u=C_1x$,$\sin\dfrac{y^2}{x}=C_1x$,所以原方程的通解为

$$\sin\frac{y^2}{x}=C_1x\ .$$

145. 解:原方程可变成$\dfrac{\mathrm{d}f(y)}{\mathrm{d}x}+p(x)f(y)=Q(x)$,所以

$$f(y)=\mathrm{e}^{-\int p(x)\mathrm{d}x}\left(\int Q(x)\mathrm{e}^{\int p(x)\mathrm{d}x}\mathrm{d}x+C\right).$$

146. 解:因为 $f(0)=f(0+0)=f(0)+f(0)$,所以 $f(0)=0$,所以

$$f'(0)=\lim_{\Delta x\to 0}\frac{f(0+\Delta x)-f(0)}{\Delta x}=\lim_{\Delta x\to 0}\frac{f(\Delta x)}{\Delta x},$$

因为 $\forall x\in(-\infty,+\infty)$，$f(x+\Delta x)=f(x)+f(\Delta x)$，所以

$$f'(x)=\lim_{\Delta x\to 0}\frac{f(x+\Delta x)-f(x)}{\Delta x}=\lim_{\Delta x\to 0}\frac{f(\Delta x)}{\Delta x}=f'(0).$$

因此 $f(x)=f'(0)x+C$，由 $f(0)=0$，解得 $C=0$，故 $f(x)=f'(0)x$.

147. 解：因为 $f(x)=\mathrm{e}^x+\mathrm{e}^x\int_0^x[f(t)]^2\mathrm{d}t$，所以 $\frac{f(x)}{\mathrm{e}^x}-1=\int_0^x[f(t)]^2\mathrm{d}t$，求导得

$$\frac{f'(x)\mathrm{e}^x-\mathrm{e}^x f(x)}{\mathrm{e}^{2x}}=f^2(x),$$

所以 $f'(x)-f(x)=\mathrm{e}^x f^2(x)$.

令 $f(x)=y$，从而 $y'-y=\mathrm{e}^x y^2$，又令 $z=y^{1-2}=\frac{1}{y}$，从而有 $z'+z=-\mathrm{e}^x$. 因此

$$\frac{1}{y}=z=\mathrm{e}^{-\int\mathrm{d}x}\left(\int-\mathrm{e}^x\cdot\mathrm{e}^x\mathrm{d}x+C\right)=\mathrm{e}^{-x}\left(-\frac{1}{2}\mathrm{e}^{2x}+C\right).$$

当 $x=0$ 时，由原式知 $f(x)=1$，即 $y=1$，从而求得 $C=\frac{3}{2}$，所以 $f(x)=\frac{2\mathrm{e}^x}{3-\mathrm{e}^{2x}}$.

148. 解：令 $xt=y$，则 $t=\frac{y}{x}$，$\mathrm{d}t=\frac{1}{x}\mathrm{d}y$，则

$$\int_0^1 f(xt)\mathrm{d}t=\int_0^x f(y)\frac{1}{x}\mathrm{d}y=\frac{1}{x}\int_0^x f(y)\mathrm{d}y,$$

所以 $\int_0^x f(y)\mathrm{d}y=\frac{1}{2}xf(x)+x$，求导得

$$f(x)=\frac{1}{2}f(x)+\frac{1}{2}xf'(x)+1.$$

设 $f(x)=u$，从而有 $u'-\frac{1}{x}u=-\frac{2}{x}$，所以

$$u=\mathrm{e}^{\int\frac{1}{x}\mathrm{d}x}\left(\int-\frac{2}{x}\mathrm{e}^{-\int\frac{1}{x}\mathrm{d}x}\mathrm{d}x+C\right)=x\left(\int-\frac{2}{x^2}\mathrm{d}x+C\right)=x\left(\frac{2}{x}+C\right)=(2+Cx),$$

即 $f(x)=2+Cx$.

*149. 解：因为 $z=f(\mathrm{e}^x\sin y)=f(u)$，所以

$$\frac{\partial z}{\partial x}=f'(u)\mathrm{e}^x\sin y,\quad \frac{\partial^2 z}{\partial x^2}=f''(u)[\mathrm{e}^x\sin y]^2+\mathrm{e}^x\sin y f'(u),$$

$$\frac{\partial z}{\partial y}=f'(u)\mathrm{e}^x\cos y,\quad \frac{\partial^2 z}{\partial y^2}=f''(u)(\mathrm{e}^x\cos y)^2-f'(u)\mathrm{e}^x\sin y,$$

$$\frac{\partial^2 z}{\partial x^2}+\frac{\partial^2 z}{\partial y^2}=f''(u)\mathrm{e}^{2x}.$$

又由于 $\frac{\partial^2 z}{\partial x^2}+\frac{\partial^2 z}{\partial y^2}=\mathrm{e}^{2x}z=\mathrm{e}^{2x}f(u)$，所以 $f''(u)=f(u)$，解方程得 $f(u)=C_1\mathrm{e}^u+C_2\mathrm{e}^{-u}$.

150. 解：$\sin x$ 是 $\mathrm{e}^{\mathrm{i}x}$ 的虚部，而 $y''+a^2y=\mathrm{e}^{\mathrm{i}x}$ 所对应的齐次方程的特征方程 $r^2+a^2=0$，特征根 $r_{1,2}=\pm a\mathrm{i}$，齐次方程通解 $C_1\cos ax+C_2\sin ax$. $\lambda=\mathrm{i}$.

(1) 当 $a=1$ 时，λ 是特征根.

设原方程特解为 $y_1(x)=xA\mathrm{e}^{\mathrm{i}x}$，$Q(x)=Ax$，由公式

$$Q''(x)+(2\lambda+p)Q'(x)+(\lambda^2+p\lambda+q)Q(x)=\varphi(x)$$

可知 $2\mathrm{i}A=1$，$A=\frac{1}{2}\cdot\frac{1}{\mathrm{i}}=-\frac{1}{2}\mathrm{i}$.

$$y_1(x)=-\frac{1}{2}x\mathrm{i}\mathrm{e}^{\mathrm{i}x}=-\frac{1}{2}x\mathrm{i}(\cos x+\mathrm{i}\sin x)=\frac{1}{2}x\sin x-\frac{1}{2}x\cos x\mathrm{i},$$

取虚部，$y_2(x)=-\frac{1}{2}x\cos x$ 即是非齐次方程的一个特解.

此时方程的通解为 $y(x)=C_1\cos x+C_2\sin x-\frac{1}{2}x\cos x$.

(2) 当 $a\neq 1$ 时，$\lambda=\mathrm{i}$ 不是特征根.

设原方程特解为 $y_1(x)=A\mathrm{e}^{\mathrm{i}x}$，代入原方程，得

$$-A\mathrm{e}^{\mathrm{i}x}+A\cdot a^2\mathrm{e}^{\mathrm{i}x}=\mathrm{e}^{\mathrm{i}x},\quad A(-1+a^2)=1,\quad A=\frac{1}{a^2-1}.$$

所以 $y_1(x)=\frac{1}{a^2-1}\mathrm{e}^{\mathrm{i}x}$，取虚部 $\frac{1}{a^2-1}\sin x$.

此时原方程通解是 $y(x)=C_1\cos ax+C_2\sin ax+\frac{1}{a^2-1}\sin x$.

151. 解：(1) 由 $F'(x)=f'(x)g(x)+f(x)g'(x)=g^2(x)+f^2(x)$

$$=[f(x)+g(x)]^2-2f(x)g(x)=(2\mathrm{e}^x)^2-2F(x),$$

可知 $F(x)$ 满足的一阶微分方程为

$$F'(x)+2F(x)=4\mathrm{e}^{2x}.$$

(2) 用 e^{2x} 同乘方程两边，可得 $(\mathrm{e}^{2x}F(x))'=4\mathrm{e}^{4x}$，积分即得

$$\mathrm{e}^{2x}F(x)=\mathrm{e}^{4x}+C,$$

于是方程的通解是 $F(x)=\mathrm{e}^{2x}+C\mathrm{e}^{-2x}$. 由 $F(0)=f(0)g(0)=0$，可确定常数 $C=-1$，故所求函数的表达式为

$$F(x)=\mathrm{e}^{2x}-\mathrm{e}^{-2x}.$$

152. 解：由于 $y=\frac{u}{\cos x}$，则 $y'=\frac{u'\cos x+u\sin x}{\cos^2 x}$，

$$y''=\frac{(u''\cos x-u'\sin x+u'\sin x+u\cos x)\cos x+2\sin x(u'\cos x+u\sin x)}{\cos^3 x}$$

$$=\frac{1}{\cos^3 x}(u''\cos^2 x+2u'\sin x\cos x+u\cos^2 x+2u\sin^2 x),$$

因此

$$\begin{aligned}&(y''\cos x-2y'\sin x+3y\cos x)\cos^2 x\\&=u''\cos^2 x+2\sin x\cos xu'+(1+\sin^2 x)u-2(u'\cos x\sin x+\sin^2 xu)+3u\cos^2 x\\&=\cos^2 x\mathrm{e}^x,\end{aligned}$$

从而有

$$u''\cos^2 x+\cos^2 xu+3u\cos^2 x=\cos^2 x\mathrm{e}^x,$$

即 $u''+4u=e^x$.

由于齐次方程 $u''+4u=0$ 的特征方程为 $r^2+4=0$，特征根为 $\pm 2i$，因此通解为 $C_1\cos 2x+C_2\sin 2x$，又由于 $\lambda=1$ 不是特征根，所以设 $u''+4u=e^x$ 的特解为 $y(x)=ae^x$，代入 $u''+4u=e^x$ 中得 $a+4a=1, a=\frac{1}{5}$，所以

$$y\cos x = C_1\cos 2x + C_2\sin 2x + \frac{1}{5}e^x$$

是原方程的通解.

153. 解：由已知得 $\frac{dy}{dx}=\frac{y}{x}+\sqrt{1+\left(\frac{y}{x}\right)^2}$，令 $u=\frac{y}{x}$，则 $\frac{du}{\phi(u)-u}=\frac{dx}{x}$，即

$$\frac{du}{\sqrt{1+u^2}}=\frac{dx}{x},$$

积分得

$$\ln(u+\sqrt{1+u^2})=\ln x+C=\ln C_1 x,$$

或

$$u+\sqrt{1+u^2}=C_1 x, \frac{y}{x}+\sqrt{1+\left(\frac{y}{x}\right)^2}=C_1 x, y+\sqrt{x^2+y^2}=C_1 x^2.$$

由 $y\Big|_{x=1}=0$，得到 $C_1=1$，所以

$$\sqrt{x^2+y^2}=x^2-y,$$
$$x^2+y^2=x^4-2yx^2+y^2,$$
$$y=\frac{1}{2}x^2-\frac{1}{2},$$

即满足初始条件的特解是 $y=\frac{1}{2}x^2-\frac{1}{2}$.

154. 解：根据 $f(x)=\int_0^{3x} f\left(\frac{t}{3}\right)dt+e^{2x}$，令 $\frac{t}{3}=s$，则 $t=3s$，于是

$$\int_0^{3x} f\left(\frac{t}{3}\right)dt=3\int_0^x f(s)ds,$$

因此

$$f(x)=3\int_0^x f(s)ds+e^{2x}=\left[\int_0^x f(s)ds\right]'.$$

令 $y=\int_0^x f(s)dx$，则有 $y'=3y+e^{2x}$，$y'-3y=e^{2x}$，所以

$$y=e^{\int 3dx}\left(\int e^{2x}e^{-\int 3dx}dx+C\right)=e^{3x}(-e^{-x}+C)=-e^{2x}+Ce^{3x},$$

当 $x=0$ 时，由原式知 $y=1$，所以 $C=1$，故

$$f(x)=y'=3e^{3x}-2e^{2x}.$$

*155. 解：令 $x=r\cos\theta, y=r\sin\theta$，则

$$\iint\limits_{x^2+y^2\leqslant 4t^2} f\left(\frac{1}{2}\sqrt{x^2+y^2}\right)dxdy=\int_0^{2\pi}d\theta\int_0^{2t}f\left(\frac{1}{2}r\right)rdr=2\pi\int_0^{2t}f\left(\frac{1}{2}r\right)rdr,$$

而

$$f(t)=\left[\int_0^{2t}f\left(\frac{1}{2}r\right)rdr\right]'\Big/4t,$$

且令 $\int_0^{2t}f\left(\frac{1}{2}r\right)rdr=y$，则 $\frac{y'}{4t}=e^{4\pi t^2}+2\pi y$，从而有 $y'-8\pi ty=4te^{4\pi t^2}$.

又因为 $y'-8\pi ty=4te^{4\pi t^2}$ 是一阶线性非齐次方程，所以

$$y=e^{\int 8\pi t dt}\left(\int 4te^{4\pi t^2}e^{\int -8\pi t}dt+C\right)=e^{4\pi t^2}\left(\int 4te^{4\pi t^2}e^{-4\pi t^2}dt+C\right)$$

$$=e^{4\pi t^2}\left(\int 4tdt+C\right)=e^{4\pi t^2}(2t^2+C).$$

当 $t=0$ 时，$y=0$，解得 $C=0$，所以

$$f(t)4t=(e^{4\pi t^2}2t^2)'=8\pi te^{4\pi t^2}\cdot 2t+4te^{4\pi t^2},$$

即 $f(t)=e^{4\pi t^2}(1+4\pi t^2)$.

156. 解：依题意，设旋转体体积为 V，则

$$V=\int_1^t \pi f^2(x)dx=\frac{\pi}{3}[t^2f(t)-f(1)],$$

从而有

$$3\int_1^t f^2(x)dx=t^2f(t)-f(1).$$

由于 $f(x)$ 可微，所以 $3f^2(t)=2tf(t)+t^2f'(t)$，从而 $y=f(x)$ 满足 $x^2y'+2xy=3y^2$，整理得

$$y'+\frac{2}{x}y=\frac{3}{x^2}y^2.$$

令 $z=y^{1-2}=\frac{1}{y}$，则 $z'-\frac{2}{x}z=-\frac{3}{x^2}$，因此

$$z=e^{\int\frac{2}{x}dx}\left(\int\frac{-3}{x^2}e^{-\int\frac{2}{x}dx}dx+C\right)=x^2\left(\int-\frac{3}{x^4}dx+C\right)=x^2\left(\frac{1}{x^3}+C\right),$$

即 $\frac{1}{y}=x^2\left(\frac{1}{x^3}+C\right)$.

由 $y\Big|_{x=2}=\frac{2}{9}$，解得 $C=1$，所以满足初始条件的特解是 $y=\frac{x}{x^3+1}$.

157. 解：由 $y'-2y=\phi(x)$，其中 $\phi(x)=\begin{cases}2, & x<1,\\ 0, & x>1.\end{cases}$

（1）当 $x<1$ 时，有 $y'-2y=2$，即

$$\frac{\mathrm{d}y}{y+1}=2\mathrm{d}x,$$

两边积分得

$$\ln(y+1)=2x+C,$$

因此 $y=C_1\mathrm{e}^{2x}-1$ 是 $y'-2y=2$ 的通解.

（2）当 $x>1$ 时，有 $y'-2y=0$，即$\frac{\mathrm{d}y}{y}=2\mathrm{d}x$，于是 $\ln y=2x+C_2$，$y=C_3\mathrm{e}^{2x}$. 根据条件 $y(0)=0$，解得 $C_1=1$，从而有

$$y=\begin{cases}\mathrm{e}^{2x}-1, & x<1,\\ C_3\mathrm{e}^{x}, & x>1.\end{cases}$$

为了使 $y=f(x)$在$(-\infty,+\infty)$连续，则 $\lim\limits_{x\to1^-}f(x)=\lim\limits_{x\to1^+}f(x)$，即$\lim\limits_{x\to1}\mathrm{e}^{2x-1}=\lim\limits_{x\to1}C_3\mathrm{e}^{2x}$，由此得 $C_3=1-\mathrm{e}^{-2}$. 故所求函数为

$$y=\begin{cases}\mathrm{e}^{2x}-1, & x<1,\\ (1-\mathrm{e}^{-2})\mathrm{e}^{2x} & x\geqslant1.\end{cases}$$

自测题

一、1. D.　2. C.　3. C.　4. B.　5. C.

6. C.　7. D.　8. C.　9. B.　10. B.

二、5. 1.　6. $x=y(C-\mathrm{e}^y)$.　7. $y=C_1x^2+C_2$.　8. $y=C_2\mathrm{e}^{C_1x}$.　9. $y_t=C+(t-2)2^t$.

10. $y_t=C(-5)^t+\frac{5}{12}\left(t-\frac{1}{6}\right)$.

三、1. $\frac{1-\cos(x+y)}{\sin(x+y)}=\frac{C}{x}$.　2. $x^2+y^2-x-y=0$.　3. $x=\arctan y-1+C\mathrm{e}^{\arctan y}$.

4. $y^2=2x+1+C\mathrm{e}^{2x}$.　5. $y=C_1\ln x-\frac{1}{4}x^2+C_2$.

6. $y=C_1+C_2\mathrm{e}^{-\frac{5}{2}x}+\frac{x}{10}+\frac{5}{164}\sin^2x-\frac{1}{41}\cos^2x$.

7. $y=-\frac{2}{3}\mathrm{e}^{2x}+\frac{1}{96}\mathrm{e}^{5x}-\left(\frac{1}{10}x^2+\frac{3}{50}x+\frac{19}{500}\right)\mathrm{e}^{x}$.

8. $f(x)=Cx^{\frac{1-n}{n}}$.

9. 设备在 t 年末的价值 $P=10000\mathrm{e}^{-at}$，20 年末的价值为 1296(元).

10. $v(t)=\frac{k_1}{k_2}t-\frac{mk_1}{k_2^2}\left(1-\mathrm{e}^{-\frac{k_2}{m}t}\right)$.

第 9 章 级　数

9.1 内容提要

1. 数值级数及其敛散性

(1) 数值级数及其收敛、发散的概念

设数列$\{u_n\}$,即 $u_1,u_2,\cdots,u_n,\cdots$,则称

$$\sum_{n=1}^{\infty} u_n = u_1 + u_2 + u_3 + \cdots + u_n + \cdots$$

为**数值级数**,简称**级数**,称 u_n 为级数的**第 n 项**或**通项**.

记 $S_n = \sum_{k=1}^{n} u_k = u_1 + u_2 + u_3 + \cdots + u_n$,称其为级数的 **$n$ 项部分和**,称$\{S_n\}$为级数的**部分和数列**.

若数列$\{S_n\}$收敛,即$\lim\limits_{n\to\infty} S_n = \lim\limits_{n\to\infty}\sum_{k=1}^{n} u_k = S$,则称级数$\sum_{n=1}^{\infty} u_n$ **收敛**,并称极限值 S 为级数的和,记作

$$S = \sum_{n=1}^{\infty} u_n = u_1 + u_2 + \cdots + u_n + \cdots;$$

反之,若数列$\{S_n\}$发散,则称级数**发散**,此时级数的和不存在.

(2) 级数的基本性质及收敛的必要条件

① 若级数$\sum_{n=1}^{\infty} u_n$,$\sum_{n=1}^{\infty} v_n$ 均收敛,和分别是 U 与 V,则对任意常数 a 与 b,有

$$\sum_{n=1}^{\infty}(au_n + bv_n) = aU + bV.$$

② 改变(去掉,加上,改变前后次序,改变数值)级数的有限项,不改变级数的敛散性.

③ 收敛级数加括号后仍收敛,且和不变.但是,逆命题不一定成立.

④ 收敛的必要条件:若级数$\sum_{n=1}^{\infty} u_n$ 收敛,则$\lim\limits_{n\to\infty} u_n = 0$.这意味着若 $\lim\limits_{n\to+\infty} u_n \neq 0$,则级数

$\sum_{n=1}^{\infty} u_n$ 必发散.

(3) 正项级数的审敛法及广义调和级数的收敛性

若级数 $\sum_{n=1}^{\infty} u_n$ 满足条件 $u_n \geqslant 0$，则称 $\sum_{n=1}^{\infty} u_n$ 为正项级数. 正项级数收敛的充要条件是它的部分和数列有上界，这是正项级数审敛法的基本指导思想.

① 比较判别法

若两正项级数 $\sum_{n=1}^{\infty} u_n$，$\sum_{n=1}^{\infty} v_n$，满足关系式 $u_n \leqslant cv_n$（c 是正常数），那么有：若 $\sum_{n=1}^{\infty} v_n$ 收敛，则 $\sum_{n=1}^{\infty} u_n$ 收敛；若 $\sum_{n=1}^{\infty} u_n$ 发散，则 $\sum_{n=1}^{\infty} v_n$ 发散.

② 比较判别法的极限形式

设 $\sum_{n=1}^{\infty} u_n$，$\sum_{n=1}^{\infty} v_n$（$v_n \neq 0$）是正项级数，且 $\lim\limits_{n\to\infty} \dfrac{u_n}{v_n} = k(0 \leqslant k \leqslant +\infty)$，那么有：若 $\sum_{n=1}^{\infty} v_n$ 收敛，且 $0 \leqslant k < +\infty$，则 $\sum_{n=1}^{\infty} u_n$ 收敛；若 $\sum_{n=1}^{\infty} v_n$ 发散，且 $0 < k \leqslant +\infty$，则 $\sum_{n=1}^{\infty} u_n$ 发散.

③ 比值判别法——达朗贝尔判别法

设 $\sum_{n=1}^{\infty} u_n$ 是正项级数，若极限 $\lim\limits_{n\to\infty} \dfrac{u_{n+1}}{u_n} = l$ 存在，则 $l < 1$ 时，级数收敛；$l > 1$ 时，级数发散；$l = 1$ 时，无法判断(需要另选方法).

④ 根值判别法——柯西判别法

设 $\sum_{n=1}^{\infty} u_n$ 是正项级数，若极限 $\lim\limits_{n\to\infty} \sqrt[n]{u_n} = l$ 存在，则 $l < 1$ 时，级数收敛；$l > 1$ 时，级数发散；$l = 1$ 时，无法判断(需要另选方法).

注 以上判别法只对正项级数适用，所以在使用判别方法之前首先应该确定级数是正项级数.

广义调和级数 $\sum_{n=1}^{\infty} \dfrac{1}{n^p} = 1 + \dfrac{1}{2^p} + \cdots + \dfrac{1}{n^p} + \cdots$，当 $p > 1$ 时收敛，$p \leqslant 1$ 时发散.

(4) 交错级数及莱布尼茨判别法，级数绝对收敛与条件收敛

定义 9.1 若 $u_n > 0(n = 1,2,\cdots)$，则称 $\sum_{n=1}^{\infty} (-1)^{n-1} u_n$，$\sum_{n=1}^{\infty} (-1)^n u_n$ 为**交错级数**.

交错级数的莱布尼茨判别法：

对于交错级数 $\sum_{n=1}^{\infty} (-1)^{n-1} u_n$ 或 $\sum_{n=1}^{\infty} (-1)^n u_n (u_n > 0)$，若满足条件 ①$u_n \geqslant u_{n+1}$，$\forall n \in \mathbb{Z}_+$；② $\lim\limits_{n\to\infty} u_n = 0$，则级数收敛.

对于一般级数$\sum_{n=1}^{\infty}u_n$，若级数$\sum_{n=1}^{\infty}|u_n|$收敛，则级数$\sum_{n=1}^{\infty}u_n$也收敛，称级数$\sum_{n=1}^{\infty}u_n$为**绝对收敛**；若级数$\sum_{n=1}^{\infty}|u_n|$发散，而$\sum_{n=1}^{\infty}u_n$收敛，则称级数$\sum_{n=1}^{\infty}u_n$为**条件收敛**.

2. 幂级数及其敛散性

(1) 幂级数的相关概念

对区间I上函数列

$$f_1(x),f_2(x),\cdots,f_n(x),\cdots,$$

称

$$\sum_{n=1}^{\infty}f_n(x)=f_1(x)+f_2(x)+\cdots+f_n(x)+\cdots$$

为定义在区间I上的函数项级数.

当$x=x_0\in I$时，若常数项级数

$$\sum_{n=1}^{\infty}f_n(x_0)=f_1(x_0)+f_2(x_0)+\cdots+f_n(x_0)+\cdots$$

收敛，则称x_0是函数项级数$\sum_{n=1}^{\infty}f_n(x)$的**收敛点**；反之，称$x_0$是函数项级数$\sum_{n=1}^{\infty}f_n(x)$的**发散点**. 函数项级数的所有收敛点的集合称为它的**收敛域**. 它的和是定义在收敛域上的函数，称为级数$\sum_{n=1}^{\infty}f_n(x)$的**和函数**.

(2) 幂级数及其收敛半径和收敛区间

形如

$$\sum_{n=0}^{\infty}a_nx^n=a_0+a_1x+a_2x^2+\cdots+a_nx^n+\cdots$$

和

$$\sum_{n=0}^{\infty}a_n(x-a)^n=a_0+a_1(x-a)+a_2(x-a)^2+\cdots+a_n(x-a)^n+\cdots$$

的函数项级数叫做**幂级数**. 其中a_n是与x无关的实数，称为幂级数的**系数**.

幂级数的阿贝尔定理：

① 如果级数$\sum_{n=0}^{\infty}a_nx^n$，当$x=x_0\neq 0$时收敛，那么对于所有满足不等式$|x|<|x_0|$的$x$值，级数$\sum_{n=0}^{\infty}a_nx^n$绝对收敛.

② 如果级数$\sum_{n=0}^{\infty}a_nx^n$，当$x=x'_0$时发散，那么对于所有满足不等式$|x|>|x'_0|$的$x$

值，级数$\sum\limits_{n=0}^{\infty}a_nx^n$发散.

设级数$\sum\limits_{n=0}^{\infty}a_nx^n$既非对所有$x$值收敛，也不只在$x=0$时收敛，则必有一个确定的正数$R$存在，使得级数当$|x|<R$时，绝对收敛；当$|x|>R$时发散. 该正数$R$称为幂级数的**收敛半径**. 且若规定：当级数只在$x=0$时收敛时，$R=0$；当级数对所有x值收敛时，$R=+\infty$. 则有R的计算公式如下：

设有幂级数$\sum\limits_{n=0}^{\infty}a_nx^n$，若有$\lim\limits_{n\to\infty}\left|\dfrac{a_n}{a_{n+1}}\right|=R$，则$R$即为该级数的收敛半径.

由于幂级数的收敛域是区间，所以通常称幂级数的收敛域为**收敛区间**.

几何级数$\sum\limits_{n=1}^{\infty}x^{n-1}$是公比等于$x$的等比级数，当$|x|<1$时收敛，$|x|\geqslant 1$时，发散. 所以级数的收敛域是区间$(-1,1)$，而其和是$\dfrac{1}{1-x}$.

(3) 幂级数的运算

① 设$\sum\limits_{n=0}^{\infty}a_nx^n=S(x)$，则$S(x)$在收敛区间$(-R,R)$上连续；

② 设$\sum\limits_{n=0}^{\infty}a_nx^n=S(x)$，则$S(x)$在收敛区间$(-R,R)$上可导、可积，且有

$$S'(x)=\left(\sum_{n=0}^{\infty}a_nx^n\right)'=\sum_{n=0}^{\infty}(a_nx^n)'=\sum_{n=1}^{\infty}na_nx^{n-1},\quad -R<x<R,$$

$$\int_0^x S(t)\,\mathrm{d}t=\int_0^x\left(\sum_{n=0}^{\infty}a_nt^n\right)\mathrm{d}t=\sum_{n=0}^{\infty}\int_0^x a_nt^n\,\mathrm{d}t=\sum_{n=0}^{\infty}\frac{a_n}{n+1}x^{n+1},\quad -R<x<R.$$

3. 幂级数求和的逆运算——函数展开成幂级数

(1) 函数的直接展开法

① 函数的泰勒展开

设$f(x)$在区间$(a-R,a+R)$内有任意阶导数，且$\lim\limits_{n\to\infty}\dfrac{f^{(n+1)}(\xi)}{(n+1)!}(x-a)^{n+1}=0$，$\xi$介于$a$与$x$之间，则

$$f(x)=\sum_{n=0}^{\infty}\frac{f^{(n)}(a)}{n!}(x-a)^n,\quad a-R<x<a+R.$$

② 函数的麦克劳林展开

设$f(x)$在区间$(-R,R)$内有任意阶导数，且$\lim\limits_{n\to\infty}\dfrac{f^{(n+1)}(\xi)}{(n+1)!}x^{n+1}=0$，$\xi$介于$0$与$x$之间，则

$$f(x)=\sum_{n=0}^{\infty}\frac{f^{(n)}(0)}{n!}x^n,\quad -R<x<R.$$

函数的麦克劳林展开是泰勒展开中 $a=0$ 时的特殊情形.

(2) 函数的间接展开法

将一些已知的函数展开,通过运算(变量替换、四则运算、复合、求导、求积分等)可得到其他一些函数的展开,这种方法称为间接展开法.常用的幂级数展开如下:

① $e^x=\sum_{n=0}^{\infty}\frac{x^n}{n!}=1+\frac{x}{1!}+\frac{x^2}{2!}+\cdots+\frac{x^n}{n!}+\cdots\ (-\infty<x<+\infty)$;

② $\sin x=\sum_{n=0}^{\infty}\frac{(-1)^n x^{2n+1}}{(2n+1)!}=x-\frac{x^3}{3!}+\frac{x^5}{5!}-\cdots$

$$+(-1)^n\frac{x^{2n+1}}{(2n+1)!}+\cdots\quad(-\infty<x<+\infty);$$

③ $\cos x=\sum_{n=0}^{\infty}\frac{(-1)^n x^{2n}}{(2n)!}=1-\frac{x^2}{2!}+\frac{x^4}{4!}-\frac{x^6}{6!}+\cdots+\frac{(-1)^n x^{2n}}{(2n)!}+\cdots\ (-\infty<x<+\infty)$;

④ $\ln(1+x)=\sum_{n=0}^{\infty}(-1)^n\frac{x^{n+1}}{n+1}=x-\frac{x^2}{2}+\frac{x^3}{3}-\cdots+(-1)^n\frac{x^{n+1}}{n+1}+\cdots\ (-1<x\leqslant 1)$;

⑤ $(1+x)^\alpha=1+\alpha x+\frac{\alpha(\alpha-1)}{2!}x^2+\cdots+\frac{\alpha(\alpha-1)\cdots(\alpha-n+1)}{n!}x^n+\cdots$

$$=\sum_{n=0}^{\infty}\frac{\alpha(\alpha-1)\cdots(\alpha-n+1)}{n!}x^n\ (-1<x<1).$$

特别地,当 $\alpha=-1$ 时可得到下面两个展开:

$$\frac{1}{1+x}=\sum_{n=0}^{\infty}(-1)^n x^n=1-x+x^2+\cdots+(-1)^n x^n+\cdots\ (-1<x<1);$$

$$\frac{1}{1-x}=\sum_{n=0}^{\infty}x^n=1+x+x^2+\cdots+x^n+\cdots\ (-1<x<1).$$

9.2 典型例题解析

题型1 有关级数概念及性质的命题

提示 利用级数收敛的定义可以判别级数的敛散性,求级数的和,通常是将通项拆成两项差:$u_n=v_{n+1}-v_n$,在求前 n 项和 S_n 的时候消去中间各项,仅留首尾项.

例1 已知级数 $\sum_{n=1}^{\infty}\frac{1}{(2n-1)(2n+1)}$.

(1) 写出此级数的前四项 u_1, u_2, u_3, u_4；

(2) 计算部分和 S_1, S_2, S_3, S_4；

(3) 计算级数的 n 项部分和 S_n；

(4) 证明这个级数是收敛的,并求其和.

解 (1) 此级数的通项为 $u_n=\dfrac{1}{(2n-1)(2n+1)}$,所以

$$u_1=\frac{1}{(2-1)(2+1)}=\frac{1}{3},\quad u_2=\frac{1}{(4-1)(4+1)}=\frac{1}{15},\quad u_3=\frac{1}{35},\quad u_4=\frac{1}{63}.$$

(2) 此级数的通项还可以表示成 $u_n=\dfrac{1}{2}\left(\dfrac{1}{2n-1}-\dfrac{1}{2n+1}\right)$,所以

$$S_1=u_1=\frac{1}{3},$$

$$S_2=\frac{1}{2}\left(1-\frac{1}{3}+\frac{1}{3}-\frac{1}{5}\right)=\frac{1}{2}\left(1-\frac{1}{5}\right)=\frac{2}{5},$$

$$S_3=\frac{1}{2}\left(1-\frac{1}{3}+\frac{1}{3}-\frac{1}{5}+\frac{1}{5}-\frac{1}{7}\right)=\frac{1}{2}\left(1-\frac{1}{7}\right)=\frac{3}{7},$$

$$S_4=S_3+u_4=\frac{1}{2}\left(1-\frac{1}{7}\right)+\frac{1}{2}\left(\frac{1}{7}-\frac{1}{9}\right)=\frac{1}{2}\left(1-\frac{1}{9}\right)=\frac{4}{9}.$$

(3) $S_n=u_1+u_2+\cdots+u_n=\dfrac{1}{2}\left(1-\dfrac{1}{3}+\dfrac{1}{3}-\dfrac{1}{5}+\cdots+\dfrac{1}{2n-1}-\dfrac{1}{2n+1}\right)$

$=\dfrac{1}{2}\left(1-\dfrac{1}{2n+1}\right).$

(4) 因为 $\lim\limits_{n\to\infty}S_n=\lim\limits_{n\to\infty}\dfrac{1}{2}\left(1-\dfrac{1}{2n+1}\right)=\dfrac{1}{2}$,所以级数 $\sum\limits_{n=1}^{\infty}\dfrac{1}{(2n-1)(2n+1)}$ 收敛,其和为 $S=\dfrac{1}{2}$,即 $\sum\limits_{n=1}^{\infty}\dfrac{1}{(2n-1)(2n+1)}=\dfrac{1}{2}.$

注 级数通项的分母若是多项式,往往先将多项式进行因式分解,然后再将通项拆成两项差：$u_n=v_{n+1}-v_n$.

例 2 求级数 $\sum\limits_{n=1}^{\infty}\dfrac{1}{9n^2-3n-2}$ 的和.

解 因为

$$u_n=\frac{1}{9n^2-3n-2}=\frac{1}{(3n-2)(3n+1)}=\frac{1}{3}\left(\frac{1}{3n-2}-\frac{1}{3n+1}\right),$$

所以

$$S_n=\frac{1}{3}\left(1-\frac{1}{4}+\frac{1}{4}-\frac{1}{7}+\frac{1}{7}-\frac{1}{10}+\cdots+\frac{1}{3n-2}-\frac{1}{3n+1}\right)=\frac{1}{3}\left(1-\frac{1}{3n+1}\right),$$

所以

$$\sum_{n=1}^{\infty} \frac{1}{9n^2-3n-2} = \lim_{n\to\infty} S_n = \frac{1}{3}.$$

例 3 填空：

(1) 若级数 $\sum_{n=1}^{\infty} u_n$ 的部分和序列为 $S_n = \frac{2n}{n+1}$，则 $u_{100} =$ ________，$u_n =$ ________，$\sum_{n=1}^{\infty} u_n =$ ________.

(2) 若 $\sum_{n=1}^{\infty} u_n = S$，则级数 $\sum_{n=1}^{\infty} (u_n + u_{n+2}) =$ ________.

解 (1) 由 $u_n = S_n - S_{n-1}$，可得 $u_n = \frac{2}{n(n+1)}$，所以 $u_{100} = \frac{1}{5050}$，由 $\sum_{n=1}^{\infty} u_n = \lim_{n\to\infty} S_n$，可得 $\sum_{n=1}^{\infty} u_n = 2$.

(2) 因为 $\sum_{n=1}^{\infty} u_{n+2} = u_3 + u_4 + \cdots = \sum_{n=1}^{\infty} u_n - u_1 - u_2$，所以

$$\sum_{n=1}^{\infty} (u_n + u_{n+2}) = 2\sum_{n=1}^{\infty} u_n - u_1 - u_2 = 2S - u_1 - u_2.$$

例 4 分别就 $\sum_{n=1}^{\infty} u_n$ 收敛，$\sum_{n=1}^{\infty} u_n$ 发散两种情况下讨论下列级数的敛散性：

(1) $\sum_{n=1}^{\infty} (u_n + 0.00001)$； (2) $\sum_{n=1}^{\infty} (u_{n+10000})$； (3) $\sum_{n=1}^{\infty} \frac{1}{u_n}$.

解 先设 $\sum_{n=1}^{\infty} u_n$ 收敛.

(1) 级数 $\sum_{n=1}^{\infty} (u_n + 0.00001)$ 的通项为 $u_n + 0.00001$，而

$$\lim_{n\to\infty} (u_n + 0.00001) = 0.00001 \quad \left(因为 \sum_{n=1}^{\infty} u_n 收敛，所以 \lim_{n\to+\infty} u_n = 0\right).$$

一般项不趋向于零是级数发散的充分条件，所以级数 $\sum_{n=1}^{\infty} (u_n + 0.00001)$ 发散.

(2) 根据级数的基本性质，在其中加入有限项或去掉有限项不影响级数的敛散性. 现在是去掉级数 $\sum_{n=1}^{\infty} u_n$ 的前 10000 项，故级数 $\sum_{n=1}^{\infty} u_{n+10000}$ 仍收敛.

(3) 因为 $\lim_{n\to\infty} \frac{1}{u_n} = \infty \neq 0$，故 $\sum_{n=1}^{\infty} \frac{1}{u_n}$ 发散.

再讨论 $\sum_{n=1}^{\infty} u_n$ 发散的情况（现在我们只知道 $\sum_{n=1}^{\infty} u_n$ 发散，即 $\lim_{n\to+\infty} S_n$ 不存在，但不能假设

$\lim\limits_{n\to+\infty} u_n \neq 0\Big)$.

(1) 级数 $\sum\limits_{n=1}^{\infty}(u_n+0.00001)$ 可能收敛也可能发散(当结论不确定时,只要举出两方面的例子即可). 如,$\sum\limits_{n=1}^{\infty}\dfrac{1}{n}$ 发散,$\sum\limits_{n=1}^{\infty}\left(\dfrac{1}{n}+0.00001\right)$也发散;

$$\sum_{n=1}^{\infty}\left(\frac{1}{(2n-1)(2n+1)}-0.00001\right)$$

发散,而

$$\sum_{n=1}^{\infty}\left(\frac{1}{(2n-1)(2n+1)}-0.00001+0.00001\right)=\sum_{n=1}^{\infty}\frac{1}{(2n-1)(2n+1)}$$

收敛.

(2) 级数 $\sum\limits_{n=1}^{\infty}(u_{n+10000})$ 发散,理由同 $\sum\limits_{n=1}^{\infty}u_n$ 收敛情形下的(2).

(3) $\sum\limits_{n=1}^{\infty}\dfrac{1}{u_n}$ 可能收敛也可能发散. 如,$\sum\limits_{n=1}^{\infty}(2n-1)(2n+1)$ 发散,而 $\sum\limits_{n=1}^{\infty}\dfrac{1}{(2n-1)(2n+1)}$ 收敛,$\sum\limits_{n=1}^{\infty}\dfrac{1}{n}$ 发散,$\sum\limits_{n=1}^{\infty}n$ 也发散.

例 5 两个发散级数逐项相加所得之级数是否仍为发散级数?如果一个级数收敛,一个级数发散,情况又如何呢?

解 两个发散级数逐项相加所得之级数可能收敛也可能发散. 例如:级数 $\sum\limits_{n=1}^{\infty}(-1)^{n-1}$ 和 $\sum\limits_{n=1}^{\infty}(-1)^n$ 都发散,而 $\sum\limits_{n=1}^{\infty}((-1)^{n-1}+(-1)^n)=\sum\limits_{n=1}^{\infty}0=0$ 是收敛的;级数 $\sum\limits_{n=1}^{\infty}1$ 和 $\sum\limits_{n=1}^{\infty}2$ 都发散,$\sum\limits_{n=1}^{\infty}(1+2)=\sum\limits_{n=1}^{\infty}3$ 也发散.

如果一个级数 $\sum\limits_{n=1}^{\infty}u_n$ 收敛,一个级数 $\sum\limits_{n=1}^{\infty}v_n$ 发散,则它们逐项相加所得的级数 $\sum\limits_{n=1}^{\infty}(u_n+v_n)=\sum\limits_{n=1}^{\infty}w_n$ 必定发散. 因为,若 $\sum\limits_{n=1}^{\infty}w_n$ 收敛,则 $\sum\limits_{n=1}^{\infty}v_n=\sum\limits_{n=1}^{\infty}(w_n-u_n)$ 也收敛,与题设矛盾. 故 $\sum\limits_{n=1}^{\infty}(u_n+v_n)=\sum\limits_{n=1}^{\infty}w_n$ 必定发散.

注 对于这类问题的分析要力求全面. 分析中不要轻易下结论,也不能附加题中未给的条件.

提示 利用无穷级数的必要条件,可以求一些以零为极限的极限,解这类题的具体步骤为:(1) 将欲求的极限式作为无穷级数的通项 u_n. (2) 判别级数 $\sum\limits_{n=1}^{\infty}u_n$ 收敛,从而得出

$\lim\limits_{n\to\infty}u_n=0$.

例 6 用级数证明：当 $n\to\infty$ 时，$\frac{1}{n^n}$是比$\frac{1}{n!}$高阶的无穷小.

分析 要证明当 $n\to\infty$ 时，$\frac{1}{n^n}$是比$\frac{1}{n!}$高阶的无穷小，需要证明

$$\lim_{n\to\infty}\frac{1/n^n}{1/n!}=0.$$

证明 考察级数$\sum\limits_{n=1}^{\infty}\frac{1/n^n}{1/n!}=\sum\limits_{n=1}^{\infty}\frac{n!}{n^n}$的收敛性. 因为

$$\lim_{n\to\infty}\frac{u_{n+1}}{u_n}=\lim_{n\to\infty}\frac{(n+1)!}{(n+1)^{n+1}}\cdot\frac{n^n}{n!}=\frac{1}{\mathrm{e}}<1,$$

所以级数$\sum\limits_{n=1}^{\infty}\frac{n!}{n^n}$收敛.

根据收敛级数的必要条件$\lim\limits_{n\to\infty}u_n=0$知，$\lim\limits_{n\to\infty}\frac{1/n^n}{1/n!}=0$. 所以，当 $n\to\infty$ 时，$\frac{1}{n^n}$是比$\frac{1}{n!}$高阶的无穷小.

题型 2 关于正项级数的审敛

对于这个类型的题目，根据级数的特点选择恰当的审敛方法很重要. 应该说，通过做一定量的练习达到比较熟练的程度后，就会大致确定该用的审敛方法，并不需要按照某个刻板的步骤去束缚思维. 然而对于初学者，了解下面的步骤，并按其来思考，还是有一定帮助的.

(1) 检查$\lim\limits_{n\to\infty}u_n$是否为零. 若$\lim\limits_{n\to\infty}u_n\neq 0$，则$\sum\limits_{n=1}^{\infty}u_n$发散；若$\lim\limits_{n\to\infty}u_n=0$或无法求得(不知道其是否为零)则转入(2).

(2) 用比值法或根值法审敛.

通常若 u_n 中含有 $n!$ 或关于 n 的若干连乘积形式时用比值法——达朗贝尔判别法. 若 u_n 中含有以 n 为指数幂的因子时用根值法——柯西判别法.

另有结论，能利用比值法判定其收敛的级数用根值法也可判断，只是要麻烦一些，且经常用到极限$\lim\limits_{n\to\infty}\sqrt[n]{a}=1$和$\lim\limits_{n\to\infty}\sqrt[n]{n}=1$. 但是有时用比值法求不出的极限，而用根值法可以求出极限，所以根值法适用的范围更广一些. 不过，通常情况下比值法比较简便.

(3) 当比值法和根值法失效时，采用比较法的极限形式.

(4) 当比较法的极限形式失效时，采用一般形式的比较审敛法.

(5) 如果一般形式的比较审敛法也失效时，按收敛定义判别，即检验部分和数列$\{S_n\}$

是否有极限.

例 7 判定下列级数的敛散性：

(1) $\sum\limits_{n=1}^{\infty}\dfrac{(a+1)(2a+1)\cdots(na+1)}{(b+1)(2b+1)\cdots(nb+1)}\ (a,b>0)$； (2) $\sum\limits_{n=1}^{\infty}\left(\arcsin\dfrac{1}{n}\right)^n$；

(3) $\sum\limits_{n=1}^{\infty}\dfrac{a^n n!}{n^n}\ (a>0)$； (4) $\sum\limits_{n=1}^{\infty}\dfrac{n^3\left(\sqrt{2}+(-1)^n\right)^n}{3^n}$.

解 (1) 由于 $a,b>0$,所以原级数是正项级数. 又因为该正项级数的通项含有关于 n 的若干连乘积形式,所以采用比值判别法.

因为

$$\lim_{n\to\infty}\frac{u_{n+1}}{u_n}=\lim_{n\to\infty}\frac{(n+1)a+1}{(n+1)b+1}=\frac{a}{b},$$

所以,当 $\dfrac{a}{b}<1$ 时,原级数收敛；当 $\dfrac{a}{b}>1$ 时,原级数发散；当 $a=b$ 时,原级数为 $\sum\limits_{n=1}^{\infty}1$,显然发散.

(2) 该级数的通项含有以 n 为指数幂的因子,用根值法.

$$u_n=\left(\arcsin\frac{1}{n}\right)^n,\quad \lim_{n\to+\infty}\sqrt[n]{u_n}=\lim_{n\to+\infty}\sqrt[n]{\left(\arcsin\frac{1}{n}\right)^n}=\lim_{n\to+\infty}\left(\arcsin\frac{1}{n}\right)=0<1,$$

故级数 $\sum\limits_{n=1}^{\infty}\left(\arcsin\dfrac{1}{n}\right)^n$ 收敛.

(3) 用比值法. 由于

$$\lim_{n\to\infty}\frac{u_{n+1}}{u_n}=\lim_{n\to\infty}\frac{a^{n+1}(n+1)!}{(n+1)^{n+1}}\cdot\frac{n^n}{a^n n!}=\lim_{n\to\infty}a\cdot\frac{1}{\left(1+\frac{1}{n}\right)^n}=\frac{a}{\mathrm{e}},$$

因此,当 $\dfrac{a}{\mathrm{e}}<1$ 时,即 $0<a<\mathrm{e}$ 原级数收敛；当 $\dfrac{a}{\mathrm{e}}>1$ 时,即 $a>\mathrm{e}$ 原级数发散；当 $a=\mathrm{e}$ 时,$\dfrac{u_{n+1}}{u_n}>1$,则 $\lim\limits_{n\to\infty}u_n\neq 0$,原级数发散.

(4) 分析：该级数的通项为 $u_n=\dfrac{n^3\left(\sqrt{2}+(-1)^n\right)^n}{3^n}$,应用比值法.

$$\lim_{n\to\infty}\frac{u_{n+1}}{u_n}=\lim_{n\to\infty}\frac{\dfrac{(n+1)^3\left(\sqrt{2}+(-1)^{n+1}\right)^{n+1}}{3^{n+1}}}{\dfrac{n^3\left(\sqrt{2}+(-1)^n\right)^n}{3^n}}=\lim_{n\to\infty}\frac{1}{3}\left(\frac{n+1}{n}\right)^3\frac{\left(\sqrt{2}+(-1)^{n+1}\right)^{n+1}}{\left(\sqrt{2}+(-1)^n\right)^n},$$

极限不存在.

注 比值判别法首先要求极限存在,当极限不存在时,只能说明比值判别法失效,此时需要另找办法,通常采用比较判别法.

该题使$\lim\limits_{n\to\infty}\dfrac{u_{n+1}}{u_n}$不存在的主要原因是含有$(-1)^n$项，故先对级数使用比较法去掉$(-1)^n$，即$\dfrac{n^3(\sqrt{2}+(-1)^n)^n}{3^n}\leqslant\dfrac{n^3(\sqrt{2}+1)^n}{3^n}$,然后对级数$\sum\limits_{n=1}^{\infty}\dfrac{n^3(\sqrt{2}+1)^n}{3^n}$使用比值判别法,此时

$$\lim_{n\to\infty}\frac{u_{n+1}}{u_n}=\lim_{n\to\infty}\frac{\dfrac{(n+1)^3(\sqrt{2}+1)^{n+1}}{3^{n+1}}}{\dfrac{n^3(\sqrt{2}+1)^n}{3^n}}=\lim_{n\to\infty}\left(\frac{n+1}{n}\right)^3\frac{\sqrt{2}+1}{3}=\frac{\sqrt{2}+1}{3}<1.$$

所以级数$\sum\limits_{n=1}^{\infty}\dfrac{n^3(\sqrt{2}+1)^n}{3^n}$收敛,由比较法知,$\sum\limits_{n=1}^{\infty}\dfrac{n^3(\sqrt{2}+(-1)^n)^n}{3^n}$也收敛.

例 8 判断下列级数的敛散性:

(1) $\sum\limits_{n=1}^{\infty}\dfrac{n^{n-1}}{(2n^2+n+1)^{\frac{n+1}{2}}}$; (2) $\sum\limits_{n=1}^{\infty}n\sin\dfrac{\pi}{3^n}$;

(3) $\sum\limits_{n=1}^{\infty}\log_{b^n}\left(1+\dfrac{\sqrt[n]{a}}{n}\right)$ $(a>0,b>0,b\neq1)$.

解 (1) 分析: 先粗略估计一下,分母的主体部分为$n^{2\frac{n+1}{2}}=n^{n+1}$,所以通项的主体应该是$\dfrac{1}{n^2}$,由广义调和级数的收敛性猜测此级数收敛.故此解题过程如下:

因为

$$0<\frac{n^{n-1}}{(2n^2+n+1)^{\frac{n+1}{2}}}<\frac{n^{n-1}}{(n^2)^{\frac{n+1}{2}}}=\frac{1}{n^2},$$

而$\sum\limits_{n=1}^{\infty}\dfrac{1}{n^2}$收敛,所以由正项级数的比较判别法得$\sum\limits_{n=1}^{\infty}\dfrac{n^{n-1}}{(2n^2+n+1)^{\frac{n+1}{2}}}$收敛.

(2) 当$n\to\infty$时,$\sin\dfrac{\pi}{3^n}\sim\dfrac{\pi}{3^n}$,并且当$n\to\infty$时$n\sin\dfrac{\pi}{3^n}$与$\dfrac{n\pi}{3^n}$都是无穷小,所以$n\sin\dfrac{\pi}{3^n}\sim\dfrac{n\pi}{3^n}$,而级数$\sum\limits_{n=1}^{\infty}\dfrac{n\pi}{3^n}$收敛$\left(因为\lim\limits_{n\to\infty}\sqrt[n]{\dfrac{n\pi}{3^n}}=\dfrac{1}{3}<1\right)$,所以$\sum\limits_{n=1}^{\infty}n\sin\dfrac{\pi}{3^n}$收敛.

(3) 因为

$$0<\log_{b^n}\left(1+\frac{\sqrt[n]{a}}{n}\right)=\frac{\ln\left(1+\dfrac{\sqrt[n]{a}}{n}\right)}{\ln b^n}=\frac{\ln\left(1+\dfrac{\sqrt[n]{a}}{n}\right)^{\frac{n}{\sqrt[n]{a}}}}{n\ln b\cdot\dfrac{n}{\sqrt[n]{a}}}\sim\frac{1}{n^2\ln b},$$

而$\sum\limits_{n=1}^{\infty}\dfrac{1}{n^2}$收敛,所以$\sum\limits_{n=1}^{\infty}\log_{b^n}\left(1+\dfrac{\sqrt[n]{a}}{n}\right)$也收敛.

注 题(1),(2)也可以用根值法判断,请读者试之.然后再分析比较可以看到,如果能运用某些变形或等价无穷小的代换性质将级数的通项简化,将大大方便正项级数的审敛,对于某些题目而言,往往这也是可以采用的唯一方法.

题型 3 任意项级数 $\sum\limits_{n=1}^{\infty} u_n$ 的审敛

判别任意项级数的敛散性,通常采用如下步骤:

(1) 判别级数 $\sum\limits_{n=1}^{\infty} |u_n|$ 的收敛性,若 $\sum\limits_{n=1}^{\infty} |u_n|$ 收敛,则 $\sum\limits_{n=1}^{\infty} u_n$ 绝对收敛;若 $\sum\limits_{n=1}^{\infty} |u_n|$ 用比值法判别其发散,则 $\sum\limits_{n=1}^{\infty} u_n$ 发散(说明 $|u_n|$ 的绝对值不趋向零,故 $\lim\limits_{n\to+\infty} u_n \neq 0$).

(2) 若 $\sum\limits_{n=1}^{\infty} |u_n|$ 用比较法判别其发散,$\sum\limits_{n=1}^{\infty} u_n$ 为交错级数,则用莱布尼茨判别法判别.

(3) 如果不是交错级数或者是交错级数但不满足莱布尼茨判别法则中的条件,则需要综合运用级数收敛的概念、级数性质及必要条件等进行判别.

例 9 判别下列级数的敛散性:

(1) $\sum\limits_{n=1}^{\infty} (-1)^{(n-1)} \dfrac{1}{\sqrt[3]{n^2}}$;　　(2) $\sum\limits_{n=1}^{\infty} \sin\left(n\pi + \dfrac{1}{\ln n}\right)$;

(3) $\sum\limits_{n=1}^{\infty} (-1)^{n-1} \dfrac{2\cdot 4\cdot 6\cdot \cdots \cdot(2n)}{1\cdot 3\cdot 5\cdot \cdots \cdot(2n-1)}$;　　(4) $\sum\limits_{n=1}^{\infty} \dfrac{1}{n^2}\sin\left(\dfrac{n\pi}{4}\right)$;

(5) $\dfrac{1}{\sqrt{2}-1} - \dfrac{1}{\sqrt{2}+1} + \dfrac{1}{\sqrt{3}-1} - \dfrac{1}{\sqrt{3}+1} + \cdots + \dfrac{1}{\sqrt{n}-1} - \dfrac{1}{\sqrt{n}+1} + \cdots$.

解 (1) $\sum\limits_{n=1}^{\infty} (-1)^{(n-1)} \dfrac{1}{\sqrt[3]{n^2}}$ 是交错级数.先看它是否绝对收敛,级数

$$\sum_{n=1}^{\infty} \left| (-1)^{(n-1)} \frac{1}{\sqrt[3]{n^2}} \right| = \sum_{n=1}^{\infty} \frac{1}{\sqrt[3]{n^2}}$$

发散$\left(广义调和级数中 p = \dfrac{2}{3} < 1\right)$.再看其是否为条件收敛,为此检查 $\sum\limits_{n=1}^{\infty} (-1)^{(n-1)} \dfrac{1}{\sqrt[3]{n^2}}$ 是否满足莱布尼茨判别法的两个条件.

令 $u_n = \dfrac{1}{\sqrt[3]{n^2}}$,因为 $\lim\limits_{n\to+\infty} u_n = \lim\limits_{n\to+\infty} \dfrac{1}{\sqrt[3]{n^2}} = 0$,又因为 $\sqrt[3]{(n+1)^2} > \sqrt[3]{n^2}$,所以 $\dfrac{1}{\sqrt[3]{(n+1)^2}} < \dfrac{1}{\sqrt[3]{n^2}}$,即 $u_{n+1} < u_n$,所以 $\sum\limits_{n=1}^{\infty} (-1)^{(n-1)} \dfrac{1}{\sqrt[3]{n^2}}$ 收敛.

综上可知,$\sum\limits_{n=1}^{\infty} (-1)^{(n-1)} \dfrac{1}{\sqrt[3]{n^2}}$ 条件收敛.

(2) 因为

$$\sin\left(n\pi+\frac{1}{\ln n}\right)=(-1)^n\sin\left(\frac{1}{\ln n}\right)\sim(-1)^n\frac{1}{\ln n},$$

而$\frac{1}{\ln n}>\frac{1}{n}$,所以$\sum\limits_{n=1}^{\infty}\frac{1}{\ln n}$发散. 又因$\sum\limits_{n=1}^{\infty}(-1)^n\frac{1}{\ln n}$为交错级数,显然其满足莱布尼茨判别法的两个条件,所以$\sum\limits_{n=1}^{\infty}(-1)^n\frac{1}{\ln n}$条件收敛,故$\sum\limits_{n=1}^{\infty}\sin\left(n\pi+\frac{1}{\ln n}\right)$也条件收敛.

(3) $\sum\limits_{n=1}^{\infty}(-1)^{n-1}\frac{2\cdot4\cdot6\cdot\cdots\cdot(2n)}{1\cdot3\cdot5\cdot\cdots\cdot(2n-1)}$是一个交错级数,如果采用比值判别法判断$\sum\limits_{n=1}^{\infty}\frac{2\cdot4\cdot6\cdot\cdots\cdot(2n)}{1\cdot3\cdot5\cdot\cdots\cdot(2n-1)}$是否收敛,则由于极限值为1而无法判别. 可是只要仔细观察就可发现$\lim\limits_{n\to\infty}(-1)^{n-1}\frac{2\cdot4\cdot6\cdot\cdots\cdot(2n)}{1\cdot3\cdot5\cdot\cdots\cdot(2n-1)}\neq0$,即可断定级数$\sum\limits_{n=1}^{\infty}(-1)^{n-1}\frac{2\cdot4\cdot6\cdot\cdots\cdot(2n)}{1\cdot3\cdot5\cdot\cdots\cdot(2n-1)}$发散.

注 交错级数$\sum\limits_{n=1}^{\infty}(-1)^n u_n(u_n>0)$,如果不满足莱布尼茨判别法中的第二个条件,即$\lim\limits_{n\to\infty}u_n\neq0$,则级数一定发散.

(4) 可以看出$\sum\limits_{n=1}^{\infty}\frac{1}{n^2}\sin\left(\frac{n\pi}{4}\right)$是任意项级数,而要写出$\left|\frac{1}{n^2}\sin\left(\frac{n\pi}{4}\right)\right|$的表达式并不容易,但注意到$\left|\frac{1}{n^2}\sin\left(\frac{n\pi}{4}\right)\right|\leqslant\frac{1}{n^2}$,用比较判别法,有$\sum\limits_{n=1}^{\infty}\left|\frac{1}{n^2}\sin\left(\frac{n\pi}{4}\right)\right|$收敛,所以$\sum\limits_{n=1}^{\infty}\frac{1}{n^2}\sin\left(\frac{n\pi}{4}\right)$绝对收敛.

(5) 这也是交错级数,一般项趋于零但不递减,所以不能应用莱布尼茨判别法,采用级数收敛的定义. 因为$\frac{1}{\sqrt{n}-1}-\frac{1}{\sqrt{n}+1}=\frac{2}{n-1}$,所以

$$\begin{aligned}S_{2n}&=\frac{1}{\sqrt{2}-1}-\frac{1}{\sqrt{2}+1}+\frac{1}{\sqrt{3}-1}-\frac{1}{\sqrt{3}+1}+\cdots\\&\quad+\frac{1}{\sqrt{n}-1}-\frac{1}{\sqrt{n}+1}+\frac{1}{\sqrt{n+1}-1}+\frac{1}{\sqrt{n+1}+1}\\&=2\left(1+\frac{1}{2}+\cdots+\frac{1}{n}\right),\end{aligned}$$

此式正好是调和级数的n项部分和的2倍,所以$\lim\limits_{n\to\infty}S_{2n}$不存在,所以级数

$$\frac{1}{\sqrt{2}-1}-\frac{1}{\sqrt{2}+1}+\frac{1}{\sqrt{3}-1}-\frac{1}{\sqrt{3}+1}+\cdots+\frac{1}{\sqrt{n}-1}-\frac{1}{\sqrt{n}+1}+\cdots$$

发散(因为若收敛,则$\lim\limits_{n\to\infty}S_{2n}$存在且为和).

题型 4 求幂级数的收敛区间

解题步骤通常为:

(1) 求收敛半径,采用的方法主要有公式法、变量代换法、综合法等.

(2) 通过收敛半径确定收敛的开区间,并考察在其区间端点处级数的敛散性,往往是将端点值代入得到数项级数,采用数项级数的审敛法进行判别.

(3) 写出收敛区间.

例 10 求下列幂级数的收敛区间:

(1) $\sum\limits_{n=1}^{\infty}\frac{\ln(1+n)}{n}x^{n-1}$; (2) $\sum\limits_{n=1}^{\infty}\frac{3^n+(-2)^n}{n\cdot 3^n}(x+1)^n$;

(3) $\sum\limits_{n=0}^{\infty}\frac{2n+1}{2^n}x^{2n}$; (4) $\sum\limits_{n=2}^{\infty}(-1)^n\frac{1}{2^n n}x^{2n-3}$;

(5) $\sum\limits_{n=0}^{\infty}\frac{2+(-1)^n}{2^n}x^n$.

解 (1) $\lim\limits_{n\to\infty}\frac{a_{n+1}}{a_n}=\lim\limits_{n\to\infty}\frac{\ln(2+n)}{n+1}\cdot\frac{n}{\ln(n+1)}=\lim\limits_{n\to\infty}\frac{n}{n+1}\cdot\frac{\ln n+\ln\left(1+\frac{2}{n}\right)}{\ln n+\ln\left(1+\frac{1}{n}\right)}=1$,

因此 $r=1$.

当 $x=-1$ 时,考察级数$\sum\limits_{n=1}^{\infty}(-1)^{n-1}\frac{\ln(1+n)}{n}$的收敛性. 显然,$\lim\limits_{n\to\infty}\frac{\ln(1+n)}{n}=0$.

另一方面,令 $f(x)=\frac{\ln(1+x)}{x}(x\leqslant 1)$,则

$$f'(x)=\frac{\frac{x}{1+x}-\ln(1+x)}{x^2}.$$

取 $g(x)=\frac{x}{1+x}-\ln(1+x)(x\leqslant 1)$,从而有

$$g'(x)=\frac{1}{(1+x)^2}-\frac{1}{1+x}=\frac{-x}{(1+x)^2}<0.$$

所以 $g(x)$ 单调递减,$g(x)\leqslant g(1)=\frac{1}{2}-\ln 2<0$,$f'(x)<0$,$f(x)$ 单调递减,从而$\frac{\ln(1+n)}{n}$是单调递减的.

根据莱布尼茨判别法知$\sum\limits_{n=1}^{\infty}(-1)^{n-1}\frac{\ln(1+n)}{n}$收敛.

当 $x=1$ 时,级数 $\sum\limits_{n=1}^{\infty}\dfrac{\ln(1+n)}{n}$ 发散 $\left(\dfrac{\ln(1+n)}{n}>\dfrac{1}{n}\right)$.

因此原级数收敛区间是[−1,1).

(2) 令 $y=\dfrac{x+1}{3}$,考察级数 $\sum\limits_{n=1}^{\infty}\dfrac{3^n+(-2)^n}{n}y^n$ 的收敛区间. 因为

$$\lim_{n\to\infty}\frac{a_{n+1}}{a_n}=\lim_{n\to\infty}\frac{3^{n+1}+(-2)^{n+1}}{n+1}\cdot\frac{n}{3^n+(-2)^n}=3,$$

所以收敛半径 $r=\dfrac{1}{3}$.

当 $y=\dfrac{1}{3}$ 时,因级数 $\sum\limits_{n=1}^{\infty}\dfrac{1}{n}$ 发散,$\sum\limits_{n=1}^{\infty}\left(-\dfrac{2}{3}\right)^n\dfrac{1}{n}$ 收敛,所以 $\sum\limits_{n=1}^{\infty}\dfrac{3^n+(-2)^n}{n}\dfrac{1}{3^n}$ 发散.

当 $y=-\dfrac{1}{3}$ 时,级数

$$\sum_{n=1}^{\infty}\frac{3^n+(-2)^n}{n}\cdot(-1)^n\frac{1}{3^n}=\sum_{n=1}^{\infty}\frac{(-1)^n}{n}+\sum_{n=1}^{\infty}\left(\frac{2}{3}\right)^n\frac{1}{n},$$

两个级数都收敛,所以 $\sum\limits_{n=1}^{\infty}\dfrac{3^n+(-2)^n}{n}\cdot(-1)^n\dfrac{1}{3^n}$ 收敛.

所以,级数 $\sum\limits_{n=1}^{\infty}\dfrac{3^n+(-2)^n}{n}y^n$ 的收敛区间是 $\left[-\dfrac{1}{3},\dfrac{1}{3}\right)$,从而有 $-\dfrac{1}{3}\leqslant\dfrac{x+1}{3}<\dfrac{1}{3}$,即 $-2\leqslant x<0$,因此原级数收敛区域是[−2,0).

(3) 方法1. 因为

$$\lim_{n\to\infty}\left|\frac{u_{n+1}}{u_n}\right|=\lim_{n\to\infty}\left|\frac{(2n+3)x^{2n+2}}{2^{n+1}}\cdot\frac{2^n}{x^{2n}(2n+1)}\right|=\lim_{n\to\infty}x^2\frac{(2n+3)}{2(2n+1)}=\frac{x^2}{2},$$

由 $\dfrac{x^2}{2}<1$,解得 $r=\sqrt{2}$.

当 $x=\pm\sqrt{2}$ 时,级数 $\sum\limits_{n=0}^{\infty}\dfrac{2n+1}{2^n}x^{2n}=\sum\limits_{n=0}^{\infty}(2n+1)$,发散.

所以收敛区间为 $(-\sqrt{2},\sqrt{2})$.

方法2. 令 $y=x^2$,考察级数 $\sum\limits_{n=1}^{\infty}\dfrac{2n+1}{2^n}y^n$ 的收敛性.

因为 $\lim\limits_{n\to\infty}\dfrac{a_{n+1}}{a_n}=\lim\limits_{n\to\infty}\dfrac{2n+3}{2^{(n+1)}}\cdot\dfrac{2^n}{2n+1}=\dfrac{1}{2}$,所以收敛半径 $r=2$.

当 $y=2$ 时,级数 $\sum\limits_{n=1}^{\infty}\dfrac{2n+1}{2^n}y^n=\sum\limits_{n=1}^{\infty}(2n+1)$ 发散.

所以有 $x^2<2$,即 $-\sqrt{2}<x<\sqrt{2}$,因此原级数收敛区域是 $(-\sqrt{2},\sqrt{2})$.

(4) 同(3),该题也有两种方法,仅以代换法为例,至于直接方法可参考例10(3).

因为

$$\sum_{n=2}^{\infty}(-1)^n \frac{1}{2^n n}x^{2n-3}=\sum_{n=0}^{\infty}\frac{(-1)^{n+2}}{2^{(n+2)}(n+2)}x^{2n+1}=x\sum_{n=0}^{\infty}\frac{(-1)^{n+2}}{2^{(n+2)}(n+2)}x^{2n},$$

令 $y=x^2$，考察级数 $\sum\limits_{n=0}^{\infty}\frac{(-1)^{n+2}}{2^{(n+2)}(n+2)}y^n$ 的收敛性. 因为

$$\lim_{n\to\infty}\left|\frac{a_{n+1}}{a_n}\right|=\lim_{n\to\infty}\frac{2^{(n+2)}(n+2)}{2^{(n+3)}(n+3)}=\frac{1}{2},$$

所以收敛半径 $r=2$.

当 $y=2$ 时，级数 $\sum\limits_{n=0}^{\infty}\frac{(-1)^{n+2}}{2^{(n+2)}(n+2)}y^n=\sum\limits_{n=0}^{\infty}(-1)^{n+2}\frac{1}{4(n+2)}$，收敛.

所以有 $x^2\leqslant 2$，即 $-\sqrt{2}\leqslant x\leqslant\sqrt{2}$，因此原级数收敛区域是 $[-\sqrt{2},\sqrt{2}]$.

注 在例 10(3)、例 10(4)中采用代换法时，令 $y=x^2$ 求得新级数的收敛半径后，不必求新级数的收敛区间，而仅需讨论新级数在右端点的敛散性，这是因为我们引入新级数只是为了求原级数的收敛区间，而在原级数中 $y\geqslant 0$.

(5) 因为

$$\lim_{n\to\infty}\frac{a_{n+1}}{a_n}=\lim_{n\to\infty}\frac{2+(-1)^{n+1}}{2^{n+1}}\frac{2^n}{2+(-1)^n}=\lim_{n\to\infty}\frac{2+(-1)^{n+1}}{2(2+(-1)^n)}$$

不存在，所以用公式法不能求出收敛半径，改用其他方法.

因为

$$\sum_{n=0}^{\infty}\frac{2+(-1)^n}{2^n}x^n=\sum_{n=0}^{\infty}\frac{2}{2^n}x^n+\sum_{n=0}^{\infty}\frac{(-1)^n}{2^n}x^n,$$

而 $\sum\limits_{n=0}^{\infty}\frac{2}{2^n}x^n$ 和 $\sum\limits_{n=0}^{\infty}\frac{(-1)^n}{2^n}x^n$ 的收敛半径均为 2，所以原级数在 $|x|<2$ 时收敛.

又因为当 $x=2$ 时，$\sum\limits_{n=0}^{\infty}\frac{2+(-1)^n}{2^n}x^n=\sum\limits_{n=0}^{\infty}(2+(-1)^n)$ 发散，所以可以确定原级数的收敛半径为 2，$x=-2$ 时，$\sum\limits_{n=0}^{\infty}\frac{2+(-1)^n}{2^n}x^n=\sum\limits_{n=0}^{\infty}(-1)^n(2+(-1)^n)$ 也发散，所以原级数的收敛区间为 $(-2,2)$.

题型 5 求函数的幂级数展开式

解这类题时通常都采用间接展开法，避免了验证充要条件的困难. 为了顺利地使用间接展开法，对内容提要 3(2)中提到的七个展开式要熟记在心，然后将要求展开式的函数采用适当的变形、变换、四则运算、求导、求积分等方法化成所熟悉的展开式. 另外要注意，对函数的幂级数展开式，必须注明展开式成立的区间，即收敛域.

例 11 将下列函数展开成 x 的幂级数：

(1) $f(x)=\ln(3-2x-x^2)$； (2) $f(x)=\int_0^x \frac{\ln(1+x)}{x}dx$；

(3) $f(x)=\frac{1}{(1+x)(1+x^2)(1+x^4)(1+x^8)}$； (4) $f(x)=\arctan\frac{4+x^2}{4-x^2}$.

解 (1) 因为

$$f(x)=\ln(3-2x-x^2)=\ln(x+3)(1-x)=\ln(x+3)+\ln(1-x),\quad -3<x<1,$$

又因为

$$\ln(x+3)=\ln3+\ln\left(1+\frac{x}{3}\right)=\ln3+\sum_{n=0}^{\infty}(-1)^n\frac{\left(\frac{x}{3}\right)^{n+1}}{n+1},\quad x\in(-3,3],$$

$$\ln(1-x)=\sum_{n=0}^{\infty}(-1)^n\frac{(-x)^{n+1}}{n+1}=-\sum_{n=0}^{\infty}\frac{x^{n+1}}{n+1},\quad x\in(-1,1],$$

所以

$$f(x)=\ln(3-2x-x^2)=\ln3+\sum_{n=0}^{\infty}\left(\frac{(-1)^n}{3^{n+1}}-1\right)\frac{x^{n+1}}{n+1},\quad x\in(-1,1].$$

(2) 因为 $f(0)=0$，

$$f'(x)=\left(\int_0^x\frac{\ln(1+x)}{x}dx\right)'=\frac{\ln(1+x)}{x}=\frac{1}{x}\sum_{n=0}^{\infty}(-1)^n\frac{x^{n+1}}{n+1}$$

$$=\sum_{n=0}^{\infty}(-1)^n\frac{x^n}{n+1},\quad x\in(-1,1].$$

于是有

$$f(x)=\int_0^x\frac{\ln(1+x)}{x}dx=\int_0^x f'(x)dx+f(0)$$

$$=\int_0^x\sum_{n=0}^{\infty}(-1)^n\frac{x^n}{n+1}dx=\sum_{n=0}^{\infty}(-1)^n\frac{x^{n+1}}{(n+1)^2},\quad x\in(-1,1].$$

(3) $$f(x)=\frac{1}{(1+x)(1+x^2)(1+x^4)(1+x^8)}=\frac{1-x}{1-x^{16}}$$

$$=(1-x)\sum_{n=0}^{\infty}x^{16n}=1-x+x^{16}-x^{17}+x^{32}-x^{33}+\cdots,$$

收敛域是 $(-1,1)$.

(4) 因为 $f(x)=\arctan\frac{4+x^2}{4-x^2}$，$f(0)=\frac{\pi}{4}$，则

$$f'(x)=\frac{16x}{32+2x^4}=\frac{1}{2}x\cdot\frac{1}{1+\frac{x^4}{16}}=\frac{1}{2}x\sum_{n=0}^{\infty}(-1)^n\left(\frac{x}{2}\right)^{4n}=\sum_{n=0}^{\infty}(-1)^n\frac{1}{2^{4n+1}}x^{4n+1}.$$

所以

$$f(x)=\int_0^x f'(x)\mathrm{d}x+f(0)=\sum_{n=0}^{\infty}(-1)^n\frac{x^{4n+2}}{(4n+2)2^{4n+1}}+\frac{\pi}{4}.$$

显然，收敛域是$[-2,2]$.

例 12 在指定点处将下列函数展开成幂级数：

(1) $f(x)=\dfrac{1}{x^2}$，在 $x=-1$ 处；　　(2) $f(x)=\sum\limits_{n=0}^{\infty}\dfrac{(-1)^n x^{2n+1}}{2^{2n}(2n+1)!}$，在 $x=\pi$ 处；

(3) $f(x)=\dfrac{1}{x^2+3x+2}$，在 $x=1$ 处；　　(4) $f(x)=\dfrac{\mathrm{d}}{\mathrm{d}x}\left(\dfrac{\mathrm{e}^x-\mathrm{e}}{x-1}\right)$，在 $x=1$ 处.

解 (1) 因为 $f(x)=\dfrac{1}{x^2}=\left(-\dfrac{1}{x}\right)'$，而

$$-\frac{1}{x}=\frac{1}{1-(x+1)}=\sum_{n=0}^{\infty}(x+1)^n,\quad -2<x<0,$$

所以

$$f(x)=\frac{1}{x^2}=\left(\sum_{n=0}^{\infty}(x+1)^n\right)'=\sum_{n=1}^{\infty}n(x+1)^{n-1},\quad -2<x<0.$$

(2) 因为

$$f(x)=\sum_{n=0}^{\infty}\frac{(-1)^n x^{2n+1}}{2^{2n}(2n+1)!}=2\sum_{n=0}^{\infty}\frac{(-1)^n\left(\frac{x}{2}\right)^{2n+1}}{(2n+1)!}=2\sin\left(\frac{x}{2}\right),$$

所以

$$f(x)=2\sin\left(\frac{x}{2}\right)=2\sin\left(\frac{x-\pi}{2}+\frac{\pi}{2}\right)=2\cos\left(\frac{x-\pi}{2}\right)$$

$$=2\sum_{n=0}^{\infty}\frac{(-1)^n\left(\frac{x-\pi}{2}\right)^{2n}}{(2n)!}=\sum_{n=0}^{\infty}\frac{(-1)^n(x-\pi)^{2n}}{2^{2n-1}(2n)!}.$$

(3)
$$f(x)=\frac{1}{x^2+3x+2}=\frac{1}{(x+2)(x+1)}=\frac{1}{x+1}-\frac{1}{x+2},$$

而

$$\frac{1}{x+1}=\frac{1}{(x-1)+2}=\frac{1}{2}\frac{1}{1+\frac{x-1}{2}}=\frac{1}{2}\sum_{n=0}^{\infty}(-1)^n\left(\frac{x-1}{2}\right)^n$$

$$=\sum_{n=0}^{\infty}(-1)^n\frac{(x-1)^n}{2^{n+1}},\quad -1<x<3,$$

$$\frac{1}{x+2}=\frac{1}{(x-1)+3}=\frac{1}{3}\frac{1}{1+\frac{x-1}{3}}=\frac{1}{3}\sum_{n=0}^{\infty}(-1)^n\left(\frac{x-1}{3}\right)^n$$

$$= \sum_{n=0}^{\infty} (-1)^n \frac{(x-1)^n}{3^{n+1}}, \quad -2 < x < 4,$$

所以

$$f(x) = \sum_{n=0}^{\infty} (-1)^n \frac{(x-1)^n}{2^{n+1}} - \sum_{n=0}^{\infty} (-1)^n \frac{(x-1)^n}{3^{n+1}}$$

$$= \sum_{n=0}^{\infty} (-1)^n \left(\frac{1}{2^{n+1}} - \frac{1}{3^{n+1}} \right) (x-1)^n, \quad -1 < x < 3.$$

(4) 分析：该题求导以后再展开有一些困难，观察到求导数的函数比较容易化成我们所熟悉的展开式，所以考虑先将求导数的函数展成幂级数然后再求导.

因为 $e^x = e \cdot e^{x-1} = e\sum_{n=0}^{\infty} \frac{(x-1)^n}{n!}$，所以

$$\frac{e^x - e}{x-1} = e\sum_{n=1}^{\infty} \frac{(x-1)^{n-1}}{n!}, \quad x \neq 1,$$

于是

$$f(x) = \frac{d}{dx}\left(\frac{e^x - e}{x-1} \right) = \left(e\sum_{n=1}^{\infty} \frac{(x-1)^{n-1}}{n!} \right)' = e\sum_{n=2}^{\infty} \frac{(n-1)(x-1)^{n-2}}{n!}, \quad x \neq 1.$$

题型 6 求幂级数的和函数

该类题是求函数幂级数展开式的逆运算，所以基本思想类似，通常采用间接方法，即先通过适当的运算将待求和函数的级数化成我们所熟悉的七种幂级数展开式情形，再求和函数. 当然求和之前确定其收敛域是必不可少的.

例 13 求下列级数在收敛区间内的和函数：

(1) $2x - \frac{4}{3!}x^3 + \frac{6}{5!}x^5 - \frac{8}{7!}x^7 + \cdots$；

(2) $\sum_{n=1}^{\infty} n(x-1)^n$；

(3) $\sum_{n=1}^{\infty} x e^{-nx}$；

(4) $\sum_{n=1}^{\infty} (-1)^{n-1} \frac{1}{n+1} x^n$.

解 (1) 级数

$$2x - \frac{4}{3!}x^3 + \frac{6}{5!}x^5 - \cdots = \sum_{n=1}^{\infty} \frac{(-1)^{n+1} 2n}{(2n-1)!} x^{2n-1}.$$

$\forall x \in \mathbb{R}$，因为

$$\sin x = \sum_{n=0}^{\infty} (-1)^n \frac{x^{2n+1}}{(2n+1)!} = \sum_{n=1}^{\infty} (-1)^{n+1} \frac{x^{2n-1}}{(2n-1)!},$$

所以

$$x\sin x = \sum_{n=1}^{\infty} (-1)^{n+1} \frac{x^{2n}}{(2n-1)!}.$$

两边求导得

$$(x\sin x)' = \sum_{n=1}^{\infty}(-1)^{n+1}\frac{2n}{(2n-1)!}x^{2n-1}.$$

所以原级数的和函数为

$$(x\sin x)' = \sin x + x\cos x,\quad x \in \mathbb{R}.$$

(2) 令 $x-1=y$,考察 $\sum_{n=1}^{\infty}n(x-1)^n = \sum_{n=1}^{\infty}ny^n$ 的和函数.

由于 $\sum_{n=1}^{\infty}ny^n$ 的收敛半径为 $r=1$,因此 $\forall y \in (-1,1)$,由 $\sum_{n=1}^{\infty}y^n = \frac{y}{1-y}$,两边求导得

$$\sum_{n=1}^{\infty}ny^{n-1} = \frac{1}{(1-y)^2},$$

同乘 y 得

$$\sum_{n=1}^{\infty}ny^n = \frac{y}{(1-y)^2}.$$

故

$$\sum_{n=1}^{\infty}n(x-1)^n = \frac{x-1}{(x-2)^2},\quad 0<x<2.$$

(3) $\sum_{n=1}^{\infty}xe^{-nx} = \sum_{n=1}^{\infty}x(e^{-x})^n$,$e^{-x}$ 是等比级数的公比,故分情况讨论:

① 当 $x=0$ 时,$\sum_{n=1}^{\infty}xe^{-nx}=0$;

② 当 $x>0$ 时,$e^{-x}<1$,从而有 $\sum_{n=1}^{\infty}x(e^{-x})^n = x\sum_{n=1}^{\infty}(e^{-x})^n = \frac{xe^{-x}}{1-e^{-x}}$;

③ 当 $x<0$ 时,$e^{-x}>1$,从而有 $\sum_{n=1}^{\infty}x(e^{-x})^n$ 发散.

故

$$\sum_{n=1}^{\infty}xe^{-nx} = \frac{xe^{-x}}{1-e^{-x}},\quad x \geqslant 0.$$

(4) 由于 $\sum_{n=1}^{\infty}(-1)^{n-1}\frac{1}{n+1}x^n$ 的收敛半径是1,且当 $x=0$ 时,$\sum_{n=1}^{\infty}(-1)^{n-1}\frac{1}{n+1}x^n=0$.

$\forall x, 0<|x|<1$,令 $f(x) = \sum_{n=1}^{\infty}(-1)^{n-1}\frac{1}{n+1}x^n$,则

$$xf(x) = \sum_{n=1}^{\infty}(-1)^{n-1}\frac{1}{n+1}x^{n+1}.$$

两边求导,得

$$(xf(x))' = \sum_{n=1}^{\infty}(-1)^{n-1}x^n = -\sum_{n=1}^{\infty}(-x)^n = \frac{x}{1+x}.$$

从而有

$$\int_0^x (xf(x))'\mathrm{d}x = \int_0^x \frac{x}{1+x}\mathrm{d}x = \int_0^x \left(1-\frac{1}{1+x}\right)\mathrm{d}x,$$

即

$$xf(x) = x - \ln(1+x),$$

$$f(x) = 1 - \frac{1}{x}\ln(x+1),\quad 0 < |x| < 1.$$

例 14 求级数$\sum_{n=1}^{\infty}\frac{2n-1}{2^n}$的和.

解
$$\sum_{n=1}^{\infty}\frac{2n-1}{2^n} = \sum_{n=1}^{\infty}n\left(\frac{1}{2}\right)^{n-1} - \sum_{n=1}^{\infty}\left(\frac{1}{2}\right)^n.$$

由于$\sum_{n=1}^{\infty}x^n = \frac{x}{1-x}$ $(0 < x < 1)$，则$\sum_{n=1}^{\infty}nx^{n-1} = \frac{1}{(1-x)^2}$. 令 $x = \frac{1}{2}$，从而有 $\sum_{n=0}^{\infty}n\left(\frac{1}{2}\right)^{n-1} = 4$，又知$\sum_{n=1}^{\infty}\left(\frac{1}{2}\right)^n = 1$，故$\sum_{n=0}^{\infty}\frac{2n-1}{2^n} = 4-1=3$.

题型 7 有关级数命题的证明

此类型题多是证明某级数收敛的，往往需要针对题目进行综合分析，从而选出适当的方法，一般级数收敛的定义，级数的性质，比较判别法，莱布尼茨判别法用的相对多一些.

例 15 设 $a_n > 0$，$\{a_n\}$单调减少且趋于零，证明：级数$\sum_{n=1}^{\infty}(-1)^{n-1}\sqrt{a_n a_{n+1}}$ 收敛.

分析 这是一个交错级数，如果能证明其满足莱布尼茨判别法的条件即可证明.

证明 因为 $a_n>0$，$\{a_n\}$单调减少，所以$\sqrt{a_n a_{n+1}}$也单调减少.

又因为 $0<\sqrt{a_n a_{n+1}}\leqslant\frac{a_n+a_{n+1}}{2}$，而$\lim\limits_{n\to\infty}\frac{a_n+a_{n+1}}{2}=0$，所以$\lim\limits_{n\to\infty}\sqrt{a_n a_{n+1}}=0$. 由交错级数的判别法可知$\sum_{n=1}^{\infty}(-1)^{n-1}\sqrt{a_n a_{n+1}}$ 收敛.

例 16 已知数列$\{na_n\}$收敛，$\sum_{n=2}^{\infty}n(a_n-a_{n-1})$也收敛，证明级数$\sum_{n=1}^{\infty}a_n$ 收敛.

分析 从题目所给信息来看，应该从部分和入手，即从级数收敛的定义出发.

证明 设$\sum_{n=2}^{\infty}n(a_n-a_{n-1})$和$\sum_{n=1}^{\infty}a_n$ 的前 n 项和分别为σ_n 和 S_n，则

$$\sigma_n = 2(a_2 - a_1) + 3(a_3 - a_2) + \cdots + n(a_n - a_{n-1}) + (n+1)(a_{n+1} - a_n)$$
$$= (n+1)a_{n+1} - a_1 - (a_1 + a_2 + \cdots + a_n) = (n+1)a_{n+1} - a_1 - S_n,$$

所以

$$S_n = (n+1)a_{n+1} - a_1 - \sigma_n,$$

由极限的运算法则，$\lim\limits_{n\to\infty} S_n$ 存在，所以 $\sum\limits_{n=1}^{\infty} a_n$ 收敛.

9.3 习题

基本题

写出下列级数的一般项，并用 $\sum\limits_{n=1}^{\infty} u_n$ 表示：

1. $\dfrac{1}{2\ln 2} + \dfrac{1}{3\ln 3} + \dfrac{1}{4\ln 4} + \cdots$.

2. $\dfrac{a^2}{3} - \dfrac{a^3}{5} + \dfrac{a^4}{7} - \dfrac{a^5}{9} + \cdots$.

3. $\dfrac{\sqrt{x}}{2} + \dfrac{x}{2\times 4} + \dfrac{x\sqrt{x}}{2\times 4\times 6} + \dfrac{x^2}{2\times 4\times 6\times 8} + \cdots$.

4. $\dfrac{2}{1} - \dfrac{3}{2} + \dfrac{4}{3} - \dfrac{5}{4} + \cdots$.

5. $\dfrac{2}{1} + \dfrac{2\times 5}{1\times 5} + \dfrac{2\times 5\times 8}{1\times 5\times 9} + \dfrac{2\times 5\times 8\times 11}{1\times 5\times 9\times 13} + \cdots$.

用级数收敛的定义判定下列级数收敛并求和：

6. $\sum\limits_{n=1}^{\infty} \dfrac{1}{(2n-1)(2n+1)}$.

7. $\sum\limits_{n=1}^{\infty} \dfrac{2}{3^{n-1}}$.

8. $\sum\limits_{n=1}^{\infty} \dfrac{(-1)^{n-1}}{2^{n-1}}$.

9. $\sum\limits_{n=1}^{\infty} \dfrac{\sqrt{n+1} - \sqrt{n}}{\sqrt{n^2+n}}$.

10. $\sum\limits_{n=1}^{\infty} \dfrac{n}{(n+1)(n+2)(n+3)}$.

11. $\sum\limits_{n=1}^{\infty} \dfrac{(-1)^{n+1}(2n+1)}{n(n+1)}$.

12. $\sum\limits_{n=1}^{\infty} (\sqrt{n+2} - 2\sqrt{n+1} + \sqrt{n})$.

利用级数的性质判断下列级数的敛散性：

13. $\sum\limits_{n=1}^{\infty} \dfrac{n}{n+1}$.

14. $\sum\limits_{n=1}^{\infty} n\sqrt{1 - \cos\dfrac{\pi}{n}}$.

15. $\sum\limits_{n=1}^{\infty} \left(u_n + \dfrac{1}{10}\right)$ $\left(已知 \sum\limits_{n=1}^{\infty} u_n 收敛\right)$.

16. $\sum\limits_{n=1}^{\infty} \left(\dfrac{1}{2^n} + \dfrac{1}{3^n}\right)$.

17. $\sum\limits_{n=1}^{\infty} 10^2 \left(\dfrac{1}{3}\right)^n$.

18. $\dfrac{1}{2} + \dfrac{1}{10} + \dfrac{1}{4} + \dfrac{1}{20} + \cdots + \dfrac{1}{2^n} + \dfrac{1}{10} + \cdots$.

19. $\dfrac{1}{3} + \dfrac{1}{6} + \dfrac{1}{9} + \dfrac{1}{12} + \cdots$.

20. $\sum\limits_{n=1}^{\infty} \left(\dfrac{1}{n^3} - \dfrac{\ln^n 3}{3^n}\right)$.

用比较判别法及其极限形式判定下列级数的敛散性：

21. $1+\frac{1}{3}+\frac{1}{5}+\frac{1}{7}+\cdots$.

22. $\sum_{n=1}^{\infty}\frac{1}{(n+1)(n+4)}$.

23. $\sum_{n=1}^{\infty}\ln\left(1+\frac{a}{n}\right)(a>0)$.

24. $\sum_{n=1}^{\infty}\frac{3^n}{n2^n}$.

25. $\sum_{n=1}^{\infty}\left(1-\cos\frac{\pi}{n}\right)$.

26. $\sum_{n=1}^{\infty}\frac{1}{\sqrt{4n^2+n}}$.

27. $\sum_{n=1}^{\infty}\frac{1}{2^n-n}$.

28. $\sum_{n=1}^{\infty}\frac{1}{n}(\sqrt{n+1}-\sqrt{n-1})$.

29. $\sum_{n=1}^{\infty}\frac{2^n}{1+3^n}$.

30. $\sum_{n=1}^{\infty}\frac{\ln n}{n}$.

用比值法判定下列级数的敛散性：

31. $\sum_{n=1}^{\infty}\frac{2^n n!}{n^n}$.

32. $\sum_{n=1}^{\infty}n\tan\frac{\pi}{2^{n+1}}$.

33. $\sum_{n=1}^{\infty}\frac{1\cdot 3\cdot 5\cdot\cdots\cdot(2n-1)}{n!}$.

34. $\sum_{n=1}^{\infty}\frac{2^n}{\sqrt{n^n}}$.

35. $\sum_{n=1}^{\infty}\frac{n!}{10^n}$.

36. $\sum_{n=1}^{\infty}\frac{n^n}{(n!)^2}$.

37. $\sum_{n=1}^{\infty}\frac{n^2}{3^n}$.

38. $\sum_{n=1}^{\infty}\frac{1}{[\ln(n+1)]^n}$.

39. $\sum_{n=1}^{\infty}\frac{2+(-1)^n}{2^n}$.

40. $\sum_{n=1}^{\infty}\frac{n^n}{3^n n!}$.

用根值法判定下列级数的敛散性：

41. $\sum_{n=1}^{\infty}\left(\frac{n}{2n+1}\right)^n$.

42. $\sum_{n=1}^{\infty}\frac{1}{[\ln(n+1)]^n}$.

43. $\sum_{n=1}^{\infty}\left(\frac{n}{3n-1}\right)^{2n-1}$.

44. $\sum_{n=1}^{\infty}\frac{\left(\frac{1+n}{n}\right)^{n^2}}{3^n}$.

45. $\sum_{n=1}^{\infty}n^n\left(\sin\frac{\pi}{n}\right)^n$.

46. $\sum_{n=1}^{\infty}\left(\frac{b}{a_n}\right)^n$，其中 $a_n\to a(n\to\infty)$，a_n,b,a 均为正数.

47. $\sum_{n=1}^{\infty}\sqrt{n}\left(\frac{n}{3n-1}\right)^{2n}$.

48. $\sum_{n=1}^{\infty}2^{n-1}\mathrm{e}^{-n}$.

49. $\sum_{n=1}^{\infty}\left(\frac{2n-1}{3n+1}\right)^{\frac{n}{2}}$.

50. $\sum_{n=1}^{\infty}\frac{n^{10}\cdot 3^{n+2}}{5^n}$.

判定下列级数的敛散性：

51. $\sum\limits_{n=1}^{\infty}\frac{n+1}{2n+1}$.

52. $\sum\limits_{n=1}^{\infty}\left(\frac{n}{n+1}\right)^{n}$.

53. $\frac{3}{4}+2\left(\frac{3}{4}\right)^{2}+3\left(\frac{3}{4}\right)^{3}+4\left(\frac{3}{4}\right)^{4}+\cdots$.

54. $\sum\limits_{n=1}^{\infty}\frac{1}{(2n-1)^{2}}$.

55. $\sum\limits_{n=1}^{\infty}\frac{1}{n\sqrt{n-1}}$.

56. $\sum\limits_{n=1}^{\infty}\frac{1}{(2n+1)(2n-1)}$.

57. $\sum\limits_{n=1}^{\infty}\frac{n^{n}}{n!}$.

58. $\sum\limits_{n=1}^{\infty}n^{2}\sin\frac{\pi}{3^{n}}$.

59. $\sum\limits_{n=1}^{\infty}\frac{n^{2000}}{n!}$.

60. $\sum\limits_{n=1}^{\infty}\frac{n\cos^{2}\left(\frac{n\pi}{3}\right)}{2^{n}}$.

61. $\frac{1}{\sqrt{2}}+\sqrt{\frac{2}{3}}+\cdots+\sqrt{\frac{n}{n+1}}+\cdots$.

62. $\frac{1}{a+b}+\frac{1}{2a+b}+\frac{1}{3a+b}+\cdots\ (a>0,b>0)$.

63. $\frac{(1!)^{2}}{2\times1^{2}}+\frac{(2!)^{2}}{2\times2^{2}}+\frac{(3!)^{2}}{2\times3^{2}}+\cdots$.

64. $\sum\limits_{n=1}^{\infty}\frac{1}{(an^{2}+bn+c)^{\lambda}}$ ($a>0,b>0,c>0,\lambda$ 为任意常数).

65. $\sum\limits_{n=1}^{\infty}\frac{\sqrt{n}+\sin n}{n^{2}-n+1}$.

66. $\sum\limits_{n=1}^{\infty}\left(\frac{2n+1}{3n-2}\right)^{n}$.

67. $\sum\limits_{n=1}^{\infty}\frac{n^{3}}{n^{4}+1}$.

68. $\sum\limits_{n=1}^{\infty}n\mathrm{e}^{-n^{2}}$.

69. $\sum\limits_{n=1}^{\infty}\frac{1}{n\ln n}$.

70. $\sum\limits_{n=1}^{\infty}\frac{1}{n(\ln n)^{2}}$.

71. 若有两个正数 a',a''，使 $a'\leqslant a_{n}\leqslant a''$，证明正项级数 $\sum\limits_{n=1}^{\infty}u_{n}$ 与 $\sum\limits_{n=1}^{\infty}a_{n}u_{n}$ 有相同的收敛性.

72. 设 $a_{n}\neq0\ (n=1,2,\cdots)$，且 $\lim\limits_{n\to\infty}a_{n}=a\ (a\neq0)$，证明两级数 $\sum\limits_{n=1}^{\infty}|a_{n+1}-a_{n}|$ 和 $\sum\limits_{n=1}^{\infty}\left|\frac{1}{a_{n+1}}-\frac{1}{a_{n}}\right|$ 具有相同的收敛性.

73. 利用级数的收敛性证明：

(1) $\lim\limits_{n\to\infty}\frac{a^{n}}{n!}=0\ (a>1)$；

(2) $\lim\limits_{n\to\infty}\frac{n^{k}}{2^{n}}=0$.

判定下列级数是否收敛？如果收敛，是绝对收敛还是条件收敛？

74. $1-\dfrac{1}{\sqrt{2}}+\dfrac{1}{\sqrt{3}}-\dfrac{1}{\sqrt{4}}+\cdots$.

75. $\sum\limits_{n=1}^{\infty}(-1)^{n-1}3^{\frac{n}{n-1}}$.

76. $\sum\limits_{n=1}^{\infty}(-1)^{n-1}\dfrac{1}{2^{n-1}}$.

77. $\sum\limits_{n=2}^{\infty}(-1)^{n-1}\dfrac{1}{\ln n}$.

78. $\sum\limits_{n=1}^{\infty}\dfrac{(-1)^{n-1}n}{n^2-1}$.

79. $\sum\limits_{n=1}^{\infty}\dfrac{(-1)^n}{\sqrt{n^2+2}}$.

80. $\sum\limits_{n=1}^{\infty}\dfrac{\sin na}{n^2}$（$a$ 为常数）.

81. $\sum\limits_{n=1}^{\infty}(-1)^{n-1}\dfrac{1}{\sqrt[n]{n}}$.

82. $\sum\limits_{n=1}^{\infty}(-1)^{n-1}\dfrac{2^{n^2}}{n!}$.

83. $\dfrac{1}{\pi^2}\sin\dfrac{\pi}{2}+\dfrac{1}{\pi^3}\sin\dfrac{\pi}{3}+\dfrac{1}{\pi^4}\sin\dfrac{\pi}{4}+\cdots$.

84. $\sum\limits_{n=1}^{\infty}(-1)^{n-1}\arcsin^3\left(\dfrac{1}{n}\right)$.

85. $\sum\limits_{n=2}^{\infty}\dfrac{\sin\dfrac{n\pi}{3}}{n(\ln n)^2}$.

86. $\sum\limits_{n=1}^{\infty}(-1)^{n-1}\left(e^{\frac{1}{\sqrt{n}}}-1-\dfrac{1}{\sqrt{n}}\right)$.

87. $\sum\limits_{n=1}^{\infty}(-1)^{n-1}\dfrac{\sqrt{n}}{\sqrt{n+1}+1}$.

88. $\sum\limits_{n=1}^{\infty}(-1)^{n-1}\dfrac{\ln n}{\sqrt[3]{n}}$.

89. $\sum\limits_{n=1}^{\infty}\dfrac{(-1)^n}{\ln(e^n+e^{-n})}$.

90. $\sum\limits_{n=1}^{\infty}\dfrac{(-1)^{n-1}}{n^p}$（$p>0$，常数）.

91. 证明级数 $1-\dfrac{1}{2}+\dfrac{1}{3^2}-\dfrac{1}{4}+\dfrac{1}{5^2}-\dfrac{1}{6}+\cdots$ 发散.

92. 证明：若级数 $\sum\limits_{n=1}^{\infty}a_n\,(a_n>0)$ 收敛，则级数 $\sum\limits_{n=1}^{\infty}a_n^2$ 也收敛. 如果 $\sum\limits_{n=1}^{\infty}a_n$ 不是正项级数，上述结论正确吗？

93. 证明：若级数 $\sum\limits_{n=1}^{\infty}a_n^2$ 和 $\sum\limits_{n=1}^{\infty}b_n^2$ 都收敛，则 $\sum\limits_{n=1}^{\infty}a_nb_n$ 绝对收敛.

求下列函数项级数的收敛域：

94. $\sum\limits_{n=1}^{\infty}\dfrac{n^2}{x^n}$（$x\neq 0$）.

95. $\sum\limits_{n=1}^{\infty}\dfrac{(-1)^n\ln^n x}{n^2}$.

96. $\sum\limits_{n=1}^{\infty}ne^{-nx}$.

求下列幂级数的收敛半径和收敛域：

97. $\sum\limits_{n=1}^{\infty}\dfrac{1}{n}\left(\dfrac{x}{2}\right)^n$.

98. $\sum\limits_{n=1}^{\infty}\dfrac{x^n}{n^p}$.

99. $\sum_{n=1}^{\infty} \frac{x}{2}+\frac{x^2}{2\times 4}+\frac{x^3}{2\times 4\times 6}+\cdots$.

100. $\sum_{n=1}^{\infty}(-1)^n \frac{x^{2n+1}}{2n+1}$.

101. $\sum_{n=1}^{\infty} \frac{2n-1}{2^n}x^{2n-2}$.

102. $\sum_{n=1}^{\infty} \frac{(-1)^{n-1}}{n}(x-1)^n$.

103. $\sum_{n=1}^{\infty} \frac{(x-5)^n}{\sqrt{n}}$.

104. $\sum_{n=1}^{\infty} \frac{1}{n}(2x+1)^n$.

105. $\sum_{n=1}^{\infty}\left[\frac{(-1)^n}{2^n}+3^n\right]x^n$.

106. $\sum_{n=1}^{\infty} 2^n(x+a)^{2n}$（$a$ 为常数）.

107. $\sum_{n=1}^{\infty} \frac{(-1)^{n-1}}{3^n n}x^n$.

108. $\sum_{n=1}^{\infty}(-1)^n \frac{x^{2n+1}}{5^n \sqrt{n+1}}$.

109. $\sum_{n=0}^{\infty} \frac{(-1)^n}{\sqrt{(n+1)(n+2)}}x^n$.

110. $\sum_{n=1}^{\infty} \frac{\ln(n+1)}{n+1}x^{n+1}$.

确定下列幂级数的收敛区间，并求其和函数：

111. $\sum_{n=1}^{\infty} nx^{n-1}$.

112. $\sum_{n=1}^{\infty} \frac{x^{4n+1}}{4n+1}$.

113. $\sum_{n=1}^{\infty} \frac{n(n+1)}{2}x^{n-1}$.

114. 求幂级数 $x+\frac{x^3}{3}+\frac{x^5}{5}+\cdots$ 的和函数，并利用其结果求级数 $\sum_{n=1}^{\infty} \frac{1}{(2n-1)2^n}$ 的和.

115. 求数项级数 $\sum_{n=1}^{\infty} \frac{n^2 2^{n-2}}{3^n}$ 的和.

116. 利用直接展开法和间接展开法将函数 $f(x)=\cosh x$ 展开为麦克劳林级数.

将下列函数展开为 x 的幂级数，并求出收敛区间：

117. $f(x)=a^x$.

118. $f(x)=\ln(1+x+x^2+x^3)$.

119. $f(x)=\frac{1+x}{(1-x)^3}$.

120. $f(x)=\cos^2 x$.

121. $f(x)=(1+e^x)^3$.

122. $f(x)=\frac{x^{10}}{1-x}$.

123. $f(x)=\arcsin x$.

124. $f(x)=\frac{1}{6-5x+x^2}$.

125. $f(x)=\frac{x}{\sqrt{1+x^2}}$.

求下列函数在指定点的泰勒级数，并求收敛区间：

126. $f(x)=\frac{1}{3-x}, x_0=1$.

127. $f(x)=\ln x, x_0=2$.

128. $f(x)=\sin x, x_0=\dfrac{\pi}{4}$.

129. $f(x)=\dfrac{1}{1-x}, x_0=\dfrac{1}{2}$.

130. $f(x)=\int_0^x e^{-t^2}dt, x_0=0$.

131. 设 $f(x)$ 为幂级数 $\sum\limits_{n=0}^{\infty}a_nx^n$ 在 $(-R,R)$ 上的和函数，试证明：

(1) 若 $f(x)$ 为奇函数，则 $\sum\limits_{n=0}^{\infty}a_nx^n$ 只有奇数次幂的项；

(2) 若 $f(x)$ 为偶函数，则 $\sum\limits_{n=0}^{\infty}a_nx^n$ 只有偶数次幂的项.

132. 利用函数的幂级数展开式求下列各数的近似值，要求误差不超过0.001：

(1) $\ln 3$；　(2) $\sqrt[5]{240}$；　(3) $\int_0^{0.5}\dfrac{dx}{1+x^4}$.

133. 若用 $\arctan x=x-\dfrac{1}{3}x^3+\dfrac{1}{5}x^5+\cdots$ 在 $x=1$ 时的前5项的和来计算 $\dfrac{\pi}{4}$，试问准确度是多少？

134. 若用 $\cos x=1-\dfrac{1}{2}x^2+\dfrac{1}{4!}x^4-\cdots$ 来计算 $\cos 18°$，使之精确到三位小数，试问应取多少项？

135. 求 $\int\dfrac{\sin x}{x}dx$.

综合题

136. 求级数 $\sum\limits_{n=1}^{\infty}\dfrac{1}{(a+n-1)(a+n)(a+n+1)}(a\neq 0)$ 的和.

判定下列级数的敛散性：

137. $\sum\limits_{n=1}^{\infty}\dfrac{\sqrt{n+1}-\sqrt{n-1}}{n^p}$.

138. $\sum\limits_{n=1}^{\infty}\dfrac{n}{(n+1)^p}$.

139. $\sum\limits_{n=1}^{\infty}\left(\dfrac{1}{n}-\ln\dfrac{n+1}{n}\right)$.

140. $\sum\limits_{n=1}^{\infty}\sin\left(n\pi+\dfrac{\pi}{n}\right)$.

141. $\sum\limits_{n=1}^{\infty}(-1)^n(\sqrt{n+2}-\sqrt{n})$.

142. $\sum\limits_{n=1}^{\infty}(-1)^{n-1}\dfrac{\ln\left(2+\dfrac{1}{n}\right)}{\sqrt{(3n-2)(3n+2)}}$.

143. 求极限 $\lim\limits_{n\to\infty}\dfrac{n!}{2\cdot 5\cdot 8\cdot\cdots\cdot(3n-1)}$.

144. 证明极限 $\lim\limits_{n\to\infty}\left(\sum\limits_{k=1}^{n}\dfrac{1}{k}-\ln n\right)$ 存在.

145. 若级数$\sum_{n=1}^{\infty}a_n^2$收敛,则级数$\sum_{n=1}^{\infty}\frac{|a_n|}{n}$及级数$\sum_{n=1}^{\infty}|a_na_{n+1}|$都收敛.

146. 若级数$\sum_{n=1}^{\infty}a_n$绝对收敛,则级数$\sum_{n=1}^{\infty}\frac{(n+1)a_n}{n}$也绝对收敛.

147. 若级数$\sum_{n=1}^{\infty}a_n$与$\sum_{n=1}^{\infty}c_n$都收敛,且$a_n<b_n<c_n(n=1,2,\cdots)$,证明$\sum_{n=1}^{\infty}b_n$也收敛.

148. (1) 已知$\lim\limits_{n\to\infty}na_n=l(l>0)$,问正项级数$\sum_{n=1}^{\infty}a_n$是否收敛?说明理由;

(2) 已知$\lim\limits_{n\to\infty}n^2a_n=l(l>0)$,问正项级数$\sum_{n=1}^{\infty}a_n$是否收敛?说明理由.

149. 如果正项级数$\sum_{n=1}^{\infty}a_n$收敛,证明极限$\lim\limits_{n\to\infty}(1+a_1)(1+a_2)\cdots(1+a_n)$存在.

150. 求幂级数$\sum_{n=1}^{\infty}\left(1+\frac{1}{2}+\frac{1}{3}+\cdots+\frac{1}{n}\right)x^n$的收敛半径.

求幂级数的收敛区间:

151. 求级数$\sum_{n=1}^{\infty}\left(\sin\frac{1}{3n}\right)\left(\frac{3+x}{3-2x}\right)^n$的收敛域.

152. 求级数$\sum_{n=1}^{\infty}\left(\frac{1}{n(n+1)}\right)(x^2+x+1)^n$的收敛域.

153. 求$\sum_{n=1}^{\infty}n(n+2)x^n$在收敛区间内的和函数.

154. 求级数$\sum_{n=2}^{\infty}(-1)^n\frac{n(n+1)}{2^n}$的和.

155. 求级数$\sum_{n=1}^{\infty}\frac{2n-1}{2^n}$的和.

将下列函数展开成x的幂级数,并指明收敛域:

156. $f(x)=x\arctan x-\ln\sqrt{1+x^2}$.

157. 设$f(x)=\begin{cases}\frac{\sin x}{x}, & x\neq0,\\ 1, & x=0,\end{cases}$求$f^{(k)}(0)$.

自测题

一、单项选择题

1. 如果级数$\sum_{n=1}^{\infty}a_n$收敛,且$S_n=a_1+a_2+\cdots+a_n$,则数列$\{S_n\}$(　　).

A. 单调增加　　B. 单调减少　　C. 收敛　　D. 发散

2. 如果级数$\sum_{n=1}^{\infty} a_n$发散，k为常数，则级数$\sum_{n=1}^{\infty} ka_n$(　　).

A. 发散　　B. 可能收敛也可能发散

C. 收敛　　D. 无界

3. 如果级数$\sum_{n=1}^{\infty} a_n$发散，则$\lim\limits_{n\to\infty} a_n$(　　).

A. $\neq 0$　　B. $=0$　　C. $=\infty$　　D. 以上三种说法都不对

4. 若级数$\sum_{n=1}^{\infty} a_n$收敛，且$a_n \neq 0(n=1,2,\cdots)$，其和为S，则级数$\sum_{n=1}^{\infty} \frac{1}{a_n}$(　　).

A. 收敛且其和为$\frac{1}{S}$　　B. 收敛但和不一定为S

C. 发散　　D. 可能收敛也可能发散

5. 下列级数中，条件收敛的是(　　).

A. $\sum_{n=1}^{\infty} \frac{(-1)^n}{n(n+1)}$　　B. $\sum_{n=1}^{\infty} \frac{(-1)^n}{n}\sin\frac{1}{n}$

C. $\sum_{n=1}^{\infty} (-1)^n \frac{n}{2n-1}$　　D. $\sum_{n=1}^{\infty} (-1)^n \frac{1}{\sqrt{n+1}}$

6. 下列级数中绝对收敛的是(　　).

A. $\sum_{n=1}^{\infty} (-1)^n \frac{1}{n+1}$　　B. $\sum_{n=1}^{\infty} (-1)^n \frac{1}{n^2+1}$

C. $\sum_{n=1}^{\infty} (-1)^n \left(\frac{1}{n^2}+\frac{1}{n}\right)$　　D. $\sum_{n=1}^{\infty} (-1)^n \frac{n^2+1}{6n^2+2}$

7. 已知$\sum_{n=0}^{\infty} a_n x^n$在点$x=x_0$条件收敛，又$\lim\limits_{n\to\infty}\left|\frac{a_n}{a_{n+1}}\right|=R(R>0)$，则(　　).

A. $0\leqslant x_0<R$　　B. $|x_0|>R$　　C. $|x_0|=R$　　D. $|x_0|<R$

8. 幂级数$\sum_{n=0}^{\infty} \frac{1}{2^n+3^n}(2x)^n$的收敛域为(　　).

A. $(-2,2)$　　B. $(-3,3)$　　C. $\left(-\frac{2}{3},\frac{2}{3}\right)$　　D. $\left(-\frac{3}{2},\frac{3}{2}\right)$

9. 函数$\frac{1}{3-x}$在$(-1,3)$内展成$x-1$的幂级数是(　　).

A. $\sum_{n=0}^{\infty} \frac{x^n}{3^{n+1}}$　　B. $\sum_{n=0}^{\infty} \frac{(-1)^n}{2^{n+1}}(x-1)^n$

C. $\sum_{n=0}^{\infty} \frac{1}{2^{n+1}}(x-1)^n$　　D. $\frac{1}{2}\sum_{n=0}^{\infty} (x-1)^n$

10. 级数 $\sum_{n=1}^{\infty}\frac{(-1)^n}{n!}x^{2n}$ 在 $(-\infty,+\infty)$ 内的和函数 $f(x)=($　　$)$.

A. e^{-x^2}　　B. $e^{-x^2}-1$　　C. e^{2x}　　D. $e^{2x}-1$

二、填空题

1. 级数 $\sum_{n=1}^{\infty}\frac{1}{n(n+1)}$ 的部分和 $S_n=$________,和为________.

2. 若正项级数 $\sum_{n=1}^{\infty}u_n$ 收敛,则级数 $\sum_{n=1}^{\infty}\frac{\sqrt{u_n}}{n}$ ________.

3. 级数 $\sum_{n=1}^{\infty}\frac{n}{3^n}$ 之和为________.

4. $f(x)=\sinh x$ 关于 x 的幂级数展开式为________,收敛域为________.

5. 级数 $\sum_{n=1}^{\infty}\frac{(x^2+x+1)^n}{n(n+1)}$ 的收敛域为________.

6. 幂级数 $\sum_{n=0}^{\infty}\frac{1}{n!}x^{2n+1}$ 的和函数 $S(x)=$________.

7. $f(x)=\frac{1}{x^2+4x+7}$展开成关于 $x+2$ 的幂级数为________. 收敛域为________.

8. 级数 $\sum_{n=1}^{\infty}\frac{\sqrt{n+2}-\sqrt{n-2}}{n^{\alpha}}$ 当 α 满足________时收敛,________时发散.

9. 设幂级数 $\sum_{n=0}^{\infty}a_nx^n$ 的收敛半径为 3,则幂级数 $\sum_{n=1}^{\infty}na_n(x-1)^{n+1}$ 的收敛区间为________.

10. 函数 $f(x)=\frac{1+x}{(1-x)^3}$可展成关于 x 的幂级数为________.

三、解答题

1. 判定下列级数的敛散性:

(1) $\sum_{n=1}^{\infty}n\ln\left(1+\frac{2}{n^2}\right)$;　　(2) $\sum_{n=1}^{\infty}\frac{n\sqrt{n}}{(2n^2-1)(n+3)}$;

(3) $\sum_{n=1}^{\infty}n\sin\frac{1}{n^p}\ (p>0)$;　　(4) $\sum_{n=1}^{\infty}\frac{(n!)^2}{(2n)!}$;

(5) $\sum_{n=1}^{\infty}(-1)^n\ln\left(1+\frac{1}{n}\right)$;　　(6) $\sum_{n=1}^{\infty}\frac{1}{n\sqrt{n}}\sin\frac{n\pi}{8}$.

2. 求幂级数的收敛域:

(1) $\sum_{n=1}^{\infty}\frac{(-1)^nx^{2n-1}}{2^n(2n-1)}$;　　(2) $\sum_{n=1}^{\infty}\frac{x^n}{n^p}$ (p 为常数).

3. 求幂级数的和函数：

(1) $\sum_{n=1}^{\infty}\frac{x^{2n-1}}{2n-1}\ (-1<x<1)$；　　(2) $\sum_{n=1}^{\infty}\frac{n}{(n+1)!}x^{n-1}$.

4. (1) 将 $\ln(3+x)$展开为 x 的幂级数；

(2) 将 $f(x)=\frac{\mathrm{d}}{\mathrm{d}x}\left(\frac{\mathrm{e}^x-1}{x}\right)$展开为 x 的幂级数.

5. 利用幂级数展开式求 $\sqrt[3]{\mathrm{e}}$的近似值(要求计算到第三项,取小数点后四位).

9.4 习题答案

基本题

1. $\sum_{n=1}^{\infty}\frac{1}{(n+1)\ln(n+1)}$.　2. $\sum_{n=1}^{\infty}\frac{(-1)^{n-1}a^{n+1}}{2n+1}$.　3. $\sum_{n=1}^{\infty}\frac{x^{\frac{n}{2}}}{(2n)!!}$.

4. $\sum_{n=1}^{\infty}(-1)^{n-1}\frac{n+1}{n}$.　5. $\sum_{n=1}^{\infty}\frac{2\cdot5\cdot\cdots\cdot(3n-1)}{1\cdot5\cdot\cdots\cdot(4n-1)}$.　6. $\frac{1}{2}$.

7. 3.　8. $\frac{2}{3}$.　9. 1.　10. $\frac{1}{4}$.　11. 1.　12. $1-\sqrt{2}$.

13. 发散.　14. 发散.　15. 发散.　16. 收敛.　17. 收敛.　18. 发散.
19. 发散.　20. 收敛.　21. 发散.　22. 收敛.　23. 发散.　24. 发散.
25. 收敛.　26. 发散.　27. 收敛.　28. 收敛.　29. 收敛.　30. 发散.
31. 收敛.　32. 收敛.　33. 发散.　34. 收敛.　35. 发散.　36. 收敛.
37. 收敛.　38. 收敛.　39. 收敛.　40. 收敛.　41. 收敛.　42. 收敛.
43. 收敛.　44. 收敛.　45. 发散.　46. $b<a$ 收敛,$b>a$ 发散.　47. 收敛.
48. 收敛.　49. 收敛.　50. 收敛.　51. 发散.　52. 发散.　53. 收敛.
54. 收敛.　55. 收敛.　56. 收敛.　57. 发散.　58. 收敛.　59. 收敛.
60. 收敛.　61. 发散.　62. 发散.　63. 发散.　64. $\lambda>\frac{1}{2}$收敛,$\lambda\leqslant\frac{1}{2}$发散.
65. 收敛.　66. 收敛.　67. 发散.　68. 收敛.　69. 发散.　70. 收敛.
74. 条件收敛.　75. 发散.　76. 绝对收敛.　77. 条件收敛.
78. 条件收敛.　79. 条件收敛.　80. 绝对收敛.　81. 发散.
82. 发散.　83. 绝对收敛.　84. 绝对收敛.　85. 绝对收敛.
86. 条件收敛.　87. 发散.　88. 条件收敛.　89. 条件收敛.
90. 当 $p>1$ 时绝对收敛,当 $0<p\leqslant1$ 时条件收敛.　94. $(-\infty,-1)\cup(1,+\infty)$.

95. $\left[\frac{1}{\mathrm{e}},\mathrm{e}\right]$.　96. $(0,+\infty)$.　97. $[-2,2)$.

98. $p>1$ 时收敛域为$[-1,1]$,$0<p\leqslant1$ 时收敛域为$[-1,1)$,$p\leqslant0$ 时收敛域为$(-1,1)$.

99. $(-\infty,+\infty)$. 100. $[-1,1]$. 101. $(-\sqrt{2},\sqrt{2})$. 102. $(0,2]$.

103. $[4,6)$. 104. $[-1,0)$. 105. $\left(-\frac{1}{3},\frac{1}{3}\right)$. 106. $\left(-a-\frac{1}{\sqrt{2}},-a+\frac{1}{\sqrt{2}}\right)$.

107. $(-3,3]$. 108. $[-\sqrt{5},\sqrt{5}]$. 109. $(-1,1]$. 110. $[-1,1)$.

111. $\frac{1}{(1-x)^2},-1<x<1$. 112. $\frac{1}{4}\ln\left|\frac{1+x}{1-x}\right|+\frac{1}{2}\arctan x-x,-1<x<1$.

113. $\frac{1}{(1-x)^3},-1<x<1$. 114. $\frac{1}{2}\ln\left|\frac{1+x}{1-x}\right|,-1<x<1,\frac{\sqrt{2}}{4}\ln\left|\frac{\sqrt{2}+1}{\sqrt{2}-1}\right|$.

115. $\frac{15}{2}$. 116. $\sum_{n=0}^{\infty}\frac{x^{2n}}{(2n)!}x^n,(-\infty,+\infty)$.

117. $\sum_{n=0}^{\infty}\frac{(\ln a)^n}{n!}x^n,(-\infty,+\infty)$. 118. $\sum_{n=1}^{\infty}\frac{(-1)^{n-1}}{n}\left[1+\frac{1+(-1)^n}{2}\right]x^n,(-1,1]$.

119. $\sum_{n=1}^{\infty}n^2x^{n-1},(-1,1)$. 120. $\frac{1}{2}+\frac{1}{2}\sum_{n=0}^{\infty}\frac{(-1)^n2^{2n}}{(2n)!}x^{2n},(-\infty,+\infty)$.

121. $8+3\sum_{n=1}^{\infty}\frac{1+2^n+3^{n-1}}{n!}x^n,(-\infty,+\infty)$.

122. $\sum_{n=0}^{\infty}x^{n+10},(-1,1)$. 123. $x+\sum_{n=1}^{\infty}\frac{(2n-1)!!}{(2n+1)(2n)!!}x^{2n+1},[-1,1]$.

124. $\sum_{n=0}^{\infty}\left(\frac{1}{2^{n+1}}-\frac{1}{3^{n+1}}\right)x^n,(-2,2)$.

125. $x+\sum_{n=1}^{\infty}(-1)^n\frac{(2n-1)!!}{(2n)!!}x^{2n+1},(-1,1)$.

126. $\sum_{n=0}^{\infty}\frac{1}{2^{n+1}}(x-1)^n,(-1,3)$. 127. $\ln 2+\sum_{n=1}^{\infty}\frac{(-1)^{n-1}}{n2^n}(x-2)^n,(0,4]$.

128. $\sum_{n=0}^{\infty}\frac{\sin\left(\frac{\pi}{4}+n\frac{\pi}{2}\right)}{n!}\left(x-\frac{\pi}{4}\right)^n,(-\infty,+\infty)$.

129. $\sum_{n=0}^{\infty}2^{n+1}\left(x-\frac{1}{2}\right)^n,(0,1)$. 130. $\sum_{n=0}^{\infty}(-1)^n\frac{x^{2n+1}}{(2n+1)n!},(-\infty,+\infty)$.

132. (1) 1.0986; (2) 2.9926; (3) 0.4940.

133. 0.09. 134. 两项.

135. $\sum_{n=1}^{\infty}(-1)^{n-1}\frac{x^{2n-1}}{(2n-1)!(2n-1)}+C,(-\infty,+\infty)$.

综合题

136. $\frac{1}{2a(a+1)}$. 137. 当 $p>\frac{1}{2}$ 时，原级数收敛；当 $p\leqslant\frac{1}{2}$ 时，原级数发散.

138. 当 $p>2$ 时，原级数收敛；当 $p\leqslant 2$ 时，原级数发散.

139. 收敛. 140. 收敛. 141. 收敛. 142. 条件收敛.

143. 0. 150. $R=1$ 151. $6\leqslant x$ 或 $x<0$.

152. $[-1,0]$. 153. $\sum_{n=1}^{\infty} n(n+2)x^n=\frac{x(3-x)}{(1-x)^3}, \forall x\in(-1,1)$.

154. $-\frac{8}{27}$. 155. 3.

156. $f(x)=\int_0^x f'(x)\mathrm{d}x+f(0)=\sum_{n=0}^{\infty}(-1)^n\frac{1}{(2n+1)(2n+2)}x^{2n+2}, [-1,1]$

157. $f^{(k)}(0)=\begin{cases}\frac{(-1)^{\frac{k}{2}}}{k+1}, & k\text{ 是偶数},\\ 0, & k\text{ 是奇数}.\end{cases}$

自测题

一、1. C. 2. B. 3. D. 4. C. 5. D.

6. B. 7. C. 8. D. 9. C. 10. B.

二、1. $\frac{1}{1\times 2}+\frac{1}{2\times 3}+\cdots+\frac{1}{n(n+1)}, 1$. 2. 收敛. 3. $\frac{4}{3}$.

4. $\sum_{n=1}^{\infty}\frac{x^{2n-1}}{(2n-1)!}, (-\infty,+\infty)$. 5. $[-1,0]$. 6. $x\mathrm{e}^{x^2}, 3\mathrm{e}$.

7. $\sum_{n=0}^{\infty}(-1)^n\frac{(x+2)^{2n}}{3^{n+1}}, (-2-\sqrt{3},-2+\sqrt{3})$. 8. $\alpha>\frac{1}{2}$; $\alpha\leqslant\frac{1}{2}$.

9. $(-2,4)$. 10. $1+4x+9x^2+16x^3+\cdots+n^2x^{n-1}+\cdots$.

三、1. (1) 发散； (2) 收敛； (3) $p>2$ 时收敛，$p\leqslant 2$ 时发散； (4) 收敛；
(5) 条件收敛； (6) 绝对收敛.

2. (1) $[-\sqrt{2},\sqrt{2}]$;

(2) $p\leqslant 0$ 收敛域为 $(-1,1)$，$0<p\leqslant 1$ 收敛域为 $[-1,1)$，$p>0$ 收敛域为 $[-1,1]$.

3. (1) $\frac{1}{2}\ln\frac{1+x}{1-x}$; (2) $S(x)=\begin{cases}\frac{x\mathrm{e}^x-\mathrm{e}^x+1}{x^2}, & x\neq 0,\\ \frac{1}{2}, & x=0.\end{cases}$

4. (1) $\ln 3+\sum_{n=1}^{\infty}\frac{(-1)^{n-1}}{n}\left(\frac{x}{3}\right)^n$; (2) $\sum_{n=1}^{\infty}\frac{n}{(n+1)!}x^{n-1}$.

5. $\sqrt[3]{\mathrm{e}}\approx 1.3889$.

第 10 章 多元函数的微分学

10.1 内容提要

1. 平面点集的相关知识及二元函数的概念

(1) 邻域

① (圆形)邻域：设 $P_0(x_0,y_0)$是平面上任一点，则平面上以 P_0 为中心，以 r 为半径的圆的内部所有点的集合称为 P_0 的 r(**圆形**)**邻域**，记为 $U(P_0,r)$，即

$$U(P_0,r)=\{P \mid |P-P_0|<r\}=\{(x,y) \mid (x-x_0)^2+(y-y_0)^2<r^2\}.$$

② (方形)邻域：以 P_0 为中心，以 $2r$ 为边长的正方形内部所有点(正方形的边平行于坐标轴)的集合，称为点 P_0 的 r(**方形**)**邻域**，记作

$$\delta(P_0,r)=\{(x,y) \mid |x-x_0|<r, |y-y_0|<r\}.$$ r 也被称为**邻域的半径**.

注 这两种邻域只是形式的不同，没有本质的区别. 一个点 P 的圆形邻域内必存在点 P 的方形邻域，一个点 P 的方形邻域内也必存在点 P 的圆形邻域. 圆形邻域和方形邻域统称为**邻域**.

③ 去心邻域：我们把 $\mathring{U}(P,r)=U(P,r)\setminus\{P\}$称为点 P 的**去心邻域**.

(2) 区域

① 内点和界点及其边界：设 E 是平面的一个子集，P 是平面上一点，若存在 $U(P)$，使得 $U(P)\subset E$，则称 P 是 E 的**内点**. 若 P 的任何邻域内既有点属于 E，又有点不属于 E，则称 P 是 E 的**界点**. E 的界点的集合，称为 E 的**边界**.

② 开集：设 D 是平面的一个子集，若 D 的每一点都是内点，则称 D 是平面的一个**开集**.

③ 连通的：设 D 是平面的一个子集，若 D 的任意两点都能用含于 D 的折线连接起来，则称 D 是**连通的**.

④ 区域：若 D 既是连通的，又是开集，则称 D 为**开区域**；开区域加上它的边界，叫做**闭区域**. 若一区域中各点到坐标原点的距离都小于某个正数 M，则称区域是**有界区域**，否则称为**无界区域**.

(3) 二元函数的定义：设 D 是一平面点集，如果按照某个对应法则 f，对于 D 中的每个点 (x,y)，都能得到唯一的实数 z 与这个点对应，则称这个对应 f 为定义在 D 上的**二元函数**，记为 $z=f(x,y),(x,y)\in D$. 其中 D 称为函数 $z=f(x,y)$ 的**定义域**. 函数值的集合称为函数的**值域**，记为 $R(f)$，即 $R(f)=\{f(x,y)\mid(x,y)\in D\}$.

(4) 二元函数的图像：在空间坐标系中由下面的点组成的集合称为函数 $z=f(x,y)$ 的**图像**，记作 $G(f)$，即 $G(f)=\{(x,y,f(x,y))\mid(x,y)\in D\}$.

2. 二元函数的极限及其连续性

(1) 二元函数的极限定义

设二元函数 $z=f(x,y)$ 在 D 有定义，点 $P_0(x_0,y_0)$ 是 D 的内点或界点，A 是一个常数，如果对任意的正数 ε，都存在一个正数 δ，使得对于 $\forall P(x,y)\in U(P_0,\delta)\cap D$，都有 $|f(x,y)-A|<\varepsilon$，则称 P 趋向 P_0 时，$f(P)$ 以 A 为极限，记作 $\lim\limits_{P\to P_0}f(P)=A$，也可写作 $\lim\limits_{\substack{x\to x_0\\ y\to y_0}}f(x,y)=A$，或 $\lim\limits_{(x,y)\to(x_0,y_0)}f(x,y)=A$.

极限的定义，由于邻域描述的形式不同，可有两种等价叙述.

① 极限的圆形邻域形式定义

$\forall\varepsilon>0,\exists\delta>0,\forall P(x,y)\in D$，当 $0<\sqrt{(x-x_0)^2+(y-y_0)^2}<\delta$ 时，有 $|f(x,y)-A|<\varepsilon$，则称 P 趋向 P_0 时，$f(P)$ 以 A 为极限，记作 $\lim\limits_{\substack{x\to x_0\\ y\to y_0}}f(x,y)=A$.

② 极限的方形邻域形式定义

$\forall\varepsilon>0,\exists\delta>0,\forall P(x,y)\in D$，当 $|x-x_0|<\delta$ 且 $|y-y_0|<\delta$，$(x,y)\neq(x_0,y_0)$ 时，有 $|f(x,y)-A|<\varepsilon$，则称 P 趋向 P_0 时，$f(P)$ 以 A 为极限，记作 $\lim\limits_{\substack{x\to x_0\\ y\to y_0}}f(x,y)=A$.

(2) 二元函数的连续定义

① 设 $f(x,y)$ 在 $P_0(x_0,y_0)$ 的某邻域内有定义，如果 $\lim\limits_{\substack{x\to x_0\\ y\to y_0}}f(x,y)=f(x_0,y_0)$，则称 $f(x,y)$ 在点 (x_0,y_0) 连续.

分析语言描述：$\forall\varepsilon>0,\exists\delta>0$，使任意 P：$|P-P_0|<\delta$，有 $|f(P)-f(P_0)|<\varepsilon$.

② 若函数的定义域 D 是由一曲线围成的，P_0 是边界上点，则函数在 P_0 的连续定义为：$\forall\varepsilon>0,\exists\delta>0,\forall P$：$P\in D\cap U(P_0,\delta)$，有 $|f(P)-f(P_0)|<\varepsilon$.

它是一元函数在区间端点处连续概念在平面上的推广.

③ 如果 $z=f(x,y)$ 在区域 D 内每一点都连续，则称 $z=f(x,y)$ 在区域 D 上**连续**. 也称 $z=f(x,y)$ 是区域 D 上的**连续函数**.

(3) 闭区域上连续二元函数的性质

① 有界闭区域 D 上的二元连续函数是有界的；

② 有界闭区域 D 上的二元连续函数能取得最大值和最小值；

③ 有界闭区域 D 上的二元连续函数具有介值性.

①,②可概括为：在有界闭区域 D 上的二元连续函数 $z=f(x,y),(x,y)\in D$,它的值域是一个闭区间$[m,M]$($m=M$ 时,值域是一点).

(4) 二元初等函数及其连续性

① 可以用一个式子所表示的,这个式子是由一元基本初等函数经过有限次四则运算及有限次复合所形成的函数称为二元初等函数.

② 二元初等函数在其定义域内是连续的.

3. 多元函数的偏导数

(1) 定义

设二元函数 $z=f(x,y)$在 $P_0(x_0,y_0)$的某邻域内有定义,若把第二个变量固定为 $y=y_0$,一元函数 $z=f(x,y_0)$在 $x=x_0$ 可导,即极限

$$\lim_{\Delta x\to 0}\frac{f(x_0+\Delta x,y_0)-f(x_0,y_0)}{\Delta x}$$

存在,则称此极限为函数 $f(x,y)$在点 $P_0(x_0,y_0)$关于 x 的偏导数,记作 $f'_x(x_0,y_0)$, $\frac{\partial f}{\partial x}(x_0,y_0)$或$\left.\frac{\partial z}{\partial x}\right|_{(x_0,y_0)}$, $z'_x(x_0,y_0)$.

类似地,若 $x=x_0$(常数),一元函数 $z=f(x_0,y)$在 $y=y_0$ 可导,即极限

$$\lim_{\Delta y\to 0}\frac{f(x_0,y_0+\Delta y)-f(x_0,y_0)}{\Delta y}$$

存在,则称此极限为函数 $f(x,y)$在点 $P_0(x_0,y_0)$关于 y 的偏导数,记作 $f'_y(x_0,y_0)$, $\frac{\partial f}{\partial y}(x_0,y_0)$或$\left.\frac{\partial z}{\partial y}\right|_{(x_0,y_0)}$, $z'_y(x_0,y_0)$.

(2) 高阶偏导数

如果函数 $z=f(x,y)$在区域 D 内的每一点(x,y),偏导数$\frac{\partial z}{\partial x}$及$\frac{\partial z}{\partial y}$都存在,则$\frac{\partial z}{\partial x}$及$\frac{\partial z}{\partial y}$还是 x,y 的二元函数,我们称其为函数 $z=f(x,y)$的偏导函数. 若它们的偏导数仍存在,则称这些偏导数为二元函数 $z=f(x,y)$的二阶偏导数,记作

$$\frac{\partial^2 z}{\partial x^2}=\frac{\partial}{\partial x}\left(\frac{\partial z}{\partial x}\right),\quad \frac{\partial^2 z}{\partial x\partial y}=\frac{\partial}{\partial y}\left(\frac{\partial z}{\partial x}\right),$$
$$\frac{\partial^2 z}{\partial y\partial x}=\frac{\partial}{\partial x}\left(\frac{\partial z}{\partial y}\right),\quad \frac{\partial^2 z}{\partial y^2}=\frac{\partial}{\partial y}\left(\frac{\partial z}{\partial y}\right).$$

其中,$\frac{\partial^2 z}{\partial x\partial y}$与$\frac{\partial^2 z}{\partial y\partial x}$称为二阶混合偏导数.

通常,二阶混合偏导数与求偏导的先后顺序有关,但有如下定理.

定理 若 $f(x,y)$的二阶偏导数$\frac{\partial^2 f}{\partial x\partial y}$与$\frac{\partial^2 f}{\partial y\partial x}$是关于$(x,y)$的连续函数,则

$$\frac{\partial^2 f}{\partial x\partial y}=\frac{\partial^2 f}{\partial y\partial x}.$$

4. 全微分

(1) 定义

设二元函数 $z=f(x,y)$在点(x,y)的某邻域内有定义,若对于定义域中的另一点$(x+\Delta x,y+\Delta y)$,函数的全改变量 Δz 可以写成下面的形式:

$$\Delta z=f(x+\Delta x,y+\Delta y)-f(x,y)=A\Delta x+B\Delta y+o(\rho),$$

其中 A,B 是与 $\Delta x,\Delta y$ 无关的常数,$\rho=\sqrt{(\Delta x)^2+(\Delta y)^2}$,则称 $z=f(x,y)$在点(x,y)处**可微**. Δz 的线性主要部分 $A\Delta x+B\Delta y$ 称为 $f(x,y)$在点(x,y)的**全微分**,用 $\mathrm{d}z$ 或 $\mathrm{d}f$ 来表示,即 $\mathrm{d}z=A\Delta x+B\Delta y$.

(2) 全微分存在的必要条件

① 若函数 $z=f(x,y)$在点(x,y)可微分,则 $z=f(x,y)$在点(x,y)连续.

② 若函数 $z=f(x,y)$在点(x,y)可微分,则 $z=f(x,y)$在点(x,y)偏导数存在.

(3) 全微分存在的充分条件

若函数 $z=f(x,y)$在点(x,y)的某邻域有连续的偏导数,则 $z=f(x,y)$在点(x,y)处可微分且 $\mathrm{d}z=f'_x(x,y)\Delta x+f'_y(x,y)\Delta y$.

5. 二元函数的极限、连续、偏导数、可微之间的关系

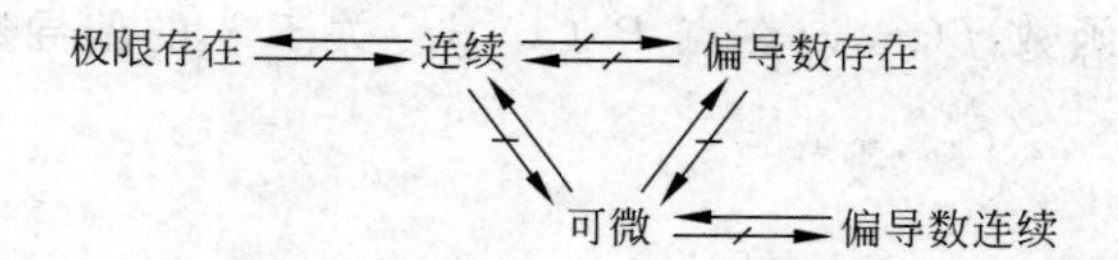

6. 复合函数和隐函数的微分法

(1) 复合函数

设 $z=f(u,v)$,而 u 和 v 又是变量(x,y)的函数: $u=\varphi(x,y)$,$v=\psi(x,y)$,因此 $z=f[\varphi(x,y),\psi(x,y)]$是$(x,y)$的复合函数,复合时,要求内函数的"值域"含于外函数的定义域,即 $R(\varphi,\psi)\subset Df(u,v)$,其中 $R(\varphi,\psi)=\{(\varphi(x,y),\psi(x,y))\mid(x,y)\in D\}$.

(2) 复合函数的求导法则

定理 11.1 如果函数 $z=f(u,v)$在(u,v)可微,而 $u=\varphi(x)$及 $v=\psi(x)$在 x 可导,则复合函数 $z=f[\varphi(x),\psi(x)]$在 x 也可导,且

$$\frac{dz}{dx}=\frac{\partial z}{\partial u}\frac{du}{dx}+\frac{\partial z}{\partial v}\frac{dv}{dx}.$$

推论 如果函数 $u=\varphi(x,y)$ 及 $v=\psi(x,y)$ 偏导数存在，而 $z=f(u,v)$ 关于 u,v 可微分，则复合函数 $z=f[\varphi(x,y),\psi(x,y)]$ 的偏导数存在，且

$$\frac{\partial z}{\partial x}=\frac{\partial z}{\partial u}\frac{\partial u}{\partial x}+\frac{\partial z}{\partial v}\frac{\partial v}{\partial x};\quad \frac{\partial z}{\partial y}=\frac{\partial z}{\partial u}\frac{\partial u}{\partial y}+\frac{\partial z}{\partial v}\frac{\partial v}{\partial y}.$$

复合函数的求导法则可以推广到任意有限多个中间变量或自变量的情况.

例如，设 $w=f(u,v,s,t)$，而 u,v,s,t 都是 x,y 与 z 的函数

$$u=u(x,y,z),\quad v=v(x,y,z),\quad s=s(x,y,z),\quad t=t(x,y,z).$$

则复合函数 $w=f[u(x,y,z),v(x,y,z),s(x,y,z),t(x,y,z)]$ 对三个自变量 x,y,z 的偏导数为

$$\frac{\partial w}{\partial x}=\frac{\partial w}{\partial u}\frac{\partial u}{\partial x}+\frac{\partial w}{\partial v}\frac{\partial v}{\partial x}+\frac{\partial w}{\partial s}\frac{\partial s}{\partial x}+\frac{\partial w}{\partial t}\frac{\partial t}{\partial x},$$

$$\frac{\partial w}{\partial y}=\frac{\partial w}{\partial u}\frac{\partial u}{\partial y}+\frac{\partial w}{\partial v}\frac{\partial v}{\partial y}+\frac{\partial w}{\partial s}\frac{\partial s}{\partial y}+\frac{\partial w}{\partial t}\frac{\partial t}{\partial y},$$

$$\frac{\partial w}{\partial z}=\frac{\partial w}{\partial u}\frac{\partial u}{\partial z}+\frac{\partial w}{\partial v}\frac{\partial v}{\partial z}+\frac{\partial w}{\partial s}\frac{\partial s}{\partial z}+\frac{\partial w}{\partial t}\frac{\partial t}{\partial z}.$$

(3) 隐函数的求导法则

① 一元隐函数的求导法则

设函数 $F(x,y)$ 可微，$\frac{\partial F}{\partial y}\neq 0$，则方程 $F(x,y)=0$ 确定一个可导的隐函数 $y=y(x)$ 且

$$\frac{dy}{dx}=-\frac{\frac{\partial F}{\partial x}}{\frac{\partial F}{\partial y}}.$$

② 二元隐函数的偏导数

设函数 $F(x,y,z)$ 可微，$\frac{\partial F}{\partial z}\neq 0$，则方程 $F(x,y,z)=0$ 确定一个可求偏导的二元函数 $z=z(x,y)$，且

$$\frac{\partial z}{\partial x}=-\frac{\frac{\partial F}{\partial x}}{\frac{\partial F}{\partial z}};\quad \frac{\partial z}{\partial y}=-\frac{\frac{\partial F}{\partial y}}{\frac{\partial F}{\partial z}}.$$

7. 多元函数的极值和最值

(1) 二元函数极值的定义

设二元函数 $z=f(x,y)$ 在 (x_0,y_0) 的某邻域 U 内有定义，若对 $\forall\,(x,y)\in U$，有 $f(x,y)\leqslant$

$f(x_0,y_0)$ ($f(x,y)\geqslant f(x_0,y_0)$)),则称 $z=f(x,y)$ 在点 (x_0,y_0) 处取得**极大值**(**极小值**) $f(x_0,y_0)$,点 (x_0,y_0) 称为函数 $z=f(x,y)$ 的**极大值点**(**极小值点**). 极大值和极小值统称为**极值**,极大值点和极小值点统称为**极值点**.

(2) 二元函数取得极值的必要条件

若 $z=f(x,y)$ 在点 (x_0,y_0) 处有极值,且存在偏导数,则有

$$f'_x(x_0,y_0)=f'_y(x_0,y_0)=0.$$

所有偏导数都是零的点称为函数的**驻点**.

(3) 二元函数取得极值的充分条件

设 $z=f(x,y)$ 在点 (x_0,y_0) 的邻域内有连续的二阶偏导数,且点 (x_0,y_0) 是函数的驻点,设 $A=f''_{xx}(x_0,y_0)$,$B=f''_{xy}(x_0,y_0)=f''_{yx}(x_0,y_0)$,$C=f''_{yy}(x_0,y_0)$,则:

① 若 $B^2-AC<0$,$f(x,y)$ 在点 (x_0,y_0) 取得极值,并且 A(或 C)为正号,(x_0,y_0) 是极小值点;A(或 C)为负号,(x_0,y_0) 是极大值点.

② 若 $B^2-AC>0$,(x_0,y_0) 不是极值点.

③ 若 $B^2-AC=0$,(x_0,y_0) 可能是极值点,也可能不是极值点.

(4) 条件极值

函数在对自变量附加一定条件下的极值问题称为**条件极值问题**,而没有附加条件的极值问题称为**无条件极值问题**.

求条件极值的一般方法——拉格朗日乘数方法.

例如:在条件 $g_1(x,y,z)=0$ 和 $g_2(x,y,z)=0$ 下,求函数 $u=f(x,y,z)$ 的极值.

我们假定函数 $g_1(x,y,z)$,$g_2(x,y,z)$,$f(x,y,z)$ 在所考虑的区域内有连续的偏导数.

第1步 引入辅助函数

$$F(x,y,z,\lambda_1,\lambda_2)=f(x,y,z)+\lambda_1 g_1(x,y,z)+\lambda_2 g_2(x,y,z),$$

这里把 λ_1 与 λ_2 都看作变量.

第2步 令 F 关于五个变量的偏导数都是0,求出相应的驻点.

第3步 根据实际问题判断驻点是否是极值点.

(5) 多元函数的最值

① 求有界闭区域上的连续函数的最大值和最小值

可以先求出函数在定义域内部所有临界点处的值以及函数在区域边界上的最大值和最小值,这些值中最大的一个就是最大值,最小的一个就是最小值.

② 实际问题中的最大值、最小值问题

如果根据问题的实际意义,知道目标函数 $z=f(x,y)$ 在区域 D 内一定存在最大值或最小值,而函数 $f(x,y)$ 在 D 内的可能极值点是唯一的,则可以直接判定该点的函数值就是 $f(x,y)$ 在 D 内的最大值或最小值.

8. 偏导数在几何方面的应用

(1) 空间曲线的切线与法平面

① 定义：设 $M_0(x_0,y_0,z_0)$是空间曲线 Γ 上一个定点，点 M 是曲线 Γ 上邻近 M_0 的一个动点，当点 M 沿着曲线 Γ 趋于点 M_0 时，若割线 M_0M 有极限位置 M_0T，则称直线 M_0T 为曲线 Γ 在点 M_0 的**切线**，点 M_0 称为**切点**. 过切点 M_0 与切线 M_0T 垂直的平面称为曲线 Γ 在点 M_0 的**法平面**.

② 空间曲线的切线与法平面的求法

参数方程情形：设空间曲线 Γ 的参数方程为 $x=x(t),y=y(t),z=z(t),t\in I,I$ 是某个区间. 设函数 $x=x(t),y=y(t),z=z(t)$在 $t=t_0$ 可导，并且 $x'(t_0),y'(t_0),z'(t_0)$不同时为 0. 则切线 M_0T 的方向向量可取为$\{x'(t_0),y'(t_0),z'(t_0)\}$. 从而曲线 Γ 在 M_0 的切线 M_0T 的方程为

$$\frac{x-x_0}{x'(t_0)}=\frac{y-y_0}{y'(t_0)}=\frac{z-z_0}{z'(t_0)};$$

Γ 在 M_0 的法平面方程为

$$x'(t_0)(x-x_0)+y'(t_0)(y-y_0)+z'(t_0)(z-z_0)=0.$$

一般方程情形：设空间曲线 Γ 由方程组

$$\begin{cases}F(x,y,z)=0,\\G(x,y,z)=0\end{cases}$$

的形式给出，$M_0(x_0,y_0,z_0)$是曲线 Γ 上一个点，$\boldsymbol{t}$ 是 Γ 在点 $M_0(x_0,y_0,z_0)$的切向量，$\boldsymbol{n}_1$，$\boldsymbol{n}_2$ 分别为曲线方程中两个曲面在 M_0 的法向量，则可以取 $\boldsymbol{t}$ 为 $\boldsymbol{n}_1$ 与 $\boldsymbol{n}_2$ 的向量积，即

$$\boldsymbol{t}=\{F_x,F_y,F_z\}\times\{G_x,G_y,G_z\}.$$

(2) 曲面的切平面和法线

① 定义：设 $M_0(x_0,y_0,z_0)$是曲面 Σ 上的一个定点，曲面 Σ 上过点 M_0 的任意一条曲线 Γ 都有切线. 若这些切线都在同一平面 π 上，则平面 π 称为曲面 Σ 在点 M_0 的**切平面**，点 M_0 称为**切点**. 过切点 M_0 与切平面垂直的直线称为曲面 Σ 在点 M_0 的**法线**.

② 求法：设曲面 Σ 的一般方程是 $F(x,y,z)=0$，点 $M_0(x_0,y_0,z_0)$是 Σ 上的一点. 又设 $F(x,y,z)$在 $M_0(x_0,y_0,z_0)$的某一邻域内有连续的偏导数 F'_x,F'_y,F'_z，且在点 $M_0(x_0,y_0,z_0)$处这些偏导数不全为 0. 则曲线 Γ 在点 $M_0(x_0,y_0,z_0)$处切平面的法向量为 $\boldsymbol{n}=\{F'_x(x_0,y_0,z_0),F'_y(x_0,y_0,z_0),F'_z(x_0,y_0,z_0)\}$. 曲面 Σ 在点 M_0 的切平面的方程为

$$F'_x(x_0,y_0,z_0)(x-x_0)+F'_y(x_0,y_0,z_0)(y-y_0)+F'_z(x_0,y_0,z_0)(z-z_0)=0;$$

在点 M_0 的法线方程为

$$\frac{x-x_0}{F'_x(x_0,y_0,z_0)}=\frac{y-y_0}{F'_y(x_0,y_0,z_0)}=\frac{z-z_0}{F'_z(x_0,y_0,z_0)}.$$

10.2 典型例题解析

题型1 关于基础知识的命题

提示1 多元函数的定义域与一元函数类似，也是使表达式有意义的所有点的集合. 所以其求法是先写出构成部分的各个简单函数的定义域的不等式表达式(如果该函数还有实际意义，还需加上体现实际背景的条件)，然后解联立不等式组，得出各变量的依存关系，即定义域.

例1 求下列函数的定义域：

(1) $z=f(x,y)=\ln(y-x)+\dfrac{\sqrt{x}}{\sqrt{1-x^2-y^2}}$； (2) $z=\arcsin\dfrac{x}{y^2}+\arcsin(1-y)$.

解 (1) $\ln(y-x)$的定义域为 $y-x>0$；$\sqrt{x}$的定义域为$x\geqslant 0$；$\dfrac{1}{\sqrt{1-x^2-y^2}}$的定义域为$1-x^2-y^2>0$. 所以，$z=f(x,y)$的定义域为 $x\geqslant 0, y>x$ 且 $x^2+y^2<1$.

(2) $z=\arcsin\dfrac{x}{y^2}$的定义域为$\left|\dfrac{x}{y^2}\right|\leqslant 1$；$\dfrac{1}{y^2}$的定义域为 $y\neq 0$；$\arcsin(1-y)$的定义域为$|1-y|\leqslant 1$. 所以 $z=\arcsin\dfrac{x}{y^2}+\arcsin(1-y)$的定义域为$\begin{cases}-y^2<x\leqslant y^2,\\ 0<y\leqslant 2.\end{cases}$

例2 求下列各极限：

(1) $\lim\limits_{\substack{x\to 0\\ y\to a}}\dfrac{\sin 2xy}{x}$； (2) $\lim\limits_{\substack{x\to 1\\ y\to 0}}\dfrac{\ln(x+\mathrm{e}^y)}{\sqrt{x^2+y^2}}$；

(3) $\lim\limits_{\substack{x\to+\infty\\ y\to+\infty}}(x^2+y^2)\mathrm{e}^{-(x+y)}$； (4) $\lim\limits_{\substack{x\to+\infty\\ y\to+\infty}}\left(\dfrac{xy}{x^2+y^2}\right)^{x^2}$.

解 (1) $\lim\limits_{\substack{x\to 0\\ y\to a}}\dfrac{\sin 2xy}{x}=\lim\limits_{\substack{x\to 0\\ y\to a}}\dfrac{\sin 2xy}{x\cdot 2y}\cdot 2y=\lim\limits_{\substack{x\to 0\\ y\to a}}2y=2a$.

注 解此题应该注意自变量的变化趋势，不要误认为是趋向于坐标原点.

(2) 因为函数 $f(x,y)=\dfrac{\ln(x+\mathrm{e}^y)}{\sqrt{x^2+y^2}}$是初等函数且在(1,0)点有定义，所以函数 $f(x,y)=\dfrac{\ln(x+\mathrm{e}^y)}{\sqrt{x^2+y^2}}$在(1,0)点连续，所以有$\lim\limits_{\substack{x\to 1\\ y\to 0}}\dfrac{\ln(x+\mathrm{e}^y)}{\sqrt{x^2+y^2}}=f(1,0)=\ln 2$.

(3) 因为函数 $f(x,y)=(x^2+y^2)\mathrm{e}^{-(x+y)}=x^2\mathrm{e}^{-x}\mathrm{e}^{-y}+y^2\mathrm{e}^{-x}\mathrm{e}^{-y}$，而 $\lim\limits_{x\to+\infty}x^2\mathrm{e}^{-x}=0$，$\lim\limits_{y\to+\infty}\mathrm{e}^{-y}=0$，所以 $\lim\limits_{\substack{x\to+\infty\\ y\to+\infty}}x^2\mathrm{e}^{-x}\mathrm{e}^{-y}=0$，同理 $\lim\limits_{\substack{x\to+\infty\\ y\to+\infty}}y^2\mathrm{e}^{-x}\mathrm{e}^{-y}=0$. 所以 $\lim\limits_{\substack{x\to+\infty\\ y\to+\infty}}(x^2+y^2)\mathrm{e}^{-(x+y)}=0$.

(4) 因为当 $x>0,y>0$ 时,有 $x^2+y^2\geqslant 2xy$. 又因为 $f(x,y)=\left(\dfrac{xy}{x^2+y^2}\right)^{x^2}$ 的指数幂 $x^2\geqslant 0$,所以有 $0\leqslant\dfrac{xy}{x^2+y^2}\leqslant\dfrac{1}{2}$,$0\leqslant f(x,y)\leqslant\left(\dfrac{1}{2}\right)^{x^2}$,而 $\lim\limits_{x\to+\infty}\left(\dfrac{1}{2}\right)^{x^2}=0$,所以由夹逼定理得到 $\lim\limits_{\substack{x\to+\infty\\y\to+\infty}}\left(\dfrac{xy}{x^2+y^2}\right)^{x^2}=0$.

提示 2 求二元函数的极限与一元函数略有不同,二元函数的极限要求点 $P(x,y)$ 以任何方式、任何方向、任何路径趋向 $P_0(x_0,y_0)$ 时均有 $f(x,y)\to A$,才称极限存在且为 A. 所以倘若沿两条不同路径极限 $\lim\limits_{\substack{x\to x_0\\y\to y_0}}f(x,y)$ 不相等,则可断定极限 $\lim\limits_{\substack{x\to x_0\\y\to y_0}}f(x,y)$ 不存在,这是证明多元函数极限不存在的有效方法.

例 3 设 $f(x,y)=\begin{cases}\dfrac{x^2y}{x^4+y^2}, & x^2+y^2\neq 0,\\ 0, & x^2+y^2=0,\end{cases}$ 求 $\lim\limits_{\substack{x\to0\\y\to0}}f(x,y)$.

解 因为

$$\lim_{\substack{x\to0\\y=x}}f(x,y)=\lim_{x\to0}\frac{x^3}{x^4+x^2}=\lim_{x\to0}\frac{x}{x^2+1}=0;\quad \lim_{\substack{x\to0\\y=x^2}}f(x,y)=\frac{x^4}{2x^4}=\frac{1}{2},$$

所以 $\lim\limits_{\substack{x\to0\\y\to0}}f(x,y)$ 不存在.

提示 3 对于分段函数在分界点处的极限、连续性、可偏导及可微性质的讨论均需用相应的定义.

例 4 设

$$f(x,y)=\begin{cases}\dfrac{\sqrt{|xy|}}{x^2+y^2}\sin(x^2+y^2), & x^2+y^2\neq 0,\\ 0, & x^2+y^2=0.\end{cases}$$

(1) $f(x,y)$ 在点 $(0,0)$ 是否连续?

(2) $f(x,y)$ 在点 $(0,0)$ 是否可微?

解 (1) 由于

$$\begin{aligned}\lim_{(x,y)\to(0,0)}f(x,y)&=\lim_{(x,y)\to(0,0)}\frac{\sqrt{|xy|}}{x^2+y^2}\sin(x^2+y^2)\\&=\lim_{(x,y)\to(0,0)}\sqrt{|xy|}\,\frac{\sin(x^2+y^2)}{x^2+y^2}=0=f(0,0),\end{aligned}$$

所以 $f(x,y)$ 在 $(0,0)$ 连续.

(2) 由于

$$f'_x(0,0)=\lim_{\Delta x\to0}\frac{f(0+\Delta x,0)-f(0,0)}{\Delta x}=0,$$

同样 $f'_y(0,0)=0$,因此

$$\lim_{\rho\to 0}\frac{\Delta z-f'_x\Delta x-f'_y\Delta y}{\rho}=\lim_{\substack{\Delta x\to 0\\ \Delta y\to 0}}\frac{\sqrt{|\Delta x\Delta y|}\sin(\Delta x^2+\Delta y^2)}{\sqrt{\Delta x^2+\Delta y^2}(\Delta x^2+\Delta y^2)},$$

当 $\Delta x=\Delta y$ 时,

$$\lim_{\rho\to 0}\frac{\Delta z-f'_x\Delta x-f'_y\Delta y}{\rho}=\frac{1}{\sqrt{2}}\neq 0,$$

所以,$f(x,y)$在$(0,0)$不可微.

题型2 求多元函数的偏导数和全微分

提示1 在求偏导数的时候要牢记对哪个变量求偏导数只将该变量视为变量,而其余变量均视为常数.若求某点处的偏导数,一般要先求出偏导函数,然后再求偏导函数在该点处的值.

提示2 复合函数偏导数的求法.

正确求解这类题的关键是弄清函数的复合关系及偏导数的结构.

(1) 画复合关系图可以很好的理解函数之间的关系,如,函数 $z=f(u,v)$,$u=\varphi(x,y)$ 及 $v=\psi(x,y)$则复合的函数 $z=f[\varphi(x,y),\psi(x,y)]$的复合关系图可以如下表示:

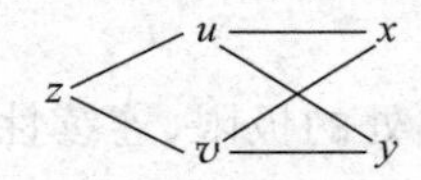

(2) 函数对某自变量的偏导数的结构如下:

① 项数为中间变量的个数.

② 每一项为两个因子的乘积,第一个因子是函数对中间变量的偏导数,第二个因子是中间变量对指定自变量的偏导数.

③ 函数求偏导数以后,所得到的偏导函数与原来的函数具有相同的复合关系.

注 ① 在求抽象函数的偏导数时采用如下记号不易出错.

f'_1,f'_2,f'_3分别表示函数 f 对第一,第二,第三个中间变量求偏导;$f''_{12},f''_{23},f''_{31}$分别表示函数 f 对第一,第二;第二,第三;第三,第一个中间变量的二阶混合偏导数.

② 设出中间变量就不容易出错,所以最好设出中间变量.

例5 已知 $f(x,y)=x^2\arctan\dfrac{y}{x}-y^2\arctan\dfrac{x}{y}$,求$\dfrac{\partial^2 f}{\partial x\partial y}$.

解

$$\frac{\partial f}{\partial x}=2x\arctan\frac{y}{x}+\frac{-\frac{y}{x^2}\cdot x^2}{1+\left(\frac{y}{x}\right)^2}-y^2\cdot\frac{\frac{1}{y}}{1+\left(\frac{x}{y}\right)^2}$$

$$= 2x\arctan\frac{y}{x} - \frac{x^2y}{x^2+y^2} - \frac{y^3}{x^2+y^2}$$

$$= 2x\arctan\frac{y}{x} - y.$$

所以

$$\frac{\partial^2 f}{\partial x\partial y} = \frac{\partial}{\partial y}\left(\frac{\partial f}{\partial x}\right) = 2x\cdot\frac{\frac{1}{x}}{1+\left(\frac{y}{x}\right)^2} - 1 = \frac{2x^2}{x^2+y^2} - 1 = \frac{x^2-y^2}{x^2+y^2}.$$

例 6 设 $z=(x^2+y^2)\mathrm{e}^{-\arctan\frac{y}{x}}$,求 $\mathrm{d}z,\frac{\partial^2 z}{\partial x\partial y}$.

解 因为 $\mathrm{d}z = z'_x\mathrm{d}x + z'_y\mathrm{d}y$,而

$$z'_x = 2x\mathrm{e}^{-\arctan\frac{y}{x}} + (x^2+y^2)\mathrm{e}^{-\arctan\frac{y}{x}}\frac{\frac{y}{x^2}}{1+\left(\frac{y}{x}\right)^2} = (2x+y)\mathrm{e}^{-\arctan\frac{y}{x}},$$

$$z'_y = 2y\mathrm{e}^{-\arctan\frac{y}{x}} + (x^2+y^2)\mathrm{e}^{-\arctan\frac{y}{x}}\frac{-\frac{1}{x}}{1+\left(\frac{y}{x}\right)^2} = (2y-x)\mathrm{e}^{-\arctan\frac{y}{x}},$$

所以

$$\mathrm{d}z = \mathrm{e}^{-\arctan\frac{y}{x}}[(2x+y)\mathrm{d}x + (2y-x)\mathrm{d}y],$$

$$\frac{\partial^2 z}{\partial x\partial y} = \frac{\partial}{\partial y}\left(\frac{\partial z}{\partial x}\right) = \mathrm{e}^{-\arctan\frac{y}{x}} + (2x+y)\frac{-\frac{1}{x}}{1+\left(\frac{y}{x}\right)^2}\mathrm{e}^{-\arctan\frac{y}{x}}$$

$$= \mathrm{e}^{-\arctan\frac{y}{x}}\left[1 - \frac{x(2x+y)}{x^2+y^2}\right].$$

例 7 设 $f(x,y) = \int_0^{xy}\mathrm{e}^{-t^2}\mathrm{d}t$,求$\frac{x}{y}\frac{\partial^2 f}{\partial x^2} - 2\frac{\partial^2 f}{\partial x\partial y} + \frac{y}{x}\frac{\partial^2 f}{\partial y^2}$.

解 由 $f(x,y) = \int_0^{xy}\mathrm{e}^{-t^2}\mathrm{d}t$,有

$$\frac{\partial f}{\partial x} = \mathrm{e}^{-(xy)^2}y,\quad \frac{\partial f}{\partial y} = \mathrm{e}^{-(xy)^2}x,$$

因此

$$\frac{\partial^2 f}{\partial x^2} = \mathrm{e}^{-(xy)^2}(-2xy^3),\quad \frac{\partial^2 f}{\partial y^2} = \mathrm{e}^{-(xy)^2}(-2yx^3),$$

$$\frac{\partial^2 f}{\partial x\partial y} = \mathrm{e}^{-(xy)^2} + y(-2x^2y)\mathrm{e}^{-(xy)^2} = \mathrm{e}^{-(xy)^2}(1-2x^2y^2),$$

所以

$$\frac{x}{y}\frac{\partial^2 f}{\partial x^2}-2\frac{\partial^2 f}{\partial x\partial y}+\frac{y}{x}\frac{\partial^2 f}{\partial y^2}=-2x^2y^2\mathrm{e}^{(xy)^2}-2(1-2x^2y^2)\mathrm{e}^{-(xy)^2}-2x^2y^2\mathrm{e}^{-(xy)^2}$$

$$=-2\mathrm{e}^{-(xy)^2}.$$

提示3 隐函数求导.方法有两种,一种是公式法:先将方程化成右端项为零的等式,将其左端项设为函数,代入公式求出相应的偏导数;另一种是:根据方程所确定的隐函数,将相应的因变量视为对应自变量的函数,方程两边同时求偏导,然后解方程求出偏导数.

例8 设方程 $F\left(\frac{x}{z},\frac{y}{z}\right)=0$ 确定了函数 $z=f(x,y)$,求$\frac{\partial z}{\partial x},\frac{\partial z}{\partial y}$.

解 方法1. 公式法.

因为

$$\frac{\partial F}{\partial x}=F'_1\left(\frac{x}{z},\frac{y}{z}\right)\frac{1}{z},\quad \frac{\partial F}{\partial y}=F'_2\left(\frac{x}{z},\frac{y}{z}\right)\frac{1}{z},$$

$$\frac{\partial F}{\partial z}=F'_1\left(\frac{x}{z},\frac{y}{z}\right)\left(\frac{-x}{z^2}\right)+F'_2\left(\frac{x}{z},\frac{y}{z}\right)\left(\frac{-y}{z^2}\right),$$

代入公式求得

$$\frac{\partial z}{\partial x}=-\frac{\frac{\partial F}{\partial x}}{\frac{\partial F}{\partial z}}=\frac{-F'_1\left(\frac{x}{z},\frac{y}{z}\right)\frac{1}{z}}{F'_1\left(\frac{x}{z},\frac{y}{z}\right)\left(\frac{-x}{z^2}\right)+F'_2\left(\frac{x}{z},\frac{y}{z}\right)\left(\frac{-y}{z^2}\right)}=\frac{zF'_1\left(\frac{x}{z},\frac{y}{z}\right)}{xF'_1\left(\frac{x}{z},\frac{y}{z}\right)+yF'_2\left(\frac{x}{z},\frac{y}{z}\right)};$$

$$\frac{\partial z}{\partial y}=-\frac{\frac{\partial F}{\partial y}}{\frac{\partial F}{\partial z}}=\frac{-F'_2\left(\frac{x}{z},\frac{y}{z}\right)\frac{1}{z}}{F'_1\left(\frac{x}{z},\frac{y}{z}\right)\left(\frac{-x}{z^2}\right)+F'_2\left(\frac{x}{z},\frac{y}{z}\right)\left(\frac{-y}{z^2}\right)}=\frac{zF'_2\left(\frac{x}{z},\frac{y}{z}\right)}{xF'_1\left(\frac{x}{z},\frac{y}{z}\right)+yF'_2\left(\frac{x}{z},\frac{y}{z}\right)}.$$

方法2. 两边求导法.

视 z 是 x,y 的函数,方程两边同时对 x 求偏导得

$$F'_1\left(\frac{x}{z},\frac{y}{z}\right)\frac{1}{z}+F'_1\left(\frac{x}{z},\frac{y}{z}\right)\left(\frac{-x}{z^2}\right)\frac{\partial z}{\partial x}+F'_2\left(\frac{x}{z},\frac{y}{z}\right)\left(\frac{-y}{z^2}\right)\frac{\partial z}{\partial x}=0,$$

解得

$$\frac{\partial z}{\partial x}=\frac{F'_1\left(\frac{x}{z},\frac{y}{z}\right)\frac{1}{z}}{F'_1\left(\frac{x}{z},\frac{y}{z}\right)\frac{x}{z^2}+F'_2\left(\frac{x}{z},\frac{y}{z}\right)\frac{y}{z^2}}=\frac{zF'_1\left(\frac{x}{z},\frac{y}{z}\right)}{xF'_1\left(\frac{x}{z},\frac{y}{z}\right)+yF'_2\left(\frac{x}{z},\frac{y}{z}\right)}.$$

同理,视 z 是 x,y 的函数,方程两边同时对 y 求偏导得

$$F'_1\left(\frac{x}{z},\frac{y}{z}\right)\left(\frac{-x}{z^2}\right)\frac{\partial z}{\partial y}+F'_2\left(\frac{x}{z},\frac{y}{z}\right)\frac{1}{z}+F'_2\left(\frac{x}{z},\frac{y}{z}\right)\left(\frac{-y}{z^2}\right)\frac{\partial z}{\partial y}=0,$$

$$\frac{\partial z}{\partial y}=\frac{F'_2\left(\frac{x}{z},\frac{y}{z}\right)\frac{1}{z}}{F'_1\left(\frac{x}{z},\frac{y}{z}\right)\frac{x}{z^2}+F'_2\left(\frac{x}{z},\frac{y}{z}\right)\frac{y}{z^2}}=\frac{zF'_2\left(\frac{x}{z},\frac{y}{z}\right)}{xF'_1\left(\frac{x}{z},\frac{y}{z}\right)+yF'_2\left(\frac{x}{z},\frac{y}{z}\right)}.$$

例 9 设 $u=f(x,y,z)$，$\phi(x^2,e^y,z)=0$，$y=\sin x$，其中 f,ϕ 都具有一阶连续偏导数且 $\frac{\partial\phi}{\partial z}\neq 0$，求 $\frac{du}{dx}$.

解
$$\frac{du}{dx}=f'_x+f'_y\cos x+f'_z\frac{dz}{dx},$$

对 $\phi(x^2,e^y,z)=0$ 求导得

$$\phi'_1\cdot 2x+\phi'_2 e^y\cos x+\phi'_3\frac{dz}{dx}=0,$$

所以

$$\frac{du}{dx}=f'_x+f'_y\cos x-\frac{1}{\phi'_3}(2x\phi'_1+e^y\cos x\phi'_2)f'_z.$$

题型 3 求多元函数的极值和最值

例 10 求下列函数的极值点：

(1) $z=x^2-xy+y^2-2x+y$； (2) $z=x^3+y^3-3xy$；

(3) $z=x^4+y^4-x^2-2xy-y^2$.

解 (1) 先求驻点，由

$$\frac{\partial z}{\partial x}=2x-y-2,\quad \frac{\partial z}{\partial y}=-x+2y+1,$$

令

$$\begin{cases}2x-y-2=0,\\-x+2y+1=0,\end{cases}$$

解得驻点 $(1,0)$. 又 $A=\left.\frac{\partial^2 z}{\partial x^2}\right|_{(1,0)}=2$，$B=\left.\frac{\partial^2 z}{\partial x\partial y}\right|_{(1,0)}=-1$，$C=\left.\frac{\partial^2 z}{\partial y^2}\right|_{(1,0)}=2$，求得 $AC-B^2=4-1=3>0$，因为 $A>0$，所以 $(1,0)$ 是极小值点.

(2) 先求驻点，由

$$\frac{\partial z}{\partial x}=3x^2-3y,\quad \frac{\partial z}{\partial y}=3y^2-3x,$$

令

$$\begin{cases}3x^2-3y=0,\\3y^2-3x=0,\end{cases}$$

解得驻点(1,1)和(0,0).

又因为$\frac{\partial^2 z}{\partial x^2}=6x$,$\frac{\partial^2 z}{\partial x\partial y}=-3$,$\frac{\partial^2 z}{\partial y^2}=6y$,得$(AC-B^2)|_{(0,0)}=-9<0$,所以(0,0)不是极值点;$(AC-B^2)|_{(1,1)}=27>0$,而$A=6>0$,所以(1,1)是极小值点.

(3) 仿照以上两例可以求得这个函数的驻点有三个:(−1,−1),(1,1),(0,0).经验证(−1,−1)和(1,1)均是极小值点,但在(0,0)处,$AC-B^2=0$,由此不能判断点(0,0)的情况.函数沿$y=-x$方向为$z=2x^4$,其在点(0,0)取得极小值;而沿$x=0$方向为$z=y^4-y^2$,其在点(0,0)取得极大值,故(0,0)不是极值点.

例 11 求二元函数$z=f(x,y)=x^2y(4-x-y)$在直线$x+y=6$,x轴和y轴所围成的闭区域D上的最大值与最小值(见图10.1).

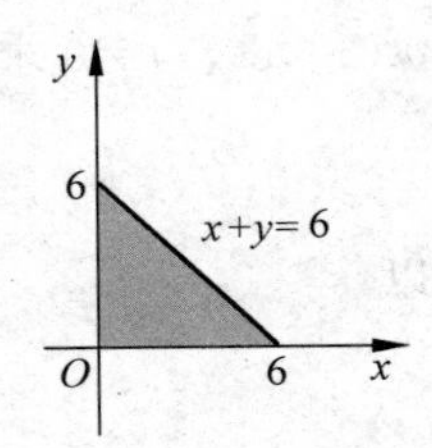

图 10.1

解 先求函数在D内的驻点,解方程组

$$\begin{cases}f'_x(x,y)=2xy(4-x-y)-x^2y=0,\\ f'_y(x,y)=x^2(4-x-y)-x^2y=0,\end{cases}$$

得$x=0$,及点(4,0)和点(2,1),而在D内只有一个驻点(2,1),其函数值为$f(2,1)=4$.

再求$z=f(x,y)$在D的边界上的最值.

在边界$x=0(0\leqslant y\leqslant 6)$和$y=0(0\leqslant x\leqslant 6)$上$f(x,y)=0$;

在边界$x+y=6$上,将$y=6-x$代入$z=f(x,y)$中得

$$f(x,y)=x^2(6-x)(-2)=2x^2(x-6)=\varphi(x),$$

由$\varphi'(x)=6x^2-24x=0$,解得$x=0$或$x=4$.所以得到两点(0,6)和(4,2),求得对应函数值为$f(0,6)=0$,$f(4,2)=-64$.

经过比较可知$f(2,1)=4$为所求的最大值;$f(4,2)=-64$为所求的最小值.

例 12 设生产某种产品必须投入两种要素,x_1和x_2分别为两要素的投入量,Q为产出量,若生产函数为$Q=2x_1^{\alpha}x_2^{\beta}$,其中$\alpha$,$\beta$为正常数且$\alpha+\beta=1$,假设两种要素的价格分别为$P_1$和$P_2$,试问当产出量为12时,两要素各投入多少可以使总费用最小.

解 依题意,总费用$w=P_1x_1+P_2x_2$,当产出量为12时,x_1,x_2应满足$2x_1^{\alpha}x_2^{\beta}=12$.引入拉格朗日函数

$$\phi(x_1,x_2,\lambda)=P_1x_1+P_2x_2+\lambda(2x_1^{\alpha}x_2^{\beta}-12),$$

求偏导,得

$$\begin{cases}\dfrac{\partial\phi}{\partial x_1}=P_1+\lambda(2\alpha x_1^{\alpha-1}x_2^{\beta})=0, & ①\\ \dfrac{\partial\phi}{\partial x_2}=P_2+\lambda(2\beta x_1^{\alpha}x_2^{\beta-1})=0, & ②\\ \dfrac{\partial\phi}{\partial\lambda}=2x_1^{\alpha}x_2^{\beta}-12=0, & ③\end{cases}$$

于是$\frac{P_1}{P_2}=\frac{\alpha}{\beta}\frac{x_2}{x_1}$，$x_1=\frac{\alpha P_2}{\beta P_1}x_2$，代入③式得

$$2\left(\frac{\alpha P_2}{\beta P_1}\right)^{\alpha}x_2^{\alpha+\beta}-12=0,$$

所以

$$x_2=6\left(\frac{\alpha P_2}{\beta P_1}\right)^{-\alpha}=6\left(\frac{\beta P_1}{\alpha P_2}\right)^{\alpha}\quad(\alpha+\beta=1),$$

从而，

$$x_1=6\left(\frac{\alpha P_2}{\beta P_1}\right)^{1-\alpha}=6\left(\frac{\alpha P_2}{\beta P_1}\right)^{\beta}.$$

由于已知该实际问题必有极小值点，而求出的驻点仅有一个，故该点即为所求.

题型4 求曲面的切平面和空间曲线的切线

解此类题的关键是求出切平面的法向量或切线的方向向量.

例13 求曲面$z=x^2+3y^2$在点(1,1,4)处的切平面方程和法线方程.

解 因为$\left.\frac{\partial z}{\partial x}\right|_{(1,1)}=2x|_{(1,1)}=2$，$\left.\frac{\partial z}{\partial y}\right|_{(1,1)}=6y|_{(1,1)}=6$，所以曲面在点(1,1,4)处的切平面的法向量为$\{2,6,-1\}$. 所以所求的切平面方程为

$$2(x-1)+6(y-1)-(z-4)=0,$$

即

$$2x+6y-z-4=0.$$

法线方程为

$$\frac{x-1}{2}=\frac{y-1}{6}=\frac{z-4}{-1}.$$

例14 求球面$x^2+y^2+z^2=\frac{9}{4}$与椭球面$3x^2+(y-1)^2+z^2=\frac{17}{4}$交线上对应于$x=1$点处的切线方程和法平面方程.

解 令$F(x,y,z)=x^2+y^2+z^2-\frac{9}{4}$，$G(x,y,z)=3x^2+(y-1)^2+z^2-\frac{17}{4}$，所以曲线方程为

$$\begin{cases}F(x,y,z)=0,\\G(x,y,z)=0,\end{cases}$$

其交线上对应于$x=1$的点为$\left(1,\frac{1}{2},-1\right)$和$\left(1,\frac{1}{2},1\right)$.

因为

$$F'_x(x,y,z)=2x,\quad F'_y(x,y,z)=2y,\quad F'_z(x,y,z)=2z;$$
$$G'_x(x,y,z)=6x,\quad G'_y(x,y,z)=2(y-1),\quad G'_z(x,y,z)=2z.$$

所以

$$\{F'_x,F'_y,F'_z\}\times\{G'_x,G'_y,G'_z\}\Big|_{(1,\frac{1}{2},-1)}=\{2,1,-2\}\times\{6,-1,-2\}=\{-4,-8,-8\}.$$

因此,曲线在点$\left(1,\dfrac{1}{2},-1\right)$处切线的方向向量可取为$\{1,2,2\}$.故过该点的切线方程为

$$\frac{x-1}{1}=\frac{y-\frac{1}{2}}{2}=\frac{z+1}{2};$$

法平面方程为

$$(x-1)+2\left(y-\frac{1}{2}\right)+2(z+1)=0,$$

即

$$x+2y+2z=0.$$

同理,因为$\{F'_x,F'_y,F'_z\}\times\{G'_x,G'_y,G'_z\}\Big|_{(1,\frac{1}{2},1)}=\{2,1,2\}\times\{6,-1,2\}=\{4,8,-8\}$,所以曲线在点$\left(1,\dfrac{1}{2},1\right)$处切线的方向向量可以为$\{1,2,-2\}$,故过该点的切线方程为

$$\frac{x-1}{1}=\frac{y-\frac{1}{2}}{2}=\frac{z-1}{-2};$$

法平面方程为

$$(x-1)+2\left(y-\frac{1}{2}\right)-2(z-1)=0,$$

即

$$x+2y-2z=0.$$

例 15 在椭球面$\dfrac{x^2}{a^2}+\dfrac{y^2}{b^2}+\dfrac{z^2}{c^2}=1$上怎样的点其法线与坐标轴正方向成等角?

分析 先求在椭球面上任一点处的法线,然后用与坐标轴正方向成等角的条件定出所求点的坐标.

解 设(x_0,y_0,z_0)为椭球面上任一点.令

$$F(x,y,z)=\frac{x^2}{a^2}+\frac{y^2}{b^2}+\frac{z^2}{c^2}-1,$$

则原方程为$F(x,y,z)=0$,$F'_x=\dfrac{2x}{a^2}$,$F'_y=\dfrac{2y}{b^2}$,$F'_z=\dfrac{2z}{c^2}$,所以在点(x_0,y_0,z_0)的法向量可取为$\left(\dfrac{x_0}{a^2},\dfrac{y_0}{b^2},\dfrac{z_0}{c^2}\right)$,因为法线与坐标轴正方向成等角,故有$\dfrac{x_0}{a^2}=\dfrac{y_0}{b^2}=\dfrac{z_0}{c^2}$.又点$(x_0,y_0,z_0)$在椭

球面上,有$\frac{x_0^2}{a^2}+\frac{y_0^2}{b^2}+\frac{z_0^2}{c^2}=1$,由两个联立方程解得点为

$$\left\{\frac{a^2}{r},\frac{b^2}{r},\frac{c^2}{r}\right\} \quad 及 \quad \left\{\frac{-a^2}{r},\frac{-b^2}{r},\frac{-c^2}{r}\right\},$$

其中 $r=\sqrt{a^2+b^2+c^2}$.

10.3 习题

基本题

求下列函数的定义域,并画出定义域的图形:

1. $z=\sqrt{1-x^2}+\sqrt{y}$.

2. $z=\sqrt{(x^2+y^2-1)(4-x^2-y^2)}$.

3. $z=\frac{1}{\sqrt[3]{x+y}}+\frac{1}{\sqrt{x-y}}$.

4. $z=\arccos\frac{y}{x}$.

5. $z=\frac{\sqrt{4x-y^2}}{\ln(1-x^2-y^2)}+\sqrt{y}$.

6. $z=\sqrt{x-\sqrt{y}}$.

7. $z=\ln(y-x)+\frac{\sqrt{x}}{\sqrt{1-x^2-y^2}}$.

8. $z=\arcsin\frac{2}{\sqrt{x^2+y^2}}$.

9. $u=\sqrt{R^2-x^2-y^2-z^2}+\frac{1}{\sqrt{x^2+y^2+z^2-r^2}}\ (R>r>0)$.

求下列极限:

10. $\lim\limits_{\substack{x\to 0\\ y\to 1}}\frac{1-xy}{x^2+y^2}$.

11. $\lim\limits_{\substack{x\to 0\\ y\to 0}}\frac{2-\sqrt{xy+4}}{xy}$.

12. $\lim\limits_{\substack{x\to 0\\ y\to 0}}\frac{xy}{\sqrt{xy+1}-1}$.

13. $\lim\limits_{\substack{x\to 0\\ y\to 0}}\frac{\sin xy}{x}$.

14. $\lim\limits_{\substack{x\to 0\\ y\to 0}}\frac{1-\cos(x^2+y^2)}{(x^2+y^2)^2}$.

15. $\lim\limits_{\substack{x\to 0\\ y\to 0}}\frac{2}{x^2+y^2}$.

16. $\lim\limits_{\substack{x\to \infty\\ y\to k}}\left(1+\frac{y}{x}\right)^x$.

17. $\lim\limits_{\substack{x\to 1\\ y\to 0}}\frac{\ln(x+e^y)}{\sqrt{x^2+y^2}}$.

18. 证明极限$\lim\limits_{\substack{x\to 0\\ y\to 0}}\frac{x^2-y^2}{x^2+y^2}$不存在.

19. 研究函数

$$f(x,y)=\begin{cases}\sqrt{1-x^2-y^2}, & x^2+y^2\leqslant 1,\\ 0, & x^2+y^2>1\end{cases}$$

的连续性.

20. 证明函数

$$f(x,y)=\begin{cases}\dfrac{2xy}{x^2+y^2}, & x^2+y^2\neq 0,\\ 0, & x^2+y^2=0\end{cases}$$

在点(0,0)不连续.

求下列函数的偏导数：

21. $z=\ln(x+\sqrt{x^2+y^2})$.

22. $z=(1+xy)^y$.

23. $z=\dfrac{x}{\sqrt{x^2+y^2}}$.

24. $z=\arcsin\sqrt{\dfrac{x^2-y^2}{x^2+y^2}}$.

25. $z=\ln\left(\sin\dfrac{x+a}{\sqrt{y}}\right)$.

26. $u=(xy)^z$.

27. $u=x^{yz}$.

28. $u=\arctan(x-y)^z$.

29. $z=e^{2x}\cos y$.

30. $z=e^x\ln\sqrt{x^2+y^2}$.

31. 求曲线$\begin{cases}z=\dfrac{1}{4}(x^2+y^2)\\ y=4\end{cases}$在点(2,4,5)处的切线与 x 轴正向之间的夹角.

32. 求曲线$\begin{cases}z=\sqrt{1+x^2+y^2}\\ x=1\end{cases}$在点$(1,1,\sqrt{3})$处的切线与 y 轴正向之间的夹角.

33. 设 $z=\ln(x^2+xy+y^2)$，求 $x\dfrac{\partial z}{\partial x}+y\dfrac{\partial z}{\partial y}$.

34. 设 $z=xy+xe^{\frac{y}{x}}$，证明：$x\dfrac{\partial z}{\partial x}+y\dfrac{\partial z}{\partial y}=xy+z$.

35. 设 $z=e^{-\left(\frac{1}{x}+\frac{1}{y}\right)}$，证明：$x^2\dfrac{\partial z}{\partial x}+y^2\dfrac{\partial z}{\partial y}=2z$.

求下列函数的二阶偏导数：

36. $f(x,y)=\arctan\dfrac{y}{x}$.

37. $f(x,y)=\tan\dfrac{x^2}{y}$.

38. $f(x,y)=\ln(x^2+y)$.

39. 设 $f(x,y)=x\ln(xy)$，求$\dfrac{\partial^3 f}{\partial x^2\partial y}$，$\dfrac{\partial^3 f}{\partial x\partial y^2}$.

40. 设 $z=e^x(\cos y+x\sin y)$，验证：$\dfrac{\partial^2 z}{\partial x\partial y}=\dfrac{\partial^2 z}{\partial x\partial y}$.

41. 设 $z=\ln(e^x+e^y)$，证明：$\dfrac{\partial^2 z}{\partial x^2}\dfrac{\partial^2 z}{\partial y^2}-\left(\dfrac{\partial^2 z}{\partial x\partial y}\right)^2=0$.

42. 设 $u=z\arctan\dfrac{x}{y}$，证明：$\dfrac{\partial^2 u}{\partial x^2}+\dfrac{\partial^2 u}{\partial y^2}+\dfrac{\partial^2 u}{\partial z^2}=0$.

43. 设 $r=\sqrt{x^2+y^2+z^2}$,证明:$\frac{\partial^2 r}{\partial x^2}+\frac{\partial^2 r}{\partial y^2}+\frac{\partial^2 r}{\partial z^2}=\frac{2}{r}$.

44. 设 $f(x,y)=\begin{cases} xy\frac{x^2-y^2}{x^2+y^2}, & x^2+y^2\neq 0, \\ 0, & x^2+y^2=0, \end{cases}$ 试求 $f_{xy}(0,0)$ 和 $f_{yx}(0,0)$.

45. 证明函数 $u=\ln\frac{1}{r}$ ($r=\sqrt{x^2+y^2}$)满足拉普拉斯方程$\frac{\partial^2 u}{\partial x^2}+\frac{\partial^2 u}{\partial y^2}=0$.

求下列函数的全微分:

46. $z=x^3+y^3-3xy$.

47. $z=x^2y^3$.

48. $z=\frac{x^2-y^2}{x^2+y^2}$.

49. $z=\sin^2 x+\cos^2 y$.

50. $z=yx^y$.

51. $z=\ln(x^2+y^2)$.

52. $z=\ln\left(1+\frac{x}{y}\right)$.

53. $z=\arctan\frac{y}{x}+\arctan\frac{x}{y}$.

54. $z=\ln\left(\tan\frac{y}{x}\right)$.

55. $u=xyz$.

56. $u=\sqrt{x^2+y^2+z^2}$.

57. $u=\left(xy+\frac{x}{y}\right)^z$.

58. $u=\arctan\frac{xy}{z^2}$.

59. 求函数 $f(x,y)=x^2y$ 在点(1,2)的全增量与全微分,如果:

(1) $\Delta x=1,\Delta y=2$;

(2) $\Delta x=0.1,\Delta y=0.2$.

60. 设函数 $f(x,y)=\begin{cases} (x^2+y^2)\sin\frac{1}{\sqrt{x^2+y^2}}, & x^2+y^2\neq 0, \\ 0, & x^2+y^2=0. \end{cases}$

(1) 求偏导数 $f'_x(x,y),f'_y(x,y)$.

(2) $f'_x(x,y),f'_y(x,y)$在点(0,0)是否连续?

(3) $f(x,y)$在点(0,0)是否可微?

61. 计算下列各式的近似值:

(1) $\sqrt{(1.02)^3+(1.97)^3}$;

(2) $(1.97)^{1.05}$($\ln 2\approx 0.693$).

求下列函数的全导数:

62. $u=x^2+y^2+z^2,x=\mathrm{e}^t\cos t,y=\mathrm{e}^t\sin t,z=\mathrm{e}^t$.

63. $u=\mathrm{e}^{2x+3y}\cos 4z,x=\ln t,y=\ln(t^2+1),z=t$.

64. $u=\frac{\mathrm{e}^{ax}(y-z)}{a^2+1},y=a\sin x,z=\cos x$.

65. $z=\frac{1}{2}\ln\frac{x+y}{x-y},x=\sec t,y=2\sin t$ 在 $t=\pi$ 处.

66. 设 $z=u^2v-uv^2$，$u=x\cos y$，$v=x\sin y$，求$\dfrac{\partial z}{\partial x}$，$\dfrac{\partial z}{\partial y}$.

67. $z=u^2\ln v$，$u=\dfrac{x}{y}$，$v=3x-2y$，求$\dfrac{\partial z}{\partial x}$，$\dfrac{\partial z}{\partial y}$.

68. 求下列函数的一阶偏导数：

(1) $u=f(x^2+y^2-z^2)$；　　(2) $u=f\left(\dfrac{x}{y},\dfrac{y}{z}\right)$.

69. 求下列函数的二阶偏导数：

(1) $z=f(x^2+y^2)$；　　(2) $z=f\left(x,\dfrac{x}{y}\right)$.

70. 设 $\ln\sqrt{x^2+y^2}=\arctan\dfrac{y}{x}$，求 $\dfrac{\mathrm{d}y}{\mathrm{d}x}$，$\dfrac{\mathrm{d}^2y}{\mathrm{d}x^2}$.

71. 设 $x+2y+z-2\sqrt{xyz}=0$，求 $\dfrac{\partial z}{\partial x}$，$\dfrac{\partial z}{\partial y}$.

72. 求由方程 $2xz-2xyz+\ln(xyz)=0$ 所确定的函数 $z=f(x,y)$ 的全微分.

73. 设由方程 $x^2+y^2+2axy=0(a>0)$ 确定函数 $y=f(x)$，证明：$\dfrac{\mathrm{d}^2y}{\mathrm{d}x^2}=0$，并解释所得的结果.

74. 设 $2\sin(x+2y-3z)=x+y-3z$，证明：$\dfrac{\partial z}{\partial x}+\dfrac{\partial z}{\partial y}=1$.

75. 设 F 是任意可微函数，证明由方程

$$ax+by+cz=F(x^2+y^2+z^2)$$

确定的函数 $z=z(x,y)$ 满足方程

$$(cy-bz)\frac{\partial z}{\partial x}+(az-cx)\frac{\partial z}{\partial y}=bx-ay.$$

76. 设 $F(u,v)$ 是可微函数，方程 $F\left(x+\dfrac{z}{y},y+\dfrac{z}{x}\right)=0$ 确定 z 为 x,y 的函数，证明：

$$x\frac{\partial z}{\partial x}+y\frac{\partial z}{\partial y}=z-xy.$$

77. 设 $\begin{cases}z=x^2+y^2,\\x^2+2y^2+3z^2=20,\end{cases}$ 求 $\dfrac{\mathrm{d}y}{\mathrm{d}x}$，$\dfrac{\mathrm{d}z}{\mathrm{d}x}$.

78. 设 $\begin{cases}xu-yv=0,\\yu+xv=1,\end{cases}$ 求$\dfrac{\partial u}{\partial x}$，$\dfrac{\partial v}{\partial x}$，$\dfrac{\partial u}{\partial y}$，$\dfrac{\partial v}{\partial y}$.

79. 求曲线 $x=t-\sin t$，$y=1-\cos t$，$z=4\sin\dfrac{t}{2}$在点$\left(\dfrac{\pi}{2}-1,1,2\sqrt{2}\right)$处的切线和法平面方程.

80. 求曲线 $x=\dfrac{t}{1+t}$，$y=\dfrac{1+t}{t}$，$z=t^2$ 在对应于 $t_0=1$ 的点处的切线和法平面方程.

81. 求曲线$\begin{cases}y^2=mx\\z^2=m-x\end{cases}$在点$(x_0,y_0,z_0)$处的切线和法平面方程.

82. 求曲线$\begin{cases}x^2+y^2+z^2-3x=0\\2x-3y+5z-4=0\end{cases}$在点(1,1,1)处的切线和法平面方程.

83. 在曲线$x=t,y=t^2,z=t^3$上求一点,使得在该点的切线平行于平面$x+2y+z=4$.

84. 求曲面$e^x-z+xy=3$在点(2,1,0)处的切平面和法线方程.

85. 求曲面$ax^2+by^2+cz^2=1$在点(x_0,y_0,z_0)处的切平面和法线方程.

86. 在曲线$z=xy$上求一点,使得在该点处的法线垂直于平面$x+3y+z+9=0$,并写出其法线的方程.

87. 在椭球面$\frac{x^2}{a^2}+\frac{y^2}{b^2}+\frac{z^2}{c^2}=1$上怎样的点,其法线的三个方向角相等?

88. 证明:曲面$xyz=a^3(a>0)$上任一点的切平面与三个坐标面形成的四面体的体积为$\frac{9}{2}a^3$.

89. 证明:曲面$\sqrt{x}+\sqrt{y}+\sqrt{z}=\sqrt{a}(a>0)$上任一点处的切平面在各坐标轴上截距之和等于$a$.

90. 求下列函数的极值:

(1) $z=1-(x^2+y^2)^{\frac{2}{3}}$;

(2) $z=x^2+xy+y^2-2x-y$;

(3) $z=x^3y^2(6-x-y)\ (x>0,y>0)$;

(4) $z=\frac{8}{x}+\frac{x}{y}+y(x>0,y>0)$;

(5) $z=e^{x-y}(x^2-2y^2)$.

91. 求由方程$x^2+y^2+z^2-2x-2y-4z-10=0$确定的函数$z=f(x,y)(z\geqslant2)$的极值.

92. 求函数$z=x^2+y^2$在条件$\frac{x}{a}+\frac{y}{b}=1(a>0,b>0)$下的极值,并说明是极大值还是极小值.

93. 求函数$z=xy$在条件$x+y=1$下的极大值.

94. 求函数$z=1+x+2y$在区域$x\geqslant0,y\geqslant0,x+y\leqslant1$上的最大值和最小值.

95. 求函数$z=xy(4-x-y)$在$x=1,y=0,x+y=6$围成的区域上的最大值和最小值.

96. 求函数$z=\sin x+\cos y+\cos(x-y)$在区域$0\leqslant x\leqslant\frac{\pi}{2},0\leqslant y\leqslant\frac{\pi}{2}$上的最大值和最小值.

97. 要造一个容积等于V的长方形无盖水池,应如何选择水池的尺寸,方可使它的表面积最小.

98. 把周长为 $2p$ 的矩形绕它的一边旋转形成一圆柱体，问矩形的边长各为多少时，才能使圆柱体的体积为最大？

99. 抛物面 $z=x^2+y^2$ 被平面 $x+y+z=1$ 截成一椭圆，求原点到这椭圆的最长与最短距离.

100. 求函数 $u=x-2y+2z$ 在条件 $x^2+y^2+z^2=1$ 下的最值.

101. 设两个正数 x 与 y 之和为定值 a，求函数 $f(x,y)=\frac{1}{2}(x^n+y^n)$ 的最小值（其中 n 为正整数），并证明：

$$\frac{x^n+y^n}{2}\geqslant\left(\frac{x+y}{2}\right)^n.$$

102. 某工厂生产两种产品Ⅰ和Ⅱ，出售价格分别为10元和9元，设生产 x 单位的产品Ⅰ与生产 y 单位的产品Ⅱ的总费用是

$$400+2x+3y+0.01(3x^2+xy+3y^2)(\text{元}).$$

问两种产品的产量各为多少时，取得的利润最大？其最大利润为多少？

103. 某饼干厂生产苏打饼及甜饼，苏打饼每斤纯利6角，甜饼每斤纯利4角，制造 x 斤苏打饼及 y 斤甜饼的成本函数为

$$C(x,y)=10000+x+\frac{x^2}{6000}+y.$$

而该厂每月的制造预算是20000元，问应如何分配苏打饼及甜饼的生产，才能使利润最大？

104. 某工厂要建造一座长方形的厂房，其体积为263520m³，前墙和房顶每单位面积所需造价分别是其他墙身单价的3倍和1.5倍. 问屋子前墙的长度和屋子高度为多少时，厂房造价最小？

综合题

105. 设 $f(x,y)=|x-y|\varphi(x,y)$，其中 $\varphi(x,y)$ 在点 $(0,0)$ 的邻域内连续，

(1) $\varphi(x,y)$ 满足什么条件，偏导数 $f'_x(0,0)$，$f'_y(0,0)$ 存在？

(2) $\varphi(x,y)$ 满足什么条件，$f(x,y)$ 在点 $(0,0)$ 可微？

106. 设可微函数 $z=f(x,y)$ 满足方程 $x\frac{\partial f}{\partial x}+y\frac{\partial f}{\partial y}=0$，证明 $f(x,y)$ 在极坐标系中只是 θ 的函数.

107. 设可微函数 $z=f(x,y)$ 满足方程 $\frac{1}{x}\frac{\partial f}{\partial x}=\frac{1}{y}\frac{\partial f}{\partial y}$，证明 $f(x,y)$ 在极坐标系中只是 r 的函数.

108. 若函数 $f(x,y,z)$ 恒满足关系式

$$f(tx,ty,zt)=t^kf(x,y,z),$$

则称其为 k 次齐次函数.试证 k 次齐次函数 $f(x,y,z)$ 满足关系式

$$x\frac{\partial f}{\partial x}+y\frac{\partial f}{\partial y}+z\frac{\partial f}{\partial z}=kf.$$

109. 证明锥面 $z=\sqrt{x^2+y^2}+3$ 的所有切平面都通过锥面的顶点.

110. 在平面上求一点,使它到 n 个定点 $(x_1,y_1),(x_2,y_2),\cdots,(x_n,y_n)$ 的距离的平方和最小.

111. 已知椭球面 $\frac{x^2}{a^2}+\frac{y^2}{b^2}+\frac{z^2}{c^2}=1$,试在第一卦限内求作该曲面的一个切平面,使得切平面与三坐标面所围成的四面体的体积最小,并求出四面体的体积.

自测题

一、单项选择题

1. 函数 $z=\sqrt{xy}+\arcsin\frac{y}{2}$ 的定义域是( ).

A. $-2\leqslant y\leqslant 2,x>0$　　B. $0\leqslant y\leqslant 2,x>0$

C. $-2\leqslant y\leqslant 0,x>0$　　D. $\begin{cases}0\leqslant y\leqslant 2\\ x\geqslant 0\end{cases}$ 或 $\begin{cases}-2\leqslant y\leqslant 0\\ x\leqslant 0\end{cases}$

2. 设 $f(x,y)$ 在点 (x_0,y_0) 处的偏导数存在,则 $\lim\limits_{h\to 0}\frac{f(x_0+2h,y_0)-f(x_0-h,y_0)}{h}=$( ).

A. 0　　B. $f'_x(x_0,y_0)$　　C. $2f'_x(x_0,y_0)$　　D. $3f'_x(x_0,y_0)$

3. 设 $f(x,y)=x^3y+(y-1)\arccos\sqrt{\frac{y}{x}}$,则 $f'_x\left(\frac{1}{2},1\right)=$( ).

A. $\left(-\frac{1}{4}\right)$　　B. $\left(\frac{3}{4}\right)$　　C. 1　　D. $\left(\frac{7}{4}\right)$

4. 设 $z=f(x^2-y^2)$,则 $\mathrm{d}z=$( ).

A. $2x-2y$　　B. $2x\mathrm{d}x-2y\mathrm{d}y$

C. $f'(x^2-y^2)\mathrm{d}x$　　D. $2f'(x^2-y^2)(x\mathrm{d}x-y\mathrm{d}y)$

5. 二元函数 $f(x,y)$ 在点 (x_0,y_0) 处两个偏导数 $f'_x(x_0,y_0)$,$f'_y(x_0,y_0)$ 存在是 $f(x,y)$ 在该点连续的( ).

A. 充分条件　　B. 必要条件

C. 充要条件　　D. 既非充分又非必要条件

6. 二元函数 $f(x,y)=\begin{cases}\frac{xy}{x^2+y^2}, & (x,y)\neq(0,0),\\ 0, & (x,y)=(0,0),\end{cases}$ 在点 $(0,0)$ 处( ).

A. 连续,偏导数存在　　B. 连续,偏导数不存在

C. 不连续，偏导数存在　　D. 不连续，偏导数不存在

7. 点(　　)是二元函数 $z=x^3-y^3-3x^2+3y-9x$ 的极值点.

A. $(3,-1)$　　B. $(3,1)$　　C. $(1,1)$　　D. $(-1,-1)$

8. $z=f(x,y)$ 在 (x_0,y_0) 偏导数存在是函数在该点可微的(　　).

A. 充分条件　　B. 必要条件

C. 充分必要条件　　D. 无关条件

9. 若函数 $f(x,y)$ 在闭区域 D 上连续，下列关于极值点的陈述正确的是(　　).

A. $f(x,y)$ 的极值点一定是 $f(x,y)$ 的驻点

B. 如果 P_0 是 $f(x,y)$ 的极值点，则 P_0 点处 $B^2-AC<0$

C. 若 P_0 是可微函数 $f(x,y)$ 的极值点，则在 P_0 点处 $\mathrm{d}f=0$

D. $f(x,y)$ 的最大值点一定是 $f(x,y)$ 的极大值点

10. 若 $f(x+y,xy)=x^2+y^2+4xy$，则 $\frac{\partial}{\partial x}f(x,y)=$(　　).

A. $2x+4y$　　B. $2x$　　C. $2(x+y)$　　D. $2y$

二、填空题

1. 函数 $z=\sqrt{(x^2+y^2-a^2)(2a^2-x^2-y^2)}\ (a>0)$ 的定义域为________.

2. 曲面 $z-\mathrm{e}^x+2xy=3$ 在点 $(1,2,0)$ 处的切平面的方程为________.

3. 设 $u=\mathrm{e}^{-x}\sin\frac{x}{y}$，则 $\frac{\partial^2 u}{\partial x\partial y}$ 在点 $\left(2,\frac{1}{\pi}\right)$ 处的值为________.

4. 设 $f(x,y,z)=\mathrm{e}^x yz^2$，其中 $z=z(x,y)$ 是由 $x+y+z+xyz=0$ 确定的隐函数，则 $f'_x(0,1,-1)=$________.

5. 设 $z=f(x+y,xy)$，则 $\frac{\partial^2 f}{\partial x\partial y}=$________.

三、解答题

1. 设 $z=\sin(xy)+\cos^2(xy)$，求 $\frac{\partial z}{\partial x}$.

2. 设 $z=\frac{xy}{f(2x-y)}$，求 $\frac{\partial z}{\partial y}$.

3. $z=xy+yf\left(\frac{x}{y}\right)$，其中 f 可微，证明：$x\frac{\partial z}{\partial x}+y\frac{\partial z}{\partial y}=z+xy$.

4. 把一个正数 a 分成三个正数之和，且使它们的乘积为最小，求这三个数.

5. 求二元函数 $f(x,y)=x^2y(4-x-y)$ 在由直线 $x+y=6$，x 轴和 y 轴所围成的闭区域 D 上的最大值和最小值.

6. 设有需求函数

$$D_1=26-P_1,\quad D_2=10-\frac{1}{4}P_2,$$

其中 D_1, D_2 分别是两种商品的需求量，P_1, P_2 是相应的价格，生产两种商品的总成本函数是 $C=D_1^2+2D_1D_2+D_2^2$，问两种商品生产多少时，可获最大利润？

10.4 习题答案

基本题

1. $\{(x,y)\mid -1\leqslant x\leqslant 1, y\geqslant 0\}$.
2. $\{(x,y)\mid 1\leqslant x^2+y^2\leqslant 4\}$.
3. $\{(x,y)\mid x+y\neq 0, x-y>0\}$.
4. $\{(x,y)\mid |y|\leqslant |x|, x^2+y^2\neq 0\}$.
5. $\{(x,y)\mid 0<x^2+y^2<1, y^2\leqslant 4x, y\geqslant 0\}$.
6. $\{(x,y)\mid x\geqslant 0, y\geqslant 0, x^2\geqslant y\}$.
7. $\{(x,y)\mid y-x>0, x>0, x^2+y^2<1\}$.
8. $\{(x,y)\mid x^2+y^2\geqslant 4\}$.

9. $\{(x,y,z)\mid r^2<x^2+y^2+z^2\leqslant R^2\}$. 10. 1. 11. $-\dfrac{1}{4}$. 12. 2. 13. 0.

14. $\dfrac{1}{2}$. 15. ∞. 16. e^k. 17. $\ln 2$. 19. 连续.

21. $\dfrac{\partial z}{\partial x}=\dfrac{1}{\sqrt{x^2+y^2}}$, $\dfrac{\partial z}{\partial y}=\dfrac{y}{\sqrt{x^2+y^2}\,(x+\sqrt{x^2+y^2})}$.

22. $\dfrac{\partial z}{\partial x}=y(1+xy)^{y-1}$, $\dfrac{\partial z}{\partial y}=(1+xy)^y\left[\ln(1+xy)+\dfrac{xy}{1+xy}\right]$.

23. $\dfrac{\partial z}{\partial x}=\dfrac{y^2}{(x^2+y^2)^{\frac{3}{2}}}$, $\dfrac{\partial z}{\partial y}=\dfrac{-xy}{(x^2+y^2)^{\frac{3}{2}}}$.

24. $\dfrac{\partial z}{\partial x}=\dfrac{xy^2\sqrt{2x^2-2y^2}}{|y|(x^4-y^4)}$, $\dfrac{\partial z}{\partial y}=\dfrac{x^2y\sqrt{2x^2-2y^2}}{|y|(x^4-y^4)}$.

25. $\dfrac{\partial z}{\partial x}=\dfrac{1}{\sqrt{y}}\cot\dfrac{x+a}{\sqrt{y}}$, $\dfrac{\partial z}{\partial y}=-\dfrac{x+a}{2y\sqrt{y}}\cot\dfrac{x+a}{\sqrt{y}}$.

26. $\dfrac{\partial u}{\partial x}=yz(xy)^{z-1}$, $\dfrac{\partial u}{\partial y}=xz(xy)^{z-1}$, $\dfrac{\partial u}{\partial z}=(xy)^z\ln(xy)$.

27. $\dfrac{\partial u}{\partial x}=yzx^{yz-1}$, $\dfrac{\partial u}{\partial y}=x^{yz}z\ln x$, $\dfrac{\partial u}{\partial z}=x^{yz}y\ln x$.

28. $\dfrac{\partial u}{\partial x}=\dfrac{z(x-y)^{z-1}}{1+(x-y)^{2z}}$, $\dfrac{\partial u}{\partial y}=-\dfrac{z(x-y)^{z-1}}{1+(x-y)^{2z}}$, $\dfrac{\partial u}{\partial z}=\dfrac{(x-y)\ln(x-y)}{1+(x-y)^{2z}}$.

29. $\dfrac{\partial z}{\partial x}=2\mathrm{e}^{2x}\cos y$, $\dfrac{\partial z}{\partial y}=-\mathrm{e}^{2x}\sin y$.

30. $\dfrac{\partial z}{\partial x}=\mathrm{e}^x\ln\sqrt{x^2+y^2}+\dfrac{x\mathrm{e}^x}{x^2+y^2}$, $\dfrac{\partial z}{\partial y}=\dfrac{y\mathrm{e}^x}{x^2+y^2}$.

31. $\dfrac{\pi}{4}$. 32. $\dfrac{\pi}{6}$. 33. 2.

36. $\dfrac{\partial^2 f}{\partial x^2}=\dfrac{2xy}{(x^2+y^2)^2}$，$\dfrac{\partial^2 f}{\partial y^2}=-\dfrac{2xy}{(x^2+y^2)^2}$，$\dfrac{\partial^2 f}{\partial x\partial y}=\dfrac{y^2-x^2}{(x^2+y^2)^2}$.

37. $\dfrac{\partial^2 f}{\partial x^2}=\dfrac{2}{y}\sec^2\dfrac{x^2}{y}+\dfrac{8x^2}{y^2}\sin\dfrac{x^2}{y}\sec^3\dfrac{x^2}{y}$，$\dfrac{\partial^2 f}{\partial y^2}=\dfrac{2x^2}{y^3}\sec^2\dfrac{x^2}{y}+\dfrac{2x^4}{y^4}\sin\dfrac{x^2}{y}\sec^3\dfrac{x^2}{y}$，

$\dfrac{\partial^2 f}{\partial x\partial y}=-\dfrac{2x}{y^2}\sec^2\dfrac{x^2}{y}-\dfrac{4x^2}{y^3}\sin\dfrac{x^2}{y}\sec^3\dfrac{x^2}{y}$.

38. $\dfrac{\partial^2 f}{\partial x^2}=\dfrac{2(y-x^2)}{(x^2+y)^2}$，$\dfrac{\partial^2 f}{\partial y^2}=\dfrac{-1}{(x^2+y)^2}$，$\dfrac{\partial^2 f}{\partial x\partial y}=\dfrac{-2x}{(x^2+y)^2}$.

39. $\dfrac{\partial^3 f}{\partial x^2\partial y}=0$，$\dfrac{\partial^3 f}{\partial x\partial y^2}=-\dfrac{1}{y^2}$.　　44. $f''_{xy}(0,0)=-1$，$f''_{yx}(0,0)=1$.

46. $dz=3(x^2-y)dx+3(y^2-x)dy$.　　47. $dz=2xy^3dx+3x^2y^2dy$.

48. $dz=\dfrac{4xy(ydx-xdy)}{(x^2+y^2)^2}$.　　49. $dz=\sin 2x dx-\sin 2y dy$.

50. $dz=y^2x^{y-1}dx+x^y(1+y\ln x)dy$.　　51. $dz=\dfrac{2}{x^2+y^2}(xdx+ydy)$.

52. $dz=\dfrac{1}{x+y}\left(dx-\dfrac{x}{y}dy\right)$.　　53. $dz=0$.　　54. $dz=\dfrac{2}{x\sin\dfrac{2y}{x}}\left(dy-\dfrac{y}{x}dx\right)$.

55. $du=yzdx+xzdy+xydz$.　　56. $du=\dfrac{xdx+ydy+zdz}{\sqrt{x^2+y^2+z^2}}$.

57. $du=\left(xy+\dfrac{x}{y}\right)^{z-1}\left[\left(y+\dfrac{1}{y}\right)zdx+\left(1-\dfrac{1}{y^2}\right)xzdy+\left(xy+\dfrac{x}{y}\right)\ln\left(xy+\dfrac{x}{y}\right)dz\right]$.

58. $du=\dfrac{z^2}{x^2y^2+z^2}\left(ydx+xdy-\dfrac{2xy}{z}dz\right)$.

59. (1) $\Delta f=14$，$df=6$；　　(2) $\Delta f=0.662$，$df=0.6$.

60. (1) $f'_x(x,y)=2x\sin\dfrac{1}{\sqrt{x^2+y^2}}-\dfrac{x}{\sqrt{x^2+y^2}}\cos\dfrac{1}{\sqrt{x^2+y^2}}$，

$f'_y(x,y)=2y\sin\dfrac{1}{\sqrt{x^2+y^2}}-\dfrac{y}{\sqrt{x^2+y^2}}\cos\dfrac{1}{\sqrt{x^2+y^2}}$，

$f'_x(0,0)=0$，$f'_y(0,0)=0$；

(2) $f'_x(x,y)$，$f'_y(x,y)$在$(0,0)$不连续；

(3) $f(x,y)$在点$(0,0)$可微.

62. $4e^{2t}$.　　63. $2t(t^2+1)^2(4t^2+1)\cos 4t-4t^2(t^2+1)^3\sin 4t$.

64. $e^{ax}\sin x$.　　65. 2.

66. $\dfrac{\partial z}{\partial x}=3x^2\sin y\cos y(\cos y-\sin y)$，

$\dfrac{\partial z}{\partial y}=-2x^3\sin y\cos y(\sin y+\cos y)+x^3(\sin^3 y+\cos^3 y)$.

67. $\frac{\partial z}{\partial x}=\frac{2x}{y^2}\ln(3x-2y)+\frac{3x^2}{(3x-2y)y^2}$，$\frac{\partial z}{\partial y}=-\frac{2x^2}{y^3}\ln(3x-2y)-\frac{2x^2}{(3x-2y)y^2}$.

68. (1) $\frac{\partial u}{\partial x}=2xf'$，$\frac{\partial u}{\partial y}=2yf'$，$\frac{\partial u}{\partial z}=-2zf'$.

(2) $\frac{\partial u}{\partial x}=\frac{1}{y}f_1'$，$\frac{\partial u}{\partial y}=-\frac{x}{y^2}f_1'+\frac{1}{z}f_2'$，$\frac{\partial u}{\partial z}=-\frac{y}{z^2}f_2'$.

69. (1) $\frac{\partial^2 z}{\partial x^2}=2f'+4x^2f''$，$\frac{\partial^2 z}{\partial y^2}=2f'+4y^2f''$，$\frac{\partial^2 z}{\partial x\partial y}=4xyf''$.

(2) $\frac{\partial^2 z}{\partial x^2}=f_{11}''+\frac{2}{y}f_{12}''+\frac{1}{y^2}f_{22}''$，$\frac{\partial^2 z}{\partial x\partial y}=-\frac{x}{y^2}\left(f_{12}''+\frac{1}{y}f_{22}''\right)-\frac{1}{y^2}$.

70. $\frac{\mathrm{d}y}{\mathrm{d}x}=\frac{x+y}{x-y}$，$\frac{\mathrm{d}^2 y}{\mathrm{d}x^2}=\frac{2(x^2+y^2)}{(x-y)^3}$.

71. $\frac{\partial z}{\partial x}=-\frac{z(x-\sqrt{xyz})}{x(z-\sqrt{xyz})}$，$\frac{\partial z}{\partial y}=-\frac{z(2y-\sqrt{xyz})}{y(z-\sqrt{xyz})}$.

72. $\mathrm{d}z=-\frac{z}{x}\mathrm{d}x+\frac{(2xyz-1)z}{(2xz-2xyz+1)y}\mathrm{d}y$.

77. $\frac{\mathrm{d}y}{\mathrm{d}x}=-\frac{x(6z+1)}{2y(3z+1)}$，$\frac{\mathrm{d}z}{\mathrm{d}x}=\frac{x}{3z+1}$.

78. $\frac{\partial u}{\partial x}=-\frac{xu-yv}{x^2+y^2}$，$\frac{\partial v}{\partial x}=-\frac{xv+yu}{x^2+y^2}$，$\frac{\partial u}{\partial y}=\frac{xv-yu}{x^2+y^2}$，$\frac{\partial v}{\partial y}=-\frac{xu+yv}{x^2+y^2}$.

79. 切线：$\frac{x-\frac{\pi}{2}+1}{1}=\frac{y-1}{1}=\frac{z-2\sqrt{2}}{\sqrt{2}}$，法平面：$x+y+\sqrt{2}z=\frac{\pi}{2}+4$.

80. 切线：$\frac{x-\frac{1}{2}}{1}=\frac{y-2}{-4}=\frac{z-1}{8}$，法平面：$2x-8y+16z-1=0$.

81. 切线：$\frac{x-x_0}{1}=\frac{y-y_0}{\frac{m}{y_0}}=\frac{z-z_0}{\frac{-1}{2z_0}}$，

法平面：$(x-x_0)+\frac{m}{y_0}(y-y_0)-\frac{1}{2z_0}(z-z_0)=0$.

82. 切线：$\frac{x-1}{16}=\frac{y-1}{9}=\frac{z-1}{-1}$，法平面：$16x+9y-z-24=0$.

83. 点 $P_1(-1,1,-1)$ 及点 $P_2\left(-\frac{1}{3},\frac{1}{9},-\frac{1}{27}\right)$.

84. 切平面：$x+2y-4=0$，法线：$\frac{x-2}{1}=\frac{y-1}{2}=\frac{z}{0}$.

85. 切平面：$ax_0x+by_0y+cz_0z=1$，法线：$\frac{x-x_0}{ax_0}=\frac{y-y_0}{by_0}=\frac{z-z_0}{cz_0}$.

86. 点$(-3,-1,3)$，$\frac{x+3}{1}=\frac{y+1}{3}=\frac{z-3}{1}$.

87. $\left(\frac{\pm a^2}{\sqrt{a^2+b^2+c^2}},\frac{\pm b^2}{\sqrt{a^2+b^2+c^2}},\frac{\pm c^2}{\sqrt{a^2+b^2+c^2}}\right)$.

90. (1) 极大值 $z(0,0)=1$； (2) 极小值 $z(1,0)=-1$；
(3) 极大值 $z(3,2)=108$； (4) 极小值 $z(4,2)=6$；
(5) 极小值 $z(-4,-2)=8\mathrm{e}^{-2}$.

91. 极大值 $z(1,1)=6$.

92. 极小值 $z\left(\frac{ab^2}{a^2+b^2},\frac{a^2b}{a^2+b^2}\right)=\frac{a^2b^2}{a^2+b^2}$.

93. 极大值 $z\left(\frac{1}{2},\frac{1}{2}\right)=\frac{1}{4}$. 94. 最大值 $z(0,1)=3$，最小值 $z(0,0)=1$.

95. 最大值 $z\left(\frac{4}{3},\frac{4}{3}\right)=\frac{64}{27}$，最小值 $z(3,3)=-18$.

96. 最大值 $z\left(\frac{\pi}{3},\frac{\pi}{6}\right)=\frac{3\sqrt{3}}{2}$，最小值 $z\left(0,\frac{\pi}{2}\right)=0$.

97. 当长宽都是 $\sqrt[3]{2V}$，而高为$\frac{1}{2}\sqrt[3]{2V}$时，表面积最小.

98. 当矩形的边长为$\frac{2p}{3}$和$\frac{p}{3}$时，可使圆柱体的体积最大.

99. 最长距离为 $\sqrt{9+5\sqrt{3}}$，最短距离为 $\sqrt{9-5\sqrt{3}}$.

100. 最大值 $u\left(\frac{1}{3},-\frac{2}{3},\frac{2}{3}\right)=3$，最小值 $u\left(-\frac{1}{3},\frac{2}{3},-\frac{2}{3}\right)=-3$.

101. 最小值为$\left(\frac{a}{2}\right)^n$.

102. 生产 120 件产品Ⅰ，80 件产品Ⅱ时，所得利润最大，最大利润为 320 元.

103. 每日生产 1500 斤苏打饼，8125 斤甜饼，利润最大.

104. 前墙 56m，高 42m 时，造价最小.

综合题

105. (1) $\varphi(0,0)=0$； (2) $\varphi(0,0)=0$.

106. 证明：令 $x=r\cos\theta, y=r\sin\theta$，则

$$\frac{\partial z}{\partial r}=\frac{\partial f}{\partial x}\frac{\partial x}{\partial r}+\frac{\partial f}{\partial y}\frac{\partial y}{\partial r}=\frac{\partial f}{\partial x}\cos\theta+\frac{\partial f}{\partial y}\sin\theta=\frac{1}{r}\left(\frac{\partial f}{\partial x}r\cos\theta+\frac{\partial f}{\partial y}r\sin\theta\right)$$
$$=\frac{1}{r}\left(\frac{\partial f}{\partial x}x+\frac{\partial f}{\partial y}y\right)=0.$$

因为函数 $z=f(x,y)$可微，从而 $z=f(r\cos\theta,r\sin\theta)$关于 r,θ 可微所以 $f(x,y)$在极坐标系中只是 θ 的函数.

107. 证明：令 $x=r\cos\theta, y=r\sin\theta$，则

$$\frac{\partial z}{\partial\theta}=\frac{\partial z}{\partial x}\frac{\partial x}{\partial\theta}+\frac{\partial z}{\partial y}\frac{\partial y}{\partial\theta}=\frac{\partial f}{\partial x}(-r\sin\theta)+\frac{\partial f}{\partial y}r\cos\theta=\frac{\partial f}{\partial y}x-\frac{\partial f}{\partial x}y=0.$$

又因为 $z=f(x,y)=f(r\cos\theta,r\sin\theta)$ 关于 r,θ 可微，$\Delta z_r=0$，所以 $f(x,y)$ 在极坐标系中只是 r 的函数.

108. 证明：已知 $f(tx,ty,tz)=kt^k f(x,y,z)$，令 $u=tx, v=ty, w=tz$，两边对 t 求导，则

$$x\frac{\partial f}{\partial u}+y\frac{\partial f}{\partial v}+z\frac{\partial f}{\partial w}=kt^{k-1}f(x,y,z).$$

令 $t=1$，则有 $x\dfrac{\partial f}{\partial x}+y\dfrac{\partial f}{\partial y}+z\dfrac{\partial f}{\partial z}=kf(x,y,z)$.

109. 证明：锥面 $z=\sqrt{x^2+y^2}+3$ 的顶点是 $(0,0,3)$，设切平面切锥面于 (x_0,y_0,z_0) 点，锥面 $F(x,y,z)=\sqrt{x^2+y^2}+3$，则切平面的法向量是

$$\{F_x(x_0,y_0,z_0),F_y(x_0,y_0,z_0),F_z(x_0,y_0,z_0)\},$$

即

$$\left\{\frac{x_0}{\sqrt{x_0^2+y_0^2}},\quad \frac{y_0}{\sqrt{x_0^2+y_0^2}},\quad -1\right\},$$

因此，切平面是

$$(x-x_0)\frac{x_0}{\sqrt{x_0^2+y_0^2}}+\frac{y_0}{\sqrt{x_0^2+y_0^2}}(y-y_0)-(z-z_0)=0.$$

下面只验证点 $(0,0,3)$ 在切平面上. 事实上

$$(-x_0)\frac{x_0}{\sqrt{x_0^2+y_0^2}}+\frac{y_0}{\sqrt{x_0^2+y_0^2}}(-y_0)-(3-z_0)=\frac{1}{\sqrt{x_0^2+y_0^2}}(-x_0^2-y_0^2-3+z_0)=0,$$

因此，锥面上任意点的切平面都通过锥面的顶点.

110. $\left(\dfrac{1}{n}\sum_{i=1}^{n}x_i,\dfrac{1}{n}\sum_{i=1}^{n}y_i\right)$ 111. $\dfrac{\sqrt{3}}{2}abc$.

自测题

一、1. D. 2. D. 3. B. 4. D. 5. D.

6. C. 7. A. 8. B. 9. C. 10. B.

二、1. $\{(x,y)\,|\,a^2\leqslant x^2+y^2\leqslant 2a^2\}$. 2. $2x+y-4=0$. 3. $\left(\dfrac{\pi}{e}\right)^2$.

4. 1. 5. $f''_{11}+(x+y)f''_{12}+xyf''_{22}+f'_2$.

三、1. $\dfrac{\partial z}{\partial x}=y[\cos(xy)-\sin(2xy)]$. 2. $\dfrac{\partial z}{\partial y}=\dfrac{xf(2x-y)+xyf'(2x-y)}{[f(2x-y)]^2}$.

4. 三个数都是$\dfrac{a}{3}$. 5. 最大值 $f(2,1)=4$，最小值 $f(4,2)=-64$.

6. 当 $D_1=5, D_2=3$ 时，可获最大利润 125.

第 11 章 重 积 分

11.1 内容提要

1. 二重积分的概念

(1) 定义：设 $z=f(x,y)$是有界闭区域 D 上的有界函数，把区域 D 任意分成 n 个小区域 $\sigma_1,\sigma_2,\cdots,\sigma_n$，第 i 个小区域的面积记作 $\Delta\sigma_i(i=1,2,\cdots,n)$，在每个小区域内任取一点 $(\xi_i,\eta_i)\in\sigma_i,i=1,2,\cdots,n$，作和

$$S=\sum_{i=1}^{n}f(\xi_i,\eta_i)\Delta\sigma_i,$$

设 $d=\max\{d(\sigma_1),d(\sigma_2),\cdots,d(\sigma_n)\}$，若极限 $\lim\limits_{d\to 0}\sum\limits_{i=1}^{n}f(\xi_i,\eta_i)\Delta\sigma_i$ 存在，则称 $f(x,y)$ 在区域 D 上**可积**，而把极限值称为函数 $z=f(x,y)$ 在闭区域 D 上的**二重积分**，记作 $\iint\limits_D f(x,y)\mathrm{d}\sigma$，即

$$\iint\limits_D f(x,y)\mathrm{d}\sigma=\lim_{d\to 0}\sum_{i=1}^{n}f(\xi_i,\eta_i)\Delta\sigma_i.$$

其中，$f(x,y)$ 叫做**被积函数**，$\mathrm{d}\sigma$ 叫做**面积元素**，x 和 y 称为**积分变量**，D 叫做**积分区域**，$f(x,y)\mathrm{d}\sigma$ 叫做**被积表达式**.

二重积分通常写作 $\iint\limits_D f(x,y)\mathrm{d}x\mathrm{d}y$，其中 $\mathrm{d}x\mathrm{d}y$ 叫做直角坐标系中的**面积元素**.

(2) 几何意义：当 $z=f(x,y)\geqslant 0,(x,y)\in D$ 时，二重积分 $\iint\limits_D f(x,y)\mathrm{d}\sigma$ 表示以 $z=f(x,y)$ 为曲顶，以 D 为底，母线平行于 z 轴的曲顶柱体的体积.

2. 二重积分的性质

性质 1(线性性质)

$$\iint\limits_D[af(x,y)+bg(x,y)]\mathrm{d}\sigma=a\iint\limits_D f(x,y)\mathrm{d}\sigma+b\iint\limits_D g(x,y)\mathrm{d}\sigma\quad(a,b\text{ 是常数}).$$

性质 2(区域可加性)　若 $D=D_1\cup D_2$，且 D_1 与 D_2 公共部分面积是 0，则有

$$\iint\limits_{D} f(x,y)\mathrm{d}\sigma = \iint\limits_{D_1} f(x,y)\mathrm{d}\sigma + \iint\limits_{D_2} f(x,y)\mathrm{d}\sigma.$$

性质 3　若 $f(x,y)=1$，则 $\iint\limits_{D} f(x,y)\mathrm{d}\sigma = S$，这里 S 是区域 D 的面积.

性质 4　若 $f(x,y)\geqslant 0,(x,y)\in D$，则 $\iint\limits_{D} f(x,y)\mathrm{d}\sigma \geqslant 0$.

性质 5（中值定理）　设函数 $f(x,y)$ 在有界闭区域 D 上连续，S 是 D 的面积，则在 D 上至少存在一点 (ξ,η)，使 $\iint\limits_{D} f(x,y)\mathrm{d}\sigma = f(\xi,\eta)S$.

3. 二重积分的计算方法——累次积分法

(1) 在直角坐标系下

① 积分区域 D 是 x 型区域

$$D:\begin{cases} a\leqslant x\leqslant b, \\ y_1(x)\leqslant y\leqslant y_2(x), \end{cases}$$

其中 $y_1(x)$ 及 $y_2(x)$ 在 $[a,b]$ 上连续（见图 11.1），于是，有

$$\iint\limits_{D} f(x,y)\mathrm{d}x\mathrm{d}y = \int_a^b \mathrm{d}x\int_{y_1(x)}^{y_2(x)} f(x,y)\mathrm{d}y.$$

② 积分区域 D 是 y 型区域

$$D:\begin{cases} c\leqslant y\leqslant d, \\ x_1(y)\leqslant x\leqslant x_2(y), \end{cases}$$

其中 $x_1(y)$ 及 $x_2(y)$ 在 $[c,d]$ 上连续（见图 11.2），则有

$$\iint\limits_{D} f(x,y)\mathrm{d}x\mathrm{d}y = \int_c^d \mathrm{d}y\int_{x_1(y)}^{x_2(y)} f(x,y)\mathrm{d}x.$$

③ 积分区域 D 是混合型区域

对任意有界闭区域 D，如果 D 既不是 x 型区域，也不是 y 型区域，则可以把区域 D 分割成有限个区域，使每个子区域是 x 型或 y 型的，然后利用二重积分关于区域的可加性进行计算（见图 11.3）.

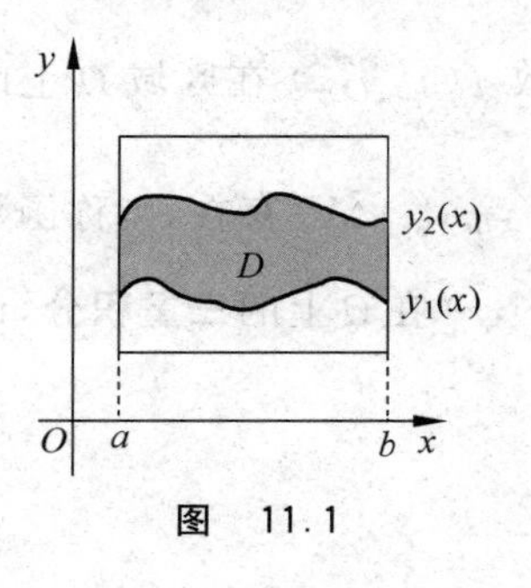

图　11.1

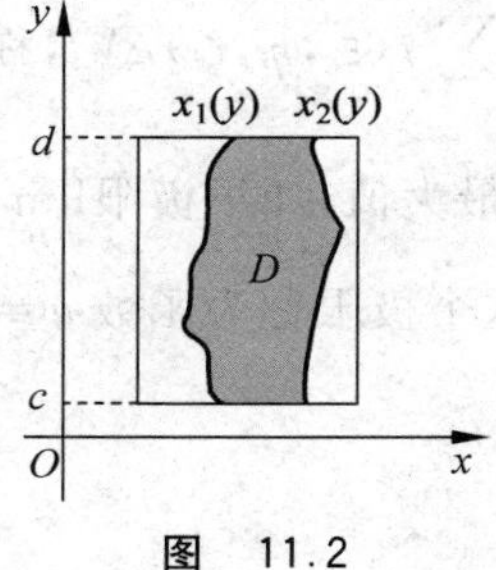

图　11.2

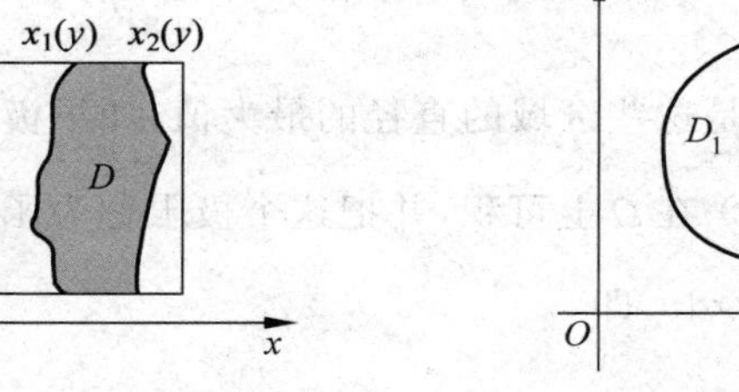

图　11.3

(2) 在极坐标系下

① 极点在区域 D(见图 11.4)的外部，

$$D:\begin{cases}\alpha\leqslant\theta\leqslant\beta,\\ r_1(\theta)\leqslant r\leqslant r_2(\theta),\end{cases}$$

则有

$$\iint\limits_D f(x,y)\mathrm{d}x\mathrm{d}y=\iint\limits_D f(r\cos\theta,r\sin\theta)r\mathrm{d}r\mathrm{d}\theta$$

$$=\int_\alpha^\beta\mathrm{d}\theta\int_{r_1(\theta)}^{r_2(\theta)}f(r\cos\theta,r\sin\theta)r\mathrm{d}r.$$

② 如果极点在区域 D 的内部或边界，则 $r_1(\theta)=0$，如图 11.5 所示，则

$$\iint\limits_D f(x,y)\mathrm{d}x\mathrm{d}y=\int_0^{2\pi}\mathrm{d}\theta\int_0^{r(\theta)}f(r\cos\theta,r\sin\theta)r\mathrm{d}r,$$

或

$$\iint\limits_D f(x,y)\mathrm{d}x\mathrm{d}y=\int_\alpha^\beta\mathrm{d}\theta\int_0^{r(\theta)}f(r\cos\theta,r\sin\theta)r\mathrm{d}r.$$

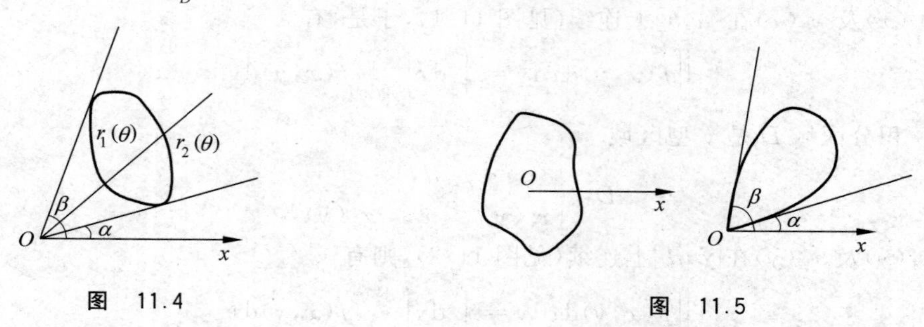

图 11.4　　　　图 11.5

4. 三重积分的概念

(1) 定义：设函数 $f(x,y,z)$ 在空间有界闭区域 Ω 上有定义. 将 Ω 分为 n 个小区域 $V_1,V_2,\cdots,V_n$，并设它们的体积分别为 $\Delta V_1,\Delta V_2,\cdots,\Delta V_n$；在每个小区域上任取一点 $M_i(\xi_i,\eta_i,\zeta_i)(i=1,2,\cdots,n)$，作和 $\sum\limits_{i=1}^n f(\xi_i,\eta_i,\zeta_i)\Delta V_i$，称为函数 $f(x,y,z)$ 在区域 Ω 上的**积分和**. 设 d 是这些区域的直径的最大值，如果极限 $\lim\limits_{d\to 0}\sum\limits_{i=1}^n f(\xi_i,\eta_i,\zeta_i)\Delta V_i$ 存在，则称函数 $u=f(x,y,z)$ 在 Ω 上**可积**，并把这个极限称为函数 $u=f(x,y,z)$ 在 Ω 上的**三重积分**，记作 $\iiint\limits_\Omega f(x,y,z)\mathrm{d}v$，即

$$\iiint_{\Omega} f(x,y,z)\mathrm{d}v = \lim_{d\to 0}\sum_{i=1}^{n} f(\xi_i,\eta_i,\zeta_i)\Delta V_i.$$

一般地,在空间直角坐标系中,有时把 $\mathrm{d}v$ 记作 $\mathrm{d}x\mathrm{d}y\mathrm{d}z$,而把三重积分记作

$$\iiint_{\Omega} f(x,y,z)\mathrm{d}x\mathrm{d}y\mathrm{d}z.$$

(2) 在物理学中,如果 $f(x,y,z)$ 表示物体在 (x,y,z) 的密度,则 $\iiint_{\Omega} f(x,y,z)\mathrm{d}v$ 就是物体 Ω 的质量.

5. 三重积分的计算

(1) 利用直角坐标系计算三重积分

① 坐标面投影法(先一后二法)

如果 Ω 是由一母线平行于 z 轴的柱面和两个曲面 $z=z_1(x,y)$ 和 $z=z_2(x,y)$ 所围成,Ω 在 xOy 平面的投影是区域 D(见图 11.6),则

$$\iiint_{\Omega} f(x,y,z)\mathrm{d}x\mathrm{d}y\mathrm{d}z = \iint_{D}\mathrm{d}x\mathrm{d}y\int_{z_1(x,y)}^{z_2(x,y)} f(x,y,z)\mathrm{d}z.$$

如果投影区域 D 可用不等式 $y_1(x)\leqslant y\leqslant y_2(x)$,$a\leqslant x\leqslant b$ 来表示,则

$$\iiint_{\Omega} f(x,y,z)\mathrm{d}x\mathrm{d}y\mathrm{d}z = \int_a^b\mathrm{d}x\int_{y_1(x)}^{y_2(x)}\mathrm{d}y\int_{z_1(x,y)}^{z_2(x,y)} f(x,y,z)\mathrm{d}z.$$

② 坐标轴投影法(先二后一法)

设过 z 轴上点 $(0,0,z)$ 且平行于 xOy 平面的平面与 Ω 相交得到的平面区域是 D_z(见图 11.7),它在 xOy 平面上的投影和它本身图形一致,也记为 D_z,则

$$\iiint_{\Omega} f(x,y,z)\mathrm{d}x\mathrm{d}y\mathrm{d}z = \int_{c_1}^{c_2}\mathrm{d}z\iint_{D_z} f(x,y,z)\mathrm{d}x\mathrm{d}y.$$

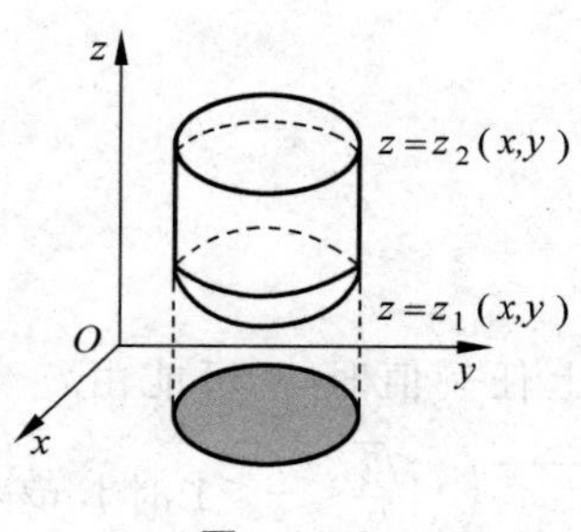

图 11.6

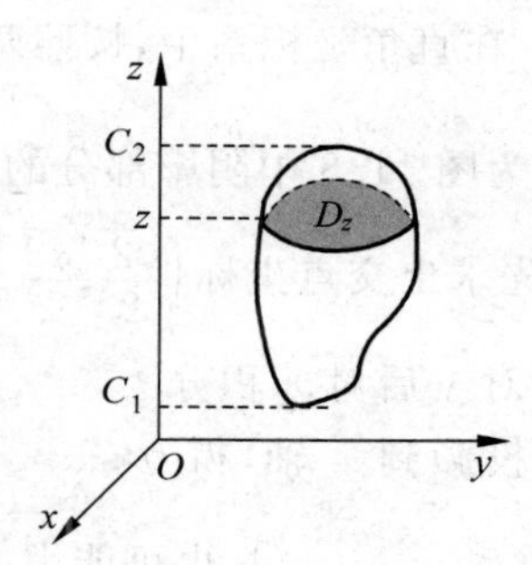

图 11.7

(2) 利用柱面坐标系计算三重积分

$$\iiint\limits_{\Omega} f(x,y,z)\mathrm{d}x\mathrm{d}y\mathrm{d}z = \iiint\limits_{\Omega} f(r\cos\theta, r\sin\theta, z) r\mathrm{d}r\mathrm{d}\theta\mathrm{d}z,$$

其中 $x=r\cos\theta, y=r\sin\theta, z=z, \mathrm{d}v=r\mathrm{d}r\mathrm{d}\theta\mathrm{d}z$ 为柱面坐标系下的体积元素.

也可以写成

$$\iiint\limits_{\Omega} f(x,y,z)\mathrm{d}x\mathrm{d}y\mathrm{d}z = \iint\limits_{D} r\mathrm{d}r\mathrm{d}\theta\int_{z_1(r\cos\theta, r\sin\theta)}^{z_2(r\cos\theta, r\sin\theta)} f(r\cos\theta, r\sin\theta, z)\mathrm{d}z,$$

其中 D 是 Ω 在 xOy 平面上的投影区域.

(3) 利用球面坐标系计算三重积分

$$\iiint\limits_{\Omega} f(x,y,z)\mathrm{d}v = \iiint\limits_{\Omega} f(r\cos\theta\sin\varphi, r\sin\theta\sin\varphi, r\cos\varphi) r^2\sin\varphi\mathrm{d}r\mathrm{d}\theta\mathrm{d}\varphi,$$

其中 $x=r\sin\varphi\cos\theta, y=r\sin\varphi\sin\theta, z=r\cos\varphi, \mathrm{d}v=r^2\sin\varphi\mathrm{d}r\mathrm{d}\theta\mathrm{d}\varphi$ 为球面坐标系下的体积元素.

6. 空间曲面的面积

设曲面 Σ 由方程 $z=f(x,y),(x,y)\in D$ 给出,D 为曲面 Σ 在 xOy 平面上的投影区域,即函数 $f(x,y)$的定义域,假定 $f(x,y)$在 D 上两个偏导数 f'_x和 f'_y都连续,则曲面的面积是 $S=\iint\limits_{D}\sqrt{1+(f'_x)^2+(f'_y)^2}\,\mathrm{d}\sigma$.

11.2 典型例题解析

题型1 与积分次序有关的命题

例1 在直角坐标系中,按照两种积分次序将二重积分 $\iint\limits_{D} f(x,y)\mathrm{d}\sigma$ 化为累次积分,其中区域 D 为图 11.8 中阴影部分的平面区域.

解 先求出交点坐标 $\left(\frac{\sqrt{2}}{2},\frac{\sqrt{2}}{2}\right)$,(1,0).

① 先对 y 后对 x 积分

将 D 投影到 x 轴,得 $0\leqslant x\leqslant 1$,但当 x 取[0,1]上任一值时,y 可能由 0 变到直线 $y=x\left(\text{当 } 0\leqslant x\leqslant\frac{\sqrt{2}}{2}\text{时}\right)$,也可能由 0 变到圆弧 $y=\sqrt{1-x^2}\left(\text{当}\frac{\sqrt{2}}{2}\leqslant x\leqslant 1\text{ 时}\right)$. 故若先对 y 后对 x 积分,应将区域 D 分块表示并计算不同块上的积分,再相加(见图 11.9).

$$D:\left\{0\leqslant x\leqslant\frac{\sqrt{2}}{2},0\leqslant y\leqslant x\right\}\cup\left\{\frac{\sqrt{2}}{2}\leqslant x\leqslant 1,0\leqslant y\leqslant\sqrt{1-x^2}\right\},$$

所以

$$\iint\limits_D f(x,y)\mathrm{d}\sigma=\int_0^{\frac{\sqrt{2}}{2}}\mathrm{d}x\int_0^x f(x,y)\mathrm{d}y+\int_{\frac{\sqrt{2}}{2}}^1\mathrm{d}x\int_0^{\sqrt{1-x^2}}f(x,y)\mathrm{d}y.$$

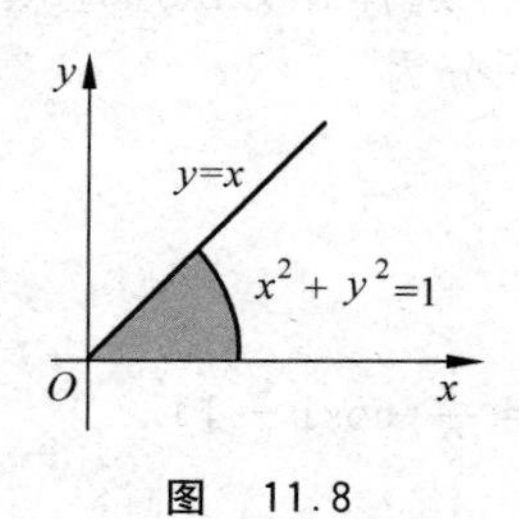

图 11.8

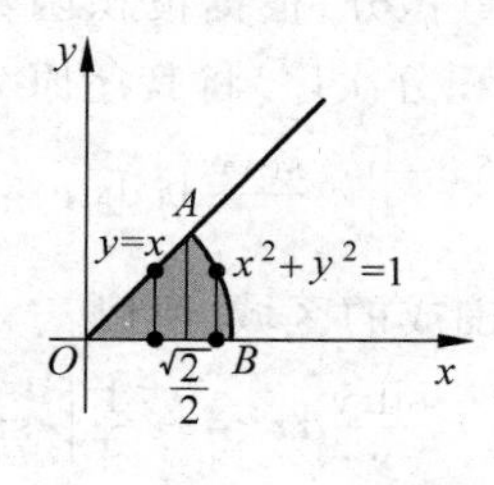

图 11.9

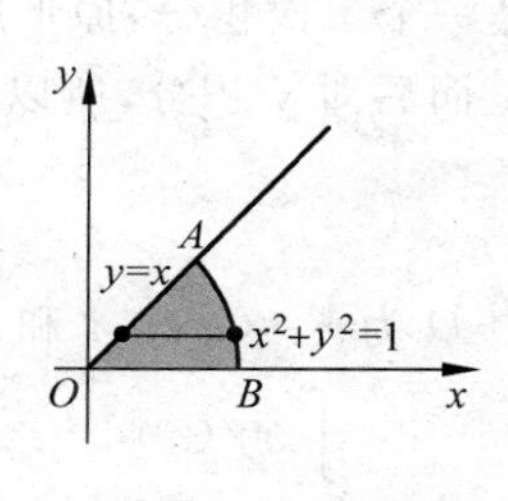

图 11.10

② 先对 x 后对 y 积分

将 D 投影到 y 轴,得 $0\leqslant y\leqslant\frac{\sqrt{2}}{2}$,则 $y\leqslant x\leqslant\sqrt{1-y^2}$(见图 11.10),即

$$D:\begin{cases}0\leqslant y\leqslant\dfrac{\sqrt{2}}{2},\\ y\leqslant x\leqslant\sqrt{1-y^2},\end{cases}$$

所以

$$\iint\limits_D f(x,y)\mathrm{d}\sigma=\int_0^{\frac{\sqrt{2}}{2}}\mathrm{d}y\int_y^{\sqrt{1-y^2}}f(x,y)\mathrm{d}x.$$

(1) 选择积分次序

提示 凡遇到形如 $\int\sin\frac{1}{x}\mathrm{d}x,\int\frac{\sin x}{x}\mathrm{d}x,\int\sin x^2\mathrm{d}x,\int\cos x^2\mathrm{d}x,\int\mathrm{e}^{x^2}\mathrm{d}x,\int\mathrm{e}^{-x^2}\mathrm{d}x,\int\mathrm{e}^{\frac{1}{x}}\mathrm{d}x,$ $\int\frac{1}{\ln x}\mathrm{d}x$ 等的积分往往要后积分.

例 2 计算 $\iint\limits_D\mathrm{e}^{x^2}\mathrm{d}x\mathrm{d}y$,其中 D 是由 $y=x^3$ 与 $y=x$ 在第一象限围成的封闭区域.

分析 该积分中含有 e^{x^2},所以选择积分次序应该是后对 x 而先对 y 积分.

解
$$\begin{aligned}\iint\limits_D\mathrm{e}^{x^2}\mathrm{d}x\mathrm{d}y&=\int_0^1\mathrm{d}x\int_{x^3}^x\mathrm{e}^{x^2}\mathrm{d}y=\int_0^1(x-x^3)\mathrm{e}^{x^2}\mathrm{d}x\\&=\int_0^1x\mathrm{e}^{x^2}\mathrm{d}x-\int_0^1x^3\mathrm{e}^{x^2}\mathrm{d}x=\frac{1}{2}\mathrm{e}x^2\Big|_0^1-\frac{1}{2}\int_0^1x\mathrm{e}^x\mathrm{d}x\quad(令\ t=x^2)\\&=\frac{1}{2}(\mathrm{e}-1)-\frac{1}{2}(x\mathrm{e}^x-\mathrm{e}^x)\Big|_0^1=\frac{1}{2}\mathrm{e}-1.\end{aligned}$$

(2) 交换积分次序

例 3 计算 $\int_0^1 xf(x)\mathrm{d}x$,其中 $f(x)=\int_1^{x^2}\frac{\sin t}{t}\mathrm{d}t$.

解 $\int_0^1 xf(x)\mathrm{d}x=\int_0^1 x\left(\int_1^{x^2}\frac{\sin t}{t}\mathrm{d}t\right)\mathrm{d}x=\int_0^1\mathrm{d}x\int_1^{x^2}x\frac{\sin t}{t}\mathrm{d}t=\int_0^1\mathrm{d}x\int_1^{x^2}x\frac{\sin y}{y}\mathrm{d}y$,
这是一个二次积分,原形应该是二重积分,根据被积函数的特点,选择积分次序应该是先对 x 而后对 y 积分,所以需要交换积分次序. 将其还原为二重积分为

$$-\iint_D x\frac{\sin y}{y}\mathrm{d}x\mathrm{d}y,$$

其中 D 为 $x=0$, $y=1$ 和 $y=x^2$ 所围成的区域. 所以

$$\int_0^1 xf(x)\mathrm{d}x=-\int_0^1\mathrm{d}y\int_0^{\sqrt{y}}x\frac{\sin y}{y}\mathrm{d}x=-\frac{1}{2}\int_0^1\sin y\mathrm{d}y=\frac{1}{2}(\cos 1-1).$$

例 4 将下列积分交换积分次序

(1) $\int_{-\sqrt{2}}^{\sqrt{2}}\mathrm{d}x\int_{x^2}^{4-x^2}f(x,y)\mathrm{d}y$; (2) $\int_0^k\mathrm{d}y\int_{-\sqrt{k^2-y^2}}^{k-y}f(x,y)\mathrm{d}x\ (k>0)$.

解 (1) 将积分 $\int_{-\sqrt{2}}^{\sqrt{2}}\mathrm{d}x\int_{x^2}^{4-x^2}f(x,y)\mathrm{d}y$ 还原为二重积分

$$\int_{-\sqrt{2}}^{\sqrt{2}}\mathrm{d}x\int_{x^2}^{4-x^2}f(x,y)\mathrm{d}y=\iint_D f(x,y)\mathrm{d}\sigma,$$

其中 D 为如图 11.11 所示的由抛物线 $y=x^2$ 及 $y=4-x^2$ 所围成的区域. 交点为 $(-\sqrt{2},2)$ 和 $(\sqrt{2},2)$,所以,

$$\iint_D f(x,y)\mathrm{d}\sigma=\int_{-\sqrt{2}}^{\sqrt{2}}\mathrm{d}x\int_{x^2}^{4-x^2}f(x,y)\mathrm{d}y$$
$$=\int_0^2\mathrm{d}y\int_{-\sqrt{y}}^{\sqrt{y}}f(x,y)\mathrm{d}x+\int_2^4\mathrm{d}y\int_{-\sqrt{4-y}}^{\sqrt{4-y}}f(x,y)\mathrm{d}x.$$

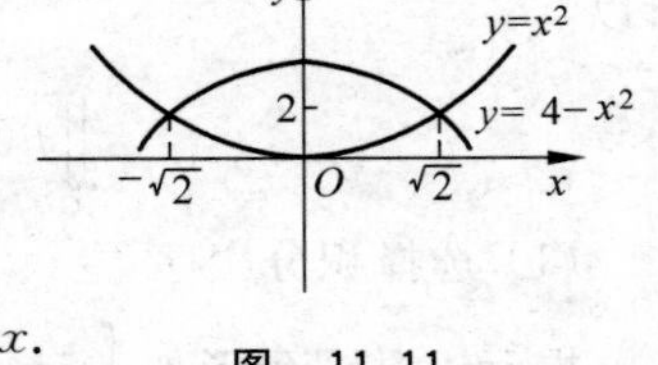

图 11.11

(2) 将积分 $\int_0^k\mathrm{d}y\int_{-\sqrt{k^2-y^2}}^{k-y}f(x,y)\mathrm{d}x$ 还原为二重积分

$$\int_0^k\mathrm{d}y\int_{-\sqrt{k^2-y^2}}^{k-y}f(x,y)\mathrm{d}x=\iint_D f(x,y)\mathrm{d}\sigma,$$

其中 D 为如图 11.12 所示的由圆 $x^2+y^2=k^2$, $x+y=k$ 及 $y=0$ 所围成的区域. 所以,

$$\iint_D f(x,y)\mathrm{d}\sigma=\int_0^k\mathrm{d}y\int_{-\sqrt{k^2-y^2}}^{k-y}f(x,y)\mathrm{d}x$$
$$=\int_{-k}^0\mathrm{d}x\int_0^{\sqrt{k^2-x^2}}f(x,y)\mathrm{d}y+\int_0^k\mathrm{d}x\int_0^{k-x}f(x,y)\mathrm{d}y.$$

例 5 已知 $f(x)=\int_x^1 e^{\frac{x}{y}}dy$，求 $\int_0^1 f(x)dx$.

解 $\int_0^1 f(x)dx=\int_0^1\left(\int_x^1 e^{\frac{x}{y}}dy\right)dx=\int_0^1 dx\int_x^1 e^{\frac{x}{y}}dy$

$$=\iint_D e^{\frac{x}{y}}dxdy \quad \text{（其中，}D\text{ 为图 11.13 中的三角形区域）}$$

$$=\int_0^1 dy\int_0^y e^{\frac{x}{y}}dx=\int_0^1\left[ye^{\frac{x}{y}}\right]_0^y dy$$

$$=\int_0^1 y(e-1)dy=\frac{1}{2}(e-1).$$

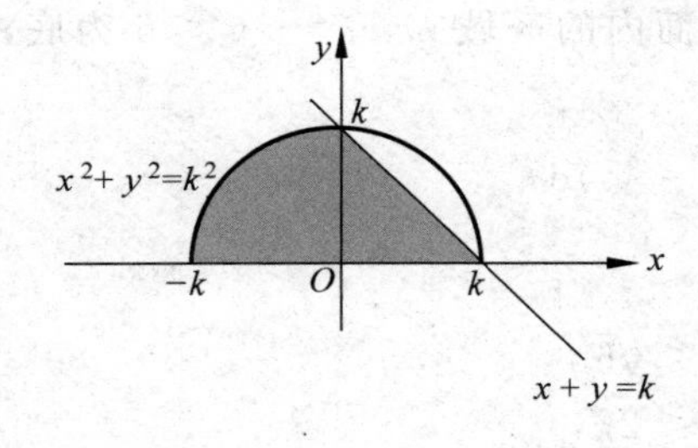

图 11.12

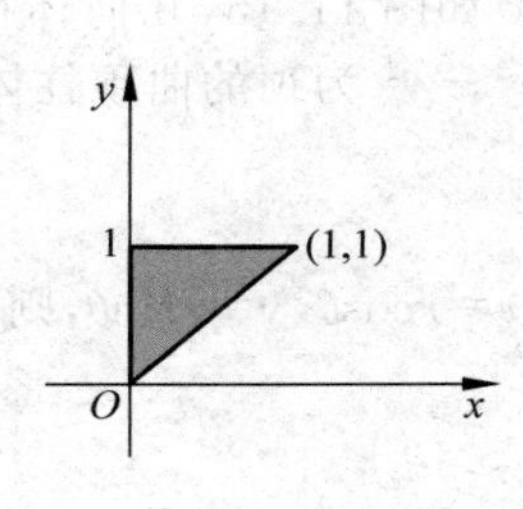

图 11.13

注 题中 $\int_0^1 dx\int_x^1 e^{\frac{x}{y}}dy$ 不容易积出，根据被积函数的特点，发现如果先对 x 积分要容易一些，所以将其还原为二重积分，通过交换积分次序求解. 这是计算二重积分的常用方法.

题型 2 选择坐标系

例 6 计算 $\iint_D xy\,d\sigma$，D 由 $y=x$，$x=0$，$x^2+(y-b)^2=b^2$，$x^2+(y-a)^2=a^2$ 围成，其中 $0<a<b$.

解 积分区域是由圆围成的，选极坐标系计算（见图 11.14）. $x^2+(y-b)^2=b^2$ 和 $x^2+(y-a)^2=a^2$ 的极坐标方程分别为 $r=2b\sin\theta$，$r=2a\sin\theta$，所以

$$\iint_D xy\,d\sigma=\int_{\frac{\pi}{4}}^{\frac{\pi}{2}}d\theta\int_{2a\sin\theta}^{2b\sin\theta}r^2\cos\theta\sin\theta r\,dr=\int_{\frac{\pi}{4}}^{\frac{\pi}{2}}\left[\cos\theta\sin\theta\frac{r^4}{4}\right]_{2a\sin\theta}^{2b\sin\theta}d\theta$$

$$=4(b^4-a^4)\int_{\frac{\pi}{4}}^{\frac{\pi}{2}}\sin^5\theta\cos\theta d\theta=4(b^4-a^4)\left[\frac{1}{6}\sin^6\theta\right]_{\frac{\pi}{4}}^{\frac{\pi}{2}}=\frac{7}{12}(b^4-a^4).$$

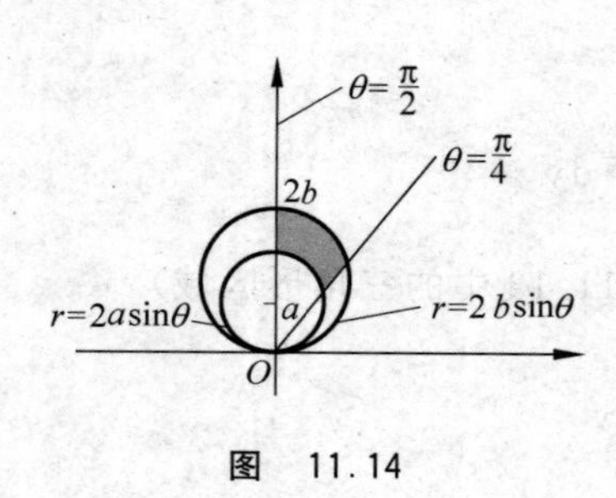

图 11.14

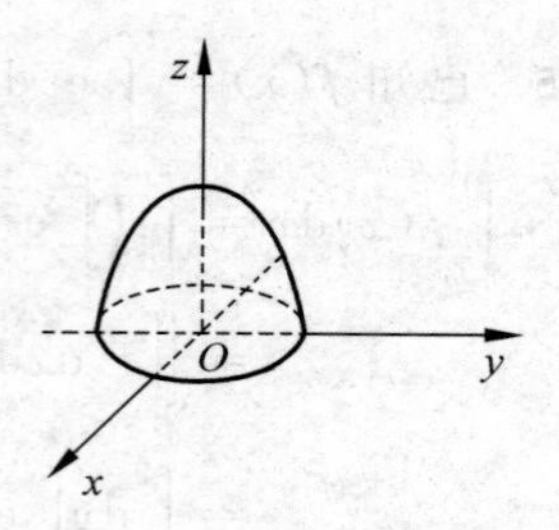

图 11.15

例 7 求平面 $z=0$ 及抛物面 $x^2+y^2=6-z$ 所围成的几何体的体积.

解 如图 11.15,几何体可看成是以 xOy 面内的区域 D: $x^2+y^2\leqslant 6$ 为底,以曲面 $z=6-x^2-y^2$ 为顶的曲顶柱体,故体积

$$V=\iint_D(6-x^2-y^2)\mathrm{d}\sigma.$$

令 $x=r\cos\theta,y=r\sin\theta$,则

$$D:\begin{cases}0\leqslant r\leqslant\sqrt{6},\\0\leqslant\theta\leqslant 2\pi,\end{cases}$$

从而

$$V=\int_0^{2\pi}\mathrm{d}\theta\int_0^{\sqrt{6}}(6-r^2)r\mathrm{d}r=2\pi\left(3r^2-\frac{r^4}{4}\right)\Bigg|_0^{\sqrt{6}}=18\pi.$$

例 8 计算二重积分 $\iint\limits_D(x+y)\mathrm{d}x\mathrm{d}y$,其中 $D=\{(x,y)\mid x^2+y^2\leqslant x+y+1\}$.

解 因为 D: $\{(x,y)\mid x^2+y^2\leqslant x+y+1\}$,由 $x^2+y^2=x+y+1$ 得

$$\left(x-\frac{1}{2}\right)^2+\left(y-\frac{1}{2}\right)^2=\left(\frac{\sqrt{6}}{2}\right)^2.$$

令 $x=\frac{1}{2}+r\cos\theta,y=\frac{1}{2}+r\sin\theta$,其中 $0\leqslant\theta\leqslant 2\pi,0\leqslant r\leqslant\frac{\sqrt{6}}{2}$,则 $J=\left|\frac{\partial(x,y)}{\partial(r,\theta)}\right|=r$.

因此

$$\begin{aligned}\iint_D(x+y)\mathrm{d}x\mathrm{d}y&=\int_0^{2\pi}\mathrm{d}\theta\int_0^{\frac{\sqrt{6}}{2}}[r\sin\theta+r\cos\theta+1]r\mathrm{d}r\\&=\int_0^{2\pi}\left[\frac{1}{3}r^3(\sin\theta+\cos\theta)+\frac{1}{2}r^2\right]_0^{\frac{\sqrt{6}}{2}}\mathrm{d}\theta\\&=\int_0^{2\pi}\frac{\sqrt{6}}{4}(\sin\theta+\cos\theta)\mathrm{d}\theta+\frac{3}{4}\int_0^{2\pi}\mathrm{d}\theta=\frac{3\pi}{2}.\end{aligned}$$

例 9 计算三重积分 $\iiint\limits_\Omega(x+z)\mathrm{d}v$,其中 Ω 是由曲面 $z=\sqrt{x^2+y^2}$ 与 $z=$

$\sqrt{1-x^2-y^2}$ 所围成的区域.

解 曲面 $z=\sqrt{x^2+y^2}$ 与 $z=\sqrt{1-x^2-y^2}$ 的交线在 xOy 面的投影曲线是 $x^2+y^2=\frac{1}{2}$. 利用柱面变换 $x=r\cos\theta, y=r\sin\theta, z=z$,有

$$\iiint_{\Omega}(x+z)\mathrm{d}v=\int_0^{2\pi}\mathrm{d}\theta\int_0^{\frac{\sqrt{2}}{2}}r\mathrm{d}r\int_r^{\sqrt{1-r^2}}(r\cos\theta+z)\mathrm{d}z$$

$$=\int_0^{2\pi}\mathrm{d}\theta\int_0^{\frac{\sqrt{2}}{2}}\left[\cos\theta(r^2\sqrt{1-r^2}-r^3)+\frac{1}{2}r(1-2r^2)\right]\mathrm{d}r$$

$$=\int_0^{2\pi}\mathrm{d}\theta\int_0^{\frac{\sqrt{2}}{2}}\cos\theta(r^2\sqrt{1-r^2}-r^3)\mathrm{d}r+\int_0^{2\pi}\mathrm{d}\theta\int_0^{\frac{\sqrt{2}}{2}}\frac{1}{2}r(1-2r^2)\mathrm{d}r$$

$$=\pi\int_0^{\frac{\sqrt{2}}{2}}(r-2r^3)\mathrm{d}r=\pi\left(\frac{1}{2}r^2-\frac{2}{4}r^4\right)\Bigg|_0^{\frac{\sqrt{2}}{2}}=\frac{\pi}{8}.$$

例 10 设 $F(t)=\iiint\limits_{x^2+y^2+z^2\leqslant t^2}f(x^2+y^2+z^2)\mathrm{d}x\mathrm{d}y\mathrm{d}z$,其中 f 是连续函数,求 $F'(t)$.

解 令 $x=r\sin\phi\cos\theta, y=r\sin\phi\sin\theta, z=r\cos\phi$,则

$$F(t)=\iiint\limits_{x^2+y^2+z^2\leqslant t^2}f(x^2+y^2+z^2)\mathrm{d}x\mathrm{d}y\mathrm{d}z=\int_0^{2\pi}\mathrm{d}\theta\int_0^{\pi}\mathrm{d}\phi\int_0^t f(r^2)r^2\sin\phi\mathrm{d}r$$

$$=2\pi\int_0^{\pi}\sin\phi\mathrm{d}\phi\int_0^t f(r^2)r^2\mathrm{d}r=4\pi\int_0^t f(r^2)r^2\mathrm{d}r.$$

因为 $f(t)$ 连续,所以 $F'(t)=4\pi t^2f(t^2)$.

题型 3 关于积分概念及其性质的命题

例 11 计算 $\iint\limits_D|x|+|y|\mathrm{d}x\mathrm{d}y$,其中 D: $|x|+|y|\leqslant 1$.

解 积分区域 D 如图 11.16 所示,可划分为四部分.

$$\iint\limits_D(|x|+|y|)\mathrm{d}x\mathrm{d}y=\left(\iint\limits_{D_1}+\iint\limits_{D_2}+\iint\limits_{D_3}+\iint\limits_{D_4}\right)(|x|+|y|)\mathrm{d}x\mathrm{d}y$$

$$=\int_0^1\mathrm{d}x\int_0^{1-x}(x+y)\mathrm{d}y+\int_{-1}^0\mathrm{d}x\int_0^{x+1}(y-x)\mathrm{d}y$$

$$+\int_{-1}^0\mathrm{d}x\int_{-1-x}^0(-x-y)\mathrm{d}y+\int_0^1\mathrm{d}x\int_{x-1}^0(x-y)\mathrm{d}y$$

$$=\int_0^1\left(xy+\frac{1}{2}y^2\right)\Bigg|_0^{1-x}\mathrm{d}x+\int_{-1}^0\left(\frac{1}{2}y^2-yx\right)\Bigg|_0^{x+1}\mathrm{d}x$$

$$+\int_{-1}^0\left(-xy-\frac{1}{2}y^2\right)\Bigg|_{-1-x}^0\mathrm{d}x+\int_0^1\left(xy-\frac{1}{2}y^2\right)\Bigg|_{x-1}^0\mathrm{d}x$$

$$=\frac{1}{2}\int_{0}^{1}(1-x^{2})\mathrm{d}x+\frac{1}{2}\int_{-1}^{0}(1-x^{2})\mathrm{d}x+\frac{1}{2}\int_{0}^{1}(1-x^{2})\mathrm{d}x+\frac{1}{2}\int_{-1}^{0}(1-x^{2})\mathrm{d}x$$

$$=\frac{1}{2}\left(\frac{2}{3}+\frac{2}{3}+\frac{2}{3}+\frac{2}{3}\right)=\frac{4}{3}.$$

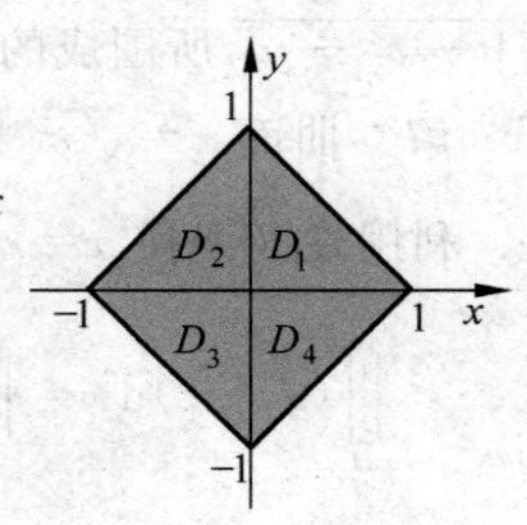

图　11.16

注　此题也可利用轮换对称性先化简再计算积分，那样将大大减少计算量，读者可练习并比较.

例 12　计算 $\iiint\limits_{\Omega_i}(x+y+z)^2\mathrm{d}v(i=1,2)$，其中 Ω_1 是由 $0\leqslant x\leqslant 1,0\leqslant y\leqslant 1,0\leqslant z\leqslant 1$ 确定的正方体，Ω_2 是球体 $x^2+y^2+z^2\leqslant R^2$.

分析　Ω_1 是正方体，显然用直角坐标系计算较为方便，Ω_2 是球体可考虑球坐标系，但被积函数较复杂，可以先展开，利用对称性，再进行计算.

解　(1) 方法 1.

$$\iiint\limits_{\Omega_1}(x+y+z)^2\mathrm{d}v=\int_0^1\mathrm{d}x\int_0^1\mathrm{d}y\int_0^1(x+y+z)^2\mathrm{d}z=\int_0^1\mathrm{d}x\int_0^1\frac{1}{3}[(x+y+z)^3]_0^1\mathrm{d}y$$

$$=\frac{1}{3}\int_0^1\mathrm{d}x\int_0^1[(x+y+1)^3-(x+y)^3]\mathrm{d}y$$

$$=\frac{1}{3}\int_0^1\left[\frac{1}{4}(x+y+1)^4-\frac{1}{4}(x+y)^4\right]_0^1\mathrm{d}x$$

$$=\frac{1}{12}\int_0^1[(x+2)^4-2(x+1)^4+x^4]\mathrm{d}x$$

$$=\frac{1}{60}[(x+2)^5-2(x+1)^5+x^5]_0^1$$

$$=\frac{5}{2}.$$

方法 2. 先将被积函数展开，利用轮换对称性来简化计算.

$$\iiint\limits_{\Omega_1}(x+y+z)^2\mathrm{d}v=\iiint\limits_{\Omega_1}(x^2+y^2+z^2+2xy+2xz+2yz)\mathrm{d}v,$$

由轮换对称性有

$$\iiint\limits_{\Omega_1}x^2\mathrm{d}v=\iiint\limits_{\Omega_1}y^2\mathrm{d}v=\iiint\limits_{\Omega_1}z^2\mathrm{d}v,\quad \iiint\limits_{\Omega_1}xy\mathrm{d}v=\iiint\limits_{\Omega_1}xz\mathrm{d}v=\iiint\limits_{\Omega_1}yz\mathrm{d}v,$$

所以

$$\iiint\limits_{\Omega_1}(x+y+z)^2\mathrm{d}v=\iiint\limits_{\Omega_1}(3x^2+6xy)\mathrm{d}v$$

$$= \int_0^1 dx \int_0^1 dy \int_0^1 (3x^2 + 6xy) dz = \int_0^1 dx \int_0^1 (3x^2 + 6xy) dy$$

$$= \int_0^1 [3x^2 y + 3xy^2]_0^1 dx = \int_0^1 (3x^2 + 3x) dx = \frac{5}{2}.$$

(2) $\iiint\limits_{\Omega_2} (x + y + z)^2 dv = \iiint\limits_{\Omega_2} (x^2 + y^2 + z^2 + 2xy + 2xz + 2yz) dv$,

由区域 Ω_2 的对称性得

$$\iiint\limits_{\Omega_2} xy\, dv = \iiint\limits_{\Omega_2} xz\, dv = \iiint\limits_{\Omega_2} yz\, dv = 0,$$

所以

$$\iiint\limits_{\Omega_2} (x + y + z)^2 dv = \iiint\limits_{\Omega_2} (x^2 + y^2 + z^2) dv.$$

计算 $\iiint\limits_{\Omega_2} (x^2 + y^2 + z^2) dv$ 有两种方法：

① 直接利用球面坐标系计算

$$\iiint\limits_{\Omega_2} (x^2 + y^2 + z^2) dv = \int_0^{2\pi} d\varphi \int_0^{\pi} d\theta \int_0^R r^2 r^2 \sin\theta dr = 2\pi \frac{R^5}{5} \int_0^{\pi} \sin\theta d\theta = \frac{4\pi R^5}{5}.$$

② 先利用轮换对称性化简，再利用球面坐标系计算

$$\iiint\limits_{\Omega_2} (x^2 + y^2 + z^2) dv = 3\iiint\limits_{\Omega_2} x^2 dv = 24 \int_0^{\frac{\pi}{2}} d\varphi \int_0^{\frac{\pi}{2}} d\theta \int_0^R r^2 \sin^2\theta \cos^2\varphi r^2 \sin\theta dr$$

$$= 24 \frac{R^5}{5} \cdot \frac{2}{3} \cdot \frac{\pi}{4} = \frac{4\pi R^5}{5}.$$

所以

$$\iiint\limits_{\Omega_2} (x + y + z)^2 dv = \frac{4\pi R^5}{5}.$$

例 13 证明不等式 $1 \leqslant \iint\limits_D (\cos y^2 + \sin x^2) d\sigma \leqslant \sqrt{2}$，其中 D 是正方形区域：$0 \leqslant x \leqslant 1$，$0 \leqslant y \leqslant 1$.

解 由于积分区域关于直线 $y = x$ 对称，所以 $\iint\limits_D \cos y^2 d\sigma = \iint\limits_D \cos x^2 d\sigma$，所以

$$\iint\limits_D (\cos y^2 + \sin x^2) d\sigma = \iint\limits_D (\cos x^2 + \sin x^2) d\sigma = \sqrt{2} \iint\limits_D \sin\left(x^2 + \frac{\pi}{4}\right) d\sigma.$$

因为 $\frac{\sqrt{2}}{2} \leqslant \sin\left(x^2 + \frac{\pi}{4}\right) \leqslant 1$，所以

$$\sqrt{2}\cdot\frac{\sqrt{2}}{2}\sigma\leqslant\iint\limits_D(\cos y^2+\sin x^2)\mathrm{d}\sigma\leqslant\sqrt{2}\sigma,$$

其中 σ 为正方形区域的面积. 于是证得

$$1\leqslant\iint\limits_D(\cos y^2+\sin x^2)\mathrm{d}\sigma\leqslant\sqrt{2}.$$

11.3 习题

基本题

1. 根据二重积分的性质,比较下列积分的大小:

(1) $\iint\limits_D(x+y)^2\mathrm{d}\sigma$ 与 $\iint\limits_D(x+y)^3\mathrm{d}\sigma$,其中 D 由 x 轴、y 轴与直线 $x+y=1$ 所围成.

(2) $\iint\limits_D(x+y)^2\mathrm{d}\sigma$ 与 $\iint\limits_D(x+y)^3\mathrm{d}\sigma$,其中 D 由圆周 $(x-2)^2+(y-1)^2=2$ 所围成.

(3) $\iint\limits_D\ln(x+y)\mathrm{d}\sigma$ 与 $\iint\limits_D\ln^2(x+y)\mathrm{d}\sigma$,其中 D 是三角形区域,三顶点分别为 $(1,0)$, $(1,1)$, $(2,0)$.

(4) $\iint\limits_D\ln(x+y)\mathrm{d}\sigma$ 与 $\iint\limits_D[\ln(x+y)]^2\mathrm{d}\sigma$,其中 D 是矩形区域: $3\leqslant x\leqslant 7, 0\leqslant y\leqslant 2$.

2. 利用二重积分的性质估计下列积分的值:

(1) $I=\iint\limits_D(x+y+10)\mathrm{d}\sigma$,其中 D 是圆形区域: $x^2+y^2\leqslant 4$;

(2) $I=\iint\limits_D(3x^2+4y^2+5)\mathrm{d}\sigma$,其中 D 是椭圆形区域: $\dfrac{x^2}{4}+\dfrac{y^2}{3}\leqslant 1$;

(3) $I=\iint\limits_D xy(x+y)\mathrm{d}\sigma$,其中 D 是矩形区域: $0\leqslant x\leqslant 1, 0\leqslant y\leqslant 1$;

(4) $I=\iint\limits_D\sin^2x\sin^2y\mathrm{d}\sigma$,其中 D 是矩形区域: $0\leqslant x\leqslant\pi, 0\leqslant y\leqslant\pi$.

3. 将二重积分 $\iint\limits_D f(x,y)\mathrm{d}x\mathrm{d}y$ 化为不同次序的累次积分,其中 D 是:

(1) 以 $O(0,0)$, $A(1,0)$, $B(1,1)$ 为顶点的三角形;

(2) 圆形区域 $x^2+y^2\leqslant 1$;

(3) 由 $y=x^2$ 及 $y=1$ 围成;

(4) 由 $y=x^2$ 及 $y=4-x^2$ 围成;

(5) 区域 $x^2+y^2\leqslant y$;

(6) 由 $y=2x$, $2y-x=0$ 及 $xy=2$ 在第一象限的部分所围成.

4. 改变下列累次积分的次序：

(1) $\int_0^1 \mathrm{d}y \int_y^{\sqrt{y}} f(x,y)\mathrm{d}x$；　　(2) $\int_{-1}^1 \mathrm{d}x \int_0^{\sqrt{1-x^2}} f(x,y)\mathrm{d}y$；

(3) $\int_1^{\mathrm{e}} \mathrm{d}x \int_0^{\ln x} f(x,y)\mathrm{d}y$；　　(4) $\int_0^{2a} \mathrm{d}x \int_{\sqrt{2ax-x^2}}^{\sqrt{2ax}} f(x,y)\mathrm{d}y \ (a>0)$；

(5) $\int_0^1 \mathrm{d}x \int_0^x f(x,y)\mathrm{d}y + \int_1^2 \mathrm{d}x \int_0^{2-x} f(x,y)\mathrm{d}y$；

(6) $\int_0^1 \mathrm{d}x \int_0^{x^2} f(x,y)\mathrm{d}y + \int_1^3 \mathrm{d}x \int_0^{\frac{1}{2}(3-x)} f(x,y)\mathrm{d}y$.

计算下列二重积分：

5. $\iint\limits_D xy\,\mathrm{d}x\mathrm{d}y$，其中 D 是矩形区域：$0\leqslant x\leqslant 1, 0\leqslant y\leqslant 2$.

6. $\iint\limits_D (3x+2y)\mathrm{d}\sigma$，其中 D 是由 $x=0, y=0, x+y=2$ 围成的区域.

7. $\iint\limits_D x\,\mathrm{d}\sigma$，其中 D 是由 $y=x^2, y=x^3$ 围成的区域.

8. $\iint\limits_D \cos(x+y)\mathrm{d}\sigma$，其中 D 是由 $x=0, y=\pi, y=x$ 围成的区域.

9. $\iint\limits_D \frac{x^2}{y^3}\mathrm{d}x\mathrm{d}y$，其中 D 是由 $x=2, y=x, xy=1$ 围成的区域.

10. $\iint\limits_D \frac{x}{y+1}\mathrm{d}x\mathrm{d}y$，其中 D 是由 $y=x^2+1, y=2x$ 及 $x=0$ 围成的区域.

11. $\iint\limits_D y^2\,\mathrm{d}x\mathrm{d}y$，其中 D 是由 $x=y^2$ 和 $2x-y-1=0$ 围成的区域.

12. $\iint\limits_D xy^2\,\mathrm{d}x\mathrm{d}y$，其中 D 是由 $y^2=2px$ 和 $x=\frac{p}{2}(p>0)$ 围成的区域.

13. $\iint\limits_D \frac{1}{\sqrt{2a-x}}\mathrm{d}x\mathrm{d}y(a>0)$，其中 D 是由圆心在点 (a,a)，半径为 a 的圆和两坐标轴所围成的区域.

计算下列累次积分：

14. $\int_0^1 \mathrm{d}y \int_{\sqrt[3]{y}}^1 \sqrt{1-x^4}\,\mathrm{d}x$.

15. $\int_0^a \mathrm{d}x \int_x^a \mathrm{e}^{y^2}\,\mathrm{d}y$.

16. $\int_0^{\pi} \mathrm{d}x \int_x^{\pi} \frac{\sin y}{y}\mathrm{d}y$.

17. 证明：$\int_a^b \mathrm{d}x\int_a^x (x-y)^{n-2} f(y)\mathrm{d}y = \dfrac{1}{n-1}\int_a^b (b-y)^{n-1} f(y)\mathrm{d}y$. 其中 $f(y)$ 为连续函数.

18. 证明：$\int_0^a \mathrm{d}y\int_0^y f(x)\mathrm{d}x = \int_0^a (a-x)f(x)\mathrm{d}x$.

19. 证明：$\iint\limits_D f(x)f(y)\mathrm{d}x\mathrm{d}y = \dfrac{1}{2}\left[\int_0^1 f(x)\mathrm{d}x\right]^2$，其中 D 为 $y=x, y=1$ 及 $x=0$ 围成的区域.

20. 求由坐标面、平面 $x=4, y=4$ 及 $z=x^2+y^2+1$ 所围成的立体的体积.

21. 求由曲面 $z=x^2+2y^2$ 及 $z=6-2x^2-y^2$ 所围成的立体的体积.

22. 把二重积分 $\iint\limits_D f(x,y)\mathrm{d}x\mathrm{d}y$ 化为极坐标下的累次积分，其中区域 D 是：

(1) $\{(x,y)\,|\,x^2+y^2\leqslant a^2\}(a>0)$；(2) $\{(x,y)\,|\,x^2+y^2\leqslant 2x\}$；

(3) $\{(x,y)\,|\,a^2\leqslant x^2+y^2\leqslant b^2\}(0<a<b)$；(4) $\{(x,y)\,|\,0\leqslant y\leqslant 1-x, 0\leqslant x\leqslant 1\}$；

(5) $\{(x,y)\,|\,x^2\leqslant y\leqslant 1, -1\leqslant x\leqslant 1\}$.

23. 把下列积分化为极坐标形式，并计算积分值：

(1) $\int_0^{2R}\mathrm{d}y\int_0^{\sqrt{2Ry-y^2}}(x^2+y^2)\mathrm{d}x$；(2) $\int_0^R \mathrm{d}x\int_0^{\sqrt{R^2-x^2}}(x^2+y^2)\mathrm{d}y$；

(3) $\int_0^1 \mathrm{d}x\int_{x^2}^x (x^2+y^2)^{-\frac{1}{2}}\mathrm{d}y$.

利用极坐标计算下列二重积分：

24. $\iint\limits_D \sin\sqrt{x^2+y^2}\,\mathrm{d}x\mathrm{d}y$，其中 D 是 $\pi^2\leqslant x^2+y^2\leqslant 4\pi^2$.

25. $\iint\limits_D \arctan\dfrac{y}{x}\mathrm{d}x\mathrm{d}y$，其中 D 是 $1\leqslant x^2+y^2\leqslant 9, \dfrac{x}{\sqrt{3}}\leqslant y\leqslant\sqrt{3}x$ 所围区域.

26. $\iint\limits_D \sqrt{x^2+y^2}\,\mathrm{d}x\mathrm{d}y$，其中 D 是由心形线 $r=a(1-\cos\theta)$ 与圆周 $r=a$ 所围成的区域(不含极点，$a>0$).

27. $\iint\limits_D \mathrm{d}x\mathrm{d}y$，其中 D 是由曲线 $x^{\frac{2}{3}}+y^{\frac{2}{3}}=a^{\frac{2}{3}}$ 所围成的区域.

28. $\iint\limits_D \sqrt{\dfrac{1-x^2-y^2}{1+x^2+y^2}}\,\mathrm{d}x\mathrm{d}y$，其中 D 是 $x^2+y^2=1$ 及 $x=0, y=0$ 所围成第一象限部分的区域.

29. $\iint\limits_D xy\,\mathrm{d}x\mathrm{d}y$，其中 D 是由双曲线 $(x^2+y^2)^2=2xy$ 所围成的区域.

30. 计算$\iint\limits_D |xy|\,\mathrm{d}x\mathrm{d}y$,其中 D 是以坐标原点为圆心、a 为半径的圆域.

31. 计算$\iint\limits_D f(x,y)\mathrm{d}x\mathrm{d}y$,其中 $f(x,y)=\begin{cases}1-x-y, & x+y\leqslant 1,\\ 0, & x+y>1,\end{cases}$ D 为正方形区域:$0\leqslant x\leqslant 1, 0\leqslant y\leqslant 1$.

32. 计算$\iint\limits_D |x-y^2|\,\mathrm{d}x\mathrm{d}y$,其中 $D=\{(x,y)\mid 0\leqslant x\leqslant 1, 0\leqslant y\leqslant 1\}$.

用适当的方法计算下列二重积分:

33. $\iint\limits_D x\sqrt{y}\,\mathrm{d}\sigma$,其中 D 是由两条抛物线 $y=\sqrt{x}$,$y=x^2$ 所围成的区域.

34. $\iint\limits_D \mathrm{e}^{x+y}\mathrm{d}\sigma$,其中 D 是由 $|x|+|y|\leqslant 1$ 所确定的区域.

35. $\iint\limits_D (x^2+y^2)\mathrm{d}\sigma$,其中 D 是闭区域:$0\leqslant y\leqslant \sin x, 0\leqslant x\leqslant \pi$.

36. $\iint\limits_D \mathrm{e}^{\frac{y}{x+y}}\mathrm{d}x\mathrm{d}y$,其中 D 是由 $x=0$,$y=0$ 及 $x+y=1$ 所围成的平面区域.

37. $\iint\limits_D (x+y)\mathrm{d}x\mathrm{d}y$,其中 D:$x^2+y^2-2Rx\leqslant 0$.

38. 计算$\lim\limits_{r\to 0}\dfrac{1}{\pi r^2}\iint\limits_D \mathrm{e}^{x^2-y^2}\cos(x+y)\mathrm{d}x\mathrm{d}y$,其中 D 为中心在原点、半径为 r 的圆所围成的区域.

39. 设 $f(x)$ 在$[a,b]$上连续,证明:$\left[\int_a^b f(x)\mathrm{d}x\right]^2\leqslant (b-a)\int_a^b f^2(x)\mathrm{d}x$.

计算下列三重积分:

40. $\iiint\limits_\Omega xy^2z^3\mathrm{d}v$,其中 Ω 是由曲面 $z=xy$ 和平面 $y=x$,$x=1$,$z=0$ 所围成的区域.

41. $\iiint\limits_\Omega (1+x+y+z)\mathrm{d}v$,其中 Ω 是平面 $x+y+z=1$ 与三个坐标面所围成的区域.

42. $\iiint\limits_\Omega \mathrm{e}^{x+y+z}\mathrm{d}v$,其中 Ω 是由 $y=1$,$y=-x$,$x=0$,$z=0$,$z=-x$ 围成的区域.

43. $\iiint\limits_\Omega y^2\mathrm{d}v$,其中 Ω 是由平面 $z=0$ 及曲面 $z=\sqrt{1-\dfrac{x^2}{a^2}-\dfrac{y^2}{b^2}}$ $(a>0,b>0)$ 所围成的区域.

44. $\iiint\limits_\Omega (x+y+z)\mathrm{d}v$,其中 Ω 是由平面 $z=h(h>0)$ 及曲面 $x^2+y^2=z^2$ 所围成的区域.

45. $\iiint\limits_{\Omega} z\mathrm{d}v$,其中 Ω 是由两曲面 $z=\sqrt{2-x^2-y^2}$ 及 $z=x^2+y^2$ 所围成的闭区域.

46. $\iiint\limits_{\Omega}(x^2+y^2)\mathrm{d}v$,其中 Ω 是由曲面 $x^2+y^2=2z$ 及平面 $z=2$ 所围成的区域.

47. $\iiint\limits_{\Omega}\sqrt{x^2+y^2}\mathrm{d}v$,其中 Ω 是由平面 $z=1$ 及锥面 $z=\sqrt{x^2+y^2}$ 所围成的区域.

48. $\iiint\limits_{\Omega} z\mathrm{d}v$,其中 Ω 是由曲面 $x^2+y^2=2z$ 及平面 $z=2$ 所围成的区域.

49. $\iiint\limits_{\Omega} z\sqrt{x^2+y^2}\mathrm{d}v$,其中 Ω 是由抛物面 $3z=x^2+y^2$ 及平面 $z=1$ 围成的区域.

利用球面坐标计算下列三重积分:

50. $\iiint\limits_{\Omega}(x^2+y^2+z^2)\mathrm{d}v$,其中 Ω 是由球面 $x^2+y^2+z^2=1$ 围成的区域.

51. $\iiint\limits_{\Omega} z\mathrm{d}v$,其中 Ω 由不等式 $x^2+y^2+(z-a)^2\leqslant a^2,x^2+y^2\leqslant z^2$ 所确定.

52. $\iiint\limits_{\Omega}(x^2+y^2)\mathrm{d}v$,$\Omega$: $x^2+y^2+z^2\leqslant a^2(a>0)$.

53. $\iiint\limits_{\Omega}(x^2+y^2)\mathrm{d}v$,$\Omega$: $a^2\leqslant x^2+y^2+z^2\leqslant b^2,z\geqslant 0(0<a<b)$.

54. $\iiint\limits_{\Omega} z\mathrm{d}v$,其中 Ω 由 $z=\sqrt{a^2-x^2-y^2}$ 与 $z=\sqrt{x^2+y^2}$ 围成$(a>0)$.

利用适当的坐标计算下列三重积分:

55. $\iiint\limits_{\Omega} xy\mathrm{d}v$,其中 Ω 为柱面 $x^2+y^2=1$ 及平面 $z=1,z=0,x=0,y=0$ 所围成的第一卦限内的闭区域.

56. $\iiint\limits_{\Omega}\sqrt{x^2+y^2+z^2}\mathrm{d}v$,其中 Ω 是由球面 $x^2+y^2+z^2=z$ 所围成的区域.

57. $\iiint\limits_{\Omega}(x^2+y^2)\mathrm{d}v$,其中 Ω 为曲面 $4z^2=25(x^2+y^2)$ 及平面 $z=5$ 所围成的闭区域.

58. $\iiint\limits_{\Omega} xy\mathrm{d}x\mathrm{d}y\mathrm{d}z$,其中 Ω 是由 $z=xy$ 及平面 $x+y=1,z=0$ 所围成的区域.

59. $\iiint\limits_{\Omega} xyz\mathrm{d}v$,其中 Ω 是由球面 $x^2+y^2+z^2=1$ 及坐标平面所围成的第一卦限内的闭区域.

60. $\iiint\limits_{\Omega} z\sqrt{x^2+y^2}\mathrm{d}v$,其中 Ω 是由柱面 $y=\sqrt{2x-x^2}$ 及平面 $z=0,z=a(a>0)$,

$y = 0$ 所围成的区域.

61. $\iiint\limits_{\Omega} \frac{\mathrm{d}v}{x^2 + y^2 + 1}$,其中 Ω 是由锥面 $x^2 + y^2 = z^2$ 及平面 $z = 1$ 所围成的区域.

62. $\iiint\limits_{\Omega} z^2 \mathrm{d}x\mathrm{d}y\mathrm{d}z$,其中 Ω 是球 $x^2 + y^2 + z^2 \leqslant R^2$ 与球 $x^2 + y^2 + z^2 \leqslant 2Rx$ 的公共部分.

63. $\iiint\limits_{\Omega} \frac{\mathrm{d}x\mathrm{d}y\mathrm{d}z}{\sqrt{x^2 + y^2 + z^2}}$,其中 Ω 由 $z = \sqrt{x^2 + y^2}$ 及平面 $z = 1$ 所围成.

64. $\iiint\limits_{\Omega} \frac{z\ln(x^2 + y^2 + z^2 + 1)}{x^2 + y^2 + z^2 + 1}\mathrm{d}v$,其中 Ω 是由 $x^2 + y^2 + z^2 = 1$ 所围成的区域.

65. 求曲面 $x^2 + y^2 = az$ 与 $z = 2a - \sqrt{x^2 + y^2}\,(a > 0)$ 所围立体的体积.

66. 求球体 $x^2 + y^2 + z^2 \leqslant 4z$ 被曲面 $z = 4 - x^2 - y^2$ 所分成的两部分的体积之比.

67. 求由球面 $x^2 + y^2 + z^2 = R^2$ 及平面 $z = a, z = b\,(0 < a < b < R)$ 所围成的立体的体积.

68. 已知两个球的半径分别为 a 和 $b\,(a > b)$,且小球球心在大球球面上,试求小球被大球面所分割的两部分的体积.

69. 求球面 $x^2 + y^2 + z^2 = a^2$ 夹在两平面 $z = \frac{a}{4}$ 与 $z = \frac{a}{2}$ 之间部分的面积.

70. 求球面 $x^2 + y^2 + z^2 = a^2$ 含在圆柱面 $x^2 + y^2 = ax$ 内的那部分的面积.

综合题

71. $\iiint\limits_{\Omega} (x^2 + y^2 + z)\mathrm{d}v$,其中 Ω 是由曲线 $\begin{cases} y^2 = 2z \\ x = 0 \end{cases}$ 绕 z 轴旋转一周而成的曲面与平面 $z = 4$ 所围成的立体.

72. 设函数 $f(x)$ 在$[0,1]$上连续,并且 $\int_0^1 f(x)\mathrm{d}x = A$,求 $\int_0^1 \mathrm{d}x \int_x^1 f(x)f(y)\mathrm{d}y$.

73. 计算 $\iiint\limits_{\Omega} (x^2 + y^2)\mathrm{d}v$,其中 Ω 为平面曲线 $\begin{cases} y^2 = 2z \\ x = 0 \end{cases}$ 绕 z 轴旋转一周形成的曲面与平面 $z = 8$ 所围成的区域.

74. 求 $\iint\limits_{D} \frac{1 - x^2 - y^2}{1 + x^2 + y^2}\mathrm{d}x\mathrm{d}y$,其中 D 是由 $x^2 + y^2 = 1, x = 0, y = 0$ 所围成的区域在第一象限的部分.

75. 计算 $\iint\limits_{D} x\mathrm{e}^{-y^2}\mathrm{d}x\mathrm{d}y$,其中 D 是曲线 $y = 4x^2$ 和 $y = 9x^2$ 及直线 $y = 1$ 围成的区域.

76. 求 $\iint\limits_{D} \sqrt{x}\,\mathrm{d}x\mathrm{d}y, D = \{(x,y) \mid x^2 + y^2 \leqslant x\}$.

77. 求$\iint\limits_D y\mathrm{d}x\mathrm{d}y$,其中$D$由直线$x=-2,y=0,y=2$及曲线$x=-\sqrt{2y-y^2}$围成.

78. 计算$\iint\limits_D\left(\frac{x^2}{a^2}+\frac{y^2}{b^2}\right)\mathrm{d}x\mathrm{d}y$,其中$D$:$x^2+y^2\leqslant R^2$.

79. 计算$\iint\limits_D(x^2+y^2)\mathrm{d}x\mathrm{d}y,D=\left\{(x,y)\left|\frac{x^2}{a^2}+\frac{y^2}{b^2}\leqslant 1\right.\right\}$.

80. 计算$\iint\limits_D(|x|+y)\mathrm{d}x\mathrm{d}y$,其中$D$:$|x|+|y|\leqslant 1$.

81. 计算$\iint\limits_D|y-x^2|\mathrm{d}x\mathrm{d}y,D=\{(x,y)|-1\leqslant x\leqslant 1,0\leqslant y\leqslant 1\}$.

82. 计算$\iint\limits_D|\cos(x+y)|\mathrm{d}x\mathrm{d}y$,其中$D$由$y=x,y=0,x=\frac{\pi}{2}$围成.

83. 设$f(x)$是区间$[a,b]$上的正值连续函数,试用二重积分证明:

$$\int_a^b f(x)\mathrm{d}x\int_a^b\frac{\mathrm{d}x}{f(x)}\geqslant(b-a)^2.$$

84. 设$f(x)$是区间$[0,1]$上的单调增加的连续函数,$f(x)$不恒等于0,试证明:

$$\frac{\int_0^1 x[f(x)]^3\mathrm{d}x}{\int_0^1 x[f(x)]^2\mathrm{d}x}\geqslant\frac{\int_0^1[f(x)]^3\mathrm{d}x}{\int_0^1[f(x)]^2\mathrm{d}x}.$$

85. 计算三重积分$\iiint\limits_\Omega(x^2+y^2)\mathrm{d}v$,其中$\Omega$:$z=\sqrt{x^2+y^2},1\leqslant x^2+y^2+z^2\leqslant 4$.

86. $\iiint\limits_\Omega \mathrm{e}^{|z|}\mathrm{d}v$,其中$\Omega$:$x^2+y^2+z^2\leqslant 1$.

自测题

一、单项选择题

1. 改变积分顺序,则$\int_0^1\mathrm{d}y\int_{\sqrt{y}}^1 f(x,y)\mathrm{d}x=$(　　).

A. $\int_0^1\mathrm{d}x\int_{\sqrt{x}}^1 f(x,y)\mathrm{d}y$　　B. $\int_0^1\mathrm{d}x\int_0^{x^2} f(x,y)\mathrm{d}y$

C. $\int_0^1\mathrm{d}x\int_0^{\sqrt{x}} f(x,y)\mathrm{d}y$　　D. $\int_0^1\mathrm{d}x\int_{x^2}^1 f(x,y)\mathrm{d}y$

2. 设区域D:$x^2+y^2\leqslant 1$,f是区域D上的连续函数,则$\iint\limits_D f(\sqrt{x^2+y^2})\mathrm{d}x\mathrm{d}y=$(　　).

A. $2\pi\int_0^1 rf(r)\mathrm{d}r$　　B. $4\pi\int_0^1 rf(r)\mathrm{d}r$

C. $2\pi\int_0^1 f(r^2)\mathrm{d}r$　　D. $4\pi\int_0^r rf(r)\mathrm{d}r$

3. $I=\iint\limits_D x\mathrm{e}^{\cos(xy)}\sin(xy)\mathrm{d}x\mathrm{d}y$，$D$：$|x|\leqslant 1$，$|y|\leqslant 1$，则 $I=$（　　）.

A. e　　B. 0　　C. 2　　D. e−2

4. 设 $f(x,y)$是有界闭区域 D：$x^2+y^2\leqslant a^2$ 上连续函数，则当 $a\to 0$ 时，$\dfrac{1}{\pi a^2}\iint\limits_D f(x,y)\mathrm{d}x\mathrm{d}y$ 的极限（　　）.

A. 不存在　　B. 等于 $f(0,0)$

C. 等于 $f(1,1)$　　D. 等于 $f(1,0)$

5. 设 Ω 是由 $x^2+y^2+z^2\leqslant 1$ 所确定的有界闭区域，则 $\iiint\limits_\Omega \mathrm{e}^{|z|}\mathrm{d}v=$（　　）.

A. $\dfrac{\pi}{2}$　　B. π　　C. $\dfrac{3\pi}{2}$　　D. 2π

6. Ω 为半球域 $x^2+y^2+z^2\leqslant 1$，$z\geqslant 0$，则 $\iiint\limits_\Omega z\mathrm{d}v=$（　　）.

A. $\int_0^{2\pi}\mathrm{d}\theta\int_0^{\frac{\pi}{2}}\mathrm{d}\varphi\int_0^1 r^3\sin\varphi\cos\theta\mathrm{d}r$　　B. $\int_0^{2\pi}\mathrm{d}\theta\int_0^{\pi}\mathrm{d}\varphi\int_0^1 r^3\sin\varphi\mathrm{d}r$

C. $\int_0^{2\pi}\mathrm{d}\theta\int_0^{\pi}\mathrm{d}\varphi\int_0^1 r^3\sin\varphi\cos\theta\mathrm{d}r$　　D. $\int_0^{2\pi}\mathrm{d}\theta\int_0^{\frac{\pi}{2}}\mathrm{d}\varphi\int_0^1 r^3\sin\varphi\cos\varphi\mathrm{d}r$

7. 设函数 $f(u)$具有连续导数，且 $f(0)=0$，则

$$\lim_{t\to 0}\frac{1}{\pi t^4}\iiint\limits_{x^2+y^2+z^2\leqslant t^2} f(\sqrt{x^2+y^2+z^2})\mathrm{d}x\mathrm{d}y\mathrm{d}z=(\quad),$$

A. $f(0)$　　B. $f'(0)$　　C. $\dfrac{1}{\pi}f'(0)$　　D. $\dfrac{2}{\pi}f'(0)$

8. 曲面 $x^2+y^2+z^2=2z$ 之内及曲面 $z=x^2+y^2$ 之外所围成的立体的体积 $V_1=$（　　）.

A. $\int_0^{2\pi}\mathrm{d}\theta\int_0^1 r\mathrm{d}r\int_{r^2}^{\sqrt{1-r^2}}\mathrm{d}z$　　B. $\int_0^{2\pi}\mathrm{d}\theta\int_0^r r\mathrm{d}r\int_1^{1-\sqrt{1-r^2}}\mathrm{d}z$

C. $\int_0^{2\pi}\mathrm{d}\theta\int_0^1 r\mathrm{d}r\int_{r^2}^{1-r}\mathrm{d}z$　　D. $\int_0^{2\pi}\mathrm{d}\theta\int_0^1 r\mathrm{d}r\int_{1-\sqrt{1-r^2}}^{r^2}\mathrm{d}z$

9. 设 $f(x,y)$连续，且 $f(x,y)=xy+\iint\limits_D f(x,y)\mathrm{d}x\mathrm{d}y$，其中 D 是由 $y=0$，$y=x^2$，$x=1$ 所围成的区域，则 $f(x,y)=$（　　）.

A. xy　　B. $2xy$　　C. $xy+\dfrac{1}{8}$　　D. $xy+1$

10. 计算 $I=\iiint\limits_\Omega z\mathrm{d}v$，其中 Ω 为 $z^2=x^2+y^2$，$z=1$ 围成的立体，则正确的解法

为(　　).

A. $I=\int_0^{2\pi}\mathrm{d}\theta\int_0^1 r\mathrm{d}r\int_0^1 z\mathrm{d}z$　　B. $I=\int_0^{2\pi}\mathrm{d}\theta\int_0^1 r\mathrm{d}r\int_r^1 z\mathrm{d}z$

C. $I=\int_0^{2\pi}\mathrm{d}\theta\int_0^1\mathrm{d}z\int_r^1 r\mathrm{d}r$　　D. $I=\int_0^1\mathrm{d}z\int_0^{\pi}\mathrm{d}\theta\int_0^z zr\mathrm{d}r$

二、填空题

1. 交换累次积分次序，$\int_0^1\mathrm{d}x\int_{x^2}^{x}f(x,y)\mathrm{d}y=$__________.

2. 曲面 $z=0,x+y+z=1,x^2+y^2=1$ 所围成的立体可用二重积分表示为__________.

3. $\int_0^1\mathrm{d}y\int_y^1\frac{y}{1+x^2+y^2}\mathrm{d}x=$__________.

4. 设Ω由$x^2+y^2=2z,z=1,z=2$所围成，则在柱面坐标系下，$I=\iiint\limits_{\Omega}f(x,y,z)\mathrm{d}x\mathrm{d}y\mathrm{d}z$可化为累次积分__________.

5. 设Ω是由$z=\sqrt{x^2+y^2}$，$z=h(h>0)$围成的区域，则$\iiint\limits_{\Omega}z\mathrm{e}^{x^2+y^2}\mathrm{d}v=$__________.

6. 交换积分次序，$\int_0^2\mathrm{d}y\int_{\sqrt{y}}^{\sqrt{2-y^2}}f(x,y)\mathrm{d}x=$__________.

7. 设区域D：$x^2+y^2\leqslant R^2$，则$\iint\limits_{D}\left(\frac{x^2}{a^2}+\frac{y^2}{b^2}\right)\mathrm{d}x\mathrm{d}y=$__________.

8. 设Ω是由$x=0,z=0,z=1-y^2,y=x^2$所围成的立体，则$\iiint\limits_{\Omega}\frac{xz}{(1+y)^2}\mathrm{d}v=$__________.

三、解答题

1. 比较积分的大小：

(1) $\iint\limits_{D}(x^2-y^2)\mathrm{d}\sigma$ 与 $\iint\limits_{D}\sqrt{x^2-y^2}\mathrm{d}\sigma$，其中$D$：$(x-2)^2+y^2\leqslant 1$.

(2) $\iint\limits_{|x|+|y|\leqslant 1}\mathrm{e}^{x^2+y^2}\mathrm{d}\sigma$ 与 $\iint\limits_{|x|+|y|\leqslant 4}\mathrm{e}^{x^2+y^2}\mathrm{d}\sigma$.

2. 交换积分顺序：

(1) $I=\int_{-1}^1\mathrm{d}x\int_{\sqrt{2+x^2}}^{\sqrt{4-x^2}}f(x,y)\mathrm{d}y$.

(2) $I=\int_0^1\mathrm{d}y\int_0^{y^2}f(x,y)\mathrm{d}x+\int_1^{\sqrt{2}}\mathrm{d}y\int_0^{\sqrt{2-y^2}}f(x,y)\mathrm{d}x$.

3. 计算二重积分：

(1) $\iint\limits_D \frac{y}{x}\mathrm{d}x\mathrm{d}y$，其中 D 是由 $x=y^2$，$y=1$ 和 $x=4$ 围成.

(2) $\iint\limits_D \frac{1}{\sqrt{2-x^2-y^2}}\mathrm{d}x\mathrm{d}y$，其中 D 是由 $y=\sqrt{2x-x^2}$ 与 x 轴围成.

4. 计算三重积分：

(1) $\iiint\limits_\Omega x\,\mathrm{d}x\mathrm{d}y\mathrm{d}z$，其中 Ω 是由三个坐标面及平面 $x+2y+z=1$ 所围成的区域.

(2) $\iiint\limits_\Omega (x^2+my^2+nz^2)\mathrm{d}v$，其中 Ω：$x^2+y^2+z^2\leqslant a^2$，m,n 为常数.

5. 求锥面 $y^2+z^2=x^2$ 位于柱面 $x^2+y^2=R^2$ 内的那一部分的面积.

11.4 习题答案

基本题

1. (1) $\iint\limits_D (x+y)^2\mathrm{d}\sigma \geqslant \iint\limits_D (x+y)^3\mathrm{d}\sigma$；　(2) $\iint\limits_D (x+y)^2\mathrm{d}\sigma \leqslant \iint\limits_D (x+y)^3\mathrm{d}\sigma$；

(3) $\iint\limits_D \ln(x+y)\mathrm{d}\sigma \geqslant \iint\limits_D [\ln(x+y)]^2\mathrm{d}\sigma$；　(4) $\iint\limits_D \ln(x+y)\mathrm{d}\sigma \leqslant \iint\limits_D [\ln(x+y)]^2\mathrm{d}\sigma$.

2. (1) $4\pi(10-2\sqrt{2})\leqslant I\leqslant 4\pi(10+2\sqrt{2})$；　(2) $10\sqrt{3}\pi\leqslant I\leqslant 34\sqrt{3}\pi$；

(3) $0\leqslant I\leqslant 2$；　(4) $0\leqslant I\leqslant \pi^2$.

3. (1) $\int_0^1\mathrm{d}x\int_0^x f(x,y)\mathrm{d}y$，$\int_0^1\mathrm{d}y\int_y^1 f(x,y)\mathrm{d}x$；

(2) $\int_{-1}^1\mathrm{d}y\int_{-\sqrt{1-y^2}}^{\sqrt{1-y^2}} f(x,y)\mathrm{d}x$，$\int_{-1}^1\mathrm{d}x\int_{-\sqrt{1-x^2}}^{\sqrt{1-x^2}} f(x,y)\mathrm{d}y$；

(3) $\int_{-1}^1\mathrm{d}x\int_{x^2}^1 f(x,y)\mathrm{d}y$，$\int_0^1\mathrm{d}y\int_{-\sqrt{y}}^{\sqrt{y}} f(x,y)\mathrm{d}x$；

(4) $\int_{-\sqrt{2}}^{\sqrt{2}}\mathrm{d}x\int_{x^2}^{4-x^2} f(x,y)\mathrm{d}y$，$\int_0^2\mathrm{d}y\int_{-\sqrt{y}}^{\sqrt{y}} f(x,y)\mathrm{d}x+\int_2^4\mathrm{d}y\int_{-\sqrt{4-y}}^{\sqrt{4-y}} f(x,y)\mathrm{d}x$；

(5) $\int_{-\frac{1}{2}}^{\frac{1}{2}}\mathrm{d}x\int_{\frac{1}{2}-\sqrt{\frac{1}{4}-x^2}}^{\frac{1}{2}+\sqrt{\frac{1}{4}-x^2}} f(x,y)\mathrm{d}y$，$\int_0^1\mathrm{d}y\int_{-\sqrt{y-y^2}}^{\sqrt{y-y^2}} f(x,y)\mathrm{d}x$；

(6) $\int_0^1\mathrm{d}x\int_{\frac{1}{2}x}^{2x} f(x,y)\mathrm{d}y+\int_1^2\mathrm{d}x\int_{\frac{1}{2}x}^{\frac{2}{x}} f(x,y)\mathrm{d}y$，

$\int_0^1\mathrm{d}y\int_{\frac{1}{2}y}^{2y} f(x,y)\mathrm{d}x+\int_1^2\mathrm{d}y\int_{\frac{1}{2}y}^{\frac{2}{y}} f(x,y)\mathrm{d}x$.

4. (1) $\int_0^1 dx\int_{x^2}^{x} f(x,y)dy$； (2) $\int_0^1 dy\int_{-\sqrt{1-y^2}}^{\sqrt{1-y^2}} f(x,y)dx$； (3) $\int_0^1 dy\int_{e^y}^{e} f(x,y)dx$；

(4) $\int_0^a dy\left[\int_{\frac{y^2}{2a}}^{a-\sqrt{a^2-y^2}} f(x,y)dx+\int_{a+\sqrt{a^2-y^2}}^{2a} f(x,y)dx\right]+\int_a^{2a} dy\int_{\frac{y^2}{2a}}^{2a} f(x,y)dx$；

(5) $\int_0^1 dy\int_y^{2-y} f(x,y)dx$； (6) $\int_0^1 dy\int_{\sqrt{y}}^{3-2y} f(x,y)dx$.

5. 1. 6. $6\frac{2}{3}$. 7. $\frac{1}{20}$. 8. -2. 9. $2\frac{3}{5}$. 10. $\frac{9}{8}\ln 3-\ln 2-\frac{1}{2}$.

11. $\frac{59}{640}$. 12. $\frac{1}{21}p^5$. 13. $a\sqrt{a}\left(2\sqrt{2}-\frac{4}{3}\right)$. 14. $\frac{1}{6}$. 15. $\frac{1}{2}(e^{a^2}-1)$.

16. 2. 20. $186\frac{2}{3}$. 21. 6π.

22. (1) $\int_0^{2\pi} d\theta\int_0^a f(r\cos\theta,r\sin\theta)r dr$； (2) $\int_{-\frac{\pi}{2}}^{\frac{\pi}{2}} d\theta\int_0^{2\cos\theta} f(r\cos\theta,r\sin\theta)r dr$；

(3) $\int_0^{2\pi} d\theta\int_a^b f(r\cos\theta,r\sin\theta)r dr$； (4) $\int_0^{\frac{\pi}{2}} d\theta\int_0^{\frac{1}{\cos\theta+\sin\theta}} f(r\cos\theta,r\sin\theta)r dr$；

(5) $\int_0^{\frac{\pi}{4}} d\theta\int_0^{\sec\theta\tan\theta} f(r\cos\theta,r\sin\theta)r dr+\int_{\frac{\pi}{4}}^{\frac{3\pi}{4}} d\theta\int_0^{\csc\theta} f(r\cos\theta,r\sin\theta)r dr$

$+\int_{\frac{3\pi}{4}}^{\pi} d\theta\int_0^{\sec\theta\tan\theta} f(r\cos\theta,r\sin\theta)r dr$.

23. (1) $\frac{3}{4}\pi R^4$； (2) $\frac{\pi}{8}R^4$； (3) $\sqrt{2}-1$. 24. $-6\pi^2$. 25. $\frac{\pi^2}{6}$.

26. $a^3\left(\frac{22}{9}+\frac{\pi}{2}\right)$. 27. $\frac{3}{8}\pi a^2$. 28. $\frac{\pi}{4}\left(\frac{\pi}{2}-1\right)$. 29. $\frac{1}{6}$.

30. $\frac{1}{2}a^4$. 31. $\frac{1}{6}$. 32. $\frac{11}{30}$. 33. $\frac{6}{55}$. 34. $e-e^{-1}$. 35. $\pi^2-\frac{40}{9}$.

36. $\frac{1}{2}(e-1)$. 37. πR^3. 38. 1. 40. $\frac{1}{364}$. 41. $\frac{1}{2}\left(\ln 2-\frac{5}{8}\right)$.

42. $3-e$. 43. $\frac{2}{15}\pi ab^3$. 44. $\frac{1}{4}\pi h^4$. 45. $\frac{7}{12}\pi$. 46. $\frac{16}{3}\pi$.

47. $\frac{\pi}{6}$. 48. $\frac{16}{3}\pi$. 49. $\frac{4}{7}\sqrt{3}\pi$. 50. $\frac{4}{5}\pi$. 51. $\frac{7}{6}\pi a^4$.

52. $\frac{8}{15}\pi a^5$. 53. $\frac{4}{15}\pi(b^5-a^5)$. 54. $\frac{1}{8}\pi a^4$. 55. $\frac{1}{8}$. 56. $\frac{\pi}{10}$.

57. 8π. 58. $\frac{1}{180}$. 59. $\frac{1}{48}$. 60. $\frac{8}{9}a^2$. 61. $\pi\left(\ln 2-2+\frac{\pi}{2}\right)$.

62. $\frac{59}{480}\pi R^5$. 63. $\pi(\sqrt{2}-1)$. 64. 0. 65. $\frac{5}{6}\pi a^3$. 66. $\frac{27}{37}$.

67. $\frac{1}{3}\pi(b-a)(3R^3-a^2-ab-b^2)$. 68. $\left(\frac{2}{3}-\frac{b}{4a}\right)\pi b^3,\left(\frac{2}{3}+\frac{b}{4a}\right)\pi b^3$.

69. $\frac{1}{2}\pi a^2$. 70. $2a^2(\pi-2)$.

综合题

71. $\frac{256}{3}\pi$. 72. $\frac{1}{2}A^2$. 73. $\frac{1024}{3}\pi$. 74. $\frac{\pi}{2}\left(\ln 2-\frac{1}{2}\right)$.

75. $\frac{5}{72}(1-e^{-1})$. 76. $\frac{8}{15}$. 77. $4-\frac{\pi}{2}$. 78. $\frac{\pi R^4}{4}\left(\frac{a^2+b^2}{a^2b^2}\right)$.

79. $\frac{\pi(a^2+b^2)ab}{4}$. 80. $\frac{2}{3}$. 81. $\frac{11}{15}$. 82. $\frac{\pi}{2}-\frac{1}{2}$.

83. 证明：因为 $f(x)$在$[a,b]$正值连续，所以$\left(\frac{1}{\sqrt{f(x)}}+t\sqrt{f(x)}\right)^2\geqslant 0,\forall t\in\mathbb{R}$，或$\frac{1}{f(x)}+2t+t^2f(x)\geqslant 0$，两边积分得

$$\int_a^b\frac{1}{f(x)}\mathrm{d}x+2(b-a)t+t^2\int_a^b f(x)\mathrm{d}x\geqslant 0,$$

又因为$\int_a^b f(x)\mathrm{d}x>0$，所以要使$\int_a^b\frac{1}{f(x)}\mathrm{d}x+2(b-a)t+t^2\int_a^b f(x)\mathrm{d}x$ 恒大于或等于 0，当且仅当$\Delta=b^2-4ac\leqslant 0$，即 $4(b-a)^2-4\int_a^b f(x)\mathrm{d}x\int_a^b\frac{1}{f(x)}\mathrm{d}x\leqslant 0$，故$\int_a^b f(x)\mathrm{d}x\int_a^b\frac{1}{f(x)}\mathrm{d}x\geqslant(b-a)^2$.

84. 证明：由于 $f(x)$在$[0,1]$是单调增加的连续函数，所以$\forall x,y\in[0,1]$有

$$[f(x)-f(y)](x-y)\geqslant 0.$$

又因为

$$\begin{aligned}&\int_0^1 x[f(x)]^3\mathrm{d}x\int_0^1[f(x)]^2\mathrm{d}x-\int_0^1 f^3(x)\mathrm{d}x\int_0^1 xf^2(x)\mathrm{d}x\\&=\iint_D xf^3(x)f^2(y)\mathrm{d}x\mathrm{d}y-\iint_D xf^2(x)f^3(y)\mathrm{d}x\mathrm{d}y\\&=\iint_D yf^3(y)f^2(x)\mathrm{d}x\mathrm{d}y-\iint_D yf^2(y)f^3(x)\mathrm{d}x\mathrm{d}y,\end{aligned}$$

所以

$$\begin{aligned}&2\left[\int_0^1 xf^3(x)\mathrm{d}x\int_0^1 f^2(x)\mathrm{d}x-\int_0^1 f^3(x)\mathrm{d}x\int_0^1 xf^2(x)\mathrm{d}x\right]\\&=\iint_D xf^2(x)f^2(y)[f(x)-f(y)]\mathrm{d}x\mathrm{d}y-\iint_D yf^2(x)f^2(y)[f(x)-f(y)]\mathrm{d}x\mathrm{d}y\end{aligned}$$

$$=\iint\limits_{D} f^2(x)f^2(y)(x-y)[f(x)-f(y)]\mathrm{d}x\mathrm{d}y \geqslant 0,$$

故

$$\int_0^1 xf^3(x)\mathrm{d}x\int_0^1 f^2(x)\mathrm{d}x-\int_0^1 f^3(x)\mathrm{d}x\int_0^1 xf^2(x)\mathrm{d}x \geqslant 0,$$

即

$$\int_0^1 xf^3(x)\mathrm{d}x\int_0^1 f^2(x)\mathrm{d}x \geqslant \int_0^1 f^3(x)\mathrm{d}x\int_0^1 xf^2(x)\mathrm{d}x,$$

由于 $f(x)$连续,$f(x)$不恒为零,因此 $xf^2(x)$不恒为零,从而有

$$\int_0^1 xf^2(x)\mathrm{d}x > 0,\quad \int_0^1 f^2(x)\mathrm{d}x > 0,$$

故

$$\frac{\int_0^1 xf^3(x)\mathrm{d}x}{\int_0^1 xf^2(x)\mathrm{d}x} \geqslant \frac{\int_0^1 f^3(x)\mathrm{d}x}{\int_0^1 f^2(x)\mathrm{d}x}.$$

85. 解:令 $x=r\sin\phi\cos\theta, y=r\sin\phi\sin\theta, z=r\cos\phi$,则

$$0\leqslant\theta\leqslant 2\pi,\quad 1\leqslant r\leqslant 2,\quad 0\leqslant\phi\leqslant\frac{\pi}{4},$$

$$\begin{aligned}\iiint\limits_{\Omega}(x^2+y^2)\mathrm{d}v &= \int_0^{2\pi}\mathrm{d}\theta\int_0^{\frac{\pi}{4}}\mathrm{d}\phi\int_1^2 r^2\sin^2\phi\cdot r^2\sin\phi\mathrm{d}r \\ &= 2\pi\cdot\int_0^{\frac{\pi}{4}}\sin^3\phi\mathrm{d}\phi\int_1^2 r^4\mathrm{d}r = 2\pi\int_0^{\frac{\pi}{4}}-(1-\cos^2\phi)\mathrm{d}(\cos\phi)\cdot\frac{1}{5}r^5\Big|_1^2 \\ &= 2\pi\cdot\frac{1}{5}\cdot 31\cdot\left(\frac{1}{3}\cos^3\theta-\cos\theta\right)\Big|_0^{\frac{\pi}{4}} \\ &= 2\pi\cdot\frac{1}{5}\cdot 31\cdot\left(\frac{1}{3}\cdot\frac{\sqrt{2}}{4}-\frac{\sqrt{2}}{2}-\frac{1}{3}+1\right) \\ &= \frac{62}{5}\pi\left(\frac{2}{3}-\frac{5}{12}\sqrt{2}\right).\end{aligned}$$

86. 解:$\iiint\limits_{\Omega}\mathrm{e}^{|z|}\mathrm{d}v=\iint\limits_{D_{xy}}\mathrm{d}x\mathrm{d}y\int_{-\sqrt{1-x^2-y^2}}^{\sqrt{1-x^2-y^2}}\mathrm{e}^{|z|}\mathrm{d}z=2\iint\limits_{D_{xy}}\mathrm{d}x\mathrm{d}y\int_0^{\sqrt{1-x^2-y^2}}\mathrm{e}^z\mathrm{d}z$.

作柱面变换,令 $x=r\cos\theta, y=r\sin\theta, z=z$,则

$$2\iint\limits_{D_{xy}}\mathrm{d}x\mathrm{d}y\int_0^{\sqrt{1-x^2-y^2}}\mathrm{e}^z\mathrm{d}z=2\int_0^{2\pi}\mathrm{d}\theta\int_0^1 r\mathrm{d}r\int_0^{\sqrt{1-r^2}}\mathrm{e}^z\mathrm{d}z=4\pi\left(\int_0^1 r\mathrm{e}^{\sqrt{1-r^2}}\mathrm{d}r-\int_0^1 r\mathrm{d}r\right),$$

令 $\sqrt{1-r^2}=t$,则 $1-r^2=t^2$,$-2r\mathrm{d}r=2t\mathrm{d}t$,因此